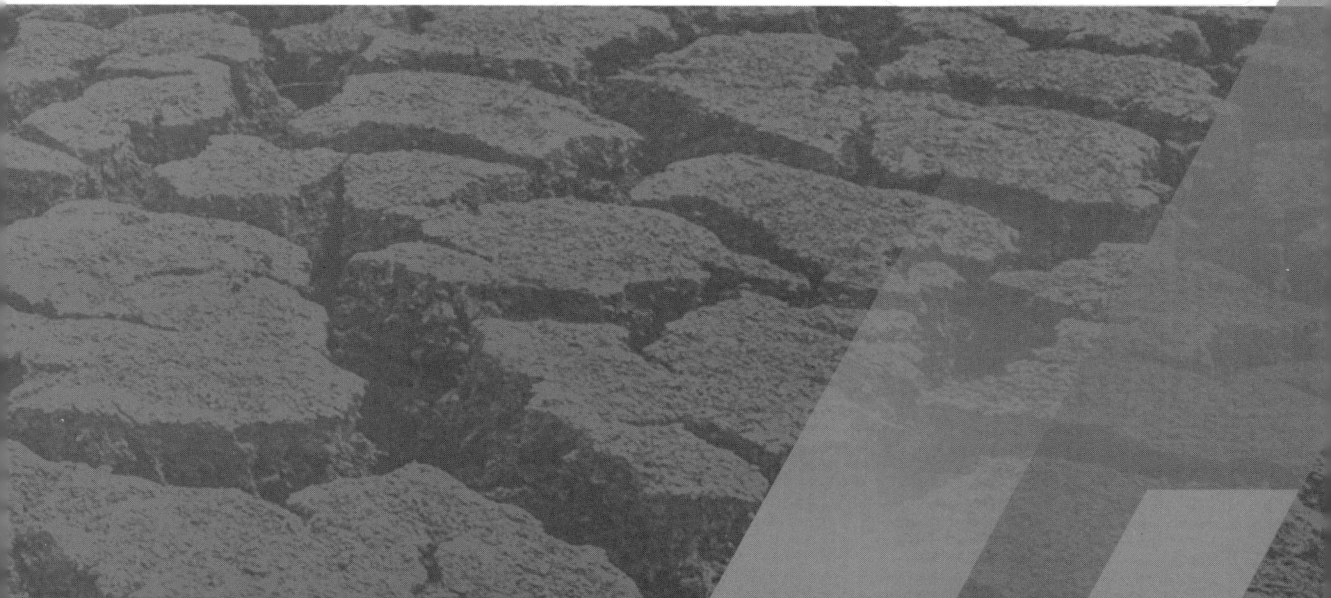

干旱概率计算原理与应用

宋松柏 成静清 康艳 宋小燕 著

·北京·

内 容 提 要

本书力求反映国内外应用游程理论进行干旱特征分析计算的一些原理和方法。作者系统地总结了近10年来相关科研课题的研究成果。全书结合游程分析理论、水文统计学和数值计算等原理，系统地推导了平稳分布下单变量干旱特征的概率计算公式。全书注重干旱变量概率计算公式的推导过程，并有相关的计算实例，供读者阅读和理解。本书主要内容包括游程的基本原理、马氏游程的基本原理与应用、独立同分布干旱事件概率计算原理与方法、同分布相依干旱事件概率计算原理与方法以及基于循环事件理论的干旱概率计算原理与应用。

本书可作为学习水文统计学原理的工具书和参考书，也可作为水文学及水资源、农业水土工程、水利水电工程和涉水专业的高年级本科生、研究生以及相关领域教学、科研与工程技术人员使用的参考书。

图书在版编目（CIP）数据

干旱概率计算原理与应用 / 宋松柏等著. -- 北京：中国水利水电出版社，2025. 4. -- ISBN 978-7-5226-3365-7

Ⅰ．P426.615

中国国家版本馆CIP数据核字第202571UQ25号

书　　名	**干旱概率计算原理与应用** GANHAN GAILÜ JISUAN YUANLI YU YINGYONG
作　　者	宋松柏　成静清　康　艳　宋小燕　著
出版发行	中国水利水电出版社 （北京市海淀区玉渊潭南路1号D座　100038） 网址：www.waterpub.com.cn E-mail：sales@mwr.gov.cn 电话：（010）68545888（营销中心）
经　　售	北京科水图书销售有限公司 电话：（010）68545874、63202643 全国各地新华书店和相关出版物销售网点
排　　版	中国水利水电出版社微机排版中心
印　　刷	天津嘉恒印务有限公司
规　　格	184mm×260mm　16开本　16.25印张　395千字
版　　次	2025年4月第1版　2025年4月第1次印刷
定　　价	106.00元

凡购买我社图书，如有缺页、倒页、脱页的，本社营销中心负责调换
版权所有·侵权必究

前　言

　　干旱是一种持续时间长、波及范围广泛的自然灾害，易引发地区贫困和资源环境恶化等问题。因此，干旱备受学者高度关注，成为目前水文水资源领域研究的热点之一。定量的干旱分析研究大约已有 60 年的历史，人们普遍接受干旱是一种极其复杂的自然现象，存在多维复合和时空不确定性等诸多的复杂特性。其中，干旱的随机性特征是研究干旱规律最为广泛的方法。目前，应用游程理论进行干旱概率计算在计算方法和内容上，已经形成了一套较为完整的理论体系。

　　游程也称为"轮次""连""连贯""交互"和"交叉"等。实际中，游程有许多定义。如连续发生同类特征属性的事件，或时间序列中连续出现相同类型的元素（同一符号的一个连串）称为一个游程。一个游程中相同类型的元素个数（同一符号出现的次数）称为游程长度（马秀峰、夏军，2011）。游程分析（也称轮次分析）主要用来揭示随机事件持续发生的统计规律，定量估计其持续历时的概率分布和重现期等。1898 年英国数学家、生物统计学家、现代数理统计学的创立者卡尔·皮尔逊教授（Karl Pearson，1857—1936 年）最早使用"轮次"术语，认为游程分布是多项式分布的一种特殊形式。1899 年 Karl Marbe 应用二项分布理论，提出了给定样本容量条件下随机事件连续发生的轮次平均值计算方法。1940 年，Mood 应用轮次理论检验两个样本是否来自同一个总体。1944—1945 年，Rice 率先应用游程理论进行时间序列分析，并提出了"水平交叉"概念。Fu 和 Lou（2003）系统地总结了游程理论的研究进展，提出了著名的基于有限 Markov 链嵌入法的游程分析方法。继 Mood 游程定义之后，美国 Colorado 州立大学土木工程系 Vujica Yevjevich 教授（the father of Stochastic Hydrology）认为 Mood 游程定义适合描述干旱历时分布。1967 年，Vujica Yevjevich 教授最早应用游程分析干旱和径流的丰枯变化，完成了 *An Objective Approach to Definitions and Investigations of Continental Hydrologic Droughts* 研究论文，是应用游程理论研究干旱最早的学者。土耳其伊斯坦布尔科技大学（Istanbul Technical University）Zekâi Şen 教授应用游程理论推导提出了平稳干旱历时分布计算公式，著有 *Applied drought modeling, prediction, and mitigation* 专著。在我国，黄河水利委员会水文局原总工程师马秀峰先生历经 17 年的探索研究，创新性地提出了游程样本空间集生成、样本游程长度、游程的概率密度、分布和数字特征等独特的解析公式、非独立样本游程概率计算和应用游程进行多年连旱研究的应用实例。2011 年，马秀峰和夏军编写出版了《游程概率统计原理及其应用》专著。

目前，干旱分析有许多方法。本书仅聚焦在干旱的概率计算问题。干旱概率是一个经典的水文分析计算问题。游程的定义和门限值不同，则会导致干旱提取的特征值具有很大的差异。对于干旱来说，由于受旱体不同，门限值（判断受旱体是否干旱）很难确定，且是一个随时间变化的值，也导致提取干旱特征变量形成复杂的序列，难以满足现有水文序列频率分析计算的前提和条件。因而，门限值确定直接影响研究成果的实际应用。本书中许多干旱概率的计算由于采用不同的游程定义，加之，实际不同受旱体发生的记录较为零散，因而，这些干旱概率的计算方法难以进行对比和进行有效地验证。鉴于上述目前的研究现状，本书假定门限值给定的条件下，阐述了如何表征和描述干旱概率。显然，本书涉及的问题便转为了概率模型的建模和求解问题。2008 年 3 月至 2009 年 3 月，作者在美国 Texas A & M 大学访问合作研究期间，同国际著名学者 Vijay P Sigh 教授开展了统计水文学合作研究，有幸同一些国外著名的水文专家交流学习了一些国外游程理论和干旱研究成果，先后在国家自然科学基金（52379026、52079110、51479171）相关课题项目支持下，在研究过程期间作者深感必须首先搞清干旱分析计算方法的来龙去脉，才能有望发展和创新干旱分析方法。因此，我们结合随机过程、水文统计学和数值计算等原理，花费了较大的时间和精力，系统地推导了游程计算和干旱概率计算的有关计算公式，其中更正了文献中一些印刷或其他方面的错误，提出和建立了一些计算模型，并给出了相应的计算机实现方法。本书的目的在于使本科学生和研究生们掌握这些先进的游程分析原理和方法，更好地研究和解决实际干旱建模和预测问题，为他们从事水文分析计算提供参考，也希望给予水文与水资源工程专业的研究者一些有益的启迪。

全书由宋松柏、成静清统稿。第 1 章由宋松柏、成静清编写，第 2 章由宋松柏、赵炜编、成静清编写，第 3 章由宋松柏、康艳编写，第 4 章由宋松柏、宋小燕、魏婷编写，第 5 章由宋松柏、曾文颖编写。书中引用了研究生们的计算实例，在此向他们表示衷心的感谢！

本书感谢 Vijay P Sigh 教授的悉心指导和鼓励，也感谢西北农林科技大学水利与建筑工程学院、江西省水利科学研究院的大力支持。书中参考了一些国内外学者的研究成果和文献，并在文中和参考文献中列出，在此一并致谢。

作者还感谢中国水利水电出版社编辑的辛勤劳动，借此机会对他们的辛勤工作和大力支持表示深深地谢意。

由于作者水平有限，书中计算公式较多，推导过程复杂，虽经多次核对和修改，难免存在不足之处，敬请有关专家学者和读者批评指正，以利本书今后进一步修改和完善。

作 者

西北农林科技大学水利与建筑工程学院

江西省水利科学研究院

太原理工大学水利科学与工程学院

2023 年 10 月

目 录

前言
第1章 游程的基本原理 ·· 1
  1.1 游程概念 ··· 1
  1.2 基于 Markov 链嵌入法的游程计算 ·· 9
  1.3 基于差分方程的游程概率计算 ··· 24
第2章 马氏游程的基本原理与应用 ··· 55
  2.1 简单伯努利试验游程长度及其统计特征 ·································· 55
  2.2 多维伯努利试验游程长度及其统计特征 ·································· 82
  2.3 二分法统计试验 ·· 98
  2.4 相依序列游程长度概率密度 ··· 108
  2.5 游程个数概率统计分析 ·· 116
  2.6 马氏游程理论实例应用 ·· 135
第3章 独立同分布干旱事件概率计算原理与方法 ······························ 139
  3.1 几何分布 ··· 139
  3.2 几何分布1模型 ··· 139
  3.3 几何分布2模型 ··· 144
  3.4 应用实例 ··· 155
第4章 同分布相依干旱事件概率计算原理与方法 ······························ 162
  4.1 一阶 Markov 链同分布干旱事件概率计算 ····························· 162
  4.2 二阶 Markov 链同分布干旱事件概率计算 ····························· 165
  4.3 离散自回归滑动平均模型 ·· 170
  4.4 离散自回归滑动平均模型在干旱分析中的应用 ······················· 195
第5章 基于循环事件理论的干旱概率计算原理与方法 ························ 203
  5.1 概率母函数 ·· 203
  5.2 循环事件理论 ··· 205
  5.3 更新过程 ··· 228

5.4 随机更新过程在枯水过程分析中的应用 …………………………………… 230
5.5 基于留数原理的奇异积分计算 ……………………………………………… 237
5.6 基于复合更新理论的干旱模型 ……………………………………………… 239

参考文献 …………………………………………………………………………… 247

第 1 章

游程的基本原理

游程是一种似周期而非周期的事件。游程分析（轮次分析）理论主要用来揭示随机事件持续发生的统计规律，定量估计其持续历时的概率分布和重现期等。本章首先综述游程理论，在引用和吸收国外学者文献的基础上，详细研究推导常见游程发生数的概率计算公式，修改了文献的部分错误。通过本章学习，读者可以领悟到游程理论的思想和建模方法，可为探究游程概率分布和干旱概率分布计算奠定基础。

1.1 游程概念

游程也称为"轮次""连""连贯""交互"和"交叉"等。实际中，游程有许多定义。如连续发生同类特征属性的事件，或时间序列中连续出现相同类型的元素（同一符号的一个连串）称为一个游程。一个游程中相同类型的元素个数（同一符号出现的次数）称为游程长度（马秀峰等，2011）。游程现象在实际中发生很多，如流域年降水量连续多年高于或低于正常值，水文站河道的水位在一段时间内持续的低于某一水位等。设有一独立伯努利试验观测 37 次，其样本为"1111122211111221212212222121211112111"。状态"1"发生 22 次，状态"2"发生 15 次。游程长度与相应的出现次数见表 1.1-1。

表 1.1-1　　　　　　　　游程长度与相应的出现次数

序号	游程	游程长度	出现次数	连续相同类型元素数
1	11111	5	2	10
2	111	3	2	6
3	11	2	1	2
4	1	1	4	4
5	2222	4	1	4
6	222	3	1	3
7	22	2	2	4
8	2	1	4	4
合计			17	37

1.1.1 几种常用的游程定义

1898 年英国数学家、生物统计学家、现代数理统计学的创立者卡尔·皮尔逊（Karl

Pearson，1857—1936 年）最早使用"轮次"术语，认为游程分布是多项式分布的一种特殊形式。1899 年 Karl Marbe 应用二项分布理论，提出了给定样本容量条件下，随机事件连续发生的轮次平均值计算方法。1940 年，Mood 应用轮次理论检验两个样本是否来自同一个总体。1944—1945 年，Rice 率先应用游程理论进行时间序列分析，并提出了"水平交叉"概念。在统计学和应用概率论中，描述 n 次伯努利试验（独立同分布）出现连续"成功"结果的游程定义有（Fu et al.，2003；韩清，1999）：①在 n 次试验中恰好 k 个连续"成功"出现的次数 $E_{n,k}$；②在 n 次试验中不重叠（non-overlapping）的 k 个连续"成功"出现的次数 $N_{n,k}$；③在 n 次试验中可重叠（overlapping）的 k 个连续"成功"出现的次数 $M_{n,k}$；④在 n 次试验中至少 k 个连续"成功"出现的次数 $G_{n,k}$。假定有一个 n 次伯努利试验结果 $\{Z_1, Z_2, \cdots, Z_n\}$，其中，$P(Z_i=1)=p$，$P(Z_i=0)=q=1-p$，$i=1,2,\cdots,n$。设 k 为正整数，令 $W_t = \prod_{j=t}^{t+k-1} Z_j$，$t=1,2,\cdots,n-k+1$；$\widehat{W}_t = \begin{cases} W_t, & \sum_{i=1}^{k-1} \widehat{W}_{t-i} = 0 \\ 0, & \text{其他} \end{cases}$，$t=1,2,\cdots,n-k+1$，其中，当 $t \leqslant 0$ 时，$\widehat{W}_t = 0$。给定 k 下，上述 4 种游程出现的次数可用式 (1.1-1)～式 (1.1-4) 进行计算（韩清，1999）。

$$E_{n,k} = \sum_{t=1}^{n-k+1} (1-Z_{t-1}) W_t (1-Z_{t+k}) \quad (1.1-1)$$

式中：$Z_0 = Z_{n+1} = 0$。

$$N_{n,k} = \sum_{t=1}^{n-k+1} \widehat{W}_t \quad (1.1-2)$$

式中：当 $t \leqslant 0$ 时，$\widehat{W}_t = 0$。

$$M_{n,k} = \sum_{t=1}^{n-k+1} W_t \quad (1.1-3)$$

$$G_{n,k} = \sum_{t=1}^{n-k+1} (1-Z_{t-1}) W_t \quad (1.1-4)$$

式中：$Z_0 = 0$。

假定有 10 次伯努利试验结果 "SSFSSSSFFF"，其中，"S"代表"成功"，"F"代表"失败"。用"1"表示"成功"，"0"表示"失败"，则字符序列转换为"0""1"序列"1101111000"。按照式 (1.1-1)～式 (1.1-4)，编写 Matlab 程序 1.1-1，经计算，当 $k=2$，有 $n-k+1=10-2+1=9$，$W_t=[1,0,0,1,1,1,0,0,0]$，$\widehat{W}_t=[1,0,0,1,0,1,0,0,0]$，$E_{10,2}=1$，$N_{10,2}=3$，$M_{10,2}=4$，$G_{10,2}=2$。当 $k=3$，有 $n-k+1=10-3+1=8$，$W_t=[0,0,0,1,1,0,0,0]$，$\widehat{W}_t=[0,0,0,1,0,0,0,0]$，$E_{10,2}=0$，$N_{10,2}=1$，$M_{10,2}=2$，$G_{10,2}=1$。

程序 1.1-1

```
clear all;clc
Z=[1 1 0 1 1 1 1 0 0 0];
n=length(Z);
k=3;
```

1.1 游程概念

```
for t=1:n-k+1
    w(t)=1;
    for j=t:t+k-1
        if j>0 & j<n+1
            w(t)=w(t)*Z(j);
        end
    end
end
w
for t=1:n-k+1
    w0=0;
    msum=0;
    for i=1:k-1
        if t-i>0
            msum=msum+w1(t-i);
        end
    end
    if msum==0
      w1(t)=w(t);
    else
      w1(t)=0;
    end
end
w1
mnk=0;nnk=0;gnk=0;enk=0;
for t=1:n-k+1
    mnk=mnk+w(t);
    nnk=nnk+w1(t);
    if t-1==0
       Z0=0;
    else
       Z0=Z(t-1);
    end
    gnk=gnk+(1-Z0)*w(t);
    if t-1==0
       Z0=0;
    else
       Z0=Z(t-1);
    end
    if t+k==n+1
       Ztk=0;
    else
       Ztk=Z(t+k);
    end
```

```
enk=enk+(1-Z0)*w(t)*(1-Ztk);
end
[enk nnk mnk gnk]
Return
```

1.1.2 游程检验与概率分布

游程定义不同，其相应的概率分布不同，且推导极为复杂。本节引用美国匹兹堡州立大学数学系 Yi‑Ling Lin 和 Ananda Jayawardhana 教授的实例和方法，说明游程概率分布的简单推导。序列游程的总数可以用来度量事件或研究物体出现的随机性。对于一个观测序列来说，如果游程数目太多，说明序列可能隐含存在有负相关性；如果游程数目太少，说明序列某些同类数据有较大的密集聚类现象，可能隐含存在有正相关性。因此，一个游程数目太多或太少的序列一定不是随机序列，要检验序列的随机性，首先需要知道游程总数的概率分布。

假定一个序列含有"a""b"两种符号，设"a"符号的数目为 n_1，"b"符号的数目为 n_2，"a"符号的游程数为 r_1，"b"符号的游程数为 r_2，序列游程总数 $r=r_1+r_2$。不难看出，如果 $r_1=r_2$，则序列以"a"符号游程或"b"符号游程开始；如果 $r_1=r_2+1$，则序列一定是以"a"符号游程开始；如果 $r_1=r_2-1$，则序列一定是以"b"符号游程开始。假定命题，H_0：两种符号出现是随机的。n_1 个"a"符号间有 n_1-1 个空格位置，也可以通过选择和加宽 r_1-1 个空格位置，把 n_1 个"a"符号分为 r_1 个游程，这些空格位置用"b"符号游程来填充。根据组合原理，r_1-1 个空格位置可以有 $\binom{n_1-1}{r_1-1}$ 种方式。

例 1.1‑1 设 $n_1=5$，$n_2=4$，$r_1=3$，$r_2=2$。按照上述约定，"a"符号的数目为 $n_1=5$，其间有 $n_1-1=4$ 空格位置，即

空格位置　　　　　a　a　a　a　a

"a"符号的游程数为 $r_1=3$ 有 $r_1-1=2$ 空格位置，把 5 个"a"符号分为 3 个游程。因此，3 个游程、2 个空格位置"▭"组合方式有 $\binom{n_1-1}{r_1-1}=\binom{5-1}{3-1}=6$ 种，即

a ▭ a ▭ a　a　a
a ▭ a　a ▭ a　a
a ▭ a　a　a ▭ a
a　a ▭ a ▭ a　a
a　a ▭ a　a ▭ a
a　a　a ▭ a ▭ a

上述每个空格位置"▭"可用"b"符号游程来填充，其数目为 $r_2=2$，共 $n_2=4$ 个"b"符号。6 种组合方式中，每个组合"▭"的填充"b"符号游程，共有 $\binom{n_2-1}{r_2-1}=\binom{4-1}{2-1}=3$ 种。即

"a"符号游程　b　"a"符号游程　bbb　"a"符号游程

| "a"符号游程 | bb | "a"符号游程 | bb | "a"符号游程 |
| "a"符号游程 | bbb | "a"符号游程 | b | "a"符号游程 |

若如果 $r_1 = r_2 \pm 1$，r_1 个 "a" 符号游程和 r_2 个 "b" 符号游程组合方式总数为 $\binom{n_1-1}{r_1-1}\binom{n_2-1}{r_2-1} = 18$。

根据上述认识，下面推导游程的联合概率分布。

如果 $r_1 = r_2$，则 r_1 个 "a" 符号游程和 r_2 个 "b" 符号游程组合方式总数为 $2\binom{n_1-1}{r_1-1}\binom{n_2-1}{r_2-1}$。因此，"a" 符号游程数 R_1 和 "b" 符号游程数 R_2 的联合概率分布律为

$$P(R_1 = r_1, R_2 = r_2) = \begin{cases} \dfrac{\binom{n_1-1}{r_1-1}\binom{n_2-1}{r_2-1}}{\binom{n_1+n_2}{n_1}}, & r_1 = r_2 \pm 1 \\[2ex] \dfrac{2\binom{n_1-1}{r_1-1}\binom{n_2-1}{r_2-1}}{\binom{n_1+n_2}{n_1}}, & r_1 = r_2 \end{cases} \tag{1.1-5}$$

式中：$r_1 = 1, 2, \cdots, n_1$；$r_2 = 1, 2, \cdots, n_2$。

根据概率论原理，"a" 符号游程数 R_1 概率密度函数（概率函数）为

$$P(R_1 = r_1) = \sum_{r_2 \in (r_1, r_1+1, r_1-1)} P(R_1 = r_1, R_2 = r_2) = \dfrac{\binom{n_1-1}{n_1-r_1}\binom{n_2+1}{r_1}}{\binom{n_1+n_2}{n_1}} \tag{1.1-6}$$

式中：$r_1 = 1, 2, \cdots, n_1$。

同样，根据概率论原理，可以得到 "a" 符号游程数 R_1、"b" 符号游程数 R_2 的游程总数 $R = R_1 + R_2$ 的概率密度函数（概率函数）。总游程 R 的最小值为 2，最大值为 $2\min(n_1, n_2) + 1$。

当 r 为偶数时，

$$P(R = r) = P(R = 2k) = P(R_1 = k, R_2 = k) = \dfrac{2\binom{n_1-1}{k-1}\binom{n_2-1}{k-1}}{\binom{n_1+n_2}{n_1}} \tag{1.1-7}$$

当 r 为奇数时，

$$P(R = r) = P(R = 2k+1) = P(R_1 = k, R_2 = k+1) + P(R_1 = k+1, R_2 = k)$$
$$= \dfrac{\binom{n_1-1}{k-1}\binom{n_2-1}{k}}{\binom{n_1+n_2}{n_1}} + \dfrac{\binom{n_1-1}{k}\binom{n_2-1}{k-1}}{\binom{n_1+n_2}{n_1}} \tag{1.1-8}$$

例 1.1-2 设 $n_1=5$，$n_2=5$，计算游程总数 $r=\{2,3,\cdots,10\}$ 的概率。

当 $r=2$，"a"符号游程和"b"符号游程有下列组合：

a a a a a b b b b b
b b b b b a a a a a

当 $r=10$，"a"符号游程和"b"符号游程有下列组合：

a b a b a b a b a b
b a b a b a b a b a

根据式 (1.1-7)、式 (1.1-8)，有

$$P(R=2)=P(R_1=1,R_2=1)=\frac{2\binom{5-1}{1-1}\binom{5-1}{1-1}}{\binom{5+5}{5}}=\frac{2}{252}$$

$$P(R=3)=P(R=2\times 1+1)=P(R_1=1,R_2=1+1)+P(R_1=1+1,R_2=1)$$

$$=\frac{\binom{5-1}{1-1}\binom{5-1}{1}}{\binom{5+5}{5}}+\frac{\binom{5-1}{1}\binom{5-1}{1-1}}{\binom{5+5}{5}}=\frac{8}{252}$$

同样，$r=\{3,4,\cdots,10\}$ 的概率见表 1.1-2。

表 1.1-2　　　　　　　　　游程总数概率计算结果

R	2	3	4	5	6	7	8	9	10
$P(R=3)$	$\frac{2}{252}$	$\frac{8}{252}$	$\frac{32}{252}$	$\frac{48}{252}$	$\frac{72}{252}$	$\frac{48}{252}$	$\frac{32}{252}$	$\frac{8}{252}$	$\frac{2}{252}$

由表 1.1-2 容易得到

$$P(R=2)=P(R=10)=\frac{2}{252},P(R=3)=P(R=9)=\frac{8}{252},P(R=4)=P(R=8)=\frac{32}{252}$$

$$P(R=5)=P(R=7)=\frac{48}{252}$$

$$P(R=2\cup R=10)=\frac{2}{252}+\frac{2}{252}=\frac{4}{252}=0.01586$$

$$P[(R=2)\cup(R=3)\cup(R=9)\cup(R=10)]=\frac{2}{252}+\frac{8}{252}+\frac{8}{252}+\frac{2}{252}=\frac{4}{252}=0.07936$$

例 1.1-3 设一个 23 次观测在标准均值上下摆动的记录值为 $abaabbabbaaab$ $aabbaababb$。给定显著水平 $\alpha=0.01$，检验符号"a"符号和"b"符号出现的随机性。

假设命题 H_0：符号"a"符号和"b"符号出现为随机性，命题 H_1：符号"a"符号和"b"符号出现为非随机性。经计算，23 次观测值，"a"符号出现 $n_1=12$ 次，"b"符号出现 $n_2=11$ 次；"a"符号游程数 $r_1=7$，"b"符号游程数 $r_2=7$，符号"a"符号和"b"符号游程总数 $R=R_1+R_2=7+7=14$。按照拒绝规则，若 $R<6$ 或 $R>19$。本例 $R=14$ 不在否定域中，因此，接受 H_0，符号"a"符号和"b"符号出现为随机性。利用

式（1.1-7）和式（1.1-8）和程序 1.1-2，符号"a"符号和"b"符号的游程总数概率见表 1.1-3。

表 1.1-3　　　　　　"a"符号和"b"符号的游程总数概率

R	k	$P(R=r)$	R	k	$P(R=r)$
2	1	0.0000015	13	6	0.1578637
3	1	0.0000155	14	7	0.1435124
4	2	0.0001627	15	7	0.0922580
5	2	0.0007729	16	8	0.0585765
6	3	0.0036610	17	8	0.0256272
7	3	0.0103729	18	9	0.0109831
8	4	0.0292883	19	9	0.0030509
9	4	0.0549155	20	10	0.0008136
10	5	0.1025089	21	10	0.0001220
11	5	0.1332615	22	11	0.0000163
12	6	0.1722149			

程序 1.1-2

```
clear all;clc
n1=12;n2=11;
t=0;
for R=2:22
    k=floor(R/2);
    t=t+1;
    if k==R/2
       p(t)=2*nchoosek(n1-1,k-1)*nchoosek(n2-1,k-1)/nchoosek(n1+n2,n1);
    else
p(t)=(nchoosek(n1-1,k-1)*nchoosek(n2-1,k)+nchoosek(n1-1,k)*nchoosek(n2-1,k-1))/nchoosek
(n1+n2,n1);
    end
    fprintf(1,' %15.0f %15.0f %15.7f\n',R,k,p(t));
end
return
```

在大样本情况下，游程总数 R 的数学期望值为 $E(R)=\dfrac{2n_1n_2}{n_1+n_2}+1$，方差为 $Var(R)=\dfrac{2n_1n_2(2n_1n_2-n_1-n_2)}{(n_1+n_2)^2(n_1+n_2-1)}$。其证明过程如下。

定义，当第 k 个元素不等于第 $k-1$ 个元素时，$I_k=1$；当第 k 个元素等于第 $k-1$ 个元素时，$I_k=0$；$I_1=0$。则游程总数 R 的计算式为

$$R=1+\sum_{k=1}^{n}I_k=1+0+\sum_{k=2}^{n}I_k=1+\sum_{k=2}^{n}I_k, n=n_1+n_2 \qquad (1.1-9)$$

例 1.1-4 有一观测序列值为"$aababbbaa$",计算符号"a"符号游程和"b"符号游程出现的总数。

显然,$n_1=5$,$n_2=4$,$n=5+4=9$。

$R=1+I_1+I_2+I_3+I_4+I_5+I_6+I_7+I_8+I_9=1+0+0+1+1+1+0+0+1+0=5$。

I_k,$k>1$,为伯努利随机变量,但是,它们不是相互独立的。事件 $\{I_k=1\}$ 等价于 {第 $k-1$ 个元素为符号"b",第 k 个元素为符号"a"},或者 {第 $k-1$ 个元素为符号"a",第 k 个元素为符号"b"}。应用概率公式,有

$$P(I_k=1)=P(I_{k-1}=0)P(|I_k=1|I_{k-1}=0)+P(I_{k-1}=1)P(I_k=0|I_{k-1}=1)$$

$$=\frac{n_2}{n}\frac{n_1}{n-1}+\frac{n_1}{n}\frac{n_2}{n-1}=\frac{2n_1n_2}{n(n-1)}$$

应用数学期望,有

$$E(R)=1+E\left(\sum_{k=1}^{n}I_k\right)=1+0+E\left(\sum_{k=2}^{n}I_k\right)=1+E\left(\sum_{k=2}^{n}I_k\right)$$

$$=\sum_{k=2}^{n}[1\cdot P(I_k=1)+0\cdot P(I_k=0)]=1+(n-1)P(I_k=1)$$

$$=1+(n-1)\frac{2n_1n_2}{n(n-1)}=1+\frac{2n_1n_2}{n}$$

$$Var(R)=E[R-E(R)]^2=E\left\{1+\sum_{k=2}^{n}I_k-\left[1+E\left(\sum_{k=2}^{n}I_k\right)\right]\right\}^2$$

$$=E\left\{\sum_{k=2}^{n}[I_k-E(I_k)]\right\}^2=\sum_{k=2}^{n}E[I_k-E(I_k)]^2+\sum_{2\leqslant j\neq k\leqslant n}\sum E[I_j-E(I_j)]E[I_k-E(I_k)]$$

$$=\sum_{k=2}^{n}Var(I_k)+\sum_{j}\sum_{k<j}Cov(I_j,I_k)$$

若随机变量 $X\sim\text{Bernoulli}(p)$,按照概率论原理有,$E(X)=p$,$Var(X)=p(1-p)$。因此,$E(I_k)=\frac{2n_1n_2}{n(n-1)}$,$Var(I_k)=\frac{2n_1n_2}{n(n-1)}\left[1-\frac{2n_1n_2}{n(n-1)}\right]$。

当 $j\neq k$ 时,$Cov(I_j,I_k)=E(I_j,I_k)-E(I_j)E(I_k)$。考虑 $P(I_jI_{j+1}=1)=P(I_j=1,I_{j+1}=1)$,$j=2,3,\cdots,n-1$。

事件 $\{I_jI_{j+1}=1\}$ 等价于 {第 $j-1$ 个元素为符号"a",第 j 个元素为符号"b",第 $j+1$ 个元素为符号"a"},或者 {第 $j-1$ 个元素为符号"b",第 j 个元素为符号"a",第 $j+1$ 个元素为符号"b"}。根据概率论原理,有 $P(I_jI_k=1)=\left(\frac{n_1}{n}\right)\left(\frac{n_2}{n-1}\right)\left(\frac{n_1-1}{n-2}\right)+\left(\frac{n_2}{n}\right)\left(\frac{n_1}{n-1}\right)\left(\frac{n_2-1}{n-2}\right)=\frac{n_1n_2}{n(n-1)}$。不难看出,有 $2(n-2)$ 个项。

根据概率论原理,有数学期望

$$E(I_j,I_{j+1})=1\cdot P(I_jI_{j+1}=1)+0\cdot P(I_jI_{j+1}=0)$$

当 $k\neq j$,或 $k\neq j+1$ 时,$k\geqslant 2$,$j\leqslant n$ 时,事件 $\{I_jI_k=1\}$ 等价于 {第 $j-1$ 个元素为符号"a",第 j 个元素为符号"b",第 $k-1$ 个元素为符号"a",第 k 个元素为符号"b"},或者 {第 $j-1$ 个元素为符号"a",第 j 个元素为符号"b",第 $k-1$ 个元素为符号"b",第 k 个元素为符号"a"},或者 {第 $j-1$ 个元素为符号"b",第 j 个元素为符号"a",第 $k-1$ 个元素为符号"a",第 k 个元素为符号"b"},或者 {第 $j-1$ 个元素为符号

"b", 第 j 个元素为符号 "a", 第 $k-1$ 个元素为符号 "b", 第 k 个元素为符号 "a"}。

$$P(I_j I_k=1)=\left(\frac{n_1}{n}\right)\left(\frac{n_2}{n-1}\right)\left(\frac{n_1-1}{n-2}\right)\left(\frac{n_2-1}{n-3}\right)+\left(\frac{n_1}{n}\right)\left(\frac{n_2}{n-1}\right)\left(\frac{n_2-1}{n-2}\right)\left(\frac{n_1-1}{n-3}\right)$$
$$+\left(\frac{n_2}{n}\right)\left(\frac{n_1}{n-1}\right)\left(\frac{n_1-1}{n-2}\right)\left(\frac{n_2-1}{n-3}\right)+\left(\frac{n_2}{n}\right)\left(\frac{n_1}{n-1}\right)\left(\frac{n_2-1}{n-2}\right)\left(\frac{n_1-1}{n-3}\right)$$
$$=\frac{4n_1 n_2(n_1-1)(n_2-1)}{n(n-1)(n-2)(n-3)}$$

综合以上推导, 有

$$Var(R)=\sum_{k=2}^{n} Var(I_k)+\sum_j \sum_{k<j} Cov(I_j, I_k)$$
$$=\sum_{k=2}^{n} \frac{2n_1 n_2}{n(n-1)}\left[1-\frac{2n_1 n_2}{n(n-1)}\right]+2(n-2)\frac{n_1 n_2}{n(n-1)}+(n-1)(n-2)(n-3)\frac{4n_1 n_2(n_1-1)(n_2-1)}{n(n-1)(n-2)(n-3)}$$
$$=(n-1)\frac{2n_1 n_2}{n(n-1)}\left[1-\frac{2n_1 n_2}{n(n-1)}\right]+2(n-2)\frac{n_1 n_2}{n(n-1)}+(n-1)(n-2)(n-3)\frac{4n_1 n_2(n_1-1)(n_2-1)}{n(n-1)(n-2)(n-3)}$$
$$=\frac{2n_1 n_2(n_1 n_2-n_1-n_2)}{(n_1+n_2)^2(n_1+n_2)}$$

1.2 基于 Markov 链嵌入法的游程计算

如 1.1.1 节所述的 $E_{n,k}$、$N_{n,k}$、$M_{n,k}$ 和 $G_{n,k}$ 分布有许多近似的计算公式, 但是, 这些公式大多复杂。Fu 等 (2003) 在他们的专著 *Distribution theory of runs and patterns and its application*, *A finite Markov chain mbedding approach* 提出了基于 Markov 链嵌入法的游程计算理论, 不仅适用于独立同分布序列游程计算, 而且也适用于相依性序列游程计算。本节在 Fu 等 (2003)、Koutras (2003) 文献的基础上, 详细推导和解释了 Markov 链嵌入法的基本原理和计算过程。

1.2.1 Markov 链嵌入法

设一重复试验的随机过程具有成功 S 和失败 F 两种结果, 发生 S 事件的概率为 p, 发生 F 事件的概率为 q, $p+q=1$。本书若无特殊说明, 成功事件 S 是指试验结果发生 S 事件。采用游程长度的现在状态, 可以获得随机过程 $\{Y_t, t \geq 0\}$, 即①若第 t 次试验发生失败 F, 则 $Y_t=0$; ②前 $i+1$ 次试验按照时间顺序发生的结果为 $\overbrace{FSS\cdots S}^{i+1}$, 则 $Y_t=i$。因此, 在吸收状态 $k, k+1, \cdots$ 下, 有状态空间 $[0,1,\cdots,k]$ 和转移概率矩阵

$$\begin{bmatrix} q & p & 0 & \cdots & 0 & 0 \\ q & 0 & p & \cdots & 0 & 0 \\ \vdots & \vdots & \vdots & & \vdots & \vdots \\ q & 0 & 0 & \cdots & 0 & p \\ 0 & 0 & 0 & 0 & 0 & 1 \end{bmatrix}$$

的有限 Markov 链。随机变量 $E_{n,k}$、$N_{n,k}$、$M_{n,k}$ 和 $G_{n,k}$ 在发生数 $x=0$ 的分布可以表示为

第1章 游程的基本原理

$$P(E_{n,k}=0)=P(N_{n,k}=0)=P(M_{n,k}=0)=P(G_{n,k}=0)$$
$$=1-P(Y_n=k)=1-\boldsymbol{e}_1\boldsymbol{M}^n\boldsymbol{e}_{k+1}^\mathrm{T} \tag{1.2-1}$$

式中：$\boldsymbol{e}_i$ 为 R^{k+1} 空间的单位行向量，$i=1,2,\cdots,k+1$；$\boldsymbol{e}_i^\mathrm{T}$ 为 $\boldsymbol{e}_i$ 的转置矩阵。

设 X_n 为一有限非负整数值随机变量，$l=\max\{x:P(X_n=x)>0\}$ 为 x 的上限取值点。

定义：假定随机变量 X_n 满足下述条件，则 X_n 称为 Markov 链嵌入变量。①在状态空间 $\Omega=\{a_1,a_2,\cdots\}$ 上，其空间划分为 $\Omega=\bigcup_{x\geqslant 0}C_x$，存在 Markov 链 $\{Y_t,t\geqslant 0\}$；②X_n 的概率可用 C_x 上的 Y_n 概率来表示，即

$$P(X_n=x)=P(Y_n\in C_x),x=0,1,\cdots,l \tag{1.2-2}$$

设 Λ_t 为 Markov 链（$\{Y_t,t\geqslant 0\},\Omega$）一步转移概率矩阵；$\boldsymbol{e}_i$ 为第 i 位置元素等于 1，其他位置元素等于 0 的 0 单位行向量。假定 X_n 为具有转移概率矩阵 Λ_t 的 Markov 链嵌入变量，根据 Chapman-Kolmogorov 方程，有

$$P(X_n=x)=\boldsymbol{\pi}_0\prod_{t=1}^n\Lambda_t\sum_{i:a_i\in C_x}\boldsymbol{e}_i^\mathrm{T},x=0,1,\cdots,l \tag{1.2-3}$$

式中：$\boldsymbol{\pi}_0$ 为 Markov 链 $\{Y_t,t\geqslant 0\}$ 的初始概率向量，$\boldsymbol{\pi}_0=[P(Y_0=a_1),P(Y_0=a_2),P(Y_0=a_3),\cdots]$。

若 $\Lambda_t=\Lambda$ 为常数矩阵，式（1.2-3）可转换为

$$P(X_n=x)=\boldsymbol{\pi}_0\Lambda^n\sum_{i:a_i\in C_x}\boldsymbol{e}_i^\mathrm{T},x=0,1,\cdots,l \tag{1.2-4}$$

给定序列长度 n，设一个 t 次试验结果序列为 $SFS\cdots F\overbrace{SS\cdots S}^{m}$，序号集 $\Gamma_n=\{0,1,\cdots,n\}$，状态空间 $\Omega=\{a_1,a_2,\cdots,a_m\}$，Markov 链 $\{Y_t,t\in\Gamma_n\}$。根据上述原理，下节将详细推导 $E_{n,k}$、$N_{n,k}$、$M_{n,k}$ 和 $G_{n,k}$ 分布。

1.2.2 Markov 链嵌入法计算成功游程发生数概率

1.2.2.1 $M_{n,k}$ 分布计算

定义 m 为试验结果序列第 t 次试验，尾部倒数连续成功 S 事件的数目；x 为直到第 t 次试验，长度为 k 成功事件重叠游程的发生次数。

定义 $Y_t=\begin{cases}(x,m), & m\leqslant k-1\\(x,-1), & m\geqslant k\end{cases}$。由于计算长度为 k 成功事件重叠游程的发生次数 x，其最大发生次数 $l=n-k+1$。例如，取 $n=6$，$k=3$，$SSSSSS$，则长度为 3 成功事件重叠游程的发生次数 $x=4=6-3+1$。取 $n=7$，$k=3$，$SSSSSSS$，则长度为 3 成功事件重叠游程的发生次数 $x=5=7-3+1$。当 $m\leqslant k-1$，(x,m) 可以理解为，到达 t 次试验时，已经发生和计入长度为 k 成功事件重叠游程的发生次数 x，而尾部倒数连续成功 S 事件的数目为 m。当 $m\geqslant k$，$(x,-1)$ 可以理解为，到达 t 次试验时，已经发生和计入长度为 k 成功事件重叠游程的发生次数 x，而尾部倒数连续成功 S 事件的数目为 $m\geqslant k$，即一直出现了 $m\geqslant k$ 个成功 S 事件，等待失败 F 出现终止。对于状态 $(0,-1)$，说明第 t 次试验前，没有发生长度为 k 成功事件重叠游程发生，则尾部倒数连续成功 S 事件的数目 m 不会发生 $m\geqslant k$ 的情况。因此，状态 $(0,-1)$ 不是 $M_{n,k}$ 的状态空间划分。

状态空间 $\Omega=\{(x,i):x=0,1,\cdots,l;i=-1,0,1,\cdots,k-1\}\bigcup\{(l,-1)\}-\{(0,-1)\}$，

相应的状态划分集为 $C_0=\{(0,i):i=0,1,\cdots,k-1\}$，$C_l=\{(l,-1)\}$；$C_x=\{(x,i):x=1,2,\cdots,l-1;i=-1,0,1,\cdots,k-1\}$

对于 $n=4$，$k=2$，$l=4-2+1=3$，有状态划分集 $C_0=\{(0,0),(0,1)\}$；$C_1=\{(1,-1),(1,0),(1,1)\}$；$C_2=\{(2,-1),(2,0),(2,1)\}$；$C_3=\{(3,-1)\}$。概率转移矩阵见表 1.2-1。

表 1.2-1　　　　　　　　　　　$M_{4,2}$ 概率转移矩阵

状态	(0,0)	(0,1)	(1,−1)	(1,0)	(1,1)	(2,−1)	(2,0)	(2,1)	(3,−1)
(0,0)	q_t	p_t	0						
(0,1)	q_t	0	p_t						
(1,−1)			0	q_t	0	p_t			
(1,0)				q_t	p_t	0			
(1,1)				q_t	0	p_t			
(2,−1)						0	q_t	0	p_t
(2,0)							q_t	p_t	0
(2,1)							q_t	0	p_t
(3,−1)							0	0	1

按照重叠游程定义和 $Y_t=\begin{cases}(x,m),&m\leqslant k-1\\(x,-1),&m\geqslant k\end{cases}$ 的定义，表 1.2-1 可以解释如下：

（1）第 1 行状态 (0,0) 转换概率。对于状态 (0,0)，第 t 次试验结果（状态转换前），长度为 2 的成功事件发生次数等于 0，尾部倒数连续成功 S 事件的数目也为 0。若第 $t+1$ 次试验结果（状态转换后），发生成功 S，则尾部倒数连续成功 S 事件的数目为 1。长度为 2 的成功事件发生次数等于 0，即结果 (0,1)。若第 $t+1$ 次试验结果（状态转换后），发生失败 F，则尾部倒数连续成功 S 事件的数目为 0。长度为 2 的成功事件发生次数等于 0，即结果 (0,0)。因此，(0,0)→(0,1) 的状态概率为 p_t，(0,0)→(0,0) 的状态概率为 q_t。其他 (0,0)→(1,−1)、(1,0)、(1,1)、(2,−1)、(2,0)、(2,1)、(3,−1) 的状态概率均为 0。

（2）第 2 行状态 (0,1) 转换概率。对于状态 (0,1)，第 t 次试验结果（状态转换前），长度为 2 的成功事件发生次数等于 0，尾部倒数连续成功 S 事件的数目为 1。若第 $t+1$ 次试验结果（状态转换后），发生成功 S，则尾部倒数连续成功 S 事件的数目为 $m=k=2$。由于 $M_{n,k}$ 为重叠游程，本次已出现长度为 k 的成功游程，因此，这个长度为 k 的成功游程应计入游程发生数目，即长度为 2 的成功事件发生次数等于 0，尾部倒数连续成功 S 事件的数目特征值为 −1，即结果 (1,−1)。若第 $t+1$ 次试验结果（状态转换后），发生失败 F，则尾部倒数连续成功 S 事件的数目为 0，长度为 2 的成功事件发生次数等于 0，即结果 (0,0)。因此，(0,0)→(1,−1) 的状态概率为 p_t，(0,0)→(0,0) 的状态概率为 q_t。其他 (0,0)→(0,1)、(1,0)、(1,1)、(2,−1)、(2,0)、(2,1)、(3,−1) 的状态概率均为 0。

（3）第 3 行状态 (1,−1) 转换概率。对于状态 (1,−1)，第 t 次试验结果（状态转

换前），长度为 2 的成功事件发生次数等于 1，尾部倒数计入成功 S 事件的数目 $m \geqslant k$。若第 $t+1$ 次试验结果（状态转换后），发生成功 S，则尾部倒数连续成功 S 事件的数目为 $m \geqslant k=2$。由于 $M_{n,k}$ 为重叠游程，本次也已出现长度为 k 的成功游程，因此，这个长度为 k 的成功游程应计入游程发生数目，即长度为 2 的成功事件发生次数等于 2，尾部倒数连续成功 S 事件的数目特征值为 −1，即结果（2,−1）。若第 $t+1$ 次试验结果（状态转换后），发生失败 F，则尾部倒数连续成功 S 事件的数目为 0，长度为 2 的成功事件发生次数等于 1，即结果（1,0）。因此，（1,−1）→（2,−1）的状态概率为 p_t，（1,−1）→（1,0）的状态概率为 q_t。其他（1,−1）→（0,0）、（0,1）、（1,−1）、（1,1）、（2,0）、（2,1）、（3,−1）的状态概率均为 0。

（4）第 4 行状态（1,0）转换概率。对于状态（1,0），第 t 次试验结果（状态转换前），长度为 2 的成功事件发生次数等于 1，尾部倒数连续成功 S 事件的数目也为 0。若第 $t+1$ 次试验结果（状态转换后），发生成功 S，则尾部倒数连续成功 S 事件的数目为 1。长度为 2 的成功事件发生次数等于 1，即结果（1,1）。若第 $t+1$ 次试验结果（状态转换后），发生失败 F，则尾部倒数连续成功 S 事件的数目为 0。长度为 2 的成功事件发生次数等于 1，即结果（1,0）。因此，（1,0）→（1,1）的状态概率为 p_t，（1,0）→（1,0）的状态概率为 q_t。其他（1,0）→（0,0）、（0,1）、（1,−1）、（2,−1）、（2,0）、（2,1）、（3,−1）的状态概率均为 0。

（5）第 5 行状态（1,1）转换概率。对于状态（1,1），第 t 次试验结果（状态转换前），长度为 2 的成功事件发生次数等于 1，尾部倒数连续成功 S 事件的数目也为 1。若第 $t+1$ 次试验结果（状态转换后），发生成功 S，则尾部倒数连续成功 S 事件的数目为 $m=k=2$。由于 $M_{n,k}$ 为重叠游程，本次已出现长度为 k 的成功游程，因此，这个长度为 k 的成功游程应计入游程发生数目，即长度为 2 的成功事件发生次数等于 2，尾部倒数连续成功 S 事件的数目特征值为 −1，即结果（2,−1）。若第 $t+1$ 次试验结果（状态转换后），发生失败 F，则尾部倒数连续成功 S 事件的数目为 0。长度为 2 的成功事件发生次数等于 1，即结果（1,0）。因此，（1,1）→（2,−1）的状态概率为 p_t，（1,1）→（1,0）的状态概率为 q_t。其他（1,1）→（0,0）、（0,1）、（1,−1）、（1,1）、（2,0）、（2,1）、（3,−1）的状态概率均为 0。

（6）第 6 行状态（2,−1）转换概率。对于状态（2,−1），第 t 次试验结果（状态转换前），长度为 2 的成功事件发生次数等于 2，尾部倒数计入成功 S 事件的数目大于等于游程长度 $m \geqslant k=2$。若第 $t+1$ 次试验结果（状态转换后），发生成功 S，则尾部倒数连续成功 S 事件的数目为 $m \geqslant k=2$。由于 $M_{n,k}$ 为重叠游程，本次已出现长度为 k 的成功游程，因此，这个长度为 k 的成功游程应计入游程发生数目，即长度为 2 的成功事件发生次数等于 3，尾部倒数连续成功 S 事件的数目特征值为 −1，即结果（3,−1）。若第 $t+1$ 次试验结果（状态转换后），发生失败 F，则尾部倒数连续成功 S 事件的数目为 0。长度为 2 的成功事件发生次数等于 2，即结果（2,0）。因此，（2,−1）→（3,−1）的状态概率为 p_t，（2,−1）→（2,0）的状态概率为 q_t。其他（2,−1）→（0,0）、（0,1）、（1,−1）、（1,0）、（1,1）、（2,−1）、（2,1）的状态概率均为 0。

（7）第 7 行状态（2,0）转换概率。对于状态（2,0），第 t 次试验结果（状态转换前），长度为 2 的成功事件发生次数等于 2，尾部倒数计入成功 S 事件的数目为 0。若第 $t+1$ 次试验结果（状态转换后），发生成功 S，则尾部倒数连续成功 S 事件的数目为 1。长度为 2 的成功事件发生次数等于 2，即结果 (2,1)。若第 $t+1$ 次试验结果（状态转换后），发生失败 F，则尾部倒数连续成功 S 事件的数目为 0。长度为 2 的成功事件发生次数等于 1，即结果 (2,0)。因此，(2,0)→(2,1) 的状态概率为 p_t，(2,0)→(2,0) 的状态概率为 q_t。其他 (2,0)→(0,0)、(0,1)、(1,-1)、(1,0)、(1,1)、(2,-1)、(3,-1) 的状态概率均为 0。

（8）第 8 行状态 (2,1) 转换概率。对于状态 (2,1)，第 t 次试验结果（状态转换前），长度为 2 的成功事件发生次数等于 2，尾部倒数计入成功 S 事件的数目为 1。若第 $t+1$ 次试验结果（状态转换后），发生成功 S，则则尾部倒数连续成功 S 事件的数目为 $m=k=2$。由于 $M_{n,k}$ 为重叠游程，本次已出现长度为 k 的成功游程，因此，这个长度为 k 的成功游程应计入游程发生数目，即长度为 2 的成功事件发生次数等于 3，尾部倒数连续成功 S 事件的数目特征值为 -1，即结果 (3,-1)。若第 $t+1$ 次试验结果（状态转换后），发生失败 F，则尾部倒数连续成功 S 事件的数目为 0。长度为 2 的成功事件发生次数等于 2，即结果 (2,0)。因此，(2,1)→(3,-1) 的状态概率为 p_t，(2,1)→(2,0) 的状态概率为 q_t。其他 (2,1)→(0,0)、(0,1)、(1,-1)、(1,0)、(1,1)、(2,-1)、(2,1) 的状态概率均为 0。

（9）第 9 行状态 (3,-1) 转换概率。对于状态 (3,-1)，第 t 次试验结果（状态转换前），长度为 2 的成功事件发生次数等于 3，尾部倒数计入成功 S 事件的数目大于等于游程长度 $m \geqslant k=2$，即 $i=-1$。已经达到长度为 k 成功游程的最大发生次数，不再发生状态转移，进入吸收状态。因此，状态转移概率为 1。其他 (3,-1)→(0,0)、(0,1)、(1,-1)、(1,0)、(1,1)、(2,-1)、(2,0)、(2,1) 状态转移概率均为 0。

根据上述分析，有状态转移概率矩阵的一般形式：

当 $0 \leqslant x \leqslant l-1$，且 $0 \leqslant i \leqslant k-2$ 时，$p_t[(x,i+1)|(x,i)]=p_t$

当 $0 \leqslant x \leqslant l-1$ 时，$p_t[(x+1,-1)|(x,k-1)]=p_t$

当 $1 \leqslant x \leqslant l-1$ 时，$p_t[(x+1,-1)|(x,-1)]=p_t$

1.2.2.2 $E_{n,k}$ 分布计算

设一个 t 次试验结果序列为，$SFS \cdots F\overbrace{SS \cdots S}^{m}$，序号集 $\Gamma_n=\{0,1,\cdots,n\}$，状态空间 $\Omega=\{a_1,a_2,\cdots,a_m\}$，Markov 链 $\{Y_t, t \in \Gamma_n\}$。定义 m 为试验结果序列第 t 次试验前，尾部倒数连续计入成功 S 事件的数目；x 为第 t 次试验，恰好长度为 k 成功事件游程的发生次数。

定义 $Y_t = \begin{cases} (x,m), & m \leqslant k-1 \\ (x,-1), & m > k \\ (x,-2), & m = k \end{cases}$。由于计算恰好长度为 k 成功事件 S 游程的发生次数

x，一定采用失败事件 F 分割，其最大发生次数 $l=\left[\dfrac{n+1}{k+1}\right]$。

当 $m \leqslant k-1$ 时，(x,m) 说明到达第 t 次试验时，已经发生和计入 x 个恰好长度为 k

成功事件游程，尾部出现 m 个连续成功 S 事件。状态 $(x,-1)$，说明到达第 t 次试验时，尾部倒数连续成功 S 事件的数目 $m>k$，恰好长度为 k 成功事件游程数 x 先发生于最后序列 $m+1$ 个结果 $F\overbrace{SS\cdots S}^{m}$，已经不是长度为 k 成功事件游程，游程数 x 需要重新计入（发生溢出状态）。状态 $(x,-2)$，说明到达第 t 次试验时，尾部倒数连续成功 S 事件的数目 $m=k$，第 x 个恰好长度为 k 成功事件的游程在第 t 次试验发生，有待于下一个状态出现（发生等待状态），确定终止游程长度计算。状态 $(x,-1)$ 和 $(x,-2)$ 均表明恰好长度为 k 成功事件的游程数 x 在 t 次试验结果中已经发生。由于计算恰好长度为 k 成功事件游程的发生，需要等待这个成功事件的游程结束，进行游程数 x 重新计入。

状态空间集为 $\Omega=\{(x,i):x=0,1,\cdots,l;i=-2,-1,0,1,\cdots,k-1\}-\{(0,-2)\}$，$(0,-2)$ 表示到达第 t 次试验时，还没有恰好长度为 k 成功事件的游程发生，但是没有尾部倒数连续成功 S 事件的数目 $m=k$。因此，状态空间集 Ω 中去除它。

相应的状态划分集为 $C_0=\{(0,i):i=-1,0,1,\cdots,k-1\}$；$C_x=\{(x,i):x=1,2,\cdots,l;i=-2,-1,0,1,\cdots,k-1\}$。

对于 $n=4$，$k=2$，$l=\left[\dfrac{4+1}{2+1}\right]=2$，有状态划分集 $C_0=\{(0,-1),(0,0),(0,1)\}$；$C_1=\{(1,-2),(1,-1),(1,0),(1,1)\}$；$C_2=\{(2,-2),(2,-1),(2,0),(2,1)\}$。概率转移矩阵见表 1.2-2。

表 1.2-2　　　　　　　　$E_{4,2}$ 概 率 转 移 矩 阵

状态	(0,−1)	(0,0)	(0,1)	(1,−2)	(1,−1)	(1,0)	(1,1)	(2,−2)	(2,−1)	(2,0)	(2,1)
(0,−1)	p_t	q_t	0								
(0,0)		q_t	p_t	0							
(0,1)		q_t	0	p_t							
(1,−2)	p_t			0	0	q_t	0				
(1,−1)				0	p_t	q_t	0				
(1,0)						q_t	p_t	0			
(1,1)						q_t	0	p_t			
(2,−2)				p_t				0	0	q_t	
(2,−1)								0	p_t	q_t	
(2,0)										q_t	p_t
(2,1)										0	1

按照恰好长度为 k 成功事件的游程定义和 $Y_t=\begin{cases}(x,m),&m\leqslant k-1\\(x,-1),&m>k\\(x,-2),&m=k\end{cases}$ 的定义，表 1.2-2 可以解释如下：

(1) 第 1 行状态 $(0,-1)$ 转换概率。对于状态 $(0,-1)$，第 t 次试验（状态转换前），恰好长度为 k 成功 S 事件的游程在最后序列 $m+1$ 个结果前已经发生和计入，尾部倒数连续成功 S 事件的数目 $m>k$，即连续出现 $m>k$ 个连续成功 S 事件。由于 $E_{n,k}$ 为恰

好长度为 k 成功 S 事件的游程计算，需要等待下一个出现成功 S 结果确定成功 S 事件的游程长度，或等待下一个出现失败 F 结果，终止成功 S 事件游程长度计算，确定已经出现成功 S 事件的游程长度。若第 $t+1$ 次试验（状态转换后），发生成功 S，则尾部倒数连续成功 S 事件的数目仍然为 $m>k$，恰好长度为 k 成功 S 事件的游程数目仍然为 0，即成功 S 发生（0，−1）。若第 $t+1$ 次试验（状态转换后），发生失败 F，则尾部倒数连续成功 S 事件的数目为 0，尾部倒数连续成功 S 事件的数目仍然为 0，恰好长度为 k 成功 S 事件的游程数目仍然为 0，即结果 (0,0)。因此，(0,−1)→(0,0) 状态转移概率均为 q_t，(0,−1)→(0,−1) 状态转移概率为 p_t。其他 (0,−1)→(0,1)、(1,−2)、(1,−1)、(1,0)、(1,1)、(2,−2)、(2,−1)、(2,0)、(2,1) 状态转移概率均为 0。

(2) 第 2 行状态 (0,0) 转换概率。对于状态 (0,0)，第 t 次试验（状态转换前），恰好长度为 k 成功 S 事件的游程序列中没有发生，尾部倒数连续成功 S 事件的数目为 0。若第 $t+1$ 次试验（状态转换后），发生成功 S，则尾部倒数连续成功 S 事件的数目为 1，结果为 (0,1)。若第 $t+1$ 次试验（状态转换后），发生失败 F，则尾部倒数连续成功 S 事件的数目为 0，长度为 k 成功 S 事件的游程数目不变，结果为 (0,0)。即 (0,0) 经一步转移后，可出现结果 (0,1) 或 (0,0)。因此，(0,0)→(0,0) 状态转移概率均为 q_t，(0,0)→(0,1) 状态转移概率为 p_t。其他 (0,1)→(0,−1)、(0,1)、(1,−1)、(1,0)、(1,1)、(2,−2)、(2,−1)、(2,0)、(2,1) 状态转移概率均为 0。

(3) 第 3 行状态 (0,1) 转换概率。对于状态 (0,1)，第 t 次试验（状态转换前），恰好长度为 k 成功 S 事件的游程序列中没有发生，尾部倒数连续成功 S 事件的数目为 1。若第 $t+1$ 次试验（状态转换后），发生成功 S，则尾部倒数连续成功 S 事件的数目 $m=k=2$，恰好长度为 k 成功 S 事件的游程出现，结果为 (1,−2)。若第 $t+1$ 次试验（状态转换后），发生失败 F，则尾部倒数连续成功 S 事件的数目为 0，长度为 k 成功 S 事件的游程数目不变，结果为 (0,0)。因此，(0,1)→(0,0) 状态转移概率均为 q_t，(0,1)→(1,−2) 状态转移概率均为 p_t。其他 (0,1)→(0,−1)、(0,−1)、(1,−1)、(1,0)、(1,1)、(2,−2)、(2,−1)、(2,0)、(2,1) 状态转移概率均为 0。

(4) 第 4 行状态 (1,−2) 转换概率。对于状态 (1,−2)，第 t 次试验时，尾部倒数连续成功 S 事件 $\overbrace{FSS}^{m=2}$ 的数目 $m=k=2$，恰好长度为 k 成功事件的第 1 个游程第 t 次试验发生。若第 $t+1$ 次试验（状态转换后），发生成功 S，则尾部倒数连续成功 S 事件 $\overbrace{FSSS}^{m=3}$ 的数目 $m=k+1=3$，$m>k$。此时，序列成功事件游程长度已经不是 $k=2$，无法判定是否结束，游程数目 $x=1$ 取消，需要重新计数，即结果结果为 (0,−1)。若第 $t+1$ 次试验（状态转换后），发生失败 F，即 $\overbrace{FSS\cdots SF}^{m=k}$。则尾部倒数连续成功 S 事件的数目为 0，恰好长度为 k 成功 S 事件的游程计入结束，数目为 1，结果为 (1,0)。因此，(1,−2)→(0,−1) 的状态转移概率为 p_t，(1,−2)→(1,0) 的状态转移概率为 q_t。其他 (1,−2)→(0,0)、(0,1)、(1,−2)、(1,−1)、(1,1)、(2,−2)、(2,−1)、(2,0)、(2,1) 的状态转移概率均为 0。

(5) 第 5 行状态 (1,−1) 转换概率。对于状态 (1,−1)，第 t 次试验时，尾部倒数

连续成功 S 事件 $F\overbrace{SS\cdots S}^{m=k}$ 的数目 $m>k$，恰好长度为 k 成功事件游程数 x 的最后 $m+1$ 个结果 $F\overbrace{SS\cdots S}^{m}$ 之前已经出现。若第 $t+1$ 次试验（状态转换后），发生成功 S，则尾部倒数连续成功 S 事件 $F\overbrace{SS\cdots SS}^{m=k}$ 的数目 $m>k$，$\overbrace{SS\cdots SS}^{m=k}$ 游程没有结束，无法判定其长度，恰好长度为 k 成功事件游程数 x 仍然保持为 1，其结果为 (1, −1)。若第 $t+1$ 次试验（状态转换后），发生失败 F，即 $F\overbrace{SS\cdots S}^{m=k}F$。则尾部倒数连续成功 S 事件的数目为 0，恰好长度为 k 成功 S 事件的游程计入结束，数目为 1，结果为 (1, 0)。因此，(1, −1)→(1, −1) 的状态转移概率为 p_t，(1, −1)→(1, 0) 的状态转移概率为 q_t。其他 (1, −1)→(0, −1)、(0, 0)、(0, 1)、(1, −2)、(1, 1)、(2, −2)、(2, −1)、(2, 0)、(2, 1) 的状态转移概率均为 0。

（6）第 6 行状态 (1, 0) 转换概率。对于状态 (1, 0)，第 t 次试验（状态转换前），恰好长度为 k 成功 S 事件的游程发生 1 次，尾部倒数连续成功 S 事件的数目为 0。若第 $t+1$ 次试验（状态转换后），发生成功 S，则尾部倒数连续成功 S 事件数目为 1，即结果 (1, 1)。若第 $t+1$ 次试验（状态转换后），发生失败 F，则尾部倒数连续成功 S 事件数目为 0，恰好长度为 k 成功 S 事件的游程发生 1 次不变，即结果 (1, 0)。因此，(1, 0)→(1, 1) 的状态转移概率为 p_t，(1, 0)→(1, 0) 的状态转移概率为 q_t。其他 (1, 0)→(0, −1)、(0, 0)、(0, 1)、(1, −2)、(1, −1)、(2, −2)、(2, −1)、(2, 0)、(2, 1) 的状态转移概率均为 0。

（7）第 7 行状态 (1, 1) 转换概率。对于状态 (1, 1)，第 t 次试验（状态转换前），恰好长度为 k 成功 S 事件的游程发生 1 次，尾部倒数连续成功 S 事件的数目为 1。若第 $t+1$ 次试验（状态转换后），发生成功 S，则尾部倒数连续成功 S 事件数目为 $m=k=2$，恰好长度为 k 成功 S 事件的游程发次数增加为 2，即结果 (2, −2)。若第 $t+1$ 次试验（状态转换后），发生失败 F，则尾部倒数连续成功 S 事件数目为 0，即结果 (1, 0)。因此，(1, 1)→(1, 0) 的状态转移概率为 q_t，(1, 1)→(2, −2) 的状态转移概率为 p_t。其他 (1, 1)→(0, −1)、(0, 0)、(0, 1)、(1, −2)、(1, −1)、(1, 1)、(2, −1)、(2, 0)、(2, 1) 的状态转移概率均为 0。

（8）第 8 行状态 (2, −2) 转换概率。对于状态 (2, −2)，第 t 次试验（状态转换前），尾部倒数连续成功 S 事件数目为 $m=k=2$，恰好长度为 k 成功 S 事件的第 2 个游程出现在第 t 次试验。若第 $t+1$ 次试验（状态转换后），发生成功 S，则尾部倒数连续成功 S 事件数目为 $m>k$，尾部有 $m+1$ 个连续成功 S 事件，即 $SFS\cdots F\underbrace{\overbrace{SS}^{m=k}S}_{m+1}$ 此时，序列成功事件游程长度已经不是 $k=2$，无法判定是否结束，游程数目 $x=2$ 取消（发生溢出），需要重新计数，即结果 (1, −1)。若第 $t+1$ 次试验（状态转换后），发生失败 F，则尾部倒数连续成功 S 事件数目为 0，恰好长度为 k 成功 S 事件的游程发次数为 2，保持不变，即结果 (2, 0)。因此，(2, −2)→(1, −1) 的状态转移概率为 p_t，(2, −2)→(2, 0) 的状态转移概率为 q_t。其他 (2, −2)→(0, −1)、(0, 0)、(0, 1)、(1, −2)、(1, 0)、(1,

1)、(2,-2)、(2,1) 的状态转移概率均为 0。

(9) 第 9 行状态 (2,-1) 转换概率。对于状态 (2,-1)，第 t 次试验（状态转换前），尾部倒数连续成功 S 事件数目为 $m>k$，恰好长度为 k 成功 S 事件的 2 个游程优先于最后 $m+1$ 个结果发生。若第 $t+1$ 次试验（状态转换后），发生成功 S，则尾部倒数连续成功 S 事件数目为 $m>k$，恰好 2 个长度为 k 成功 S 事件的游程发生在最后 $m+1$ 结果之前，即结果 (2,-1)。若第 $t+1$ 次试验（状态转换后），发生失败 F，则尾部倒数连续成功 S 事件数目为 0，恰好长度为 k 成功 S 事件的游程发次数为 2，保持不变，即结果 (2,0)。因此，$(2,-1) \rightarrow (2,-1)$ 的状态转移概率为 p_t，$(2,-1) \rightarrow (2,0)$ 的状态转移概率为 q_t。其他 $(2,-1) \rightarrow (0,-1)$、(0,0)、(0,1)、(1,-2)、(1,-1)、(1,0)、(1,1)、(2,-2)、(2,1) 的状态转移概率均为 0。

(10) 第 10 行状态 (2,0) 转换概率。对于状态 (2,0)，第 t 次试验（状态转换前），尾部倒数连续成功 S 事件数目 0，恰好长度为 k 成功 S 事件的游程数为 2。若第 $t+1$ 次试验（状态转换后），发生成功 S，则尾部倒数连续成功 S 事件数目为 1，恰好 2 个长度为 k 成功 S 事件的游程发生数目仍然为 2，即结果 (2,1)。若第 $t+1$ 次试验（状态转换后），发生失败 F，则尾部倒数连续成功 S 事件数目为 0，恰好 2 个长度为 k 成功 S 事件的游程发生数目仍然为 2，即结果 (2,0)。因此，$(2,0) \rightarrow (2,1)$ 的状态转移概率为 p_t，$(2,0) \rightarrow (2,0)$ 的状态转移概率为 q_t。其他 $(2,0) \rightarrow (0,-1)$、(0,0)、(0,1)、(1,-2)、(1,-1)、(1,0)、(1,1)、(2,-2)、(2,-1) 的状态转移概率均为 0。

(11) 第 11 行状态 (2,1) 转换概率。对于状态 (2,1)，第 t 次试验（状态转换前），尾部倒数连续成功 S 事件数目 1，恰好长度为 k 成功 S 事件的游程数为 2。若第 $t+1$ 次试验（状态转换后），发生成功 S，则尾部倒数连续成功 S 事件数目为 $m=2=k$，第 2 个长度为 k 成功 S 事件的游程在第 $t+1$ 次试验，即结果 (2,1)。

根据上述分析，有状态转移概率矩阵的一般形式：

当 $0 \leqslant x \leqslant l$，且 $0 \leqslant i \leqslant k-2$ 时，$p_t[(x,i+1)|(x,i)] = p_t$

当 $1 \leqslant x \leqslant l-1$ 时，$p_t[(x+1,-2)|(x,k-1)] = p_t$

当 $1 \leqslant x \leqslant l$ 时，$p_t[(x-1,-1)|(x,-2)] = p_t$

当 $0 \leqslant x \leqslant l$ 时，$p_t[(x,-1)|(x,-1)] = p_t$

1.2.2.3 $G_{n,k}$ 分布计算

设一个 t 次试验结果序列为，$SFS \cdots F\overbrace{SS \cdots S}^{m}$，序号集 $\Gamma_n = \{0, 1, \cdots, n\}$，状态空间 $\Omega = \{a_1, a_2, \cdots, a_m\}$，Markov 链 $\{Y_t, t \in \Gamma_n\}$。定义 m 为试验结果序列第 t 次试验前，尾部倒数连续计入成功 S 事件的数目。

当 $0 \leqslant i = m \leqslant k-1$ 时，$Y_t = (x, i)$，在最后 $m+1$ 个结果 $F\overbrace{SS \cdots S}^{m}$ 之前，长度大于等于 k 的成功游程发生次数为 x。$m \geqslant k$，$x \geqslant 1$，有 $x-1$ 个游程发生在后 $m+1$ 个结果 $F\overbrace{SS \cdots S}^{m}$ 之前。$Y_t = (x, -1)$，表示最后 m 个结果 $\overbrace{SS \cdots S}^{m}$ 均为成功 S，等待一个失败 F，形成长度大于等于 k 的成功游程。这里 $m \geqslant k$ 暗指 $x \geqslant 1$。由于计算长度大于等于 k 的成

第 1 章 游程的基本原理

功游程的发生次数 x，一定采用失败事件 F 分割，其最大发生次数 $l=\left[\dfrac{n+1}{k+1}\right]$。

相应的状态划分集为 $C_0=\{(0,i):i=0,1,\cdots,k-1\}$；$C_x=\{(x,i):x=1,2,\cdots,l;i=-1,0,1,\cdots,k-1\}$。

对于 $n=5$，$k=2$，$l=\left[\dfrac{5+1}{2+1}\right]=2$，有状态划分集 $C_0=\{(0,0),(0,1)\}$；$C_1=\{(1,-1),(1,0),(1,1)\}$；$C_2=\{(2,-1),(2,0),(2,1)\}$。概率转移矩阵见表 1.2-3。

表 1.2-3　　　　　　　　$G_{5,2}$ 概 率 转 移 矩 阵

状态	(0,0)	(0,1)	(1,−1)	(1,0)	(1,1)	(2,−1)	(2,0)	(2,1)
(0,0)	q_t	p_t	0					
(0,1)	q_t	0	p_t					
(1,−1)			p_t	q_t	0			
(1,0)				q_t	p_t	0		
(1,1)				q_t	0	p_t		
(2,−1)						p_t	q_t	0
(2,0)							q_t	p_t
(2,1)							0	1

表 1.2-3 可以解释如下：

(1) 第 1 行状态 (0,1) 转换概率。对于状态 (0,0)，第 t 次试验（状态转换前），尾部倒数连续成功 S 事件数目 0，长度大于等于 k 的成功 S 事件游程数目为 0。若第 $t+1$ 次试验（状态转换后），发生成功 S，则尾部倒数连续成功 S 事件数目为 1，长度大于等于 k 的成功 S 事件游程数目为 0，即结果 (0,1)。若第 $t+1$ 次试验（状态转换后），发生失败 F，则尾部倒数连续成功 S 事件数目为 0，长度大于等于 k 的成功 S 事件游程数目为 0，即结果 (0,0)。因此，(0,0)→(0,1) 的状态转移概率为 p_t，(0,0)→(0,0) 的状态转移概率为 q_t。其他 (0,0)→(1,−1)、(1,0)、(1,1)、(2,−1)、(2,0)、(2,1) 的状态转移概率均为 0。

(2) 第 2 行状态 (0,1) 转换概率。对于状态 (0,1)，第 t 次试验（状态转换前），尾部倒数连续成功 S 事件数目 1，长度大于等于 k 的成功 S 事件游程数目为 0。若第 $t+1$ 次试验（状态转换后），发生成功 S，则尾部倒数连续成功 S 事件数目为 $m=k=2$，长度大于等于 k 的成功游程数变为 1。即结果 (1,−1)。若第 $t+1$ 次试验（状态转换后），发生失败 F，则尾部倒数连续成功 S 事件数目为 0，长度大于等于 k 的成功 S 事件游程数目为 0，即结果 (0,0)。因此，(0,1)→(1,−1) 的状态转移概率为 p_t，(0,1)→(0,0) 的状态转移概率为 q_t。其他 (0,1)→(0,1)、(1,0)、(1,1)、(2,−1)、(2,0)、(2,1) 的状态转移概率均为 0。

(3) 第 3 行状态 (1,−1) 转换概率。对于状态 (1,−1)，第 t 次试验（状态转换前），尾部倒数连续成功 S 事件数目 $m \geqslant k$，长度大于等于 k 的成功 S 事件游程数目为 1，等待一个失败 F，形成长度大于等于 k 的成功游程。若第 $t+1$ 次试验（状态转换后），发

生成功 S，则尾部倒数连续成功 S 事件数目为 $m \geq k$，等待一个失败 F，形成长度大于等于 k 的成功游程。长度大于等于 k 的成功游程数为 1。即结果 $(1,-1)$。若第 $t+1$ 次试验（状态转换后），发生失败 F，则尾部倒数连续成功 S 事件数目为 0，长度大于等于 k 的成功 S 事件游程数目为 1，即结果 $(1,0)$。因此，$(1,-1) \to (1,-1)$ 的状态转移概率为 p_t，$(1,-1) \to (1,0)$ 的状态转移概率为 q_t。其他 $(1,-1) \to (0,0)$、$(0,1)$、$(1,1)$、$(2,-1)$、$(2,0)$、$(2,1)$ 的状态转移概率均为 0。

（4）第 4 行状态 $(1,0)$ 转换概率。对于状态 $(1,0)$，第 t 次试验（状态转换前），尾部倒数连续成功 S 事件数目 0，长度大于等于 k 的成功 S 事件游程数目为 1。若第 $t+1$ 次试验（状态转换后），发生成功 S，则尾部倒数连续成功 S 事件数目为 1，长度大于等于 k 的成功 S 事件游程数目为 1，即结果 $(1,1)$。若第 $t+1$ 次试验（状态转换后），发生失败 F，则尾部倒数连续成功 S 事件数目为 0，长度大于等于 k 的成功 S 事件游程数目为 1，即结果 $(1,0)$。因此，$(1,0) \to (1,1)$ 的状态转移概率为 p_t，$(1,0) \to (1,0)$ 的状态转移概率为 q_t。其他 $(1,0) \to (0,0)$、$(0,1)$、$(1,-1)$、$(2,-1)$、$(2,0)$、$(2,1)$ 的状态转移概率均为 0。

（5）第 5 行状态 $(1,1)$ 转换概率。对于状态 $(1,1)$，第 t 次试验（状态转换前），尾部倒数连续成功 S 事件数目 0，长度大于等于 k 的成功 S 事件游程数目为 1。若第 $t+1$ 次试验（状态转换后），发生成功 S，则尾部倒数连续成功 S 事件数目为 $m=k=2$，长度大于等于 k 的成功游程数变为 2。即结果 $(2,-1)$。若第 $t+1$ 次试验（状态转换后），发生失败 F，则尾部倒数连续成功 S 事件数目为 0，长度大于等于 k 的成功 S 事件游程数目为 1，即结果 $(1,0)$。因此，$(1,1) \to (2,-1)$ 的状态转移概率为 p_t，$(1,1) \to (1,0)$ 的状态转移概率为 q_t。其他 $(1,1) \to (0,0)$、$(0,1)$、$(1,-1)$、$(1,1)$、$(2,0)$、$(2,1)$ 的状态转移概率均为 0。

（6）第 6 行状态 $(2,-1)$ 转换概率。对于状态 $(2,-1)$，第 t 次试验（状态转换前），尾部倒数连续成功 S 事件数目 $m \geq k$，长度大于等于 k 的成功 S 事件游程数目为 2，等待一个失败 F，形成长度大于等于 k 的成功游程。若第 $t+1$ 次试验（状态转换后），发生成功 S，则尾部倒数连续成功 S 事件数目为 $m \geq k$，长度大于等于 k 的成功游程数变为 2。即结果 $(2,-1)$。若第 $t+1$ 次试验（状态转换后），发生失败 F，则尾部倒数连续成功 S 事件数目为 0，长度大于等于 k 的成功 S 事件游程数目为 2，即结果 $(2,0)$。因此，$(2,-1) \to (2,-1)$ 的状态转移概率为 p_t，$(2,-1) \to (2,0)$ 的状态转移概率为 q_t。其他 $(2,-1) \to (0,0)$、$(0,1)$、$(1,-1)$、$(1,0)$、$(1,1)$、$(2,1)$ 的状态转移概率均为 0。

（7）第 7 行状态 $(2,0)$ 转换概率。对于状态 $(2,0)$，第 t 次试验（状态转换前），尾部倒数连续成功 S 事件数目 0，长度大于等于 k 的成功 S 事件游程数目为 2。若第 $t+1$ 次试验（状态转换后），发生成功 S，则尾部倒数连续成功 S 事件数目为 1，长度大于等于 k 的成功 S 事件游程数目为 2，即结果 $(2,1)$。若第 $t+1$ 次试验（状态转换后），发生失败 F，则尾部倒数连续成功 S 事件数目为 0，长度大于等于 k 的成功 S 事件游程数目为 2，即结果 $(2,0)$。因此，$(2,0) \to (2,1)$ 的状态转移概率为 p_t，$(2,0) \to (2,0)$ 的状态转移概率为 q_t。其他 $(2,0) \to (0,0)$、$(0,1)$、$(1,-1)$、$(1,0)$、$(1,1)$、$(2,-1)$ 的状态转移概率均为 0。

(8) 第 7 行状态 (2,1) 转换概率。对于状态 (2,1)，第 t 次试验（状态转换前），尾部倒数连续成功 S 事件数目 1，长度大于等于 k 的成功 S 事件游程数目为 2。若第 $t+1$ 次试验（状态转换后），发生成功 S，则尾部倒数连续成功 S 事件数目为 $m=k=2$，长度大于等于 k 的成功 S 事件游程数目为 2，即结果 (2,1)。

根据上述分析，有状态转移概率矩阵的一般形式：

当 $0 \leq x \leq l$，且 $0 \leq i \leq \max(0, k-2)$ 时，$p_t[(x,i+1)|(x,i)]=p_t$

当 $0 \leq x \leq l-1$ 时，$p_t[(x+1,-1)|(x,k-1)]=p_t$

当 $1 \leq x \leq l$ 时，$p_t[(x,-1)|(x,-1)]=p_t$

1.2.2.4 $N_{n,k}$ 分布计算

定义 m 为试验结果序列第 t 次试验 $SFS\cdots F\overbrace{SS\cdots S}^{m}$，尾部倒数连续成功 S 事件的数 m。由于 $N_{n,k}$ 为长度 k 成功事件非重叠游程的发生次数，则 $l=\left[\dfrac{n}{k}\right]$。定义 $Y_t=(x,i)$，其中，$i=m \bmod k$，mod 为取余数运算。因为 $N_{n,k}$ 为长度 k 成功事件非重叠游程数，尾部倒数连续成功 S 事件数 m 每 k 个（不重叠），长度 k 成功事件非重叠游程数计数 1 次。即 $i=0$ 时，重新计算长度 k 成功事件非重叠游程数，$i \leq k-1$ 时，为尾部倒数连续成功 S 事件剩余数。另外，$i=0$ 时，也表示第 t 次试验发生失败 F，则尾部倒数连续成功 S 事件数 $m=0$。状态空间 $\Omega=\{(x,i):x=0,1,\cdots,l;i=0,1,\cdots,k-1\}$，相应的状态划分集为 $C_x=\{(x,i):x=0,1,\cdots,l;i=0,1,\cdots,k-1\}$。对于 $n=5$，$k=2$，$l=\left[\dfrac{5}{2}\right]=2$，有状态划分集 $C_0=\{(0,0),(0,1)\}$；$C_1=\{(1,0),(1,1)\}$；$C_2=\{(2,0),(2,1)\}$。概率转移矩阵见表 1.2-4。

表 1.2-4　　　　　　　　$N_{5,2}$ 概率转移矩阵

状态	(0,0)	(0,1)	(1,0)	(1,1)	(2,0)	(2,1)
(0,0)	q_t	p_t				
(0,1)	q_t	0	p_t			
(1,0)			q_t	p_t		
(1,1)			q_t	0	p_t	
(2,0)					q_t	p_t
(2,1)						1

表 1.2-4 可解释如下：

(1) 第 1 行状态 (0,0) 转换概率。对于状态 (0,0)，第 t 次试验（状态转换前），尾部倒数连续成功 S 事件数特征值 $i=m \bmod k=0$，长度大于等于 k 的成功 S 事件游程数目为 0。若第 $t+1$ 次试验（状态转换后），发生成功 S，则尾部倒数连续成功 S 事件数为 $m=1$，特征值 $i=m \bmod k=0$，长度大于等于 k 的成功 S 事件游程数目为 0，即结果 (0,1)。若第 $t+1$ 次试验（状态转换后），发生失败 F，则尾部倒数连续成功 S 事件数 $m=0$，特征值 $i=m \bmod k=0$，长度大于等于 k 的成功 S 事件游程数目为 0，即结

果 (0,0)。因此，(0,0)→(0,1) 的状态转移概率为 p_t，(0,0)→(0,0) 的状态转移概率为 q_t。其他 (0,0)→(1,0)、(1,1)、(2,0)、(2,1) 的状态转移概率均为 0。

(2) 第 2 行状态 (0,1) 转换概率。对于状态 (0,1)，第 t 次试验（状态转换前），尾部倒数连续成功 S 事件数特征值 $i=m \mod k=1$，长度大于等于 k 的成功 S 事件游程数目为 0。若第 $t+1$ 次试验（状态转换后），发生成功 S，则尾部倒数连续成功 S 事件数 $m=k=2$，特征值 $i=m \mod k=0$，长度大于等于 k 的成功 S 事件游程数目为 0，即结果 (0,1)。若第 $t+1$ 次试验（状态转换后），发生失败 F，则尾部倒数连续成功 S 事件数目 $m=0$，特征值 $i=m \mod k=0$，长度大于等于 k 的成功 S 事件游程数目为 0，即结果 (0,0)。因此，(0,1)→(1,0) 的状态转移概率为 p_t，(0,1)→(0,0) 的状态转移概率为 q_t。其他 (0,1)→(0,1)、(1,1)、(2,0)、(2,1) 的状态转移概率均为 0。

(3) 第 3 行状态 (1,0) 转换概率。对于状态 (1,0)，第 t 次试验（状态转换前），尾部倒数连续成功 S 事件数特征值 $i=m \mod k=0$，长度大于等于 k 的成功 S 事件游程数目为 1。若第 $t+1$ 次试验（状态转换后），发生成功 S，则尾部倒数连续成功 S 事件数 $m=1$，特征值 $i=m \mod k=1$，长度大于等于 k 的成功 S 事件游程数目为 1，即结果 (1,1)。若第 $t+1$ 次试验（状态转换后），发生失败 F，则尾部倒数连续成功 S 事件数目 $m=0$，特征值 $i=m \mod k=0$，长度大于等于 k 的成功 S 事件游程数目为 0，即结果 (1,0)。因此，(1,0)→(1,1) 的状态转移概率为 p_t，(1,0)→(1,0) 的状态转移概率为 q_t。其他 (1,0)→(0,0)、(0,1)、(2,0)、(2,1) 的状态转移概率均为 0。

(4) 第 4 行状态 (1,1) 转换概率。对于状态 (1,1)，第 t 次试验（状态转换前），尾部倒数连续成功 S 事件数特征值 $i=m \mod k=1$，长度大于等于 k 的成功 S 事件游程数目为 1。若第 $t+1$ 次试验（状态转换后），发生成功 S，则尾部倒数连续成功 S 事件数 $m=2$，特征值 $i=m \mod k=0$，长度大于等于 k 的成功 S 事件游程数目为 2，即结果 (2,0)。若第 $t+1$ 次试验（状态转换后），发生失败 F，则尾部倒数连续成功 S 事件数目 $m=0$，特征值 $i=m \mod k=0$，长度大于等于 k 的成功 S 事件游程数目为 1，即结果 (1,0)。因此，(1,1)→(2,0) 的状态转移概率为 p_t，(1,1)→(1,0) 的状态转移概率为 q_t。其他 (1,1)→(0,0)、(0,1)、(1,1)、(2,1) 的状态转移概率均为 0。

(5) 第 5 行状态 (2,0) 转换概率。对于状态 (2,0)，第 t 次试验（状态转换前），尾部倒数连续成功 S 事件数特征值 $i=m \mod k=0$，长度大于等于 k 的成功 S 事件游程数目为 2。若第 $t+1$ 次试验（状态转换后），发生成功 S，则尾部倒数连续成功 S 事件数 $m=1$，特征值 $i=m \mod k=1$，长度大于等于 k 的成功 S 事件游程数目为 2，即结果 (2,1)。若第 $t+1$ 次试验（状态转换后），发生失败 F，则尾部倒数连续成功 S 事件数目 $m=0$，特征值 $i=m \mod k=0$，长度大于等于 k 的成功 S 事件游程数目为 2，即结果 (2,0)。因此，(2,0)→(2,1) 的状态转移概率为 p_t，(2,0)→(2,0) 的状态转移概率为 q_t。其他 (2,0)→(0,0)、(0,1)、(1,0)、(1,1) 的状态转移概率均为 0。

(6) 第 5 行状态 (2,1) 转换概率。对于状态 (2,1)，第 t 次试验（状态转换前），尾部倒数连续成功 S 事件数特征值 $i=m \mod k=1$，长度大于等于 k 的成功 S 事件游程数目为 2。已经达到最大发生次数 $l=2$，应保持结果 (2,1)。因此，(2,1)→(2,1) 的状态转移概率为 1。其他 (2,0)→(0,0)、(0,1)、(1,0)、(1,1)、(2,0) 的状态转移概率均为 0。

本节以 $N_{n,k}$ 为例，说明常见游程长度发生数概率计算。给定 $n=5$，$k=2$，$p_t = \dfrac{1}{t+1}$，属于相依性序列游程计算。编制程序 1.2-1，$N_{5,2}$ 的中间主要计算结果列举如下。

程序 1.2-1

```
clear all;clc
% 1. The distribution of Nn,k
n=5;k=2;l=floor(n/k);
x=0:l;m=length(x);
mc=(l+1)*k;
% Transition of matrix
AA=zeros(mc,mc,m);
for t=1:5
    pt(t)=1/(t+1);qt(t)=1-pt(t);
    fprintf(1,'%10.0f %10.7f %12.7f\n',t,pt(t),qt(t));
    A=[qt(t)   pt(t)  ;
       qt(t)    0   ];
    A1=[qt(t)  pt(t);
          0     1];
    B=[0        0  ;
       pt(t)    0];
    C=[0  0;
       0  0];
    AA(:,:,t)=[A B C;
               C A B;
               C C A1];
end
AA
% Unit row vectors
for jj=1:m
    % Computation of unit row vectors
    e=zeros(2*m,mc);xx=x(jj);
    e(1,1)=1;
    n1=2*xx+1;n2=2*xx+2;
    for j=n1:n2
        e(j,j)=1;
    end
    e
    % Computation sum of unit row vectors which belong to stae space
    msume=zeros(mc,1);
    msume(n1:n2,1)=ones(n2-n1+1,1);
    msume
    mtr=1;
    for t=1:n
        mtr=mtr*AA(:,:,t);
```

```
        end
      % Computation of P(Nn,k=x)
      P(jj)=e(1,:) * mtr * msume;
    end
    % Print P(Nn,k=x)
    for jj=1:m
        fprintf(1,'%10.0f %10.0f %12.7f\n',jj,x(jj),P(jj));
    end
    % 1. The distribution of Nn,k * * * * * * * * * * * * * END * * * * * * * * * * * * * * * * *
    return
```

不同 t 对应的状态转移概率 $p_1=0.5000$，$q_1=0.5000$；$p_2=0.3333$，$q_2=0.6667$；$p_3=0.2500$，$q_3=0.7500$；$p_4=0.2000$，$q_4=0.8000$；$p_5=0.1667$，$q_5=0.8333$。

$$t=1 \text{ 对应的状态转移概率矩阵} \Lambda_1(5) = \begin{bmatrix} 0.5000 & 0.5000 & 0 & 0 & 0 & 0 \\ 0.5000 & 0 & 0.5000 & 0 & 0 & 0 \\ 0 & 0 & 0.5000 & 0.5000 & 0 & 0 \\ 0 & 0 & 0.5000 & 0 & 0.5000 & 0 \\ 0 & 0 & 0 & 0 & 0.5000 & 0.5000 \\ 0 & 0 & 0 & 0 & 0 & 1 \end{bmatrix}$$

$$t=2 \text{ 对应的状态转移概率矩阵} \Lambda_2(5) = \begin{bmatrix} 0.6667 & 0.3333 & 0 & 0 & 0 & 0 \\ 0.6667 & 0 & 0.3333 & 0 & 0 & 0 \\ 0 & 0 & 0.6667 & 0.3333 & 0 & 0 \\ 0 & 0 & 0.6667 & 0 & 0.3333 & 0 \\ 0 & 0 & 0 & 0 & 0.6667 & 0.3333 \\ 0 & 0 & 0 & 0 & 0 & 1 \end{bmatrix}$$

$$t=3 \text{ 对应的状态转移概率矩阵} \Lambda_3(5) = \begin{bmatrix} 0.7500 & 0.2500 & 0 & 0 & 0 & 0 \\ 0.7500 & 0 & 0.2500 & 0 & 0 & 0 \\ 0 & 0 & 0.7500 & 0.2500 & 0 & 0 \\ 0 & 0 & 0.7500 & 0 & 0.2500 & 0 \\ 0 & 0 & 0 & 0 & 0.7500 & 0.2500 \\ 0 & 0 & 0 & 0 & 0 & 1 \end{bmatrix}$$

$$t=4 \text{ 对应的状态转移概率矩阵} \Lambda_4(5) = \begin{bmatrix} 0.8000 & 0.2000 & 0 & 0 & 0 & 0 \\ 0.8000 & 0 & 0.2000 & 0 & 0 & 0 \\ 0 & 0 & 0.8000 & 0.2000 & 0 & 0 \\ 0 & 0 & 0.8000 & 0 & 0.2000 & 0 \\ 0 & 0 & 0 & 0 & 0.8000 & 0.2000 \\ 0 & 0 & 0 & 0 & 0 & 1 \end{bmatrix}$$

$t=5$ 对应的状态转移概率矩阵 $\Lambda_5(5) = \begin{bmatrix} 0.8333 & 0.1667 & 0 & 0 & 0 & 0 \\ 0.8333 & 0 & 0.1667 & 0 & 0 & 0 \\ 0 & 0 & 0.8333 & 0.1667 & 0 & 0 \\ 0 & 0 & 0.8333 & 0 & 0.1667 & 0 \\ 0 & 0 & 0 & 0 & 0.8333 & 0.1667 \\ 0 & 0 & 0 & 0 & 0 & 1 \end{bmatrix}$

$x=0$ 对应单位行向量 $e = \begin{bmatrix} 1 & 0 & 0 & 0 & 0 & 0 \\ 0 & 1 & 0 & 0 & 0 & 0 \\ 0 & 0 & 0 & 0 & 0 & 0 \\ 0 & 0 & 0 & 0 & 0 & 0 \\ 0 & 0 & 0 & 0 & 0 & 0 \\ 0 & 0 & 0 & 0 & 0 & 0 \end{bmatrix}$,属于 $x=0$ 的单位行向量和 $\sum_{i:a_i \in C_0} e_i^\mathrm{T} = \begin{bmatrix} 1 \\ 1 \\ 0 \\ 0 \\ 0 \\ 0 \end{bmatrix}$

$x=1$ 对应单位行向量 $e = \begin{bmatrix} 1 & 0 & 0 & 0 & 0 & 0 \\ 0 & 0 & 0 & 0 & 0 & 0 \\ 0 & 0 & 1 & 0 & 0 & 0 \\ 0 & 0 & 0 & 1 & 0 & 0 \\ 0 & 0 & 0 & 0 & 0 & 0 \\ 0 & 0 & 0 & 0 & 0 & 0 \end{bmatrix}$,属于 $x=1$ 的单位行向量和 $\sum_{i:a_i \in C_1} e_i^\mathrm{T} = \begin{bmatrix} 0 \\ 0 \\ 1 \\ 1 \\ 1 \\ 0 \end{bmatrix}$

$x=2$ 对应单位行向量 $e = \begin{bmatrix} 1 & 0 & 0 & 0 & 0 & 0 \\ 0 & 0 & 0 & 0 & 0 & 0 \\ 0 & 0 & 0 & 0 & 0 & 0 \\ 0 & 0 & 0 & 0 & 0 & 0 \\ 0 & 0 & 0 & 0 & 1 & 0 \\ 0 & 0 & 0 & 0 & 0 & 1 \end{bmatrix}$,属于 $x=2$ 的单位行向量和 $\sum_{i:a_i \in C_2} e_i^\mathrm{T} = \begin{bmatrix} 0 \\ 0 \\ 0 \\ 0 \\ 1 \\ 1 \end{bmatrix}$

上述不同 x 取值的单位行向量 e 的第一行向量为初始概率向量 $\pi_0 =$ [1 0 0 0 0 0]。经最后计算,$N_{5,2}$ 分布计算值为 $P(N_{5,2}=0)=0.7375$,$P(N_{5,2}=1)=0.2486$,$P(N_{5,2}=2)=0.0139$。

1.3 基于差分方程的游程概率计算

Lemuel(1988,2000)根据差分方程和枚举法原理,提出了长度为 k 失败 F 游程发生次数的迭代计算公式。其特点是理论基础严密,便于计算机编程实现。定义 $R_{i,k}(n)$ 为在 n 次伯努利试验中,恰好长度为 k 失败 F 游程发生次数 i 的概率,长度为 k 失败 F 游程的最大发生次数 $I = \left[\dfrac{n+1}{k+1}\right]$。[ ] 表示向下取整数,如:$n=6$,$k=2$,$I = \left[\dfrac{6+1}{2+1}\right] =$ [2.6667]=2。伯努利试验具有成功 S 和失败 F 两种结果,发生 S 事件的概率为 p,发生 F 事件的概率为 q。

长度为 k 失败 F 游程发生次数的数学期望值为

$$E_k(n) = \sum_{i=1}^{I}[i \cdot R_{i,k}(n)] \qquad (1.3-1)$$

Lemuel（1988，2000）公式有 3 个迭代公式。

（1）在 n 次伯努利试验中，恰好长度为 k 失败 F 游程发生次数 $i=0$（没有发生）的概率 $R_{0,k}(n)$。

当 $n<k$ 时，$R_{0,k}(n)=1$；当 $n<0$ 时，$R_{0,k}(n)=0$；当 $n=0$ 时，$R_{0,k}(0)=1$。

当 $n\geqslant k$ 时，有

$$\begin{aligned}R_{0,k}(n)&=pR_{0,k}(n-1)+qpR_{0,k}(n-2)+q^2pR_{0,k}(n-3)+q^3pR_{0,k}(n-4)\\&\quad+\cdots+q^{k-1}pR_{0,k}(n-k)+q^{k+1}pR_{0,k}(n-k-2)+\cdots+q^{n-1}pR_{0,k}(0)+q^nI_{n\neq k}\\&=\sum_{j=0}^{k-1}pq^jR_{0,k}(n-j-1)+\sum_{j=k+1}^{n-1}pq^jR_{0,k}(n-j-1)+q^nI_{n\neq k}\end{aligned} \qquad (1.3-2)$$

其中

$$I_{n\neq k}=\begin{cases}1, & n\neq k\\0, & n=k\end{cases}$$

根据游程和游程长度的定义，当 $n<k$ 时，恰好长度为 k 失败 F 游程肯定是不能发生的，属于必然确定性事件。因此，当 $n<k$ 时，$R_{0,k}(n)=1$。当 $n<0$ 时，恰好长度为 k 失败 F 游程肯定是不能发生的，属于不可能确定性事件。因此，当 $n<0$ 时，$R_{0,k}(n)=0$。当 $n=0$ 时，恰好长度为 k 失败 F 游程肯定是不能发生的，属于必然确定性事件。因此，当 $n=0$ 时，$R_{0,k}(n)=1$。当 $n\geqslant k$ 时，其枚举法推导将在下面叙述。

（2）在 n 次伯努利试验中，恰好长度为 k 失败 F 游程发生次数 $i=1$ 的概率 $R_{1,k}(n)$。

当 $n<k$ 时，$R_{1,k}(n)=0$。这是因为当 $n<k$ 时，恰好长度为 k 失败 F 游程发生 1 次是不能发生的，属于不可能确定性事件。

当 $n\geqslant k$ 时，有

$$\begin{aligned}R_{1,k}(n)&=pR_{1,k}(n-1)+qpR_{1,k}(n-2)+q^2pR_{1,k}(n-3)+q^3pR_{1,k}(n-4)\\&\quad+\cdots+q^{k-1}pR_{1,k}(n-k)+\cdots+q^{k+1}pR_{1,k}(n-k-2)+\cdots+q^{n-1}pR_{1,k}(0)+q^kpR_{1,k}(n-k-1)\\&=\sum_{j=0}^{k-1}pq^jR_{1,k}(n-j-1)+\sum_{j=k+1}^{n-1}pq^jR_{1,k}(n-j-1)+q^kpR_{1,k}(n-k-1)\end{aligned} \qquad (1.3-3)$$

（3）在 n 次伯努利试验中，恰好长度为 k 失败 F 游程发生次数 $i>1$ 的概率 $R_{i,k}(n)$。

令 $n_i=i(k+1)-1$，当 $n<n_i$ 时，$R_{i,k}(n)=0$；当 $n=n_i$ 时，$R_{i,k}(n)=q^k(q^kp)^{i-1}$。

当 $n>n_i$ 时，有

$$\begin{aligned}R_{i,k}(n)&=pR_{i,k}(n-1)+qpR_{i,k}(n-2)+q^2pR_{i,k}(n-3)+q^3pR_{i,k}(n-4)\\&\quad+\cdots+q^{k-1}pR_{i,k}(n-k)+q^{k+1}pR_{i,k}(n-k-2)+\cdots+q^{n-1}pR_{i,k}(0)+q^kpR_{i-1,k}(n-k-1)\\&=\sum_{j=0}^{k-1}pq^jR_{i,k}(n-j-1)+\sum_{j=k+1}^{n-1}pq^jR_{i,k}(n-j-1)+q^kpR_{i-1,k}(n-k-1)\end{aligned} \qquad (1.3-4)$$

1.3.1 $R_{0,k}(n)$ 计算

1.3.1.1 $n=1$

取 $k=1$，有

$$R_{0,1}(1) = \sum_{j=0}^{1-1} pq^j R_{0,1}(1-j-1) + \sum_{j=1+1}^{1-1} pq^j R_{0,1}(1-j-1) + q^1 I_{1=1}$$
$$= \sum_{j=0}^{0} pq^j R_{0,1}(-j) + \sum_{j=2}^{0} pq^j R_{0,1}(-j) + qI_{1=1}$$
$$= pR_{0,1}(0) + 0 = p$$

对于 $n=1$ 的样本空间 $E_1 = \begin{bmatrix} F \\ S \end{bmatrix}$，1 次试验中，不发生长度为 1 的游程事件只有"S"发生。由于试验次数 $n=1$，其他长度 $n<k$ 的失败游程不发生的概率为 $R_{0,k}(n)=1$。

1.3.1.2 $n=2$

(1) 取 $k=1$，有

$$R_{0,1}(2) = \sum_{j=0}^{1-1} pq^j R_{0,1}(2-j-1) + \sum_{j=1+1}^{2-1} pq^j R_{0,1}(2-j-1) + q^2 I_{2 \neq 1}$$
$$= \sum_{j=0}^{0} pq^j R_{0,1}(1-j) + \sum_{j=2}^{1} pq^j R_{0,1}(1-j) + q^2 I_{2 \neq 1}$$
$$= pR_{0,1}(1) + q^2$$

对于 $n=2$ 的样本空间 $E_2 = \begin{bmatrix} F & F \\ F & S \\ S & F \\ S & S \end{bmatrix}$，2 次试验中，不发生长度为 1 的游程事件为

"$\begin{bmatrix} F & F \\ S & S \end{bmatrix}$"发生。其中，$pR_{0,1}(1)$ 对应事件 $[S \quad S]$ 发生，即首先发生成功"S"，其后 $(2-1)$ 试验发生成功"S"。即首先长度为 0 的失败游程发生，其后 $(2-1)$ 试验不发生失败长度为 1 的游程。q^2 对应事件 $[F \quad F]$ 发生，但是，这是长度为 2 的失败游程发生，即长度为 1 的失败游程没有发生。

(2) 取 $k=2$，有

$$R_{0,2}(2) = \sum_{j=0}^{2-1} pq^j R_{0,2}(2-j-1) + \sum_{j=2+1}^{2-1} pq^j R_{0,2}(2-j-1) + q^2 I_{2=2}$$
$$= \sum_{j=0}^{1} pq^j R_{0,2}(1-j) + \sum_{j=3}^{1} pq^j R_{0,2}(1-j) + 0$$
$$= pR_{0,2}(1) + pqR_{0,2}(0)$$

对于 $n=2$ 的样本空间 E_2，2 次试验中，不发生长度为 2 的失败游程事件为"$\begin{bmatrix} F & S \\ S & F \\ S & S \end{bmatrix}$"

发生。先分析事件 $\begin{bmatrix} S & F \\ S & S \end{bmatrix}$，首先发生"$S$"，其后 1 次试验，均没有发生长度为 2 的游程事件，即概率 $R_{0,2}(1)=1$，$\begin{bmatrix} S & F \\ S & S \end{bmatrix}$ 事件概率也可解释为 $pq+pp=p(q+p)=p$。因此，$\begin{bmatrix} S & F \\ S & S \end{bmatrix}$ 事件概率可写为 $pR_{0,2}(1)$。$[F \quad S]$ 的概率为 pq，发生 $[F \quad S]$ 后，其后 0 次试验

不发生长度为2的失败游程概率为 $R_{0,2}(0)=1$。所以，[F　S] 的概率可写为 $pqR_{0,2}(0)$。

综合以上分析，有 $R_{0,2}(2)=pR_{0,2}(1)+pqR_{0,2}(0)$。

1.3.1.3　n=3

(1) 取 $k=1$，有

$$R_{0,1}(3)=\sum_{j=0}^{1-1}pq^jR_{0,1}(3-j-1)+\sum_{j=1+1}^{3-1}pq^jR_{0,1}(3-j-1)+q^3I_{3\neq1}$$

$$=\sum_{j=0}^{0}pq^jR_{0,1}(2-j)+\sum_{j=2}^{2}pq^jR_{0,1}(2-j)+q^3I_{3\neq1}$$

$$=pR_{0,1}(2)+pq^2R_{0,1}(0)+q^3$$

对于 $n=3$ 的样本空间 $E_3=\begin{bmatrix}F&F&F\\F&F&S\\F&S&F\\F&S&S\\S&F&F\\S&F&S\\S&S&F\\S&S&S\end{bmatrix}$，3 次试验中，不发生长度为1的失败游程事

件为 $\begin{bmatrix}F&F&F\\F&F&S\\S&F&F\\S&S&S\end{bmatrix}$。对于 $\begin{bmatrix}S&F&F\\S&S&S\end{bmatrix}$，先发生"S"，其后2次试验 $\begin{bmatrix}F&F\\S&S\end{bmatrix}$，均没有发生

长度为1的游程事件，与上述 $R_{0,1}(2)$ 计算的事件 $\begin{bmatrix}F&F\\S&S\end{bmatrix}$ 等价。因此，$\begin{bmatrix}S&F&F\\S&S&S\end{bmatrix}$ 有概率 $pR_{0,1}(2)$。[F　F　F] 发生了长度为3的失败游程，也属于不发生长度为1的失败游程事件。因此，[F　F　F] 概率为 q^3。[F　F　S] 发生了长度为2的失败游程，也属于不发生长度为1的失败游程事件，其概率为 pq^2。当然 [F　F　S] 发生后，其后0次试验不发生长度为1的失败游程概率为 $R_{0,1}(0)=1$。则 [F　F　S] 的概率也可写为 $pq^2R_{0,1}(0)$。

综合以上分析，有 $R_{0,1}(3)=pR_{0,1}(2)+pq^2R_{0,1}(0)+q^3$。

(2) 取 $k=2$，有

$$R_{0,2}(3)=\sum_{j=0}^{2-1}pq^jR_{0,2}(3-j-1)+\sum_{j=2+1}^{3-1}pq^jR_{0,2}(3-j-1)+q^3I_{3\neq2}$$

$$=\sum_{j=0}^{1}pq^jR_{0,2}(2-j)+\sum_{j=3}^{2}pq^jR_{0,2}(2-j)+q^3I_{3\neq2}$$

$$=pR_{0,2}(2)+pqR_{0,2}(1)+q^3$$

对于 $n=3$ 的样本空间 E_3，3 次试验中，不发生长度为2的失败游程事件为

$\begin{bmatrix}F&F&F\\F&S&F\\F&S&S\\S&F&S\\S&S&F\\S&S&S\end{bmatrix}$。对于事件 $\begin{bmatrix}S&F&S\\S&S&F\\S&S&S\end{bmatrix}$，先发生"S"，其后2次试验 $\begin{bmatrix}F&S\\S&F\\S&S\end{bmatrix}$，均没有发生

长度为 2 的游程事件，与上述 $R_{0,2}(2)$ 计算的事件 $\begin{bmatrix} F & S \\ S & F \\ S & S \end{bmatrix}$ 等价。因此，有 $\begin{bmatrix} S & F & S \\ S & S & F \\ S & S & S \end{bmatrix}$ 概率为 $pR_{0,2}(2)$。$[F \quad F \quad F]$ 发生了长度为 3 的失败游程，也属于不发生长度为 2 的失败游程事件。因此，$[F \quad F \quad F]$ 概率为 q^3。对于 $\begin{bmatrix} F & S & F \\ F & S & S \end{bmatrix}$，前 2 次试验结果 $\begin{bmatrix} F & S \\ F & S \end{bmatrix}$ 的概率为 pq，最后 1 次试验，没有长度为 2 的失败游程事件概率 $R_{0,2}(1)=1$。因此，$\begin{bmatrix} F & S & F \\ F & S & S \end{bmatrix}$ 的概率为 $pqR_{0,2}(1)$。

综合以上分析，有 $R_{0,2}(3)=pR_{0,2}(2)+pqR_{0,2}(1)+q^3$。

(3) 取 $k=3$，有

$$R_{0,3}(3)=\sum_{j=0}^{3-1}pq^jR_{0,3}(3-j-1)+\sum_{j=3+1}^{3-1}pq^jR_{0,3}(3-j-1)+q^3I_{3\neq 3}$$

$$=\sum_{j=0}^{2}pq^jR_{0,3}(2-j)+\sum_{j=4}^{2}pq^jR_{0,3}(2-j)+0$$

$$=pR_{0,3}(2)+pqR_{0,3}(1)+pq^2R_{0,3}(0)$$

对于 $n=3$ 的样本空间 E_3，3 次试验中，不发生长度为 3 的失败游程事件为 $\begin{bmatrix} F & F & S \\ F & S & F \\ F & S & S \\ S & F & F \\ S & F & S \\ S & S & F \\ S & S & S \end{bmatrix}$。对于事件 $\begin{bmatrix} S & F & F \\ S & F & S \\ S & S & F \\ S & S & S \end{bmatrix}$，先发生"$S$"，其后 2 次试验 $\begin{bmatrix} F & F \\ F & S \\ S & F \\ S & S \end{bmatrix}$，均没有发生长度为 3 的失败游程事件，与 $R_{0,3}(2)$ 计算的事件 $\begin{bmatrix} F & F \\ F & S \\ S & F \\ S & S \end{bmatrix}$ 等价，其概率为 $R_{0,3}(2)=qq+pq+qp+pp=(qq+qp)+(pq+pp)=q(q+p)+p(p+q)=(p+q)=1$。即 $\begin{bmatrix} S & F & F \\ S & F & S \\ S & S & F \\ S & S & S \end{bmatrix}$ 的概率为 $pR_{0,3}(2)$。$[F \quad F \quad S]$ 发生 2 次"S"和 1 次"F"，其概率为 pq^2。当然，最后 0 次试验，没有长度为 3 的失败游程事件概率 $R_{0,3}(0)=1$。因此，$[F \quad F \quad S]$ 的概率为 $pq^2R_{0,3}(0)$。对于 $\begin{bmatrix} F & S & F \\ F & S & S \end{bmatrix}$，先发生 $\begin{bmatrix} F & S \\ F & S \end{bmatrix}$，其概率为 pq，最后 1 次发生 $\begin{bmatrix} F \\ S \end{bmatrix}$，没有长度为 3 的失败游程发生，其概率为 $R_{0,3}(1)$。因此，$\begin{bmatrix} F & S & F \\ F & S & S \end{bmatrix}$ 的概率为 $pqR_{0,3}(0)$。

综合以上分析，有 $R_{0,3}(3)=pR_{0,3}(2)+pqR_{0,3}(1)+pq^2R_{0,3}(0)$。

1.3.1.4　$n=4$

（1）取 $k=1$，有

$$R_{0,1}(4) = \sum_{j=0}^{1-1} pq^j R_{0,1}(4-j-1) + \sum_{j=1+1}^{4-1} pq^j R_{0,1}(4-j-1) + q^4 I_{4\neq 1}$$
$$= \sum_{j=0}^{0} pq^j R_{0,1}(3-j) + \sum_{j=2}^{3} pq^j R_{0,1}(3-j) + q^4 I_{4\neq 1}$$
$$= pR_{0,1}(3) + pq^2 R_{0,1}(1) + pq^3 R_{0,1}(0) + q^4$$

对于样本空间 $E_4 = \begin{bmatrix} F & F & F & F \\ F & F & F & S \\ F & F & S & F \\ F & F & S & S \\ F & S & F & F \\ F & S & F & S \\ F & S & S & F \\ F & S & S & S \\ S & F & F & F \\ S & F & F & S \\ S & F & S & F \\ S & F & S & S \\ S & S & F & F \\ S & S & F & S \\ S & S & S & F \\ S & S & S & S \end{bmatrix}$，4 次试验中，不发生长度为 1 的失败游程事件

为 $\begin{bmatrix} F & F & F & F \\ F & F & F & S \\ F & F & S & S \\ S & F & F & F \\ S & F & F & S \\ S & F & S & S \\ S & S & F & F \\ S & S & S & S \end{bmatrix}$。对于 $\begin{bmatrix} S & F & F & F \\ S & F & F & S \\ S & F & S & S \\ S & S & S & S \end{bmatrix}$，首先发生"$S$"，其后发生 $\begin{bmatrix} F & F & F \\ F & F & S \\ F & S & S \\ S & S & S \end{bmatrix}$ 与上述

$R_{0,1}(3)$ 的事件 $\begin{bmatrix} F & F & F \\ F & F & S \\ S & F & F \\ S & S & S \end{bmatrix}$ 等价，其概率为 $R_{0,1}(3)$。因此，$\begin{bmatrix} S & F & F & F \\ S & F & F & S \\ S & S & F & F \\ S & S & S & S \end{bmatrix}$ 的概率为

$pR_{0,1}(3)$。$\begin{bmatrix} F & F & F & F \end{bmatrix}$ 为长度为 4 的失败游程发生，不是长度为 1 的失败游程发生，其概率为 q^4。

对于 $\begin{bmatrix} F & F & F & S \end{bmatrix}$，有长度为 3 的失败游程发生，前 4 次事件发生概率为 pq^3，当然，其后，第 0 次试验，不发生长度为 3 的失败游程，其概率为 $R_{0,1}(0) = 1$。因此，

$[F\ F\ F\ S]$ 的概率为 $pq^3R_{0,1}(0)$。对于 $[F\ F\ S\ S]$，有长度为 2 的失败游程发生，前 3 次事件发生概率为 pq^2，最后 1 次为 "S"，与 $R_{0,1}(1)$ 等价。因此，$[F\ F\ S\ S]$ 的概率为 $pq^2R_{0,1}(1)$。

综合以上分析，有 $R_{0,1}(4)=pR_{0,1}(3)+pq^2R_{0,1}(1)+pq^3R_{0,1}(0)+q^4$。

(2) 取 $k=2$，有

$$R_{0,2}(4)=\sum_{j=0}^{2-1}pq^jR_{0,2}(4-j-1)+\sum_{j=2+1}^{4-1}pq^jR_{0,2}(4-j-1)+q^4I_{4\neq 2}$$

$$=\sum_{j=0}^{1}pq^jR_{0,2}(3-j)+\sum_{j=3}^{3}pq^jR_{0,2}(3-j)+q^4$$

$$=pR_{0,2}(3)+pqR_{0,2}(2)+pq^3R_{0,2}(0)+q^4$$

对于 $n=4$ 的样本空间 E_4，4 次试验中，不发生长度为 2 的失败游程事件为

$\begin{bmatrix} F & F & F & F \\ F & F & F & S \\ F & S & F & S \\ F & S & S & F \\ F & S & S & S \\ S & F & F & F \\ S & F & S & F \\ S & F & S & S \\ S & S & F & S \\ S & S & S & F \\ S & S & S & S \end{bmatrix}$。对于 $\begin{bmatrix} S & F & F & F \\ S & F & S & F \\ S & F & S & S \\ S & S & F & S \\ S & S & S & F \\ S & S & S & S \end{bmatrix}$，首先发生 "$S$"，其后发生 $\begin{bmatrix} F & F & F \\ F & S & F \\ F & S & S \\ S & F & S \\ S & S & F \\ S & S & S \end{bmatrix}$，与上述

$R_{0,2}(3)$ 事件 $\begin{bmatrix} F & F & F \\ F & S & F \\ F & S & S \\ S & F & S \\ S & S & F \\ S & S & S \end{bmatrix}$ 等价。因此，$\begin{bmatrix} S & F & F & F \\ S & F & S & F \\ S & F & S & S \\ S & S & F & S \\ S & S & S & F \\ S & S & S & S \end{bmatrix}$ 的概率为 $pR_{0,2}(3)$。$[F\ F\ F\ S]$，

前 4 次发生长度为 3 的失败游程和 1 个 "S"，其概率为 pq^3，其后第 0 次不会发生长度为 2 的失败游程，其概率为 $R_{0,2}(0)$。因此，$[F\ F\ F\ S]$ 的概率为 $pq^3R_{0,2}(0)$。

$\begin{bmatrix} F & S & F & S \\ F & S & S & F \\ F & S & S & S \end{bmatrix}$，前 2 次发生 "$FS$"，是长度为 1 的失败游程发生，其概率为 pq，其后

发生 $\begin{bmatrix} F & S \\ S & F \\ S & S \end{bmatrix}$，与 $R_{0,2}(2)$ 的事件等价 $\begin{bmatrix} F & S \\ S & F \\ S & S \end{bmatrix}$。因此，$\begin{bmatrix} F & S & F & S \\ F & S & S & F \\ F & S & S & S \end{bmatrix}$ 的概率为

$pqR_{0,2}(2)$。$[F\ F\ F\ F]$，长度为 4 的失败游程发生，其概率为 q^4。

综合以上分析有，$R_{0,2}(4)=pR_{0,2}(3)+pqR_{0,2}(2)+pq^3R_{0,2}(0)+q^4$。

(3) 取 $k=3$，有

$$R_{0,3}(4) = \sum_{j=0}^{3-1} pq^j R_{0,3}(4-j-1) + \sum_{j=3+1}^{4-1} pq^j R_{0,3}(4-j-1) + q^4 I_{4\neq 3}$$
$$= \sum_{j=0}^{2} pq^j R_{0,3}(3-j) + \sum_{j=4}^{3} pq^j R_{0,3}(3-j) + q^4$$
$$= pR_{0,3}(3) + pqR_{0,3}(2) + pq^2 R_{0,3}(1) + q^4$$

对于 $n=4$ 的样本空间 E_4，4 次试验中，不发生长度为 3 的失败游程事件为

$$\begin{bmatrix} F & F & F & F \\ F & F & F & S \\ F & F & S & F \\ F & F & S & S \\ F & S & F & F \\ F & S & F & S \\ F & S & S & F \\ F & S & S & S \\ S & F & F & S \\ S & F & S & F \\ S & F & S & S \\ S & S & F & F \\ S & S & F & S \\ S & S & S & F \\ S & S & S & S \end{bmatrix}$$。对于 $\begin{bmatrix} S & F & F & S \\ S & F & S & F \\ S & F & S & S \\ S & S & F & F \\ S & S & F & S \\ S & S & S & F \\ S & S & S & S \end{bmatrix}$，首先发生"S"，其后发生 $\begin{bmatrix} F & F & S \\ F & S & F \\ F & S & S \\ S & F & F \\ S & F & S \\ S & S & F \\ S & S & S \end{bmatrix}$，与上

述 $R_{0,3}(3)$ 的事件 $\begin{bmatrix} F & F & S \\ F & S & F \\ F & S & S \\ S & F & F \\ S & F & S \\ S & S & F \\ S & S & S \end{bmatrix}$ 等价。因此，$\begin{bmatrix} S & F & F & S \\ S & F & S & F \\ S & F & S & S \\ S & S & F & F \\ S & S & F & S \\ S & S & S & F \\ S & S & S & S \end{bmatrix}$ 的概率为 $pR_{0,3}(3)$。

$[F\ F\ F\ F]$，长度为 4 的失败游程发生，其概率为 q^4。对于 $\begin{bmatrix} F & S & F & F \\ F & S & F & S \\ F & S & S & F \\ F & S & S & S \end{bmatrix}$，前 2 次

发生"FS"，其概率为 pq，其后发生 $\begin{bmatrix} F & F \\ F & S \\ S & F \\ S & S \end{bmatrix}$，与上述 $R_{0,3}(2)$ 的事件等价。因此，

$\begin{bmatrix} F & S & F & F \\ F & S & F & S \\ F & S & S & F \\ F & S & S & S \end{bmatrix}$ 的概率为 $pqR_{0,3}(2)$。$\begin{bmatrix} F & F & S & F \\ F & F & S & S \end{bmatrix}$，先发生 $\begin{bmatrix} F & F & S \\ F & F & S \end{bmatrix}$，其概率为

pq^2，后发生 $\begin{bmatrix} F \\ S \end{bmatrix}$。$\begin{bmatrix} F \\ S \end{bmatrix}$ 的概率为 $R_{0,3}(1)$。因此，$\begin{bmatrix} F & F & S & F \\ F & F & S & S \end{bmatrix}$ 的概率为 $pq^2 R_{0,3}(1)$。

(4) 取 $k=4$，有

$$R_{0,4}(4) = \sum_{j=0}^{4-1} pq^j R_{0,4}(4-j-1) + \sum_{j=4+1}^{4-1} pq^j R_{0,4}(4-j-1) + q^4 I_{4=4}$$
$$= \sum_{j=0}^{3} pq^j R_{0,4}(3-j) + \sum_{j=5}^{3} pq^j R_{0,4}(3-j) + 0$$
$$= pR_{0,4}(3) + pqR_{0,4}(2) + pq^2 R_{0,4}(1) + pq^3 R_{0,4}(0)$$

对于 $n=4$ 的样本空间 E_4，4 次试验中，不发生长度为 4 的失败游程事件为

$\begin{bmatrix} F & F & F \\ F & F & S \\ F & F & S & S \\ F & S & F & F \\ F & S & F & S \\ F & S & S & F \\ F & S & S & S \\ S & F & F & F \\ S & F & F & S \\ S & F & S & F \\ S & F & S & S \\ S & S & F & F \\ S & S & F & S \\ S & S & S & F \\ S & S & S & S \end{bmatrix}$。对于 $\begin{bmatrix} S & F & F & F \\ S & F & F & S \\ S & F & S & F \\ S & F & S & S \\ S & S & F & F \\ S & S & F & S \\ S & S & S & F \\ S & S & S & S \end{bmatrix}$，先发生 "$S$"，其后发生，$\begin{bmatrix} F & F & F \\ F & F & S \\ F & S & F \\ F & S & S \\ S & F & F \\ S & F & S \\ S & S & F \\ S & S & S \end{bmatrix}$，与上述

$R_{0,4}(3)$ 事件等价。因此，$\begin{bmatrix} S & F & F & F \\ S & F & F & S \\ S & F & S & F \\ S & F & S & S \\ S & S & F & F \\ S & S & F & S \\ S & S & S & F \\ S & S & S & S \end{bmatrix}$ 的概率为 $pR_{0,4}(3)$。$\begin{bmatrix} F & S & F & F \\ F & S & F & S \\ F & S & S & F \\ F & S & S & S \end{bmatrix}$，前 2 次

发生 "FS"，其概率为 pq，其后发生 $\begin{bmatrix} F & F \\ F & S \\ S & F \\ S & S \end{bmatrix}$，与上述 $R_{0,4}(2)$ 的事件等价。因此，

$\begin{bmatrix} F & S & F & F \\ F & S & F & S \\ F & S & S & F \\ F & S & S & S \end{bmatrix}$ 的概率为 $pqR_{0,4}(2)$。$\begin{bmatrix} F & F & S & F \\ F & F & S & S \end{bmatrix}$，先发生 $\begin{bmatrix} F & F & S \\ F & F & S \end{bmatrix}$，其概率为

pq^2，后发生 $\begin{bmatrix} F \\ S \end{bmatrix}$，与 $R_{0,4}(1)$ 等价。因此，$\begin{bmatrix} F & F & S & F \\ F & F & S & S \end{bmatrix}$ 的概率为 $pq^2 R_{0,4}(1)$。

[F F F S]，前 4 次发生 [F F F S]，器概率为，pq^3，最后第 0 次试验，不发生长度为 4 失败游程概率为 $R_{0,4}(0)$。因此，[F F F S] 的概率为 $pq^3 R_{0,4}(0)$。

1.3.1.5 $n=5$

（1）$i=0$，$k=1$，有

$$R_{0,1}(5) = \sum_{j=0}^{1-1} pq^j R_{0,1}(5-j-1) + \sum_{j=1+1}^{5-1} pq^j R_{0,1}(5-j-1) + q^5 I_{5\neq 1}$$
$$= \sum_{j=0}^{0} pq^j R_{0,1}(4-j) + \sum_{j=2}^{4} pq^j R_{0,1}(4-j) + q^5 I_{5\neq 1}$$
$$= pR_{0,1}(4) + pq^2 R_{0,1}(2) + pq^3 R_{0,1}(1) + pq^4 R_{0,1}(0) + q^5$$

对于 $n=5$ 的样本空间 $E_5 = \begin{bmatrix} F & F & F & F & F \\ F & F & F & F & S \\ F & F & F & S & F \\ F & F & F & S & S \\ F & F & S & F & F \\ F & F & S & F & S \\ F & F & S & S & F \\ F & F & S & S & S \\ F & S & F & F & F \\ F & S & F & F & S \\ F & S & F & S & F \\ F & S & F & S & S \\ F & S & S & F & F \\ F & S & S & F & S \\ F & S & S & S & F \\ F & S & S & S & S \\ S & F & F & F & F \\ S & F & F & F & S \\ S & F & F & S & F \\ S & F & F & S & S \\ S & F & S & F & F \\ S & F & S & F & S \\ S & F & S & S & F \\ S & F & S & S & S \\ S & S & F & F & F \\ S & S & F & F & S \\ S & S & F & S & F \\ S & S & F & S & S \\ S & S & S & F & F \\ S & S & S & F & S \\ S & S & S & S & F \\ S & S & S & S & S \end{bmatrix}$，5 次试验中，不发生长度为 1 的失

败游程事件为 $\begin{bmatrix} F & F & F & F & F \\ F & F & F & F & S \\ F & F & F & S & S \\ F & F & S & F & F \\ F & F & S & S & S \\ S & F & F & F & F \\ S & F & F & F & S \\ S & F & F & S & S \\ S & F & S & F & F \\ S & F & S & S & S \\ S & S & F & F & F \\ S & S & F & F & S \\ S & S & F & S & F \\ S & S & S & F & F \\ S & S & S & S & S \end{bmatrix}$。对于 $\begin{bmatrix} S & F & F & F & F \\ S & F & F & F & S \\ S & F & F & S & S \\ S & S & F & F & F \\ S & S & F & F & S \\ S & S & S & F & F \\ S & S & S & S & S \end{bmatrix}$，先发生"S"，其后发生

$\begin{bmatrix} F & F & F & F \\ F & F & F & S \\ F & F & S & S \\ S & F & F & F \\ S & F & F & S \\ S & S & F & F \\ S & S & S & S \end{bmatrix}$，等价于 $R_{0,1}(4)$ 事件。因此，$\begin{bmatrix} S & F & F & F & F \\ S & F & F & F & S \\ S & F & F & S & S \\ S & S & F & F & F \\ S & S & F & F & S \\ S & S & S & F & F \\ S & S & S & S & S \end{bmatrix}$ 的概率为 $pR_{0,1}(4)$。

对于 $\begin{bmatrix} F & F & S & F & F \\ F & F & S & S & S \end{bmatrix}$，先发生"$FFS$"，其后发生 $\begin{bmatrix} F & F \\ S & S \end{bmatrix}$，与 $R_{0,1}(2)$ 事件等价。因此，$\begin{bmatrix} F & F & S & F & F \\ F & F & S & S & S \end{bmatrix}$ 的概率为 $pq^2 R_{0,1}(2)$。对于 $[F\ F\ F\ S\ S]$，先发生"$FFFS$"，其概率为 pq^3。其后发生"S"，等价于 $R_{0,1}(1)$ 事件。因此，$[F\ F\ F\ S\ S]$ 的概率为 $pq^3 R_{0,1}(1)$。对于 $[F\ F\ F\ F\ S]$ 的概率为 pq^4，其后第 0 次试验一定发生长度为 1 的失败游程概率为 $R_{0,1}(0)$。对于 $[F\ F\ F\ F\ F]$ 的概率为 q^5。

综合以上推导，有 $R_{0,1}(5) = pR_{0,1}(4) + pq^2 R_{0,1}(2) + pq^3 R_{0,1}(1) + pq^4 R_{0,1}(0) + q^5$。

（2）$i=0$, $k=2$, 有

$$R_{0,2}(5) = \sum_{j=0}^{2-1} pq^j R_{0,2}(5-j-1) + \sum_{j=2+1}^{5-1} pq^j R_{0,2}(5-j-1) + q^5 I_{5 \neq 2}$$

$$= \sum_{j=0}^{1} pq^j R_{0,2}(4-j) + \sum_{j=3}^{4} pq^j R_{0,2}(4-j) + q^5$$

$$= pR_{0,2}(4) + pqR_{0,2}(3) + pq^3 R_{0,2}(1) + pq^4 R_{0,2}(0) + q^5$$

对于 $n=5$ 的样本空间 E_5，5 次试验中，不发生长度为 2 的失败游程事件为

$$\begin{bmatrix} F & F & F & F & F \\ F & F & F & F & S \\ F & F & F & S & F \\ F & F & F & S & S \\ F & S & F & F & F \\ F & S & F & F & S \\ F & S & F & S & F \\ F & S & F & S & S \\ F & S & S & F & F \\ F & S & S & F & S \\ F & S & S & S & F \\ F & S & S & S & S \\ S & F & F & F & F \\ S & F & F & F & S \\ S & F & F & S & F \\ S & F & F & S & S \\ S & F & S & F & F \\ S & F & S & F & S \\ S & F & S & S & F \\ S & F & S & S & S \\ S & S & F & F & F \\ S & S & F & F & S \\ S & S & F & S & F \\ S & S & F & S & S \\ S & S & S & F & F \\ S & S & S & F & S \\ S & S & S & S & F \\ S & S & S & S & S \end{bmatrix}$$。对于 $$\begin{bmatrix} S & F & F & F & F \\ S & F & F & F & S \\ S & F & F & S & F \\ S & F & F & S & S \\ S & F & S & F & F \\ S & F & S & F & S \\ S & F & S & S & F \\ S & F & S & S & S \\ S & S & F & F & F \\ S & S & F & F & S \\ S & S & F & S & F \\ S & S & F & S & S \\ S & S & S & F & F \\ S & S & S & F & S \\ S & S & S & S & F \\ S & S & S & S & S \end{bmatrix}$$,先发生"S",其后发生

$$\begin{bmatrix} F & F & F & F \\ F & F & F & S \\ F & F & S & F \\ F & F & S & S \\ F & S & F & F \\ F & S & F & S \\ F & S & S & F \\ F & S & S & S \\ S & F & F & F \\ S & F & F & S \\ S & F & S & F \\ S & F & S & S \\ S & S & F & F \\ S & S & F & S \\ S & S & S & F \\ S & S & S & S \end{bmatrix}$$,等价于 $R_{0,2}(4)$ 事件。因此,$$\begin{bmatrix} S & F & F & F & F \\ S & F & F & F & S \\ S & F & F & S & F \\ S & F & F & S & S \\ S & F & S & F & F \\ S & F & S & F & S \\ S & F & S & S & F \\ S & F & S & S & S \\ S & S & F & F & F \\ S & S & F & F & S \\ S & S & F & S & F \\ S & S & F & S & S \\ S & S & S & F & F \\ S & S & S & F & S \\ S & S & S & S & F \\ S & S & S & S & S \end{bmatrix}$$ 的概率为 $pR_{0,2}(4)$。

对于 $$\begin{bmatrix} F & S & F & F & F \\ F & S & F & F & S \\ F & S & F & S & F \\ F & S & F & S & S \\ F & S & S & F & F \\ F & S & S & F & S \\ F & S & S & S & F \\ F & S & S & S & S \end{bmatrix}$$,先发生"FS",其后发生 $$\begin{bmatrix} F & F & F \\ F & F & S \\ F & S & F \\ F & S & S \\ S & F & F \\ S & F & S \\ S & S & F \\ S & S & S \end{bmatrix}$$,与 $R_{0,2}(3)$ 的事件等

价。因此，$\begin{bmatrix} F & S & F & F & F \\ F & S & F & S & F \\ F & S & F & S & S \\ F & S & S & F & F \\ F & S & S & F & S \\ F & S & S & S & F \\ F & S & S & S & S \end{bmatrix}$ 的概率为 $pqR_{0,2}(3)$。对于 $\begin{bmatrix} F & F & F & S & F \\ F & F & F & S & S \end{bmatrix}$，先发生

"$FFFS$"，其概率为 pq^3，其后发生 $\begin{bmatrix} F \\ S \end{bmatrix}$，与 $R_{0,2}(1)$ 的事件等价。因此，$\begin{bmatrix} F & F & F & S & F \\ F & F & F & S & S \end{bmatrix}$ 的概率为 $pq^3 R_{0,2}(1)$。$[F\ F\ F\ F\ S]$ 的概率为 $pq^4 R_{0,2}(0)$。$[F\ F\ F\ F\ F]$。的概率为 q^5。

综合以上推导有 $R_{0,2}(5) = pR_{0,2}(4) + pqR_{0,2}(3) + pq^3 R_{0,2}(1) + pq^4 R_{0,2}(0) + q^5$。

(3) $i=0$，$k=3$，有

$$R_{0,3}(5) = \sum_{j=0}^{3-1} pq^j R_{0,3}(5-j-1) + \sum_{j=3+1}^{5-1} pq^j R_{0,3}(5-j-1) + q^5 I_{5\neq 3}$$
$$= \sum_{j=0}^{2} pq^j R_{0,3}(4-j) + \sum_{j=4}^{4} pq^j R_{0,3}(4-j) + q^5$$
$$= pR_{0,3}(4) + pqR_{0,3}(3) + pq^2 R_{0,3}(2) + pq^4 R_{03}(0) + q^5$$

对于 $n=5$ 的样本空间 E_5，5 次试验中，不发生长度为 3 的失败游程事件为

$\begin{bmatrix} F & F & F & F & F \\ F & F & F & F & S \\ F & F & F & S & F \\ F & F & F & S & S \\ F & F & S & F & F \\ F & F & S & F & S \\ F & S & F & F & F \\ F & S & F & F & S \\ F & S & F & S & F \\ F & S & F & S & S \\ F & S & S & F & F \\ F & S & S & F & S \\ S & F & F & F & F \\ S & F & F & F & S \\ S & F & F & S & F \\ S & F & F & S & S \\ S & F & S & F & F \\ S & F & S & F & S \\ S & F & S & S & F \\ S & F & S & S & S \\ S & S & F & F & F \\ S & S & F & F & S \\ S & S & F & S & F \\ S & S & F & S & S \\ S & S & S & F & F \\ S & S & S & F & S \\ S & S & S & S & F \\ S & S & S & S & S \end{bmatrix}$。对于 $\begin{bmatrix} S & F & F & F & F \\ S & F & F & F & S \\ S & F & F & S & F \\ S & F & F & S & S \\ S & F & S & F & F \\ S & F & S & F & S \\ S & F & S & S & F \\ S & F & S & S & S \\ S & S & F & F & F \\ S & S & F & F & S \\ S & S & F & S & F \\ S & S & F & S & S \\ S & S & S & F & F \\ S & S & S & F & S \\ S & S & S & S & F \\ S & S & S & S & S \end{bmatrix}$，先发生"$S$"，概率为 p，其后发生

$\begin{bmatrix} F & F & F & F \\ F & F & F & S \\ F & F & S & F \\ F & F & S & S \\ F & S & F & F \\ F & S & F & S \\ F & S & S & F \\ F & S & S & S \\ S & F & F & S \\ S & F & S & F \\ S & F & S & S \\ S & S & F & F \\ S & S & F & S \\ S & S & S & F \\ S & S & S & S \end{bmatrix}$,与 $R_{0,3}(4)$ 事件等价。因此，$\begin{bmatrix} S & F & F & F & F \\ S & S & F & F & S \\ S & F & F & S & F \\ S & F & F & S & S \\ S & F & S & F & F \\ S & F & S & F & S \\ S & F & S & S & F \\ S & F & S & S & S \\ S & S & F & F & S \\ S & S & F & S & F \\ S & S & F & S & S \\ S & S & S & F & F \\ S & S & S & F & S \\ S & S & S & S & F \\ S & S & S & S & S \end{bmatrix}$ 的概率为 $pR_{0,3}(4)$。

对于 $\begin{bmatrix} F & S & F & F & S \\ F & S & F & S & F \\ F & S & F & S & S \\ F & S & S & F & F \\ F & S & S & F & S \\ F & S & S & S & F \\ F & S & S & S & S \end{bmatrix}$，先发生"FS"，概率为 pq，其后发生 $\begin{bmatrix} F & F & S \\ F & S & F \\ F & S & S \\ S & F & F \\ S & F & S \\ S & S & F \\ S & S & S \end{bmatrix}$，与 $R_{0,3}(3)$ 事件等价。因此，$\begin{bmatrix} F & S & F & F & S \\ F & S & F & S & F \\ F & S & F & S & S \\ F & S & S & F & F \\ F & S & S & F & S \\ F & S & S & S & F \\ F & S & S & S & S \end{bmatrix}$ 的概率为 $pqR_{0,3}(3)$。对于 $\begin{bmatrix} F & F & S & F & F \\ F & F & S & F & S \\ F & F & S & S & F \\ F & F & S & S & S \end{bmatrix}$，先发生"FFS"，概率为 pq^2，其后发生 $\begin{bmatrix} F & F \\ F & S \\ S & F \\ S & S \end{bmatrix}$，$pq^2R_{0,3}(2)$ 事件等价。因此，$\begin{bmatrix} F & F & S & F & F \\ F & F & S & F & S \\ F & F & S & S & F \\ F & F & S & S & S \end{bmatrix}$ 的概率为 $pq^2R_{0,3}(2)$。对于 $[F \ F \ F \ F \ S]$ 的概率为 pq^4，其后第 0 次试验不会发生长度为 3 的失败游程，即 $R_{0,3}(0)$。$[F \ F \ F \ F \ F]$ 的概率为 q^5。

综合以上分析，有 $R_{0,3}(5) = pR_{0,3}(4) + pqR_{0,3}(3) + pq^2R_{0,3}(2) + pq^4R_{0,3}(0) + q^5$。

(4) $i=0$,$k=4$,有

$$R_{0,4}(5) = \sum_{j=0}^{4-1} pq^j R_{0,4}(5-j-1) + \sum_{j=4+1}^{5-1} pq^j R_{0,4}(5-j-1) + q^5 I_{5\neq 4}$$
$$= \sum_{j=0}^{3} pq^j R_{0,4}(4-j) + \sum_{j=5}^{4} pq^j R_{0,4}(4-j) + q^5$$
$$= pR_{0,4}(4) + pqR_{0,4}(3) + pq^2 R_{0,4}(2) + pq^3 R_{0,4}(1) + q^5$$

对于 $n=5$ 的样本空间 E_5,5 次试验中,不发生长度为 4 的失败游程事件为

$$\begin{bmatrix} F & F & F & F & F \\ F & F & F & S & F \\ F & F & F & S & S \\ F & F & S & F & F \\ F & F & S & F & S \\ F & F & S & S & F \\ F & F & S & S & S \\ F & S & F & F & F \\ F & S & F & F & S \\ F & S & F & S & F \\ F & S & F & S & S \\ F & S & S & F & F \\ F & S & S & F & S \\ F & S & S & S & F \\ F & S & S & S & S \\ S & F & F & F & S \\ S & F & F & S & F \\ S & F & F & S & S \\ S & F & S & F & F \\ S & F & S & F & S \\ S & F & S & S & F \\ S & F & S & S & S \\ S & S & F & F & F \\ S & S & F & F & S \\ S & S & F & S & F \\ S & S & F & S & S \\ S & S & S & F & F \\ S & S & S & F & S \\ S & S & S & S & F \\ S & S & S & S & S \end{bmatrix}$$ 。对于 $\begin{bmatrix} S & F & F & F & S \\ S & F & F & S & F \\ S & F & F & S & S \\ S & F & S & F & F \\ S & F & S & F & S \\ S & F & S & S & F \\ S & F & S & S & S \\ S & S & F & F & F \\ S & S & F & F & S \\ S & S & F & S & F \\ S & S & F & S & S \\ S & S & S & F & F \\ S & S & S & F & S \\ S & S & S & S & F \\ S & S & S & S & S \end{bmatrix}$,先发生"$S$",概率为 p,其后发生

$$\begin{bmatrix} F & F & F & S \\ F & F & S & F \\ F & F & S & S \\ F & S & F & F \\ F & S & F & S \\ F & S & S & F \\ F & S & S & S \\ S & F & F & F \\ S & F & F & S \\ S & F & S & F \\ S & F & S & S \\ S & S & F & F \\ S & S & F & S \\ S & S & S & F \\ S & S & S & S \end{bmatrix}$$，与 $R_{0,4}(4)$ 事件等价。因此，$$\begin{bmatrix} S & F & F & F \\ S & F & F & S \\ S & F & F & S \\ S & F & S & F \\ S & F & S & S \\ S & F & S & F \\ S & F & S & S \\ S & S & F & F \\ S & S & F & S \\ S & S & F & S \\ S & S & S & F \\ S & S & S & F \\ S & S & S & S \end{bmatrix}$$ 的概率为 $pR_{0,4}(4)$。

对于 $$\begin{bmatrix} F & S & F & F & F \\ F & S & F & F & S \\ F & S & F & S & F \\ F & S & F & S & S \\ F & S & S & F & F \\ F & S & S & F & S \\ F & S & S & S & F \\ F & S & S & S & S \end{bmatrix}$$，先发生"FS"，概率为 pq，其后发生 $$\begin{bmatrix} F & F & F \\ F & F & S \\ F & S & F \\ F & S & S \\ S & F & F \\ S & F & S \\ S & S & F \\ S & S & S \end{bmatrix}$$，与 $R_{0,4}(3)$ 事件等价。因此，$$\begin{bmatrix} F & S & F & F & F \\ F & S & F & F & S \\ F & S & F & S & F \\ F & S & F & S & S \\ F & S & S & F & F \\ F & S & S & F & S \\ F & S & S & S & F \\ F & S & S & S & S \end{bmatrix}$$ 的概率为 $pqR_{0,4}(3)$。对于 $$\begin{bmatrix} F & F & S & F & F \\ F & F & S & F & S \\ F & F & S & S & F \\ F & F & S & S & S \end{bmatrix}$$，先发生"FFS"，概率为 pq^2，其后发生 $$\begin{bmatrix} F & F \\ F & S \\ S & F \\ S & S \end{bmatrix}$$，与 $R_{0,4}(2)$ 事件等价。因此，$$\begin{bmatrix} F & F & S & F & F \\ F & F & S & F & S \\ F & F & S & S & F \\ F & F & S & S & S \end{bmatrix}$$ 的概率为 $pq^2R_{0,4}(2)$。对于 $$\begin{bmatrix} F & F & F & S & F \\ F & F & F & S & S \end{bmatrix}$$，先发生"FFFS"，概率

为 pq^3，其后发生 $\begin{bmatrix} F \\ S \end{bmatrix}$，与 $R_{0,4}(1)$ 事件等价。因此，$\begin{bmatrix} F & F & F & S & F \\ F & F & F & S & S \end{bmatrix}$ 的概率为 $pq^3 R_{0,4}(1)$。

$[F\ F\ F\ F\ F]$ 的概率为 q^5。

综合以上分析有 $R_{0,4}(5)=pR_{0,4}(4)+pqR_{0,4}(3)+pq^2 R_{0,4}(2)+pq^3 R_{0,4}(1)+q^5$。

(5) $i=0$，$k=5$，有

$$R_{0,5}(5)=\sum_{j=0}^{5-1} pq^j R_{0,5}(5-j-1)+\sum_{j=5+1}^{5-1} pq^j R_{0,5}(5-j-1)+q^5 I_{5=5}$$
$$=\sum_{j=0}^{4} pq^j R_{0,5}(4-j)+\sum_{j=6}^{4} pq^j R_{0,5}(4-j)+0$$
$$=pR_{0,5}(4)+pqR_{0,5}(3)+pq^2 R_{0,5}(2)+pq^3 R_{0,5}(1)+pq^4 R_{0,5}(0)$$

对于 $n=5$ 的样本空间 E_5，5 次试验中，不发生长度为 5 的失败游程事件为

$$\begin{bmatrix} F & F & F & F & S \\ F & F & F & S & F \\ F & F & F & S & S \\ F & F & S & F & F \\ F & F & S & F & S \\ F & F & S & S & F \\ F & F & S & S & S \\ F & S & F & F & F \\ F & S & F & F & S \\ F & S & F & S & F \\ F & S & F & S & S \\ F & S & S & F & F \\ F & S & S & F & S \\ F & S & S & S & F \\ F & S & S & S & S \\ S & F & F & F & F \\ S & F & F & F & S \\ S & F & F & S & F \\ S & F & F & S & S \\ S & F & S & F & F \\ S & F & S & F & S \\ S & F & S & S & F \\ S & F & S & S & S \\ S & S & F & F & F \\ S & S & F & F & S \\ S & S & F & S & F \\ S & S & F & S & S \\ S & S & S & F & F \\ S & S & S & F & S \\ S & S & S & S & F \\ S & S & S & S & S \end{bmatrix}$$。对于 $\begin{bmatrix} S & F & F & F & F \\ S & F & F & F & S \\ S & F & F & S & F \\ S & F & F & S & S \\ S & F & S & F & F \\ S & F & S & F & S \\ S & F & S & S & F \\ S & F & S & S & S \\ S & S & F & F & F \\ S & S & F & F & S \\ S & S & F & S & F \\ S & S & F & S & S \\ S & S & S & F & F \\ S & S & S & F & S \\ S & S & S & S & F \\ S & S & S & S & S \end{bmatrix}$，先发生"$S$"，概率为 p，其后发生

$\begin{bmatrix} F & F & F & F \\ F & F & F & S \\ F & F & S & F \\ F & F & S & S \\ F & S & F & F \\ F & S & F & S \\ F & S & S & F \\ F & S & S & S \\ S & F & F & F \\ S & F & F & S \\ S & F & S & F \\ S & F & S & S \\ S & S & F & F \\ S & S & F & S \\ S & S & S & F \\ S & S & S & S \end{bmatrix}$，与 $R_{0,5}(4)$ 事件等价。因此，$\begin{bmatrix} S & F & F & F & F \\ S & F & F & F & S \\ S & F & F & S & F \\ S & F & F & S & S \\ S & F & S & F & F \\ S & F & S & F & S \\ S & F & S & S & F \\ S & F & S & S & S \\ S & S & F & F & F \\ S & S & F & F & S \\ S & S & F & S & F \\ S & S & F & S & S \\ S & S & S & F & F \\ S & S & S & F & S \\ S & S & S & S & F \\ S & S & S & S & S \end{bmatrix}$ 的概率为 $pR_{0,5}(4)$。

对于 $\begin{bmatrix} F & S & F & F & F \\ F & S & F & F & S \\ F & S & F & S & F \\ F & S & F & S & S \\ F & S & S & F & F \\ F & S & S & F & S \\ F & S & S & S & F \\ F & S & S & S & S \end{bmatrix}$，先发生"$FS$"，概率为 pq，其后发生 $\begin{bmatrix} F & F & F \\ F & F & S \\ F & S & F \\ F & S & S \\ S & F & F \\ S & F & S \\ S & S & F \\ S & S & S \end{bmatrix}$，与 $R_{0,5}(3)$ 等价。因此，$\begin{bmatrix} F & S & F & F & F \\ F & S & F & F & S \\ F & S & F & S & F \\ F & S & F & S & S \\ F & S & S & F & F \\ F & S & S & F & S \\ F & S & S & S & F \\ F & S & S & S & S \end{bmatrix}$ 的概率为 $pqR_{0,5}(3)$。对于 $\begin{bmatrix} F & F & S & F & F \\ F & F & S & F & S \\ F & F & S & S & F \\ F & F & S & S & S \end{bmatrix}$，先发生"$FFS$"，概率为 pq^2，其后发生 $\begin{bmatrix} F & F \\ F & S \\ S & F \\ S & S \end{bmatrix}$，与 $R_{0,5}(2)$ 事件等价。因此，$\begin{bmatrix} F & F & S & F & F \\ F & F & S & F & S \\ F & F & S & S & F \\ F & F & S & S & S \end{bmatrix}$ 的概率为 $pq^2R_{0,5}(2)$。对于 $\begin{bmatrix} F & F & F & S & F \\ F & F & F & S & S \end{bmatrix}$，先发生"$FFFS$"，

概率为 pq^3，其后发生 $\begin{bmatrix} F \\ S \end{bmatrix}$，与 $R_{0,5}(1)$ 事件等价。因此，$\begin{bmatrix} F & F & F & S & F \\ F & F & F & S & S \end{bmatrix}$ 的概率为 $pq^3 R_{0,5}(1)$。对于 $[F \quad F \quad F \quad F \quad S]$，其概率为 pq^4，最后第 0 次试验，一定不会发生长度为 5 的失败游程，其概率为 $R_{0,5}(0)$。因此，$[F \quad F \quad F \quad F \quad S]$ 的概率为 $R_{0,5}(0)$。

综合以上分析有 $R_{0,5}(5) = pR_{0,5}(4) + pqR_{0,5}(3) + pq^2 R_{0,5}(2) + pq^3 R_{0,5}(1) + pq^4 R_{0,5}(0)$。

1.3.2 $R_{1,k}(n)$ 计算

1.3.2.1 $i=1$, $k=1$, $n=1$

对于 $n=1$ 的样本空间 E_1，1 次试验中，发生长度为 1 的游程事件只有"F"发生。由于试验次数 $n=1$，其他试验 $n<k$，发生 1 次长度为 1 的失败游程概率为 $R_{1,k}(n)=0$。显然，发生 1 次长度为 1 的失败游程只有"F"发生，其概率为 $R_{1,1}(1)=q$。即

$$R_{1,1}(1) = q$$

1.3.2.2 $i=1$, $n=2$

（1）$i=1$, $k=1$, $n=2$。对于 $n=2$ 的样本空间 E_2，2 次试验中，发生 1 次长度为 1 的游程事件为"$\begin{bmatrix} F & S \\ S & F \end{bmatrix}$"发生。其概率为 $R_{1,1}(2)=2pq$。

当 $1<k\leqslant n$ 时，

$$\begin{aligned} R_{1,k}(n) &= pR_{1,k}(n-1) + qpR_{1,k}(n-2) + q^2 pR_{1,k}(n-3) + q^3 pR_{1,k}(n-4) \\ &\quad + \cdots + q^{k-1} pR_{1,k}(n-k) + \cdots + q^{k+1} pR_{1,k}(n-k-2) \\ &\quad + \cdots + q^k pR_{0,k}(n-k-1) \\ &= \sum_{j=0}^{k-1} pq^j R_{1,k}(n-j-1) + \sum_{j=k+1}^{n-1} pq^j R_{1,k}(n-j-1) + q^k pR_{0,k}(n-k-1) \end{aligned}$$

$$\begin{aligned} R_{1,1}(2) &= \sum_{j=0}^{1-1} pq^j R_{1,1}(2-j-1) + \sum_{j=1+1}^{1-1} pq^j R_{1,k}(n-j-1) + qpR_{0,1}(2-1-1) \\ &= \sum_{j=0}^{0} pq^j R_{1,1}(1-j) + qpR_{0,1}(0) \\ &= pR_{1,1}(1) + qpR_{1,1}(0) = pq + qp = 2pq \end{aligned}$$

（2）$i=1$, $k=2$, $n=2$。对于 $n=2$ 的样本空间 E_2，2 次试验中，发生 1 次长度为 2 的游程事件为"$[F \quad F]$"发生。其概率为 q^2。$R_{1,2}(2)=q^2$。

1.3.2.3 $i=1$, $n=3$

（1）$i=1$, $k=1$, $n=3$。

$$R_{1,1}(3) = \sum_{j=0}^{1-1} pq^j R_{1,1}(3-j-1) + \sum_{j=1+1}^{3-1} pq^j R_{1,1}(3-j-1) + q^1 pR_{0,1}(3-1-1)$$

$$= \sum_{j=0}^{0} pq^j R_{1,1}(2-j) + \sum_{j=2}^{2} pq^j R_{1,1}(2-j) + qpR_{0,1}(1)$$
$$= pR_{1,1}(2) + pq^2 R_{1,1}(0) + qpR_{0,1}(1)$$
$$= pR_{1,1}(2) + pq^2 \cdot 0 + qpR_{0,1}(1)$$
$$= pR_{1,1}(2) + qpR_{0,1}(1)$$

对于 $n=3$ 的样本空间 E_3，3 次试验中，发生长度为 1 的失败游程事件为 $\begin{bmatrix} F & S & S \\ S & F & S \\ S & S & F \end{bmatrix}$。对于 $\begin{bmatrix} S & F & S \\ S & S & F \end{bmatrix}$，先发生 "S"，概率为 p，其后发生 $\begin{bmatrix} F & S \\ S & F \end{bmatrix}$，与 $R_{1,1}(2)$ 事件等价。因此，$\begin{bmatrix} S & F & S \\ S & S & F \end{bmatrix}$ 的概率为 $pR_{1,1}(2)$。$[F \quad S \quad S]$，先发生 "FS"，其概率为 qp，最后 1 次试验 "S" 为 1 次试验中，不发生长度为 1 的失败游程，其概率为 $R_{0,1}(1)$。因此，$[F \quad S \quad S]$ 的概率为 $qpR_{0,1}(1)$。

综合以上分析，有 $R_{1,1}(3) = pR_{1,1}(2) + qpR_{0,1}(1)$。

（2）$i=1$，$k=2$，$n=3$。

$$R_{1,2}(3) = \sum_{j=0}^{2-1} pq^j R_{1,2}(3-j-1) + \sum_{j=2+1}^{3-1} pq^j R_{1,1}(3-j-1) + q^2 pR_{0,2}(3-2-1)$$
$$= \sum_{j=0}^{1} pq^j R_{1,2}(2-j) + \sum_{j=3}^{2} pq^j R_{1,1}(3-j-1) + q^2 pR_{0,2}(0)$$
$$= pR_{1,2}(2) + pqR_{1,2}(1) + q^2 pR_{0,2}(0)$$
$$= pR_{1,2}(2) + pq \cdot 0 + q^2 pR_{0,2}(0)$$
$$= pR_{1,2}(2) + q^2 pR_{0,2}(0)$$

对于 $n=3$ 的样本空间 E_3，3 次试验中，发生 1 次长度为 2 的失败游程事件为 $\begin{bmatrix} F & F & S \\ S & F & F \end{bmatrix}$。对于 $[S \quad F \quad F]$，先发生 "S"，概率为 p，后发生 "FF"，与 $R_{1,2}(2)$ 的事件等价。因此，$[S \quad F \quad F]$ 的概率为 $pR_{1,2}(2)$。$[F \quad F \quad S]$，3 次试验发生 "FFS"，其概率为 $q^2 p$，最后第 0 次试验发生长度为 2 的失败事件，其概率为 $R_{0,2}(0)$。因此，$[F \quad F \quad S]$ 的概率为 $q^2 pR_{0,2}(0)$。

综合以上分析，有 $R_{1,2}(3) = pR_{1,2}(2) + q^2 pR_{0,2}(0)$。

（3）$i=1$，$k=3$，$n=3$。

$$R_{1,3}(3) = \sum_{j=0}^{3-1} pq^j R_{1,3}(3-j-1) + \sum_{j=3+1}^{3-1} pq^j R_{1,3}(3-j-1) + q^3 pR_{0,3}(3-3-1)$$
$$= \sum_{j=0}^{2} pq^j R_{1,3}(2-j) + \sum_{j=4}^{2} pq^j R_{1,3}(2-j) + q^3 pR_{0,3}(3-3-1)$$
$$= pR_{1,3}(2) + pqR_{1,3}(1) + pq^2 R_{1,3}(0) + q^3 pR_{0,3}(-1)$$
$$= 0 + 0 + 0 + 0$$
$$n_1 = 1 \cdot (3+1) - 3, \quad R_{1,3}(3) = q^3 (pq^3)^{1-1} = q^3$$

对于 $n=3$ 的样本空间 E_3，3 次试验中，发生 1 次长度为 3 的失败游程事件为 $[F \quad F \quad F]$。

1.3.2.4 $i=1$,$n=4$

(1) $i=1$,$k=1$,$n=4$。

$$R_{1,1}(4)=\sum_{j=0}^{1-1}pq^jR_{1,1}(4-j-1)+\sum_{j=1+1}^{4-1}pq^jR_{1,1}(4-j-1)+qpR_{0,1}(4-1-1)$$

$$=\sum_{j=0}^{0}pq^jR_{1,1}(3-j)+\sum_{j=2}^{3}pq^jR_{1,1}(3-j)+qpR_{0,1}(2)$$

$$=pR_{1,1}(3)+pq^2R_{1,1}(1)+pq^3R_{1,1}(0)+qpR_{0,1}(2)$$

$$=pR_{1,1}(3)+pq^2R_{1,1}(1)+qpR_{0,1}(2)$$

对于 $n=4$ 的样本空间 E_4，4 次试验中，发生 1 次长度为 1 的失败游程事件为
$\begin{bmatrix}F&F&S&F\\F&S&F&F\\F&S&S&S\\S&F&S&F\\S&S&F&S\\S&S&S&F\end{bmatrix}$。对于 $\begin{bmatrix}S&F&S&S\\S&S&F&S\\S&S&S&F\end{bmatrix}$，先发生"$S$"，概率为 p，其后发生 $\begin{bmatrix}F&S&S\\S&F&S\\S&S&F\end{bmatrix}$，

与 $R_{1,1}(3)$ 事件等价。因此，$\begin{bmatrix}S&F&S&S\\S&S&F&S\\S&S&S&F\end{bmatrix}$ 的概率为 $pR_{1,1}(3)$。对于 $[F\ \ F\ \ S\ \ F]$，

先发生"FSS"，概率为 q^2p，其后发生"F"等价于 $R_{1,1}(1)$ 事件"S"。因此，$[F\ \ F\ \ S\ \ F]$ 概率为 $pq^2R_{1,1}(1)$。$\begin{bmatrix}F&S&F&F\\F&S&S&S\end{bmatrix}$，先发生"$FS$"，概率为 pq，其后发生 $\begin{bmatrix}F&F\\S&S\end{bmatrix}$，与 $R_{0,1}(2)$ 事件等价。因此，$\begin{bmatrix}F&S&F&F\\F&S&S&S\end{bmatrix}$ 的概率为 $pqR_{0,1}(2)$。

(2) $i=1$,$k=2$,$n=4$。

$$R_{1,2}(4)=\sum_{j=0}^{2-1}pq^jR_{1,2}(4-j-1)+\sum_{j=2+1}^{4-1}pq^jR_{1,2}(4-j-1)+q^2pR_{0,2}(4-2-1)$$

$$=\sum_{j=0}^{1}pq^jR_{1,2}(3-j)+\sum_{j=3}^{3}pq^jR_{1,2}(3-j)+q^2pR_{0,2}(1)$$

$$=pR_{1,2}(3)+pqR_{1,2}(2)+pq^3R_{1,2}(0)+q^2pR_{0,2}(1)$$

$$=pR_{1,2}(3)+pqR_{1,2}(2)+0+q^2p$$

$$=pR_{1,2}(3)+pqR_{1,2}(2)+q^2pR_{0,2}(1)$$

对于 $n=4$ 的样本空间 E_4，4 次试验中，发生 1 次长度为 2 的失败游程事件为
$\begin{bmatrix}F&F&S&F\\F&F&S&S\\F&S&F&F\\S&F&F&S\\S&S&F&F\end{bmatrix}$。对于事件 $\begin{bmatrix}S&F&F&S\\S&S&F&F\end{bmatrix}$，先发生"$S$"，概率为 p，其后发生

$\begin{bmatrix}F&F&S\\S&F&F\end{bmatrix}$，等价于 $R_{1,2}(3)$ 事件 $\begin{bmatrix}F&F&S\\S&F&F\end{bmatrix}$。因此，$\begin{bmatrix}S&F&F&S\\S&S&F&F\end{bmatrix}$ 概率为 $pR_{1,2}(3)$。

$[F \quad S \quad F \quad F]$，先发生"$FS$"，概率为 pq，其后发生 $[F \quad F]$，等价于 $R_{1,2}(2)$ 事件，则 $[F \quad S \quad F \quad F]$ 概率为 $pqR_{1,2}(2)$。对于 $\begin{bmatrix} F & F & S & F \\ F & F & S & S \end{bmatrix}$，前 3 次发生 "$FFS$"，其后发生 $\begin{bmatrix} F \\ S \end{bmatrix}$，其概率为 $R_{0,2}(1)$。因此，$\begin{bmatrix} F & F & S & F \\ F & F & S & S \end{bmatrix}$ 的概率为 $q^2 p R_{0,2}(1) = q^2 pq + q^2 pq = q^2 p$。

综合以上有，$R_{1,2}(4) = pR_{1,2}(3) + pqR_{1,2}(2) + q^2 pR_{0,2}(1)$。

（3）$i=1$，$k=3$，$n=4$。

$$\begin{aligned} R_{1,3}(4) &= \sum_{j=0}^{3-1} pq^j R_{1,3}(4-j-1) + \sum_{j=3+1}^{4-1} pq^j R_{1,3}(4-j-1) + q^3 pR_{0,3}(4-3-1) \\ &= \sum_{j=0}^{2} pq^j R_{1,3}(3-j) + \sum_{j=4}^{3} pq^j R_{1,3}(4-j-1) + q^3 pR_{0,3}(0) \\ &= pR_{1,3}(3) + pqR_{1,3}(2) + pq^2 R_{1,3}(1) + q^3 pR_{0,3}(0) \\ &= pR_{1,3}(3) + 0 + 0 + q^3 pR_{0,3}(0) \\ &= pR_{1,3}(3) + q^3 pR_{0,3}(0) \end{aligned}$$

对于 $n=4$ 的样本空间 E_4，4 次试验中，发生 1 次长度为 3 的失败游程事件为 $\begin{bmatrix} F & F & F & S \\ S & F & F & F \end{bmatrix}$。对于 $[S \quad F \quad F \quad F]$，先发生 "$S$"，概率为 p，其后发生 $[F \quad F \quad F]$，等价于 $R_{1,3}(3)$ 事件。因此，$[S \quad F \quad F \quad F]$ 的概率为 $pR_{1,3}(3)$。$[F \quad F \quad F \quad S]$，其概率为 $q^3 p$，最后第 0 次试验长度一定不为 3 的失败游程事件，其概率为 $R_{0,3}(0)$。

综合以上有，$R_{1,3}(4) = pR_{1,3}(3) + q^3 pR_{0,3}(0)$。

（4）$i=1$，$k=4$，$n=4$。

$$\begin{aligned} R_{1,4}(4) &= \sum_{j=0}^{4-1} pq^j R_{1,4}(4-j-1) + \sum_{j=4+1}^{4-1} pq^j R_{1,4}(4-j-1) + q^4 pR_{0,4}(4-4-1) \\ &= \sum_{j=0}^{3} pq^j R_{1,4}(3-j) + \sum_{j=5}^{3} pq^j R_{1,4}(3-j) + q^4 pR_{0,4}(-1) \\ &= pR_{1,4}(3) + pqR_{1,4}(2) + pq^2 R_{1,4}(1) + pq^3 R_{1,4}(0) + q^4 pR_{0,4}(-1) \\ &= 0 + 0 + 0 + 0 + 0 = 0 \end{aligned}$$

$$n_1 = 1 \times (4+1) - 1 = 4, R_{1,4}(4) = q^4 (pq^4)^{1-1} = q^4。$$

对于 $n=4$ 的样本空间 E_4，4 次试验中，发生 1 次长度为 3 的失败游程事件为 $[F \quad F \quad F \quad F]$，其概率为 q^4。

1.3.2.5 $i=1$，$n=5$

（1）$i=1$，$k=1$，$n=5$。

$$\begin{aligned} R_{1,1}(5) &= \sum_{j=0}^{1-1} pq^j R_{1,1}(5-j-1) + \sum_{j=1+1}^{5-1} pq^j R_{1,1}(5-j-1) + qpR_{0,1}(5-1-1) \\ &= \sum_{j=0}^{0} pq^j R_{1,1}(4-j) + \sum_{j=2}^{4} pq^j R_{1,1}(4-j) + qpR_{0,1}(3) \\ &= pR_{1,1}(4) + pq^2 R_{1,1}(2) + pq^3 R_{1,1}(1) + pq^4 R_{1,1}(0) + qpR_{0,1}(3) \\ &= pR_{1,1}(4) + pq^2 R_{1,1}(2) + pq^3 R_{1,1}(1) + qpR_{0,1}(3) \end{aligned}$$

对于 $n=5$ 的样本空间 E_5，5 次试验中，发生 1 次长度为 1 的失败游程事件为

$\begin{bmatrix} F & F & F & S & F \\ F & F & S & F & S \\ F & F & S & S & F \\ F & S & F & F & F \\ F & S & F & F & S \\ F & S & F & S & F \\ F & S & S & S & S \\ S & F & F & F & F \\ S & F & S & F & F \\ S & F & S & F & S \\ S & F & S & S & F \\ S & S & F & S & S \\ S & S & F & S & F \\ S & S & S & F & S \\ S & S & S & S & F \end{bmatrix}$。对于 $\begin{bmatrix} S & F & F & S & F \\ S & F & S & F & F \\ S & F & S & S & S \\ S & S & F & S & S \\ S & S & S & F & S \\ S & S & S & S & F \end{bmatrix}$，先发生"$S$"，概率为 p，其后发生

$\begin{bmatrix} F & F & S & F \\ F & S & F & F \\ F & S & S & S \\ S & F & S & S \\ S & S & F & S \\ S & S & S & F \end{bmatrix}$，与 $R_{1,1}(4)$ 事件等价。因此 $\begin{bmatrix} S & F & F & S & F \\ S & F & S & F & F \\ S & F & S & S & S \\ S & S & F & S & S \\ S & S & S & F & S \\ S & S & S & S & F \end{bmatrix}$ 的概率为 $pR_{1,1}(4)$。对

于 $\begin{bmatrix} F & F & S & F & S \\ F & F & S & S & F \end{bmatrix}$，先发生"$FFS$"，概率为 p，其后发生 $\begin{bmatrix} F & S \\ S & F \end{bmatrix}$，与 $R_{1,1}(2)$ 事件

等价。因此，$\begin{bmatrix} F & F & S & F & S \\ F & F & S & S & F \end{bmatrix}$ 的概率为 $pq^2 R_{1,1}(2)$。对于 $\begin{bmatrix} F & S & F & F & F \\ F & S & F & F & S \\ F & S & S & F & F \\ F & S & S & S & S \end{bmatrix}$，先发

生"FS"，概率为 pq，其后发生 $\begin{bmatrix} F & F & F \\ F & F & S \\ S & F & F \\ S & S & S \end{bmatrix}$，与 $R_{0,1}(3)$ 事件等价。因此，

$\begin{bmatrix} F & S & F & F & F \\ F & S & F & F & S \\ F & S & S & F & F \\ F & S & S & S & S \end{bmatrix}$ 的概率为 $qpR_{0,1}(3)$。对于 $[F \ F \ F \ S \ F]$，先发生"$FFFS$"，概

率为 pq^3，其后发生 F，与 $R_{1,1}(1)$ 事件等价。因此，$[F \ F \ F \ S \ F]$ 的概率为 $pq^3 R_{1,1}(1)$。

综合以上推导，有 $R_{1,1}(5) = pR_{1,1}(4) + pq^2 R_{1,1}(2) + pq^3 R_{1,1}(1) + qpR_{0,1}(3)$。

(2) $i=1, k=2, n=5$。

$$R_{1,2}(5) = \sum_{j=0}^{2-1} pq^j R_{1,2}(5-j-1) + \sum_{j=2+1}^{5-1} pq^j R_{1,2}(5-j-1) + q^2 p R_{0,2}(5-2-1)$$

$$= \sum_{j=0}^{1} pq^j R_{1,2}(4-j) + \sum_{j=3}^{4} pq^j R_{1,2}(4-j) + q^2 p R_{0,2}(2)$$

$$= pR_{1,2}(4) + pqR_{1,2}(3) + pq^3 R_{1,2}(1) + pq^4 R_{1,2}(0) + q^2 p R_{0,2}(2)$$

$$= pR_{1,2}(4) + pqR_{1,2}(3) + 0 + 0 + q^2 p R_{0,2}(2)$$

$$= pR_{1,2}(4) + pqR_{1,2}(3) + q^2 p R_{0,2}(2)$$

对于 $n=5$ 的样本空间 E_5，5 次试验中，发生 1 次长度为 2 的失败游程事件为

$$\begin{bmatrix} F & F & S & F & S \\ F & F & S & S & F \\ F & F & S & S & S \\ F & S & F & F & S \\ F & S & S & F & F \\ S & F & F & S & F \\ S & F & F & S & S \\ S & F & S & F & F \\ S & S & F & F & S \\ S & S & S & F & F \end{bmatrix}$$。对于 $\begin{bmatrix} S & F & F & S & F \\ S & F & F & S & S \\ S & F & S & F & F \\ S & S & F & F & S \\ S & S & S & F & F \end{bmatrix}$，先发生"S"，概率为 p，其后发生

$\begin{bmatrix} F & F & S & F \\ F & F & S & S \\ F & S & F & F \\ S & F & F & S \\ S & S & F & F \end{bmatrix}$，与 $R_{1,2}(4)$ 事件等价。因此，$\begin{bmatrix} S & F & F & S & F \\ S & F & F & S & S \\ S & F & S & F & F \\ S & S & F & F & S \\ S & S & S & F & F \end{bmatrix}$ 的概率为 $pR_{1,2}(4)$。

对于 $\begin{bmatrix} F & S & F & F & S \\ F & S & S & F & F \end{bmatrix}$，先发生"FS"，概率为 pq，其后发生 $\begin{bmatrix} F & F & S \\ S & F & F \end{bmatrix}$，与 $R_{1,2}(3)$

事件等价。因此，$\begin{bmatrix} F & S & F & F & S \\ F & S & S & F & F \end{bmatrix}$ 的概率为 $pqR_{1,2}(3)$。对于 $\begin{bmatrix} F & F & S & F & S \\ F & F & S & S & F \\ F & F & S & S & S \end{bmatrix}$，先

发生"FFS"，概率为 $q^2 p$，其后发生 $\begin{bmatrix} F & S \\ S & F \\ S & S \end{bmatrix}$，与 $R_{0,2}(2)$ 事件等价。因此，

$\begin{bmatrix} F & F & S & F & S \\ F & F & S & S & F \\ F & F & S & S & S \end{bmatrix}$ 的概率为 $q^2 p R_{0,2}(2)$。

综合以上推导，有 $R_{1,2}(5) = pR_{1,2}(4) + pqR_{1,2}(3) + q^2 p R_{0,2}(2)$。

(3) $i=1$, $k=3$, $n=5$。

$$R_{1,3}(5) = \sum_{j=0}^{3-1} pq^j R_{1,3}(5-j-1) + \sum_{j=3+1}^{5-1} pq^j R_{1,3}(5-j-1) + q^3 p R_{0,3}(5-3-1)$$

$$= \sum_{j=0}^{2} pq^j R_{1,3}(4-j) + \sum_{j=4}^{4} pq^j R_{1,3}(4-j) + q^3 p R_{0,3}(1)$$
$$= pR_{1,3}(4) + pqR_{1,3}(3) + pq^2 R_{1,3}(2) + pq^4 R_{1,3}(0) + q^3 p R_{0,3}(1)$$
$$= pR_{1,3}(4) + pqR_{1,3}(3) + 0 + 0 + q^3 p R_{0,3}(1)$$
$$= pR_{1,3}(4) + pqR_{1,3}(3) + q^3 p R_{0,3}(1)$$

对于 $n=5$ 的样本空间 E_5，5 次试验中，发生 1 次长度为 3 的失败游程事件为
$\begin{bmatrix} F & F & F & S & F \\ F & F & F & S & S \\ F & S & F & F & F \\ S & F & F & F & S \\ S & S & F & F & F \end{bmatrix}$。对于 $\begin{bmatrix} S & F & F & F & S \\ S & S & F & F & F \end{bmatrix}$，先发生 "$S$"，概率为 p，其后发生 $\begin{bmatrix} F & F & F & S \\ S & F & F & F \end{bmatrix}$，与 $R_{1,3}(4)$ 事件等价。因此，$\begin{bmatrix} S & F & F & F & S \\ S & S & F & F & F \end{bmatrix}$ 的概率为 $pR_{1,3}(4)$。对于 $[F\ S\ F\ F\ F]$，先发生 "FS"，概率为 pq，其后发生 $[F\ F\ F]$，与 $R_{1,3}(3)$ 事件等价。因此，$[F\ S\ F\ F\ F]$ 的概率为 $pqR_{1,3}(3)$。对于 $\begin{bmatrix} F & F & F & S & F \\ F & F & F & S & S \end{bmatrix}$，先发生 "$FFFS$"，概率为 $q^3 p$，其后发生 $\begin{bmatrix} F \\ S \end{bmatrix}$，与 $R_{0,3}(1)$ 事件等价。因此 $\begin{bmatrix} F & F & F & S & F \\ F & F & F & S & S \end{bmatrix}$ 的概率为 $q^3 p R_{0,3}(1)$。

综合以上分析，有 $R_{1,3}(5) = pR_{1,3}(4) + pqR_{1,3}(3) + q^3 p R_{0,3}(1)$。

(4) $i=1$，$k=4$，$n=5$。
$$R_{1,4}(5) = \sum_{j=0}^{4-1} pq^j R_{1,4}(5-j-1) + \sum_{j=4+1}^{5-1} pq^j R_{1,4}(5-j-1) + q^4 p R_{0,4}(5-4-1)$$
$$= \sum_{j=0}^{3} pq^j R_{1,4}(4-j) + \sum_{j=5}^{4} pq^j R_{1,4}(4-j) + q^4 p R_{0,4}(0)$$
$$= pR_{1,4}(4) + pqR_{1,4}(3) + pq^2 R_{1,4}(2) + pq^3 R_{1,4}(1) + q^4 p R_{0,4}(0)$$
$$= pR_{1,4}(4) + 0 + 0 + 0 + q^4 p R_{0,4}(0)$$
$$= pR_{1,4}(4) + q^4 p R_{0,4}(0)$$

对于 $n=5$ 的样本空间 E_5，5 次试验中，发生 1 次长度为 4 的失败游程事件为 $\begin{bmatrix} F & F & F & F & S \\ S & F & F & F & F \end{bmatrix}$。对于 $[S\ F\ F\ F\ F]$，先发生 "S"，概率为 p，其后发生 $[F\ F\ F\ F]$，与 $R_{1,4}(4)$ 事件等价。因此，$[S\ F\ F\ F\ F]$ 的概率为 $pR_{1,4}(4)$。对于 $[F\ F\ F\ F\ S]$，其概率为 $q^4 p$，其后第 0 次不会发生长度为 4 的失败游程，即 $R_{0,4}(0)$。因此，$[F\ F\ F\ F\ S]$ 的概率为 $q^4 p R_{0,4}(0)$。

综合以上分析有，$R_{1,4}(5) = pR_{1,4}(4) + q^4 p R_{0,4}(0)$。

(5) $i=1$，$k=5$，$n=5$。
$$R_{1,5}(5) = \sum_{j=0}^{5-1} pq^j R_{1,5}(5-j-1) + \sum_{j=5+1}^{5-1} pq^j R_{1,5}(5-j-1) + q^5 p R_{0,5}(5-5-1)$$

$$= \sum_{j=0}^{4} pq^j R_{1,5}(4-j) + \sum_{j=6}^{4} pq^j R_{1,5}(4-j) + q^5 pR_{0,5}(-1)$$
$$= pR_{1,5}(4) + pqR_{1,5}(3) + pq^2 R_{1,5}(2) + pq^3 R_{1,5}(1) + pq^4 R_{1,5}(0) + q^5 pR_{0,5}(-1)$$
$$= 0+0+0+0+0+0$$

注意：$i=1$，$n_1 = 1 \times (5+1) - 1 = 5$，$R_{1,5}(5) = q^5(pq^5)^{1-1} = q^5$。

1.3.3 $i=2$ 时，关于 $R_{2,k}(n)$ 计算

1.3.3.1 $i=2$，$k=1$，$n=1$

$n_1 = 2 \cdot (1+1) - 1 = 3$，$n < n_1 = 3$ 时，$R_{2,1}(n) = 0$。

对于 $n=1$ 的样本空间 E_1，1 次试验中，发生长度为 1 的失败游程事件只有"F"发生。由于试验次数 $n=1$，其他试验 $n<k$，发生 2 次长度为 1 的失败游程概率为 $R_{2,k}(n) = 0$。显然，$R_{2,1}(1) = 0$。

1.3.3.2 $i=2$，$n=2$

（1）$i=2$，$k=1$，$n=2$。对于 $n=2$ 的样本空间 E_2，2 次试验中，没有发生 2 次长度为 1 的失败游程事件，则 $R_{2,1}(2) = 0$。

（2）$i=2$，$k=2$，$n=2$。对于 $n=2$ 的样本空间 E_2，2 次试验中，没有发生 2 次长度为 2 的失败游程事件，则 $R_{2,2}(2) = 0$。

1.3.3.3 $i=2$，$n=3$

（1）$i=2$，$k=1$，$n=3$，有

$$R_{2,1}(3) = \sum_{j=0}^{1-1} pq^j R_{2,1}(3-j-1) + \sum_{j=1+1}^{3-1} pq^j R_{2,1}(3-j-1) + qpR_{1,1}(3-1-1)$$
$$= \sum_{j=0}^{0} pq^j R_{2,1}(2-j) + \sum_{j=2}^{2} pq^j R_{2,1}(2-j) + qpR_{1,1}(1)$$
$$= pR_{2,1}(2) + pq^2 R_{2,1}(0) + qpR_{1,1}(1)$$
$$= 0 + 0 + qpR_{1,1}(1) = qpR_{1,1}(1) = qpq = q^2 p$$

注意：$i=2$，$n_2 = 2 \times (1+1) - 1 = 3$，$R_{2,1}(3) = q(pq)^{2-1} = qpq$。当 $n<3$ 时，$R_{2,1}(n) = 0$。

对于 $n=3$ 的样本空间 E_3，3 次试验中，发生 2 次长度为 1 的失败游程事件为 $[F\ S\ F]$，其概率为 $R_{2,1}(3) = qpR_{1,1}(1) = q^2 p$。

（2）$i=2$，$k=2$，$n=3$，有

$$R_{2,2}(3) = \sum_{j=0}^{2-1} pq^j R_{2,2}(3-j-1) + \sum_{j=2+1}^{3-1} pq^j R_{2,2}(3-j-1) + qpR_{1,2}(3-2-1)$$
$$= \sum_{j=0}^{1} pq^j R_{2,2}(2-j) + \sum_{j=3}^{2} pq^j R_{2,2}(2-j) + qpR_{1,2}(0)$$
$$= pR_{2,2}(2) + pqR_{2,2}(1) + qpR_{1,2}(0)$$
$$= 0+0+0 = 0$$

对于 $n=3$ 的样本空间 E_3，3 次试验中，没有发生 2 次长度为 2 的失败游程事件，则 $R_{2,2}(3) = 0$。

注意：$i=2$，$n_2=2\times(2+1)-1=5$，$R_{2,2}(5)=q^2(pq^2)^{2-1}=q^2pq^2$。当 $n<5$ 时，$R_{2,2}(n)=0$。

(3) $i=2$，$k=3$，$n=3$，有

$$R_{2,3}(3)=\sum_{j=0}^{3-1}pq^jR_{2,2}(3-j-1)+\sum_{j=3+1}^{3-1}pq^jR_{2,3}(3-j-1)+qpR_{1,3}(3-3-1)$$

$$=\sum_{j=0}^{2}pq^jR_{2,2}(2-j)+\sum_{j=4}^{2}pq^jR_{2,3}(2-j)+qpR_{1,3}(-1)$$

$$=pR_{2,2}(2)+pqR_{2,2}(1)+pq^2R_{2,2}(0)+qpR_{1,3}(-1)$$

$$=0+0+0+0=0$$

对于 $n=3$ 的样本空间 E_3，3 次试验中，没有发生 2 次长度为 3 的失败游程事件，则 $R_{2,3}(3)=0$。

注意：$i=2$，$n_2=2\times(3+1)-1=7$，$R_{2,3}(7)=q^3(pq^3)^{2-1}=q^3pq^3$。当 $n<7$ 时，$R_{2,3}(n)=0$。

1.3.3.4　$i=2$，$n=4$

(1) $i=2$，$k=1$，$n=4$，有

$$R_{2,1}(4)=\sum_{j=0}^{1-1}pq^jR_{2,1}(4-j-1)+\sum_{j=1+1}^{4-1}pq^jR_{2,1}(4-j-1)+qpR_{1,1}(4-1-1)$$

$$=\sum_{j=0}^{0}pq^jR_{2,1}(3-j)+\sum_{j=2}^{3}pq^jR_{2,1}(3-j)+qpR_{1,1}(2)$$

$$=pR_{2,1}(3)+pq^2R_{2,1}(1)+pq^3R_{2,1}(0)+qpR_{1,1}(2)$$

$$=pR_{2,1}(3)+0+0+qpR_{1,1}(2)$$

$$=pR_{2,1}(3)+qpR_{1,1}(2)$$

注意：$i=2$，$n_2=2\times(1+1)-1=3$，$R_{2,1}(3)=q(pq)^{2-1}=qpq$。当 $n<3$ 时，$R_{2,1}(n)=0$。

对于 $n=4$ 的样本空间 E_4，4 次试验中，发生 2 次长度为 1 的失败游程事件为 $\begin{bmatrix} F & S & F & S \\ F & S & S & F \\ S & F & S & F \end{bmatrix}$。对于 $[S\ F\ S\ F]$，先发生"S"，概率为 p，其后发生 $[F\ S\ F]$，等价于 $R_{2,1}(3)$ 事件。因此，$[S\ F\ S\ F]$ 的概率为 $pR_{2,1}(3)$。对于 $\begin{bmatrix} F & S & F & S \\ F & S & S & F \end{bmatrix}$，先发生 "$FS$"，概率为 pq，其后发生 $\begin{bmatrix} F & S \\ S & F \end{bmatrix}$，等价于 $R_{1,1}(2)$ 事件。因此 $\begin{bmatrix} F & S & F & S \\ F & S & S & F \end{bmatrix}$ 的概率为 $qpR_{1,1}(2)$。

(2) $i=2$，$k=2$，$n=4$，有

$$R_{2,2}(4) = \sum_{j=0}^{2-1} pq^j R_{2,2}(4-j-1) + \sum_{j=2+1}^{4-1} pq^j R_{2,2}(4-j-1) + q^2 pR_{1,2}(4-2-1)$$
$$= \sum_{j=0}^{1} pq^j R_{2,2}(3-j) + \sum_{j=3}^{3} pq^j R_{2,2}(3-j) + q^2 pR_{1,2}(1)$$
$$= pR_{2,2}(3) + pqR_{2,2}(2) + pq^3 R_{2,2}(0) + q^2 pR_{1,2}(1)$$
$$= 0 + 0 + 0 + 0 = 0$$

对于 $n=4$ 的样本空间 E_4，4 次试验中，没有发生 2 次长度为 2 的失败游程事件，则 $R_{2,2}(4)=0$。

注意：$i=2$，$n_2=2\times(2+1)-1=5$，$R_{2,2}(5)=q^2(pq^2)^{2-1}=q^2 pq^2$。当 $n<5$ 时，$R_{2,2}(n)=0$。

(3) $i=2$，$k=3$，$n=4$，有

$$R_{2,3}(4) = \sum_{j=0}^{3-1} pq^j R_{2,3}(4-j-1) + \sum_{j=3+1}^{4-1} pq^j R_{2,3}(4-j-1) + q^3 pR_{1,3}(4-3-1)$$
$$= \sum_{j=0}^{2} pq^j R_{2,3}(3-j) + \sum_{j=4}^{3} pq^j R_{2,3}(3-j) + q^3 pR_{1,3}(0)$$
$$= pR_{2,3}(3) + pqR_{2,3}(2) + pq^2 R_{2,3}(1) + q^3 pR_{1,3}(0)$$
$$= 0 + 0 + 0 + 0 = 0$$

对于样本空间，4 次试验中，没有发生 2 次长度为 3 的失败游程事件，则 $R_{2,3}(4)=0$。

注意：$i=2$，$n_2=2\times(3+1)-1=7$，$R_{2,3}(7)=q^3(pq^3)^{2-1}=q^3 pq^3$。当 $n<7$ 时，$R_{2,3}(n)=0$。

(4) $i=2$，$k=4$，$n=4$，有

$$R_{2,4}(4) = \sum_{j=0}^{4-1} pq^j R_{2,4}(4-j-1) + \sum_{j=4+1}^{4-1} pq^j R_{2,3}(4-j-1) + q^4 pR_{1,4}(4-4-1)$$
$$= \sum_{j=0}^{3} pq^j R_{2,4}(3-j) + \sum_{j=5}^{3} pq^j R_{2,3}(3-j) + q^4 pR_{1,4}(-1)$$
$$= pR_{2,4}(3) + pqR_{2,4}(2) + pq^2 R_{2,4}(1) + pq^3 R_{2,4}(0) + q^4 pR_{1,4}(-1)$$
$$= 0 + 0 + 0 + 0 + 0 = 0$$

对于 $n=4$ 的样本空间 E_4，4 次试验中，没有发生 2 次长度为 4 的失败游程事件，则 $R_{2,4}(4)=0$。

注意：$i=2$，$n_2=2\times(4+1)-1=9$，$R_{2,4}(9)=q^4(pq^4)^{2-1}=q^4 pq^4$。当 $n<9$ 时，$R_{2,4}(n)=0$。

1.3.3.5 $i=2$，$n=5$

(1) $i=2$，$k=1$，$n=5$，有

$$R_{2,1}(5) = \sum_{j=0}^{1-1} pq^j R_{2,1}(5-j-1) + \sum_{j=1+1}^{5-1} pq^j R_{2,1}(5-j-1) + qpR_{1,1}(5-1-1)$$
$$= \sum_{j=0}^{0} pq^j R_{2,1}(4-j) + \sum_{j=2}^{4} pq^j R_{2,1}(4-j) + qpR_{1,1}(3)$$
$$= pR_{2,1}(4) + pq^2 R_{2,1}(2) + pq^3 R_{2,1}(1) + pq^4 R_{2,1}(0) + qpR_{1,1}(3)$$
$$= pR_{2,1}(4) + 0 + 0 + 0 + qpR_{1,1}(3)$$
$$= pR_{2,1}(4) + qpR_{1,1}(3)$$

对于 $n=5$ 的样本空间 E_5，5 次试验中，发生 2 次长度为 1 的失败游程事件为
$\begin{bmatrix} F & S & F & S & S \\ F & S & S & F & S \\ F & S & S & S & F \\ S & F & S & F & S \\ S & F & S & S & F \\ S & S & F & S & F \end{bmatrix}$。对于 $\begin{bmatrix} S & F & S & F & S \\ S & F & S & S & F \\ S & S & F & S & F \end{bmatrix}$，先发生"$S$"，概率为 p，其后发生

$\begin{bmatrix} F & S & F & S \\ F & S & S & F \\ S & F & S & F \end{bmatrix}$，等价于 $R_{2,1}(4)$ 事件。因此，$\begin{bmatrix} S & F & S & F & S \\ S & F & S & S & F \\ S & S & F & S & F \end{bmatrix}$ 的概率为 $pR_{2,1}(4)$。

对于 $\begin{bmatrix} F & S & F & S & S \\ F & S & S & F & S \\ F & S & S & S & F \end{bmatrix}$，先发生"$FS$"，概率为 pq，其后发生 $\begin{bmatrix} F & S & S \\ S & F & S \\ S & S & F \end{bmatrix}$，等价于

$R_{1,1}(3)$ 事件。因此，$\begin{bmatrix} F & S & F & S & S \\ F & S & S & F & S \\ F & S & S & S & F \end{bmatrix}$ 的概率为 $qpR_{1,1}(3)$。综合以上分析，有

$R_{2,1}(5) = pR_{2,1}(4) + qpR_{1,1}(3)$。

注意：$i=2$，$n_2 = 2 \cdot (1+1) - 1 = 3$，$R_{2,1}(3) = q(pq)^{2-1} = qpq$。当 $n<3$ 时，$R_{2,1}(n) = 0$。

(2) $i=2$，$k=2$，$n=5$，有

$$\begin{aligned} R_{2,2}(5) &= \sum_{j=0}^{2-1} pq^j R_{2,2}(5-j-1) + \sum_{j=2+1}^{5-1} pq^j R_{2,2}(5-j-1) + q^2 pR_{1,2}(5-2-1) \\ &= \sum_{j=0}^{1} pq^j R_{2,2}(4-j) + \sum_{j=3}^{4} pq^j R_{2,2}(4-j) + q^2 pR_{1,2}(2) \\ &= pR_{2,2}(4) + pqR_{2,2}(3) + pq^3 R_{2,2}(1) + pq^4 R_{2,2}(0) + q^2 pR_{1,2}(2) \\ &= 0+0+0+0+q^2 pR_{1,2}(2) \\ &= q^2 pR_{1,2}(2) \end{aligned}$$

对于 $n=5$ 的样本空间 E_5，5 次试验中，发生 2 次长度为 2 的失败游程事件为 $[F \quad F \quad S \quad F \quad F]$。发生"$FFS$"，概率为 pq^2，其后发生 $[F \quad F]$，等价于 $R_{1,2}(2)$ 事件。因此，$[F \quad F \quad S \quad F \quad F]$ 的概率为 $q^2 pR_{1,2}(2)$。

注意：$i=2$，$n_2 = 2(2+1) - 1 = 5$，$R_{2,2}(5) = q^2(pq^2)^{2-1} = q^2 pq^2$。当 $n<5$ 时，$R_{2,2}(n) = 0$。

(3) $i=2$，$k=3$，$n=5$，有

$$\begin{aligned} R_{2,3}(5) &= \sum_{j=0}^{3-1} pq^j R_{2,3}(5-j-1) + \sum_{j=3+1}^{5-1} pq^j R_{2,3}(5-j-1) + q^3 pR_{1,3}(5-3-1) \\ &= \sum_{j=0}^{2} pq^j R_{2,3}(4-j) + \sum_{j=4}^{4} pq^j R_{2,3}(4-j) + q^3 pR_{1,3}(1) \\ &= pR_{2,3}(4) + pqR_{2,3}(3) + pq^2 R_{2,3}(2) + pq^4 R_{2,3}(0) + q^3 pR_{1,3}(1) \\ &= 0+0+0+0+0 = 0 \end{aligned}$$

对于 $n=5$ 的样本空间 E_5，5 次试验中，没有发生 2 次长度为 3 的失败游程事件，则 $R_{2,3}(5)=0$。

注意：$i=2$，$n_2=2 \cdot (3+1)-1=7$，$R_{2,3}(7)=q^3(pq^3)^{2-1}=q^3pq^3$。当 $n<7$ 时，$R_{2,3}(n)=0$。

(4) $i=2$，$k=4$，$n=5$，有

$$R_{2,4}(5)=\sum_{j=0}^{4-1}pq^jR_{2,4}(5-j-1)+\sum_{j=4+1}^{5-1}pq^jR_{2,4}(5-j-1)+q^4pR_{1,4}(5-4-1)$$

$$=\sum_{j=0}^{3}pq^jR_{2,4}(4-j)+\sum_{j=5}^{4}pq^jR_{2,4}(4-j)+q^4pR_{1,4}(0)$$

$$=pR_{2,4}(4)+pqR_{2,4}(3)+pq^2R_{2,4}(2)+pq^3R_{2,4}(1)+q^4pR_{1,4}(0)$$

$$=0+0+0+0+0=0$$

注意：$i=2$，$n_2=2 \cdot (4+1)-1=9$，$R_{2,4}(9)=q^4(pq^4)^{2-1}=q^4pq^4$。当 $n<9$ 时，$R_{2,4}(n)=0$。对于 $n=5$ 的样本空间 E_5，5 次试验中，没有发生 2 次长度为 4 的失败游程事件，则 $R_{2,4}(5)=0$。

(5) $i=2$，$k=5$，$n=5$，有

$$R_{2,5}(5)=\sum_{j=0}^{5-1}pq^jR_{2,5}(5-j-1)+\sum_{j=5+1}^{5-1}pq^jR_{2,5}(5-j-1)+q^5pR_{1,5}(5-5-1)$$

$$=\sum_{j=0}^{3}pq^jR_{2,5}(4-j)+\sum_{j=6}^{4}pq^jR_{2,5}(4-j)+q^5pR_{1,5}(-1)$$

$$=pR_{2,5}(4)+pqR_{2,5}(3)+pq^2R_{2,5}(2)+pq^3R_{2,5}(1)+q^5pR_{1,5}(-1)$$

$$=0+0+0+0+0=0$$

注意：$i=2$，$n_2=2 \cdot (4+1)-1=9$，$R_{2,4}(9)=q^4(pq^4)^{2-1}=q^4pq^4$。当时 $n<9$，$R_{2,4}(n)=0$。对于 $n=5$ 的样本空间 E_5，5 次试验中，没有发生 2 次长度为 5 的失败游程事件，则 $R_{2,5}(5)=0$。

注意：$i=2$，$n_2=2 \cdot (5+1)-1=11$，$R_{2,5}(11)=q^5(pq^5)^{2-1}=q^5pq^5$。当时 $n<11$，$R_{2,5}(n)=0$。

1972 年，美籍水文统计学家南斯拉夫人 V. 叶非耶维奇（V. Yevjevich）教授最早应用轮次分析进行年径流序列的丰枯变化分析，著有《水文随机过程》专著。1980 年，英国水文学家科特戈达（N. T. Kottegoda）出版了《随机水资源技术》专著，将研究水文时间序列起伏变化过程的理论称为"交互理论"。实际中，游程被广泛地应用于干旱特征分析研究，干旱的历时、烈度和强度可分别用负游程长、负游程和与负游程强度来描述。设一个离散的年径流序列 $Q_t(t=1,2,\cdots,N)$ 被某一给定水平 Q_{0t} 截取（图 1.3-1），其中 Q_{0t} 是反映需水量，可以是常数，也可以是随时间变化的函数，当 Q_t 在一个或多个时段内连续小于 Q_{0t} 时，出现负游程，发生水文干旱；类似地，当 Q_t 依次大于 Q_{0t} 时，出现正游程。研究干旱，感兴趣的是负游程。从图 1.3-1 可以看出，对于具有固定长度 N 的水文序列，当截取水平 Q_{0t} 确定后，就会得到若干个负游程。这些负游程可组成负游程序列，其中包括负游程长 D（干旱历时）与负游程总量 S（干旱烈度）序列，并可由此生成游程强度 D（干旱强度）序列。

假定有 m 个干旱历时，其统计特征值计算为

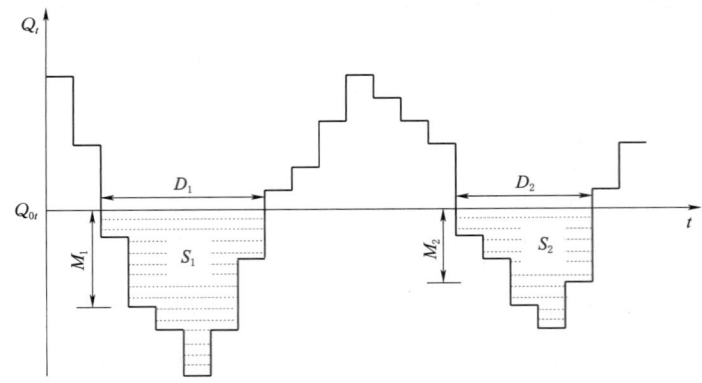

图 1.3-1 游程的概念与定义

$$\overline{D} = \frac{1}{m}\sum_{i=1}^{m} D_i \quad (1.3-5)$$

式中：$\overline{D}$ 为干旱历时的平均值。

$$S_D = \left[\frac{1}{m-1}\sum_{i=1}^{m}(D_i - \overline{D})^2\right]^{\frac{1}{2}} \quad (1.3-6)$$

式中：S_D 为干旱历时的标准差。

$$D_{\max} = \max\{D_1, D_2, \cdots, D_m\} \quad (1.3-7)$$

式中：$D_{\max}$ 为最长干旱历时。

因此，干旱历时的概率计算，可归结为游程计算。本书后续章节将叙述应用游程概率分布研究干旱的特征规律。

第 2 章

马氏游程的基本原理与应用

我国著名水文专家、黄河水利委员会水文局原总工程师马秀峰。历经17年的研究，形成了完整的游程理论体系（简称马氏游程）。本章首先引用马秀峰先生出版的《游程概率统计原理及其应用》专著，介绍马秀峰先生原创和独特的游程理论方法，推导投币试验、掷骰子试验以及赌盘模型游程长度和游程个数的概率计算公式，并且用二分模型统计试验，验证赌盘模型游程长度概率计算公式的正确性，探究原始概率分布对独立序列和相依序列游程长度统计特性的影响，研究相依序列游程长度和游程个数的计算方法。读者也可阅读马秀峰和夏军（2011）的《游程概率统计原理及其应用》专著。

2.1 简单伯努利试验游程长度及其统计特征

本节介绍简单伯努利试验投币试验的游程长度问题和掷骰子试验的游程长度问题，最后将前面的结论扩展到赌盘模型试验中。本章符号仍采用马秀峰先生规定的符号，用 x 表示游程长度（连长），用 $z(n)$ 表示连续进行 n 次投币试验，可能得到的完整样本总数，用 $k(n)$ 表示 $z(n)$ 个样本中包含的全部元素个数，用 $G(n,x)$ 表示 $z(n)$ 个样本中游程长度为 x 的发生频次。

2.1.1 投币试验游程长度统计分析

与概率论方法相同，采用投币试验。[0,1] 表示第一次试验可能出现的两种结果，约定 0 和 1 分别代表反面和正面，把连续出现数字 0 或 1 的个数称为游程长度。不难看出选择 0 或 1 进行统计，均会得到相同的结论。本章把数字 1 作为研究对象，分析其在 n 次投币试验中游程长度的统计特性。

(1) $n=1$，即 1 次试验，出现 2 种结果 [0 1]。按照本章约定，样本总数 $z(1)=2^1=2$，全部元素个数 $k(1)=2$，长度为 1 的数字 1 游程发生次数为 $x=1$，即 $G(1,1)=1$。

(2) $n=2$，即 2 次试验，出现 4 种结果 $\begin{bmatrix} 0 & 1 & 0 & 1 \\ 0 & 0 & 1 & 1 \end{bmatrix}$。按照本章约定，样本总数 $z(2)=2^2=4$，全部元素个数 $k(2)=2\times z(2)=8$，长度为 1 的数字 1 游程发生次数为 $x=2$，即 $G(2,1)=2$；长度为 2 的数字 1 游程发生次数为 $x=1$，即 $G(2,2)=1$。

(3) $n=3$，即 3 次试验，出现 8 种结果 $\begin{bmatrix} 0 & 1 & 0 & 1 & 0 & 1 & 0 & 1 \\ 0 & 0 & 1 & 1 & 0 & 0 & 1 & 1 \\ 0 & 0 & 0 & 0 & 1 & 1 & 1 & 1 \end{bmatrix}$。按照本章约定，

第 2 章 马氏游程的基本原理与应用

样本总数 $z(3)=2^3=8$，全部元素个数 $k(3)=3\times z(3)=24$，长度为 1 的数字 1 游程发生次数为 $x=5$，即 $G(3,1)=5$；长度为 2 的数字 1 游程发生次数为 $x=2$，即 $G(3,2)=2$；长度为 3 的数字 1 游程发生次数为 $x=1$，即 $G(3,3)=1$。

（4）$n=4$，即 4 次试验，出现 8 种结果

$$\begin{bmatrix} 0 & 1 & 0 & 1 & 0 & 1 & 0 & 1 & 0 & 1 & 0 & 1 & 0 & 1 & 0 & 1 \\ 0 & 0 & 1 & 1 & 0 & 0 & 1 & 1 & 0 & 0 & 1 & 1 & 0 & 0 & 1 & 1 \\ 0 & 0 & 0 & 0 & 1 & 1 & 1 & 1 & 0 & 0 & 0 & 0 & 1 & 1 & 1 & 1 \\ 0 & 0 & 0 & 0 & 0 & 0 & 0 & 0 & 1 & 1 & 1 & 1 & 1 & 1 & 1 & 1 \end{bmatrix}$$。按照本章约定，样本总数 $z(4)=2^4=16$，全部元素个数 $k(4)=4\times z(4)=64$，长度为 1 的数字 1 游程发生次数为 $x=12$，即 $G(4,1)=12$；长度为 2 的数字 1 游程发生次数为 $x=5$，即 $G(4,2)=5$；长度为 3 的数字 1 游程发生次数为 $x=2$，即 $G(4,3)=2$；长度为 4 的数字 1 游程发生次数为 $x=1$，即 $G(4,4)=1$。

不难看出，$z(n)$ 和 $z(n)$ 与试验次数的关系式为

$$z(n)=2^n, k(n)=nz(n) \tag{2.1-1}$$

显然，采用上述枚举法计算 $G(n,x)$ 随着试验次数 n 增大，计算过程相当繁杂。本节设置状态维数 $H=2$，采用计算机编程计算试验次数 $n\leqslant 30$ 的 $G(n,x)$ 统计结果，见表 2.1-1。

从表 2.1-1 可以看出，$G(n,x)$ 有以下特点：

$$G(n,x)>G(n,x+1) \tag{2.1-2}$$

$$G(n+1,x)>G(n,x) \tag{2.1-3}$$

$$G(n+1,x+1)>G(n,x) \tag{2.1-4}$$

从表 2.1-1 可以得出，只要试验次数与游程长度的差值 $\xi=n-x$ 保持不变，游程长度为 x 的发生频次 $G(x,n)$ 也将保持不变。根据发生频次的这一特点，将表 2.1-1 中的结果简化，见表 2.1-2。

表 2.1-1　　投币试验游程长度的 $G(n,x)$ 统计结果

游程长度	试验次数 n									
	1	2	3	4	5	6	7	8	9	10
1	1	2	5	12	28	64	144	320	704	1536
2	0	1	2	5	12	28	64	144	320	704
3	0	0	1	2	5	12	28	64	144	320
4	0	0	0	1	2	5	12	28	64	144
5	0	0	0	0	1	2	5	12	28	64
6	0	0	0	0	0	1	2	5	12	28
7	0	0	0	0	0	0	1	2	5	12
8	0	0	0	0	0	0	0	1	2	5
9	0	0	0	0	0	0	0	0	1	2
10	0	0	0	0	0	0	0	0	0	1

续表

游程长度	试验次数 n									
	1	2	3	4	5	6	7	8	9	10
11	0	0	0	0	0	0	0	0	0	0
12	0	0	0	0	0	0	0	0	0	0
13	0	0	0	0	0	0	0	0	0	0
14	0	0	0	0	0	0	0	0	0	0
15	0	0	0	0	0	0	0	0	0	0
16	0	0	0	0	0	0	0	0	0	0
17	0	0	0	0	0	0	0	0	0	0
18	0	0	0	0	0	0	0	0	0	0
19	0	0	0	0	0	0	0	0	0	0
20	0	0	0	0	0	0	0	0	0	0
21	0	0	0	0	0	0	0	0	0	0
22	0	0	0	0	0	0	0	0	0	0
23	0	0	0	0	0	0	0	0	0	0
24	0	0	0	0	0	0	0	0	0	0
25	0	0	0	0	0	0	0	0	0	0
26	0	0	0	0	0	0	0	0	0	0
27	0	0	0	0	0	0	0	0	0	0
28	0	0	0	0	0	0	0	0	0	0
29	0	0	0	0	0	0	0	0	0	0
30	0	0	0	0	0	0	0	0	0	0

游程长度	试验次数 n									
	11	12	13	14	15	16	17	18	19	20
1	3328	7168	15360	32768	69632	147456	311296	655360	1376256	2883584
2	1536	3328	7168	15360	32768	69632	147456	311296	655360	1376256
3	704	1536	3328	7168	15360	32768	69632	147456	311296	655360
4	320	704	1536	3328	7168	15360	32768	69632	147456	311296
5	144	320	704	1536	3328	7168	15360	32768	69632	147456
6	64	144	320	704	1536	3328	7168	15360	32768	69632
7	28	64	144	320	704	1536	3328	7168	15360	32768
8	12	28	64	144	320	704	1536	3328	7168	15360
9	5	12	28	64	144	320	704	1536	3328	7168
10	2	5	12	28	64	144	320	704	1536	3328
11	1	2	5	12	28	64	144	320	704	1536
12	0	1	2	5	12	28	64	144	320	704

第 2 章 马氏游程的基本原理与应用

续表

游程长度	试验次数 n									
	11	12	13	14	15	16	17	18	19	20
13	0	0	1	2	5	12	28	64	144	320
14	0	0	0	1	2	5	12	28	64	144
15	0	0	0	0	1	2	5	12	28	64
16	0	0	0	0	0	1	2	5	12	28
17	0	0	0	0	0	0	1	2	5	12
18	0	0	0	0	0	0	0	1	2	5
19	0	0	0	0	0	0	0	0	1	2
20	0	0	0	0	0	0	0	0	0	1
21	0	0	0	0	0	0	0	0	0	0
22	0	0	0	0	0	0	0	0	0	0
23	0	0	0	0	0	0	0	0	0	0
24	0	0	0	0	0	0	0	0	0	0
25	0	0	0	0	0	0	0	0	0	0
26	0	0	0	0	0	0	0	0	0	0
27	0	0	0	0	0	0	0	0	0	0
28	0	0	0	0	0	0	0	0	0	0
29	0	0	0	0	0	0	0	0	0	0
30	0	0	0	0	0	0	0	0	0	0

游程长度	试验次数 n				
	21	22	23	24	25
1	6029312	12582912	26214400	54525952	6029312
2	2883584	6029312	12582912	26214400	2883584
3	1376256	2883584	6029312	12582912	1376256
4	655360	1376256	2883584	6029312	655360
5	311296	655360	1376256	2883584	311296
6	147456	311296	655360	1376256	147456
7	69632	147456	311296	655360	69632
8	32768	69632	147456	311296	32768
9	15360	32768	69632	147456	15360
10	7168	15360	32768	69632	147456
11	3328	7168	15360	32768	69632
12	1536	3328	7168	15360	32768
13	704	1536	3328	7168	15360
14	320	704	1536	3328	7168

续表

游程长度	试验次数 n				
	21	22	23	24	25
15	144	320	704	1536	3328
16	64	144	320	704	1536
17	28	64	144	320	704
18	12	28	64	144	320
19	5	12	28	64	144
20	2	5	12	28	64
21	1	2	5	12	28
22	0	1	2	5	12
23	0	0	1	2	5
24	0	0	0	1	2
25	0	0	0	0	1
26	0	0	0	0	0
27	0	0	0	0	0
28	0	0	0	0	0
29	0	0	0	0	0
30	0	0	0	0	0

游程长度	试验次数 n				
	26	27	28	29	30
1	234881024	486539264	1006632960	2080374784	4294967296
2	113246208	234881024	486539264	1006632960	2080374784
3	54525952	113246208	234881024	486539264	1006632960
4	26214400	54525952	113246208	234881024	486539264
5	12582912	26214400	54525952	113246208	234881024
6	6029312	12582912	26214400	54525952	113246208
7	2883584	6029312	12582912	26214400	54525952
8	1376256	2883584	6029312	12582912	26214400
9	655360	1376256	2883584	6029312	12582912
10	311296	655360	1376256	2883584	6029312
11	147456	311296	655360	1376256	2883584
12	69632	147456	311296	655360	1376256
13	32768	69632	147456	311296	655360
14	15360	32768	69632	147456	311296
15	7168	15360	32768	69632	147456
16	3328	7168	15360	32768	69632

续表

游程长度	试验次数 n				
	26	27	28	29	30
17	1536	3328	7168	15360	32768
18	704	1536	3328	7168	15360
19	320	704	1536	3328	7168
20	144	320	704	1536	3328
21	64	144	320	704	1536
22	28	64	144	320	704
23	12	28	64	144	320
24	5	12	28	64	144
25	2	5	12	28	64
26	1	2	5	12	28
27	0	1	2	5	12
28	0	0	1	2	5
29	0	0	0	1	2
30	0	0	0	0	1

表 2.1-2　　　　投币试验中 $G(\xi)$ 随 ξ 变化统计结果

ξ	$G(\xi)$	$G(\xi+1)$	$G(\xi+2)$
1	2	5	12
2	5	12	28
3	12	28	64
4	28	64	144
5	64	144	320
6	144	320	704
7	320	704	1536
8	704	1536	3328
9	1536	3328	7168
10	3328	7168	15360
11	7168	15360	32768
12	15360	32768	69632
13	32768	69632	147456
14	69632	147456	311296
15	147456	311296	655360
16	311296	655360	1376256
17	655360	1376256	2883584
18	1376256	2883584	6029312

续表

ξ	$G(\xi)$	$G(\xi+1)$	$G(\xi+2)$
19	2883584	6029312	12582912
20	6029312	12582912	26214400
21	12582912	26214400	54525952
22	26214400	54525952	113246208
23	54525952	113246208	234881024
24	113246208	234881024	486539264
25	234881024	486539264	1006632960
26	486539264	1006632960	2080374784
27	1006632960	2080374784	4294967296

从表2.1-2可以推出，当试验次数 $n>1$ 时，投币试验游程长度为 x 的发生次数 $G(n,x)$ 满足二阶线性齐次常系数差分方程：

$$G(\xi+2)-4G(\xi+1)+4G(\xi)=0 \quad (2.1-5)$$

其特征方程为

$$\lambda^2-4\lambda+4=0 \quad (2.1-6)$$

式（2.1-6）的特征方程的二重特征根 $\lambda=2$，因此，差分方程式（2.1-5）的通解为

$$G(\xi)=(a+b\xi)\cdot 2^\xi \quad (2.1-7)$$

从表2.1-2中任意找出两组数据作为定解条件，如 $G(1)=2=(a+b)\cdot 2$，$G(2)=5=(a+2b)\cdot 2^2$，即 $\begin{cases}a+b=1\\4a+8b=5\end{cases}$，解得 $\begin{cases}a=\dfrac{3}{4}\\b=\dfrac{1}{4}\end{cases}$。即 $G(\xi)=\left(\dfrac{3}{4}+\dfrac{1}{4}\xi\right)\cdot 2^\xi$，把 $\xi=n-x$ 代入有，$G(n-x)=G(n,x)=\left(\dfrac{3}{4}+\dfrac{1}{4}(n-x)\right)\cdot 2^{n-x}=(n+3-x)\cdot 2^{-2}2^{n-x}=(n+3-x)\cdot 2^{n-2-x}$。

因此，最终得到 n 次投币试验游程长度发生频次的解析表达式为

$$G(n,x)=\begin{cases}(n+3-x)\cdot 2^{n-2-x}, & 1\leqslant x<n\\ 1, & x=n\neq 1\\ 1, & x=n=1\end{cases} \quad (2.1-8)$$

根据 $G(n,x)$ 的解析表达式（2.1-8），可以直接求解 n 次投币试验中，不同游程长度的发生频次（数目）。

2.1.1.1 投币试验游程长度概率密度和概率分布

1. 概率密度函数

在 n 次投币试验中，游程长度为 x 的发生频次与各种游程长度发生总频次之比，称为游程长度为 x 的概率密度函数 $f(n,x)$。

$$f(n,x) = \frac{G(n,x)}{W(n)} \tag{2.1-9}$$

式中：$W(n) = \sum\limits_{x=1}^{n} G(n,x)$ 为 n 次投币试验中游程发生的总次数。

根据等比数列前 n 求和公式 $S_n = \dfrac{a_1(1-q^n)}{1-q}$，对 $W(n) = \sum\limits_{x=1}^{n} G(n,x)$ 化简，有

$$W(n) = \sum_{x=1}^{n} G(n,x) = \sum_{x=1}^{n-1} G(n,x) + \sum_{x=n}^{n} G(n,x) = \sum_{x=1}^{n-1} G(n,x) + G(n,n)$$

$$= \sum_{x=1}^{n-1} (n+3-x) \cdot 2^{n-2-x} + 1$$

$$= 2^{n-2} \sum_{x=1}^{n-1} (n+3-x) \cdot 2^{-x} + 1 = 2^{n-2} \left[(n+3)\sum_{x=1}^{n-1} 2^{-x} - \sum_{x=1}^{n-1} x \cdot 2^{-x} \right] + 1$$

对于 $\sum\limits_{x=1}^{n-1} 2^{-x}$，有 $\sum\limits_{x=1}^{n-1} 2^{-x} = \dfrac{\dfrac{1}{2}\left(1-\dfrac{1}{2^{n-1}}\right)}{1-\dfrac{1}{2}} = 1 - \dfrac{1}{2^{n-1}}$。

对于 $\sum\limits_{x=1}^{n-1} x \cdot 2^{-x}$，利用错位法，令

$$S = \sum_{x=1}^{n-1} x \cdot 2^{-x} = 2^{-1} + 2 \cdot 2^{-2} + 3 \cdot 2^{-3} + \cdots + (n-2) \cdot 2^{-(n-2)} + (n-1) \cdot 2^{-(n-1)},$$

$$2^{-1} S = 2^{-1} \sum_{x=1}^{n-1} x \cdot 2^{-x} = 2^{-2} + 2 \cdot 2^{-3} + 3 \cdot 2^{-4} + \cdots + (n-2) \cdot 2^{-(n-1)} + (n-1) \cdot 2^{-n},$$

$$S - 2^{-1} S = 2^{-1} + 2^{-2} + 2^{-3} + 2^{-4} + \cdots + 2^{-(n-1)} - (n-1) \cdot 2^{-n}，即$$

$$S(1-2^{-1}) = [2^{-1} + 2^{-2} + 2^{-3} + 2^{-4} + \cdots + 2^{-(n-1)}] - (n-1) \cdot 2^{-n} = \dfrac{2^{-1}\left(1-\dfrac{1}{2^{(n-2)}}\right)}{1-2^{-1}} - (n-1) \cdot 2^{-n}$$

$$S = \dfrac{2^{-1}\left(1-\dfrac{1}{2^{(n-2)}}\right)}{(1-2^{-1})^2} - \dfrac{(n-1) \cdot 2^{-n}}{1-2^{-1}} = 2\left(1-\dfrac{1}{2^{(n-2)}}\right) - 2(n-1) \cdot 2^{-n} = 2 - \dfrac{1}{2^{n-2}} - \dfrac{n-1}{2^{n-1}}。即$$

$$\sum_{x=1}^{n-1} x \cdot 2^{-x} = 2 - \dfrac{1}{2^{n-2}} - \dfrac{n-1}{2^{n-1}} \tag{2.1-10}$$

把 $\sum\limits_{x=1}^{n-1} 2^{-x} = 1 - \dfrac{1}{2^{n-1}}$、$\sum\limits_{x=1}^{n-1} x \cdot 2^{-x} = 2 - \dfrac{1}{2^{n-2}} - \dfrac{n-1}{2^{n-1}}$ 代入 $W(n) = 2^{n-2}\left[(n+3)\sum\limits_{x=1}^{n-1} 2^{-x} - \sum\limits_{x=1}^{n-1} x \cdot 2^{-x}\right] + 1$，有

$$W(n) = 2^{n-2}\left[(n+3)\left(1-\dfrac{1}{2^{n-1}}\right) - 2 + \dfrac{1}{2^{n-2}} + \dfrac{n-1}{2^{n-1}}\right] + 1$$

$$= 2^{n-2}\left(n+3-2-\dfrac{n+3}{2^{n-1}} + \dfrac{n-1}{2^{n-1}}\right) + 1 + 1 = 2^{n-2}\left(n+1-\dfrac{2}{2^{n-2}}\right) + 2$$

$$= (n+1)2^{n-2} - 2 + 2 = (n+1)2^{n-2}$$

即

2.1 简单伯努利试验游程长度及其统计特征

$$W(n)=(n+1)2^{n-2} \tag{2.1-11}$$

把 $W(n)=(n+1)2^{n-2}$ 代入 $G(n,x)=\begin{cases}(n+3-x)\cdot 2^{n-2-x} &, 1\leqslant x<n \\ 1 &, x=n\neq 1 \\ 1 &, x=n=1\end{cases}$，有游程长度概率密度函数为

$$f(n,x)=\begin{cases}\dfrac{n+3-x}{n+1}\cdot 2^{-x} &, 1\leqslant x<n \\ \dfrac{2^{2-n}}{n+1} &, x=n\neq 1 \\ 1 &, x=n=1\end{cases} \tag{2.1-12}$$

2. 概率分布函数

在 n 次投币试验中，游程长度不小于 x 的发生频次之和与各种游程长度发生总频次之比，称为游程长度为 x 的概率分布函数 $F(n,x)$。

$$F(n,x)=\dfrac{W(x)}{W(n)} \tag{2.1-13}$$

式中：$W(x)=\sum\limits_{t=x}^{n}G(n,x)$ 为 n 次投币试验中，游程长度不小于 x 的游程发生总频次。

$$W(x)=\sum_{t=x}^{n}G(n,t)=\sum_{t=x}^{n-1}G(n,t)+\sum_{x=n}^{n-1}G(n,x)=\sum_{t=x}^{n-1}G(n,t)+G(n,n)$$

$$=\sum_{t=x}^{n-1}(n+3-t)\cdot 2^{n-2-t}+1$$

$$=2^{n-2}\sum_{t=x}^{n-1}(n+3-t)\cdot 2^{-t}+1=2^{n-2}\left[(n+3)\sum_{t=x}^{n-1}2^{-t}-\sum_{t=x}^{n-1}t\cdot 2^{-t}\right]+1$$

对于 $\sum\limits_{t=x}^{n-1}2^{-t}$，有

$$\sum_{t=x}^{n-1}2^{-t}=\sum_{t=1}^{n-1}2^{-x}-\sum_{t=1}^{x-1}2^{-x}=\dfrac{\dfrac{1}{2}\left(1-\dfrac{1}{2^{n-1}}\right)}{1-\dfrac{1}{2}}-\dfrac{\dfrac{1}{2}\left(1-\dfrac{1}{2^{x-1}}\right)}{1-\dfrac{1}{2}}$$

$$=1-\dfrac{1}{2^{n-1}}-\left(1-\dfrac{1}{2^{x-1}}\right)=\dfrac{1}{2^{x-1}}-\dfrac{1}{2^{n-1}}=2^{1-x}-2^{1-n}$$

对于 $\sum\limits_{t=x}^{n-1}t\cdot 2^{-t}$，根据 $\sum\limits_{x=1}^{n-1}x\cdot 2^{-x}=2-\dfrac{1}{2^{n-2}}-\dfrac{n-1}{2^{n-1}}$，有

$$\sum_{t=x}^{n-1}t\cdot 2^{-t}=\sum_{t=1}^{n-1}t\cdot 2^{-t}-\sum_{t=1}^{x-1}t\cdot 2^{-t}=2-\dfrac{1}{2^{n-2}}-\dfrac{n-1}{2^{n-1}}-\left(2-\dfrac{1}{2^{x-2}}-\dfrac{x-1}{2^{x-1}}\right)$$

$$=2-2+\dfrac{1}{2^{x-2}}-\dfrac{1}{2^{n-2}}+\dfrac{x-1}{2^{x-1}}-\dfrac{n-1}{2^{n-1}}=\left(\dfrac{1}{2^{x-2}}+\dfrac{x-1}{2^{x-1}}\right)-\left(\dfrac{1}{2^{n-2}}+\dfrac{n-1}{2^{n-1}}\right)$$

$$=\dfrac{1}{2^{x-1}}(2+x-1)-\dfrac{1}{2^{n-1}}(2+n-1)=(x+1)2^{1-x}-(n+1)2^{1-n}$$

把 $\sum\limits_{t=x}^{n-1}2^{-t}=2^{1-x}-2^{1-n}$、$\sum\limits_{t=x}^{n-1}t\cdot 2^{-t}=(x+1)2^{1-x}-(n+1)2^{1-n}$ 代入 $W(x)=$

$2^{n-2}\left[(n+3)\sum_{t=x}^{n-1}2^{-t}-\sum_{t=x}^{n-1}t\cdot 2^{-t}\right]+1$，有

$$\begin{aligned}W(x)&=2^{n-2}\left[(n+3)\sum_{t=x}^{n-1}2^{-t}-\sum_{t=x}^{n-1}t\cdot 2^{-t}\right]+1\\&=2^{n-2}\{(n+3)(2^{1-x}-2^{1-n})-[(x+1)2^{1-x}-(n+1)2^{1-n}]\}+1\\&=2^{n-2}\{(n+3)2^{1-x}-(n+3)2^{1-n}-(x+1)2^{1-x}+(n+1)2^{1-n}\}+1\\&=2^{n-2}\{[(n+3)2^{1-x}-(x+1)2^{1-x}]+[(n+1)2^{1-n}-(n+3)2^{1-n}]\}+1\\&=2^{n-2}[(n+2-x)2^{1-x}-2\cdot 2^{1-n}]=2^{n-2}[(n+2-x)2^{1-x}-2^{2-n}]+1\\&=(n+2-x)2^{n-1-x}-1+1=(n+2-x)2^{n-1-x}\end{aligned}$$

即

$$W(x)=(n+2-x)2^{n-1-x} \tag{2.1-14}$$

把 $W(x)=(n+2-x)2^{n-1-x}$、$W(n)=(n+1)2^{n-2}$ 代入 $F(n,x)=\dfrac{W(x)}{W(n)}$，有游程长度为 x 的概率分布函数为

$$F(n,x)=\frac{(n+2-x)2^{n-1-x}}{(n+1)2^{n-2}}=\frac{n+2-x}{n+1}2^{1-x} \tag{2.1-15}$$

2.1.1.2 投币试验游程长度的数学期望和方差

1. 数学期望 E

在 n 次投币试验中，某一指定状态的游程长度 x 与对应概率密度函数 $f(n,x)$ 的乘积之和，称为该状态下游程长度的期望 E。

$$\begin{aligned}E&=\sum_{x=1}^{n}xf(n,x)=\sum_{x=1}^{n-1}xf(n,x)+\sum_{x=n}^{n}xf(n,x)=\sum_{x=1}^{n-1}x\frac{n+3-x}{n+1}\cdot 2^{-x}+n\frac{2^{2-n}}{n+1}\\&=\frac{n+3}{n+1}\sum_{x=1}^{n-1}x\cdot 2^{-x}-\frac{1}{n+1}\sum_{x=1}^{n-1}x^2\cdot 2^{-x}+\frac{n\cdot 2^{2-n}}{n+1}\end{aligned}$$

对于 $\sum_{x=1}^{n-1}x\cdot 2^{-x}$，有 $\sum_{x=1}^{n-1}x\cdot 2^{-x}=2-\dfrac{1}{2^{n-2}}-\dfrac{n-1}{2^{n-1}}$。也可令 $s=2$，利用导数 $k\cdot s^{k-1}=\dfrac{\mathrm{d}}{\mathrm{d}s}s^k$，求 $\sum_{x=1}^{n-1}x\cdot 2^{-x}$。

$$\begin{aligned}\sum_{x=1}^{n-1}x\cdot 2^{-x}&=\sum_{x=1}^{n-1}x\cdot s^{-x}=s\sum_{x=1}^{n-1}x\cdot s^{-x-1}=2\sum_{x=1}^{n-1}x\cdot 2^{-x-1}=-s\frac{\mathrm{d}}{\mathrm{d}s}\sum_{x=1}^{n-1}s^{-x}\\&=-s\frac{\mathrm{d}}{\mathrm{d}s}\frac{s^{-1}(1-s^{-(n-1)})}{1-s^{-1}}=-s\frac{[-s^{-2}(1-s^{-(n-1)})+s^{-1}(n-1)s^{-n}](1-s^{-1})-s^{-2}s^{-1}(1-s^{-(n-1)})}{(1-s^{-1})^2}\\&=-s\left\{\frac{[-s^{-2}(1-s^{-(n-1)})+s^{-1}(n-1)s^{-n}]}{(1-s^{-1})}-\frac{s^{-2}s^{-1}(1-s^{-(n-1)})}{(1-s^{-1})^2}\right\}\\&=-2\left\{\frac{[-2^{-2}(1-2^{-(n-1)})+2^{-1}(n-1)2^{-n}]}{(1-2^{-1})}-\frac{2^{-2}2^{-1}(1-2^{-(n-1)})}{(1-2^{-1})^2}\right\}\\&=-2\left\{\frac{[-2^{-2}(1-2^{-(n-1)})+2^{-1}(n-1)2^{-n}]}{2^{-1}}-\frac{2^{-2}2^{-1}(1-2^{-(n-1)})}{2^{-2}}\right\}\\&=-2\left\{\frac{[-2^{-1}(1-2^{-(n-1)})+(n-1)2^{-n}]}{1}-\frac{2^{-1}(1-2^{-(n-1)})}{1}\right\}\end{aligned}$$

2.1 简单伯努利试验游程长度及其统计特征

$$= 1-2^{-(n-1)}-(n-1)2^{-(n-1)}+1-2^{-(n-1)} = 2-2\cdot 2^{-(n-1)}-(n-1)2^{-(n-1)}$$

$$= 2-\frac{2}{2^{n-1}}-\frac{n-1}{2^{n-1}} = 2-\frac{1}{2^{n-2}}-\frac{n-1}{2^{n-1}}$$

对于 $\sum_{x=1}^{n-1} x^2 \cdot 2^{-x}$,令 $s=2$,则 $\sum_{x=1}^{n-1} x^2 \cdot s^{-x} = s\sum_{x=1}^{n-1} x^2 \cdot s^{-x-1} = -s\frac{\mathrm{d}}{\mathrm{d}s}\left(\sum_{x=1}^{n-1} x \cdot s^{-x}\right)$

$$\sum_{x=1}^{n-1} x \cdot 2^{-x} = -s\left\{\frac{[-s^{-2}(1-s^{-(n-1)})+s^{-1}(n-1)s^{-n}]}{(1-s^{-1})} - \frac{s^{-2}s^{-1}(1-s^{-(n-1)})}{(1-s^{-1})^2}\right\}$$

$$= \frac{[s^{-1}(1-s^{-(n-1)})-(n-1)s^{-n}]}{(1-s^{-1})} + \frac{s^{-2}(1-s^{-(n-1)})}{(1-s^{-1})^2}$$

则

$$\sum_{x=1}^{n-1} x^2 \cdot s^{-x} = s\sum_{x=1}^{n-1} x^2 \cdot s^{-x-1} = -s\frac{\mathrm{d}}{\mathrm{d}s}\left(\sum_{x=1}^{n-1} x \cdot s^{-x}\right)$$

$$= -s\frac{\mathrm{d}}{\mathrm{d}s}\left\{\frac{[s^{-1}(1-s^{-(n-1)})-(n-1)s^{-n}]}{(1-s^{-1})} + \frac{s^{-2}(1-s^{-(n-1)})}{(1-s^{-1})^2}\right\}$$

$$= -s\left\{\frac{[-s^{-2}(1-s^{-(n-1)})+s^{-1}(n-1)s^{-n}+n(n-1)s^{-n-1}](1-s^{-1})-[s^{-1}(1-s^{-(n-1)})-(n-1)s^{-n}]s^{-2}}{(1-s^{-1})^2}\right.$$

$$\left.+\frac{[-2s^{-3}(1-s^{-(n-1)})+s^{-2}(n-1)s^{-n}](1-s^{-1})^2-s^{-2}(1-s^{-(n-1)})2(1-s^{-1})s^{-2}}{(1-s^{-1})^4}\right\}$$

$$= -s\left\{\frac{[-s^{-2}(1-s^{-(n-1)})+(n-1)s^{-n-1}+n(n-1)s^{-n-1}](1-s^{-1})-[s^{-3}(1-s^{-(n-1)})-(n-1)s^{-n-2}]}{(1-s^{-1})^2}\right.$$

$$\left.+\frac{[-2s^{-3}(1-s^{-(n-1)})+(n-1)s^{-n-2}](1-s^{-1})^2-2s^{-4}(1-s^{-(n-1)})(1-s^{-1})}{(1-s^{-1})^4}\right\}$$

$$= -2\left\{\frac{[-2^{-2}(1-2^{-(n-1)})+(n-1)2^{-n-1}+n(n-1)2^{-n-1}](1-2^{-1})-[2^{-3}(1-2^{-(n-1)})-(n-1)2^{-n-2}]}{(1-2^{-1})^2}\right.$$

$$\left.+\frac{[-2\cdot 2^{-3}(1-2^{-(n-1)})+(n-1)2^{-n-2}](1-2^{-1})^2-2\cdot 2^{-4}(1-2^{-(n-1)})(1-2^{-1})}{(1-2^{-1})^4}\right\}$$

$$= -2\left\{\frac{[-2^{-2}(1-2^{-(n-1)})+(n-1)2^{-n-1}+n(n-1)2^{-n-1}]2^{-1}-[2^{-3}(1-2^{-(n-1)})-(n-1)2^{-n-2}]}{2^{-2}}\right.$$

$$\left.+\frac{[-2^{-2}(1-2^{-(n-1)})+(n-1)2^{-n-2}]2^{-2}-2^{-3}(1-2^{-(n-1)})2^{-1}}{2^{-4}}\right\}$$

$$= -2\left\{\frac{[-2^{-3}(1-2^{-(n-1)})+(n-1)2^{-n-2}+n(n-1)2^{-n-2}]-[2^{-3}(1-2^{-(n-1)})-(n-1)2^{-n-2}]}{2^{-2}}\right.$$

$$\left.+\frac{[-2^{-4}(1-2^{-(n-1)})+(n-1)2^{-n-4}]-2^{-4}(1-2^{-(n-1)})}{2^{-4}}\right\}$$

$$= -2\left\{\frac{[-2^{-1}(1-2^{-(n-1)})+(n-1)2^{-n}+n(n-1)2^{-n}]-[2^{-1}(1-2^{-(n-1)})-(n-1)2^{-n}]}{1}\right.$$

$$\left.+\frac{[-(1-2^{-(n-1)})+(n-1)2^{-n}]-(1-2^{-(n-1)})}{1}\right\}$$

$$= -2\{[-2^{-1}(1-2^{-(n-1)})+(n-1)2^{-n}+n(n-1)2^{-n}]-[2^{-1}(1-2^{-(n-1)})-(n-1)2^{-n}]$$

$$+[-(1-2^{-(n-1)})+(n-1)2^{-n}]-(1-2^{-(n-1)})\}$$

$$= -2\{-2^{-1}(1-2^{-(n-1)})+(n-1)2^{-n}+n(n-1)2^{-n}-(2^{-1}+2^{-n})+(n-1)2^{-n}$$

$$-(1-2^{-(n-1)})+(n-1)2^{-n}-1+2^{-(n-1)}\}$$

$$
\begin{aligned}
&= -2\{-2^{-1}+2^{-n}+n2^{-n}-2^{-n}+n^2 2^{-n}-n2^{-n}-2^{-1}+2^{-n}+n2^{-n}-2^{-n}\\
&\quad -1+2\cdot 2^{-n}+n2^{-n}-2^{-n}-1+2\cdot 2^{-n}\}\\
&= -2\{(-2^{-1}-2^{-1}-1-1)+(2^{-n}-2^{-n}+2^{-n}-2^{-n}-2^{-n}+2\cdot 2^{-n}+2\cdot 2^{-n})\\
&\quad +(n2^{-n}-n2^{-n}+n2^{-n}+n2^{-n})+n^2 2^{-n}\}\\
&= -2(-3+3\cdot 2^{-n}+2n2^{-n}+n^2 2^{-n}) = 6-6\cdot 2^{-n}-4n2^{-n}-2n^2 2^{-n}\\
&= 6-(2n^2+4n+6)2^{-n}
\end{aligned}
$$

即

$$\sum_{x=1}^{n-1} x^2 \cdot s^{-x} = 6-(2n^2+4n+6)2^{-n}$$

对于 $\sum_{x=1}^{n-1} x^2 \cdot 2^{-x}$，也可以这样计算。$2\sum_{x=1}^{n-1} x^2 \cdot 2^{-x} = \sum_{x=1}^{n-1} x^2 \cdot 2^{1-x}$。令 $S = \sum_{x=1}^{n-1} x^2 \cdot 2^{1-x}$，$\sum_{x=1}^{n-1} x^2 \cdot 2^{-x} = \frac{1}{2}S$，有

$$S = \sum_{x=1}^{n-1} x^2 \cdot 2^{1-x} = 1 + \frac{4}{2} + \frac{9}{2^2} + \frac{16}{2^3} + \frac{25}{2^4} + \frac{36}{2^5} + \frac{49}{2^6} + \cdots + \frac{(n-2)^2}{2^{n-3}} + \frac{(n-1)^2}{2^{n-2}}$$

(2.1-16)

式 (2.1-16) 两边乘以 $\frac{1}{2}$，有

$$\frac{1}{2}S = \frac{1}{2} + \frac{4}{2^2} + \frac{9}{2^3} + \frac{16}{2^4} + \frac{25}{2^5} + \frac{36}{2^6} + \frac{49}{2^7} + \cdots + \frac{(n-2)^2}{2^{n-2}} + \frac{(n-1)^2}{2^{n-1}} \quad (2.1-17)$$

式 (2.1-16) 两边减去式 (2.1-17) 两边，有

$$\frac{1}{2}S = \underbrace{1 + \frac{3}{2} + \frac{5}{2^2} + \frac{7}{2^3} + \frac{9}{2^4} + \frac{11}{2^5} + \frac{13}{2^6} + \frac{15}{2^7} + \cdots + \frac{(n-1)^2-(n-2)^2}{2^{n-2}}}_{n-1\text{项}} - \frac{(n-1)^2}{2^{n-1}}$$

(2.1-18)

式 (2.1-18) 两边乘以 $\frac{1}{2}$，有

$$\frac{1}{4}S = \underbrace{\frac{1}{2} + \frac{3}{2^2} + \frac{5}{2^3} + \frac{7}{2^4} + \frac{9}{2^5} + \frac{11}{2^6} + \frac{13}{2^7} + \frac{15}{2^8} + \cdots + \frac{(n-1)^2-(n-2)^2}{2^{n-1}}}_{n-1\text{项}} - \frac{(n-1)^2}{2^n}$$

(2.1-19)

式 (2.1-18) 两边减去式 (2.1-19) 两边，有

$$
\begin{aligned}
\frac{1}{4}S &= 1 + \underbrace{\frac{2}{2} + \frac{2}{2^2} + \frac{2}{2^3} + \frac{2}{2^4} + \frac{2}{2^5} + \frac{2}{2^6} + \frac{2}{2^7} + \frac{2}{2^8} + \cdots + \frac{2}{2^{n-2}}}_{n-2\text{项}} + \frac{-2(n-1)^2-(n-2)^2}{2^{n-1}} + \frac{(n-1)^2}{2^n}\\
&= 1 + \underbrace{1 + \frac{1}{2} + \frac{1}{2^2} + \frac{1}{2^3} + \frac{1}{2^4} + \frac{1}{2^5} + \frac{1}{2^6} + \frac{1}{2^7} + \cdots + \frac{1}{2^{n-3}}}_{n-2\text{项}} + \frac{-2(n-1)^2+(n-2)^2}{2^{n-1}} + \frac{(n-1)^2}{2^n}\\
&= 1 + \frac{1-\frac{1}{2^{n-2}}}{1-\frac{1}{2}} + \frac{-2(n-1)^2+(n-2)^2}{2^{n-1}} + \frac{(n-1)^2}{2^n}
\end{aligned}
$$

$$=1+2-\frac{1}{2^{n-3}}+\frac{-2n^2+4n-2+n^2-4n+4}{2^{n-1}}+\frac{n^2-2n+1}{2^n}$$

$$=3-\frac{1}{2^{n-3}}+\frac{-n^2+2}{2^{n-1}}+\frac{n^2-2n+1}{2^n}$$

$$=3-\frac{8}{2^n}+\frac{-2n^2+4}{2^n}+\frac{n^2-2n+1}{2^n}$$

$$=3+\frac{-2n^2+4-8+n^2-2n+1}{2^n}=3+\frac{-n^2-2n-3}{2^n}$$

则

$$S=4\left(3+\frac{-n^2-2n-3}{2^n}\right)=12+\frac{4(-n^2-2n-3)}{2^n}$$

$$\sum_{x=1}^{n-1}x^2\cdot 2^{-x}=\frac{1}{2}S=\frac{1}{2}\left[12+\frac{4(-n^2-2n-3)}{2^n}\right]=6-(2n^2+4n+6)2^{-n}$$

$$(2.1-20)$$

$$E=\frac{n+3}{n+1}\sum_{x=1}^{n-1}x\cdot 2^{-x}-\frac{1}{n+1}\sum_{x=1}^{n-1}x^2\cdot 2^{-x}+\frac{n\cdot 2^{2-n}}{n+1}$$

$$=\frac{n+3}{n+1}\left(2-\frac{1}{2^{n-2}}-\frac{n-1}{2^{n-1}}\right)-\frac{1}{n+1}[6-(2n^2+4n+6)2^{-n}]+\frac{n\cdot 2^{2-n}}{n+1}$$

$$=\frac{2(n+3)}{n+1}-\frac{n+3}{n+1}\frac{1}{2^{n-2}}-\frac{n+3}{n+1}\frac{n-1}{2^{n-1}}-\frac{6}{n+1}+\frac{2n^2+4n+6}{n+1}2^{-n}+\frac{2^2 n}{n+1}2^{-n}$$

$$=\frac{2(n+3)}{n+1}-\frac{2^2(n+3)}{n+1}2^{-n}-\frac{2(n+3)(n-1)}{n+1}2^{-n}-\frac{6}{n+1}+\frac{2n^2+4n+6}{n+1}2^{-n}+\frac{2^2 n}{n+1}2^{-n}$$

$$=\left[\frac{2(n+3)}{n+1}-\frac{6}{n+1}\right]+\left[\frac{2n^2+4n+6}{n+1}-\frac{2(n+3)(n-1)}{n+1}-\frac{2^2(n+3)}{n+1}+\frac{2^2 n}{n+1}\right]2^{-n}$$

$$=\frac{2n+6-6}{n+1}+\frac{2n^2+4n+6-2n^2-4n+6-4n-12+4n}{n+1}2^{-n}$$

$$=\frac{2n+(6-6)}{n+1}+\frac{(2n^2-2n^2)+(4n-4n-4n+4n)+(6+6-12)}{n+1}2^{-n}=\frac{2n}{n+1}$$

即 n 次投币试验游程长度期望 E 的解析表达式为

$$E=\frac{2n}{n+1} \tag{2.1-21}$$

不难看出,当试验次数 n 趋近于无穷大时,投币试验游程长度的期望值将趋近于 2。

2. 方差 D

在 n 次投币试验中,游程长度 x 与期望值之差的平方和的期望,称为该状态下游程长度的方差 D,又因为投币试验的游程长度属于离散型随机变量,因此方差 D 的定义式又可以写为

$$D=\sum_{x=1}^{n}x^2 f(x,n)-E^2=\sum_{x=1}^{n-1}x^2 f(x,n)+n^2 f(n,n)-\left(\frac{2n}{n+1}\right)^2$$

$$=\sum_{x=1}^{n-1}x^2\frac{n+3-x}{n+1}2^{-x}+n^2\frac{2^{2-n}}{n+1}-\left(\frac{2n}{n+1}\right)^2$$

第 2 章 马氏游程的基本原理与应用

$$= \frac{n+3}{n+1}\sum_{x=1}^{n-1} x^2 \cdot 2^{-x} - \frac{1}{n+1}\sum_{x=1}^{n-1} x^3 \cdot 2^{-x} + \frac{n^2 \cdot 2^{2-n}}{n+1} - \left(\frac{2n}{n+1}\right)^2$$

对于 $\sum_{x=1}^{n-1} x^2 \cdot 2^{-x}$，有 $\sum_{x=1}^{n-1} x^2 \cdot 2^{-x} = 6 - (2n^2 + 4n + 6)2^{-n}$。

令

$$S = \sum_{x=1}^{n-1} x^3 \cdot 2^{1-x} = \underbrace{1 + \frac{8}{2} + \frac{27}{2^2} + \frac{64}{2^3} + \frac{125}{2^4} + \frac{216}{2^5} + \cdots + \frac{(n-2)^3}{2^{n-3}} + \frac{(n-1)^3}{2^{n-2}}}_{n-1\text{项}} \quad (2.1-22)$$

式 (2.1-22) 表明，$S = \sum_{x=1}^{n-1} x^3 \cdot 2^{1-x} = 2\sum_{x=1}^{n-1} x^3 \cdot 2^{-x}$，即 $\sum_{x=1}^{n-1} x^3 \cdot 2^{-x} = \frac{1}{2}S$。

式 (2.1-22) 两边乘以 $\frac{1}{2}$，有

$$\frac{1}{2}S = \underbrace{\frac{1}{2} + \frac{8}{2^2} + \frac{27}{2^3} + \frac{64}{2^4} + \frac{125}{2^5} + \frac{216}{2^6} + \cdots + \frac{(n-2)^3}{2^{n-2}} + \frac{(n-1)^3}{2^{n-1}}}_{n-1\text{项}} \quad (2.1-23)$$

式 (2.1-22) 两边减去式 (2.1-23) 两边，有

$$\frac{1}{2}S = \underbrace{1 + \frac{7}{2} + \frac{19}{2^2} + \frac{37}{2^3} + \frac{61}{2^4} + \frac{91}{2^5} + \cdots + \frac{(n-1)^3 - (n-2)^3}{2^{n-2}}}_{n-1\text{项}} - \frac{(n-1)^3}{2^{n-1}} \quad (2.1-23')$$

式 (2.1-23') 两边乘以 $\frac{1}{2}$，有

$$\frac{1}{4}S = \underbrace{\frac{1}{2} + \frac{7}{2^2} + \frac{19}{2^3} + \frac{37}{2^4} + \frac{61}{2^5} + \frac{91}{2^6} + \cdots + \frac{(n-1)^3 - (n-2)^3}{2^{n-1}}}_{n-1\text{项}} - \frac{(n-1)^3}{2^n} \quad (2.1-24)$$

式 (2.1-23') 两边减去式 (2.1-24) 两边，有

$$\frac{1}{4}S = \underbrace{1 + \frac{6}{2} + \frac{12}{2^2} + \frac{18}{2^3} + \frac{24}{2^4} + \frac{30}{2^5} + \frac{36}{2^6} + \cdots + \frac{-2(n-1)^3 + (n-2)^3}{2^{n-1}}}_{n\text{项}} + \frac{(n-1)^3}{2^n}$$

$$= 1 + 6\underbrace{\left(\frac{1}{2} + \frac{2}{2^2} + \frac{3}{2^3} + \frac{4}{2^4} + \frac{5}{2^5} + \frac{6}{2^6} + \cdots\right)}_{n-2\text{项}} + \frac{-2(n-1)^3 + (n-2)^3}{2^{n-1}} + \frac{(n-1)^3}{2^n}$$

因为数列 a、$2a^2$、$3a^3$、$\cdots$、na^n 和为 $S_n = \begin{cases} 1+2+3+\cdots+n = \dfrac{n(n+1)}{2}, & a=1 \\ \dfrac{na^{n+2} - (n+1)a^{n+1} + a}{(1-a)^2}, & a \neq 1 \end{cases}$。则

$$\frac{1}{4}S = 1 + 6\left[\frac{(n-2)2^{-(n-2+2)} - (n-2+1)2^{-(n-2+1)} + 2^{-1}}{(1-2^{-1})^2}\right] + \frac{-2(n-1)^3 + (n-2)^3}{2^{n-1}} + \frac{(n-1)^3}{2^n}$$

$$= 1 + 6\left[\frac{(n-2)2^{-n} - (n-1)2^{-(n-1)} + 2^{-1}}{2^{-2}}\right] + \frac{-2(n-1)^3 + (n-2)^3}{2^{n-1}} + \frac{(n-1)^3}{2^n}$$

$$= 1 + 6[(n-2)2^{-n+2} - (n-1)2^{-n+3} + 2] + 2[-2(n-1)^3 + (n-2)^3]2^{-n} + (n-1)^3 2^{-n}$$

$$= 1 + 6[4(n-2)2^{-n} - 8(n-1)2^{-n} + 2] + 2[-2(n-1)^3 + (n-2)^3]2^{-n} + (n-1)^3 2^{-n}$$

$$= 1 + 24(n-2)2^{-n} - 48(n-1)2^{-n} + 12$$

$$+2[-2(n^3-3n^2+3n-1)+(n^3-6n^2+12n-8)]2^{-n}+(n^3-3n^2+3n-1)2^{-n}$$
$$=1+24n \cdot 2^{-n}-48 \cdot 2^{-n}-48n \cdot 2^{-n}+48 \cdot 2^{-n}+12$$
$$+(-4n^3+12n^2-12n+4+2n^3-12n^2+24n-16)2^{-n}+(n^3-3n^2+3n-1)2^{-n}$$
$$=1+12+(-48n+24n-12n+24n+3n)2^{-n}$$
$$+(-4n^3+2n^3+n^3+12n^2-3n^2-12n^2+4-16-1-48+48)2^{-n}$$
$$=1+12+(-9n)2^{-n}+(-n^3-3n^2-13)2^{-n}=13+(-n^3-3n^2-9n-13)2^{-n}$$
$$=13-(n^3+3n^2+9n+13)2^{-n}$$

即

$$S=\sum_{x=1}^{n-1} x^3 \cdot 2^{1-x}=4[13-(n^3+3n^2+9n+13)2^{-n}] \tag{2.1-25}$$

根据 $\sum_{x=1}^{n-1} x^3 \cdot 2^{-x}=\frac{1}{2}S$，有

$$\sum_{x=1}^{n-1} x^3 \cdot 2^{-x}=\frac{1}{2} \cdot 4[13-(n^3+3n^2+9n+13)2^{-n}]=26-(2n^3+6n^2+18n+26)2^{-n}$$

$$(2.1-26)$$

把 $\sum_{x=1}^{n-1} x^2 \cdot 2^{-x}=6-(2n^2+4n+6)2^{-n}$、$\sum_{x=1}^{n-1} x^3 \cdot 2^{-x}=26-(2n^3+6n^2+18n+26)2^{-n}$ 代入 D 表达式，有

$$D=\frac{n+3}{n+1}[6-(2n^2+4n+6)2^{-n}]-\frac{1}{n+1}[26-(2n^3+6n^2+18n+26)2^{-n}]+\frac{n^2 \cdot 2^{2-n}}{n+1}-\left(\frac{2n}{n+1}\right)^2$$

$$=\frac{6(n+3)-(n+3)(2n^2+4n+6)2^{-n}-26+(2n^3+6n^2+18n+26)2^{-n}+n^2 \cdot 2^{2-n}}{n+1}-\left(\frac{2n}{n+1}\right)^2$$

$$=\frac{6n+18-(2n^3+10n^2+18n+18)2^{-n}-26+(2n^3+6n^2+18n+26)2^{-n}+4n^2 2^{-n}}{n+1}-\frac{4n^2}{(n+1)^2}$$

$$=\frac{6n+18-26+(2n^3-2n^3+6n^2-10n^2+4n^2+18n-18n+26-18)2^{-n}}{n+1}-\frac{4n^2}{(n+1)^2}$$

$$=\frac{6n-8+8 \cdot 2^{-n}}{n+1}-\frac{4n^2}{(n+1)^2}=\frac{8 \cdot 2^{-n}}{n+1}+\frac{6n-8}{n+1}-\frac{4n^2}{(n+1)^2}=\frac{8 \cdot 2^{-n}}{n+1}+\left[\frac{6n-8}{n+1}-\frac{4n^2}{(n+1)^2}\right]$$

$$=\frac{8 \cdot 2^{-n}}{n+1}+\frac{6n^2-2n-8-4n^2}{(n+1)^2}=\frac{2^3 \cdot 2^{-n}}{n+1}+\frac{2n^2-2n-8}{(n+1)^2}=\frac{2^{3-n}}{n+1}+\frac{2(n^2-n-4)}{(n+1)^2}$$

即 n 次投币试验游程长度方差 D 的解析表达式为

$$D=\frac{2^{3-n}}{n+1}+\frac{2(n^2-n-4)}{(n+1)^2} \tag{2.1-27}$$

当试验次数 n 趋近于无穷大时，投币试验游程长度的方差 D 值将趋近于 2。

2.1.2 掷骰子试验游程长度统计分析

掷骰子试验与 2.1.1 节投币试验基本一致，只是将试验状态维数设置为 $H=6$，并且给出了试验次数 $n \leqslant 25$ 的统计结果。统计结果见表 2.1-3。

第 2 章 马氏游程的基本原理与应用

表 2.1-3　　　　　　　掷骰子试验游程长度的发生频次统计结果

游程长度	试验次数 n											
	1	2	3	4	5	6	7	8	9	10	11
1	1	10	85	660	4860	34560	239760	1632960	10964160	72783360	478690560
2	0	1	10	85	660	4860	34560	239760	1632960	10964160	72783360
3	0	0	1	10	85	660	4860	34560	239760	1632960	10964160
4	0	0	0	1	10	85	660	4860	34560	239760	1632960
5	0	0	0	0	1	10	85	660	4860	34560	239760
6	0	0	0	0	0	1	10	85	660	4860	34560
7	0	0	0	0	0	0	1	10	85	660	4860
8	0	0	0	0	0	0	0	1	10	85	660
9	0	0	0	0	0	0	0	0	1	10	85
10	0	0	0	0	0	0	0	0	0	1	10
11	0	0	0	0	0	0	0	0	0	0	1
12	0	0	0	0	0	0	0	0	0	0	0
13	0	0	0	0	0	0	0	0	0	0	0
14	0	0	0	0	0	0	0	0	0	0	0
15	0	0	0	0	0	0	0	0	0	0	0
16	0	0	0	0	0	0	0	0	0	0	0
17	0	0	0	0	0	0	0	0	0	0	0
18	0	0	0	0	0	0	0	0	0	0	0
19	0	0	0	0	0	0	0	0	0	0	0
20	0	0	0	0	0	0	0	0	0	0	0
21	0	0	0	0	0	0	0	0	0	0	0
22	0	0	0	0	0	0	0	0	0	0	0
23	0	0	0	0	0	0	0	0	0	0	0
24	0	0	0	0	0	0	0	0	0	0	0
25	0	0	0	0	0	0	0	0	0	0	0

游程长度	试验次数 n				
	12	13	14	15	16
1	3124085760	20256168960	130606940160	838061199360	5354884546560
2	478690560	3124085760	20256168960	130606940160	838061199360
3	72783360	478690560	3124085760	20256168960	130606940160
4	10964160	72783360	478690560	3124085760	20256168960
5	1632960	10964160	72783360	478690560	3124085760
6	239760	1632960	10964160	72783360	478690560
7	34560	239760	1632960	10964160	72783360

续表

游程长度	试验次数 n				
	12	13	14	15	16
8	4860	34560	239760	1632960	10964160
9	660	4860	34560	239760	1632960
10	85	660	4860	34560	239760
11	10	85	660	4860	34560
12	1	10	85	660	4860
13	0	1	10	85	660
14	0	0	1	10	85
15	0	0	0	1	10
16	0	0	0	0	1
17	0	0	0	0	0
18	0	0	0	0	0
19	0	0	0	0	0
20	0	0	0	0	0
21	0	0	0	0	0
22	0	0	0	0	0
23	0	0	0	0	0
24	0	0	0	0	0
25	0	0	0	0	0

游程长度	试验次数 n				
	17	18	19	20	21
1	34088411381760	216285092904960	1368238305116160	8632596316815360	54334576817602560
2	5354884546560	34088411381760	216285092904960	1368238305116160	8632596316815360
3	838061199360	5354884546560	34088411381760	216285092904960	1368238305116160
4	130606940160	838061199360	5354884546560	34088411381760	216285092904960
5	20256168960	130606940160	838061199360	5354884546560	34088411381760
6	3124085760	20256168960	130606940160	838061199360	5354884546560
7	478690560	3124085760	20256168960	130606940160	838061199360
8	72783360	478690560	3124085760	20256168960	130606940160
9	10964160	72783360	478690560	3124085760	20256168960
10	1632960	10964160	72783360	478690560	3124085760
11	239760	1632960	10964160	72783360	478690560
12	34560	239760	1632960	10964160	72783360
13	4860	34560	239760	1632960	10964160
14	660	4860	34560	239760	1632960

续表

游程长度	试验次数 n				
	17	18	19	20	21
15	85	660	4860	34560	239760
16	10	85	660	4860	34560
17	1	10	85	660	4860
18	0	1	10	85	660
19	0	0	1	10	85
20	0	0	0	1	10
21	0	0	0	0	1
22	0	0	0	0	0
23	0	0	0	0	0
24	0	0	0	0	0
25	0	0	0	0	0

游程长度	试验次数 n			
	22	23	24	25
1	341241454405877760	2138852687436841000	13381539890630492000	83579781939839631000
2	54334576817602560	341241454405877760	2138852687436841000	13381539890630492000
3	8632596316815360	54334576817602560	341241454405877760	2138852687436841000
4	1368238305116160	8632596316815360	54334576817602560	341241454405877760
5	216285092904960	1368238305116160	8632596316815360	54334576817602560
6	34088411381760	216285092904960	1368238305116160	8632596316815360
7	5354884546560	34088411381760	216285092904960	1368238305116160
8	838061199360	5354884546560	34088411381760	216285092904960
9	130606940160	838061199360	5354884546560	34088411381760
10	20256168960	130606940160	838061199360	5354884546560
11	3124085760	20256168960	130606940160	838061199360
12	478690560	3124085760	20256168960	130606940160
13	72783360	478690560	3124085760	20256168960
14	10964160	72783360	478690560	3124085760
15	1632960	10964160	72783360	478690560
16	239760	1632960	10964160	72783360
17	34560	239760	1632960	10964160
18	4860	34560	239760	1632960
19	660	4860	34560	239760
20	85	660	4860	34560
21	10	85	660	4860

续表

游程长度	试验次数 n			
	22	23	24	25
22	1	10	85	660
23	0	1	10	85
24	0	0	1	10
25	0	0	0	1

通过观察表 2.1-3，可以得到掷骰子试验游程长度的发生频次与投币试验游程长度的发生频次类似的规律，表 2.1-3 结果简化见表 2.1-4。

表 2.1-4　　　　　　掷骰子试验中 $G(\xi)$ 随 ξ 变化统计结果

ξ	$G(\xi)$	$G(\xi+1)$	$G(\xi+2)$
1	10	85	660
2	85	660	4860
3	660	4860	34560
4	4860	34560	239760
5	34560	239760	1632960
6	239760	1632960	10964160
7	1632960	10964160	72783360
8	10964160	72783360	478690560
9	72783360	478690560	3124085760
10	478690560	3124085760	20256168960
11	3124085760	20256168960	130606940160
12	20256168960	130606940160	838061199360
13	130606940160	838061199360	5354884546560
14	838061199360	5354884546560	34088411381760
15	5354884546560	34088411381760	216285092904960
16	34088411381760	216285092904960	1368238305116168

表 2.1-4 表明掷骰子试验游程长度为 x 的发生次数 $G(n,x)$ 也满足二阶线性齐次常系数差分方程。

$$G(\xi+2)-12G(\xi+1)+36G(\xi)=0 \quad (2.1-28)$$

式（2.1-28）相应的特征方程为

$$\lambda^2-12\lambda+36=0 \quad (2.1-29)$$

显然该特征方程的二重特征根为 $\lambda=6$，因此差分方程式（2.1-28）的通解为

$$G(\xi)=(a+b\xi)\cdot 6^\xi \quad (2.1-30)$$

从表 2.1-4 中任意找出两组值代入式（2.1-30），得到 $a=\dfrac{35}{36}$，$b=\dfrac{25}{36}$。然后将 a 和 b 的值以及 $\xi=n-x$ 代入式（2.1-30），得到 n 次掷骰子试验游程长度发生频次表达式为

$$G(n,x) = \begin{cases} (25n+35-25x) \cdot 6^{n-2-x} &, 1 \leqslant x < n \\ 1 &, x = n \neq 1 \\ 1 &, x = n = 1 \end{cases} \quad (2.1-31)$$

2.1.2.1 掷骰子试验游程长度概率密度和概率分布

进行 n 次掷骰子试验，在完备样本空间 $z(n)$ 个样本上，平均每个样本中含有游程长度为 x 的游程个数为

$$g(n,x) = \frac{G(n,x)}{6^n} = \begin{cases} (25n+35-25x) \cdot 6^{-2-x} &, 1 \leqslant x < n \\ 6^{-n} &, x = n \neq 1 \\ 6^{-n} &, x = n = 1 \end{cases} \quad (2.1-32)$$

1. 概率密度函数

与投币试验相同，在 n 次掷骰子试验中，游程长度为 x 的发生频次与各种游程长度发生总频次之比，称为游程长度为 x 的概率密度函数 $f(n,x)$。

$$f(n,x) = \frac{G(n,x)}{W(n)}, W(n) = \sum_{x=1}^{n} G(n,x) \quad (2.1-33)$$

式中：$W(n)$ 为 n 次掷骰子试验中游程发生的总次数。

$$W(n) = \sum_{x=1}^{n} G(n,x) = \sum_{x=1}^{n-1} (25n+35-25x) \cdot 6^{n-2-x} + 1$$

$$= 6^{n-2} \sum_{x=1}^{n-1} (25n+35-25x) \cdot 6^{-x} + 1 = 6^{n-2} \left[(25n+35) \sum_{x=1}^{n-1} 6^{-x} - 25 \sum_{x=1}^{n-1} x \cdot 6^{-x} \right]$$

对于 $\sum_{x=1}^{n-1} 6^{-x}$，根据等比数列前 n 项和公式，有 $\sum_{x=1}^{n-1} 6^{-x} = \dfrac{\dfrac{1}{6}\left(1-\dfrac{1}{6^{n-1}}\right)}{1-\dfrac{1}{6}} = \dfrac{1}{6} \cdot \dfrac{6}{5}\left(1-\dfrac{1}{6^{n-1}}\right) = \dfrac{1}{5}\left(1-\dfrac{1}{6^{n-1}}\right)$。

对于 $\sum_{x=1}^{n-1} x \cdot 6^{-x}$，令 $S = \sum_{x=1}^{n-1} x \cdot 6^{-x}$，有

$$S = \underbrace{\frac{1}{6} + \frac{2}{6^2} + \frac{3}{6^3} + \cdots + \frac{n-2}{6^{n-2}} + \frac{n-1}{6^{n-1}}}_{n-1 \text{项}} \quad (2.1-34)$$

式 (2.1-34) 两边乘以 $\dfrac{1}{6}$，有

$$\frac{1}{6}S = \underbrace{\frac{1}{6^2} + \frac{2}{6^3} + \frac{3}{6^4} + \cdots + \frac{n-2}{6^{n-1}} + \frac{n-1}{6^n}}_{n-1 \text{项}} \quad (2.1-35)$$

式 (2.1-34) 两边减去式 (2.1-35) 两边，有

$$\frac{5}{6}S = \underbrace{\frac{1}{6} + \frac{1}{6^2} + \frac{1}{6^3} + \frac{1}{6^4} + \cdots + \frac{1}{6^{n-1}}}_{n-1 \text{项}} - \frac{n-1}{6^n} = \frac{\dfrac{1}{6}\left(1-\dfrac{1}{6^{n-1}}\right)}{1-\dfrac{1}{6}} - \frac{n-1}{6^n} = \frac{6}{5} \cdot \frac{1}{6}\left(1-\frac{1}{6^{n-1}}\right) - \frac{n-1}{6^n}$$

$$= \frac{1}{5}\left(1-\frac{1}{6^{n-1}}\right) - \frac{n-1}{6^n}$$

则 $S = \dfrac{6}{5}\left[\dfrac{1}{5}\left(1-\dfrac{1}{6^{n-1}}\right)-\dfrac{n-1}{6^n}\right]$。即

$$\sum_{x=1}^{n-1} x \cdot 6^{-x} = \dfrac{6}{5}\left[\dfrac{1}{5}\left(1-\dfrac{1}{6^{n-1}}\right)-\dfrac{n-1}{6^n}\right] \qquad (2.1-36)$$

把 $\sum_{x=1}^{n-1} 6^{-x} = \dfrac{1}{5}\left(1-\dfrac{1}{6^{n-1}}\right)$、$\sum_{x=1}^{n-1} x \cdot 6^{-x} = \dfrac{6}{5}\left[\dfrac{1}{5}\left(1-\dfrac{1}{6^{n-1}}\right)-\dfrac{n-1}{6^n}\right]$ 代入 $W(n) = \sum_{x=1}^{n-1}(25n+35-25x) \cdot 6^{n-2-x}+1$，有 $6^{n-2}\sum_{x=1}^{n-1}(25n+35-25x) \cdot 6^{-x}+1 = 6^{n-2}\left[(25n+35)\sum_{x=1}^{n-1}6^{-x}-25\sum_{x=1}^{n-1}x \cdot 6^{-x}\right]$，则

$$\begin{aligned}
W(n) &= 6^{n-2}\left[(25n+35)\sum_{x=1}^{n-1}6^{-x}-25\sum_{x=1}^{n-1}x \cdot 6^{-x}\right]+1 \\
&= 6^{n-2}\left\{25n\left[\dfrac{1}{5}\left(1-\dfrac{1}{6^{n-1}}\right)\right]+35\left[\dfrac{1}{5}\left(1-\dfrac{1}{6^{n-1}}\right)\right]-25 \cdot \dfrac{6}{5} \cdot \left[\dfrac{1}{5}\left(1-\dfrac{1}{6^{n-1}}\right)-\dfrac{n-1}{6^n}\right]\right\}+1 \\
&= 6^{n-2}\left\{5n\left(1-\dfrac{1}{6^{n-1}}\right)+7\left(1-\dfrac{1}{6^{n-1}}\right)-\left[30 \cdot \dfrac{1}{5}\left(1-\dfrac{1}{6^{n-1}}\right)-30 \cdot \dfrac{n-1}{6^n}\right]\right\}+1 \\
&= 6^{n-2}\left(5n+7-6-\dfrac{5n}{6^{n-1}}-\dfrac{7}{6^{n-1}}+\dfrac{6}{6^{n-1}}+5 \cdot \dfrac{n-1}{6^{n-1}}\right)+1 \\
&= 6^{n-2}\left(5n+1+\dfrac{-5n-7+6+5n-5}{6^{n-1}}\right)+1 \\
&= 6^{n-2}\left(5n+1+\dfrac{-6}{6^{n-1}}\right)+1 = 6^{n-2}\left(5n+1-\dfrac{1}{6^{n-2}}\right)+1 = (5n+1)6^{n-2}-1+1 \\
&= (5n+1)6^{n-2}
\end{aligned}$$

即 $W(n) = (5n+1)6^{n-2}$。

把式（2.1-31）和 $W(n)=(5n+1)6^{n-2}$ 代入式（2.1-33），有

$$f(n,x) = \begin{cases} \dfrac{5(5n+7-5x)}{5n+1}6^{-x}, & 1 \leqslant x < n \\ \dfrac{6^{2-n}}{5n+1}, & x = n \neq 1 \\ 1, & x = n = 1 \end{cases} \qquad (2.1-37)$$

2. 概率分布函数

与投币试验相同，游程长度不小于 x 的发生频次之和与各种游程长度发生总频次之比，称为游程长度为 x 的概率分布函数 $F(n,x)$。

$$F(n,x) = \dfrac{W(x)}{W(n)}, \quad W(x) = \sum_{t=x}^{n} G(t,n) \qquad (2.1-38)$$

式（2.1-38）中 $W(x)$ 可以这样计算。

$$\begin{aligned}
W(x) &= \sum_{t=x}^{n} G(t,n) = \sum_{t=x}^{n-1}(25n+35-25t) \cdot 6^{n-2-t}+1 \\
&= (25n+35)6^{n-2}\sum_{t=x}^{n-1}6^{-t}-25 \cdot 6^{n-2}\sum_{t=x}^{n-1}t \cdot 6^{-t}+1
\end{aligned}$$

对于 $\sum_{t=x}^{n-1} 6^{-t}$，有

$$\sum_{t=x}^{n-1}6^{-t}=\sum_{t=1}^{n-1}6^{-t}-\sum_{t=1}^{x-1}6^{-t}=\frac{\frac{1}{6}\left(1-\frac{1}{6^{n-1}}\right)}{1-\frac{1}{6}}-\frac{\frac{1}{6}\left(1-\frac{1}{6^{x-1}}\right)}{1-\frac{1}{6}}=\frac{1}{6}\cdot\frac{6}{5}\left(1-\frac{1}{6^{n-1}}\right)-\frac{1}{6}\cdot\frac{6}{5}\left(1-\frac{1}{6^{x-1}}\right)$$

$$=\frac{1}{5}\left(1-\frac{1}{6^{n-1}}\right)-\frac{1}{5}\left(1-\frac{1}{6^{x-1}}\right)=\frac{1}{5}\left(\frac{1}{6^{x-1}}-\frac{1}{6^{n-1}}\right)=\frac{1}{5}(6^{1-x}-6^{1-n})$$

根据 $\sum_{x=1}^{n-1}x\cdot 6^{-x}=\frac{6}{5}\left[\frac{1}{5}\left(1-\frac{1}{6^{n-1}}\right)-\frac{n-1}{6^n}\right]$, 有

$$\sum_{t=x}^{n-1}t\cdot 6^{-t}=\sum_{t=1}^{n-1}t\cdot 6^{-t}-\sum_{t=1}^{x-1}t\cdot 6^{-t}=\frac{6}{5}\left[\frac{1}{5}\left(1-\frac{1}{6^{n-1}}\right)-\frac{n-1}{6^n}\right]-\frac{6}{5}\left[\frac{1}{5}\left(1-\frac{1}{6^{x-1}}\right)-\frac{x-1}{6^x}\right]$$

$$=\frac{6}{5}\left[\frac{1}{5}-\frac{1}{5}\cdot\frac{1}{6^{n-1}}-\frac{n-1}{6^n}\right]-\frac{6}{5}\left[\frac{1}{5}-\frac{1}{5}\cdot\frac{1}{6^{x-1}}-\frac{x-1}{6^x}\right]$$

$$=\frac{6}{5}\left(\frac{1}{5}-\frac{1}{5}\cdot\frac{1}{6^{n-1}}-\frac{n-1}{6^n}-\frac{1}{5}+\frac{1}{5}\cdot\frac{1}{6^{x-1}}+\frac{x-1}{6^x}\right)$$

$$=\frac{6}{5}\left(-\frac{1}{5}\cdot\frac{1}{6^{n-1}}-\frac{n-1}{6^n}+\frac{1}{5}\cdot\frac{1}{6^{x-1}}+\frac{x-1}{6^x}\right)$$

$$=\frac{6}{5}\left(-\frac{1}{5}\cdot\frac{6+5n-5}{6^n}+\frac{1}{5}\cdot\frac{6+5x-1}{6^x}\right)=-\frac{1}{5}\cdot\frac{6}{5}\cdot\frac{6+5n-5}{6^n}+\frac{1}{5}\cdot\frac{6}{5}\cdot\frac{6+5x-1}{6^x}$$

$$=-\frac{1}{5}\cdot\frac{1}{5}\cdot\frac{6+5n-5}{6^{n-1}}+\frac{1}{5}\cdot\frac{1}{5}\cdot\frac{6+5x-1}{6^{x-1}}=-\frac{1}{25}(5n+1)6^{1-n}-\frac{1}{25}(5x+1)6^{1-x}$$

$$=\frac{1}{25}[(5x+1)6^{1-x}-(5n+1)6^{1-n}]$$

把 $\sum_{t=x}^{n-1}6^{-t}=\frac{1}{5}(6^{1-x}-6^{1-n})$ 和 $\sum_{t=x}^{n-1}t\cdot 6^{-t}=\frac{1}{25}[(5x+1)6^{1-x}-(5n+1)6^{1-n}]$ 代入 $W(x)$, 有

$$W(x)=\sum_{t=x}^{n}G(t,n)=(25n+35)6^{n-2}\sum_{t=x}^{n-1}6^{-t}-25\cdot 6^{n-2}\sum_{t=x}^{n-1}t\cdot 6^{-t}+1$$

$$=(25n+35)6^{n-2}\cdot\frac{1}{5}(6^{1-x}-6^{1-n})-25\cdot 6^{n-2}\cdot\frac{1}{25}[(5x+1)6^{1-x}-(5n+1)6^{1-n}]$$

$$=(5n+7)(6^{n-1-x}-6^{-1})-[(5x+1)6^{n-1-x}-(5n+1)6^{-1}]$$

$$=(5n+7)6^{n-1-x}-(5n+7)6^{-1}-(5x+1)6^{n-1-x}+(5n+1)6^{-1}$$

$$=(5n+7-5x-1)6^{n-1-x}+(5n+1-5n-7)6^{-1}$$

$$=(5n+6-5x)6^{n-1-x}+(-6)\cdot 6^{-1}+1$$

$$=(5n+6-5x)6^{n-1-x}$$

则 n 次掷骰子试验游程长度概率分布函数 $F(n,x)$ 的解析表达式为

$$F(n,x)=\frac{W(x)}{W(n)}=\frac{(5n+6-5x)6^{n-1-x}}{(5n+1)6^{n-2}}=\frac{5n+6-5x}{5n+1}6^{1-x} \tag{2.1-39}$$

2.1.2.2 掷骰子试验游程长度数学期望和方差

1. 数学期望 E

与投币试验相同, 某一指定状态的游程长度的数学 x 期望 E 为

2.1 简单伯努利试验游程长度及其统计特征

$$E = \sum_{x=1}^{n} x \cdot f(x,n) = \sum_{x=1}^{n-1} x \cdot \frac{5(5n+7-5x)}{5n+1} 6^{-x} + n \cdot \frac{6^{2-n}}{5n+1}$$

$$= \frac{5(5n+7)}{5n+1} \sum_{x=1}^{n-1} x \cdot 6^{-x} - \frac{25}{5n+1} \sum_{x=1}^{n-1} x^2 \cdot 6^{-x} + n \cdot \frac{6^{2-n}}{5n+1}$$

对于 $\sum_{x=1}^{n-1} x \cdot 6^{-x}$，$\sum_{x=1}^{n-1} x \cdot 6^{-x} = \frac{6}{5}\left[\frac{1}{5}\left(1-\frac{1}{6^{n-1}}\right) - \frac{n-1}{6^n}\right]$。对于 $\sum_{x=1}^{n-1} x^2 \cdot 6^{-x}$，令 $S = \sum_{x=1}^{n-1} x^2 \cdot 6^{-x}$，推导如下。

$$S = \underbrace{\frac{1}{6} + \frac{4}{6^2} + \frac{9}{6^3} + \frac{16}{6^4} + \frac{25}{6^5} + \cdots + \frac{(n-2)^2}{6^{n-2}} + \frac{(n-1)^2}{6^{n-1}}}_{n-1 \text{项}} \quad (2.1-40)$$

式（2.1-40）两边乘以 $\frac{1}{6}$，有

$$\frac{1}{6}S = \underbrace{\frac{1}{6^2} + \frac{4}{6^3} + \frac{9}{6^4} + \frac{16}{6^5} + \cdots + \frac{(n-2)^2}{6^{n-1}} + \frac{(n-1)^2}{6^n}}_{n-1 \text{项}} \quad (2.1-41)$$

式（2.1-40）两边减去式（2.1-41），有

$$\frac{5}{6}S = \underbrace{\frac{1}{6} + \frac{3}{6^2} + \frac{5}{6^3} + \frac{7}{6^4} + \frac{9}{6^5} + \cdots + \frac{(n-1)^2-(n-2)^2}{6^{n-1}}}_{n-1 \text{项}} - \frac{(n-1)^2}{6^n} \quad (2.1-42)$$

式（2.1-42）两边乘以 $\frac{1}{6}$，有

$$\frac{5}{6^2}S = \underbrace{\frac{1}{6^2} + \frac{3}{6^3} + \frac{5}{6^4} + \frac{7}{6^5} + \frac{9}{6^6} + \cdots + \frac{(n-1)^2-(n-2)^2}{6^n}}_{n-1 \text{项}} - \frac{(n-1)^2}{6^{n+1}} \quad (2.1-43)$$

式（2.1-42）两边减去式（2.1-43），有

$$\left(\frac{5}{6} - \frac{5}{6^2}\right)S = \frac{1}{6} + \underbrace{\frac{2}{6^2} + \frac{2}{6^3} + \frac{2}{6^4} + \frac{2}{6^5} + \cdots}_{n-2 \text{项}} + \frac{-2(n-1)^2+(n-2)^2}{6^n} + \frac{(n-1)^2}{6^{n+1}}$$

$$= \frac{1}{6} + \frac{2}{6}\underbrace{\left(\frac{1}{6} + \frac{1}{6^2} + \frac{1}{6^3} + \frac{1}{6^4} + \cdots\right)}_{n-2 \text{项}} + \frac{-2(n-1)^2+(n-2)^2}{6^n} + \frac{(n-1)^2}{6^{n+1}}$$

$$= \frac{1}{6} + \frac{\frac{2}{6} \cdot \frac{1}{6}\left(1-\frac{1}{6^{n-2}}\right)}{1-\frac{1}{6}} + \frac{-2(n-1)^2+(n-2)^2}{6^n} + \frac{(n-1)^2}{6^{n+1}}$$

$$= \frac{1}{6} + \frac{6}{5} \cdot \frac{2}{6}\left(1-\frac{1}{6^{n-2}}\right) + \frac{-2(n-1)^2+(n-2)^2}{6^n} + \frac{(n-1)^2}{6^{n+1}}$$

$$= \frac{1}{6} + \frac{6}{5} \cdot \frac{2}{6} \cdot \frac{1}{6}\left(1-\frac{1}{6^{n-2}}\right) + \frac{-2(n-1)^2+(n-2)^2}{6^n} + \frac{(n-1)^2}{6^{n+1}}$$

$$= \frac{1}{6}\left[1 + \frac{12}{30}\left(1-\frac{1}{6^{n-2}}\right) + \frac{-2(n-1)^2+(n-2)^2}{6^{n-1}} + \frac{(n-1)^2}{6^n}\right]$$

即 $\frac{1}{6} \cdot \frac{25}{6}S = \frac{1}{6}\left[1 + \frac{12}{30}\left(1-\frac{1}{6^{n-2}}\right) + \frac{-2(n-1)^2+(n-2)^2}{6^{n-1}} + \frac{(n-1)^2}{6^n}\right]$。则

$$S = \frac{6}{25}\left[1+\frac{12}{30}\left(1-\frac{1}{6^{n-2}}\right)+\frac{-2(n-1)^2+(n-2)^2}{6^{n-1}}+\frac{(n-1)^2}{6^n}\right]$$

$$= \frac{6}{25}\left(1+\frac{12}{30}-\frac{12}{30}\cdot\frac{1}{6^{n-2}}+\frac{-2n^2+4n-2+n^2-4n+4}{6^{n-1}}+\frac{n^2-2n+1}{6^n}\right)$$

$$= \frac{6}{25}\left(\frac{42}{30}-\frac{12}{30}\cdot 6\cdot\frac{1}{6^{n-1}}+\frac{-n^2+2}{6^{n-1}}+\frac{1}{6}\frac{n^2-2n+1}{6^{n-1}}\right)$$

$$= \frac{6}{25}\cdot\frac{42}{30}-\frac{6}{25}\cdot\frac{12}{30}\cdot 6\cdot\frac{1}{6^{n-1}}+\frac{6}{25}\cdot\frac{-n^2+2}{6^{n-1}}+\frac{6}{25}\cdot\frac{1}{6}\frac{n^2-2n+1}{6^{n-1}}$$

$$= \frac{42}{125}-\frac{72}{125}\frac{1}{6^{n-1}}+\frac{6}{25}\cdot\frac{-n^2+2}{6^{n-1}}+\frac{1}{25}\cdot\frac{n^2-2n+1}{6^{n-1}}$$

$$= \frac{42}{125}-\frac{72}{125}\frac{1}{6^{n-1}}+\frac{1}{125}\cdot\frac{-30n^2+60}{6^{n-1}}+\frac{1}{125}\cdot\frac{5n^2-10n+5}{6^{n-1}}$$

$$= \frac{42}{125}+\frac{1}{125}\cdot\frac{-30n^2+5n^2-10n+60+5-72}{6^{n-1}}$$

$$= \frac{42}{125}+\frac{1}{125}\cdot\frac{-25n^2-10n-7}{6^{n-1}} = \frac{42}{125}-\frac{1}{125}(25n^2+10n+7)6^{1-n}$$

即

$$\sum_{x=1}^{n-1} x^2\cdot 6^{-x} = \frac{42}{125}-\frac{1}{125}(25n^2+10n+7)6^{1-n} \tag{2.1-44}$$

把 $\sum_{x=1}^{n-1} x\cdot 6^{-x} = \frac{6}{5}\left[\frac{1}{5}\left(1-\frac{1}{6^{n-1}}\right)-\frac{n-1}{6^n}\right]$ 和 $\sum_{x=1}^{n-1} x^2\cdot 6^{-x} = \frac{42}{125}-\frac{1}{125}(25n^2+10n+7)6^{1-n}$

代入 $E = \frac{5(5n+7)}{5n+1}\sum_{x=1}^{n-1} x\cdot 6^{-x}-\frac{25}{5n+1}\sum_{x=1}^{n-1} x^2\cdot 6^{-x}+n\cdot\frac{6^{2-n}}{5n+1}$，有

$$E = \frac{5(5n+7)}{5n+1}\frac{6}{5}\left[\frac{1}{5}\left(1-\frac{1}{6^{n-1}}\right)-\frac{n-1}{6^n}\right]-\frac{25}{5n+1}\left[\frac{42}{125}-\frac{1}{125}(25n^2+10n+7)6^{1-n}\right]+n\cdot\frac{6^{2-n}}{5n+1}$$

$$= \frac{5(5n+7)}{5n+1}\frac{6}{5}\left(\frac{1}{5}\cdot\frac{6^{n-1}-1}{6^{n-1}}-\frac{1}{6}\frac{n-1}{6^{n-1}}\right)-\frac{25}{5n+1}\left(\frac{42}{125}-\frac{25n^2+10n+7}{125}\frac{1}{6^{n-1}}\right)+n\cdot\frac{6^{2-n}}{5n+1}$$

$$= \frac{5(5n+7)}{5n+1}\frac{6}{5}\left(\frac{6^n-6-5n+5}{30\cdot 6^{n-1}}\right)-\frac{25}{5n+1}\left(\frac{42}{125}-\frac{25n^2+10n+7}{125}\frac{1}{6^{n-1}}\right)+n\cdot\frac{6^{2-n}}{5n+1}$$

$$= \frac{(5n+7)}{5n+1}\frac{6^n-6(5n+7)-5n(5n+7)+5(5n+7)}{5\cdot 6^{n-1}}-\frac{25}{5n+1}\cdot\frac{42}{125}+\frac{25}{5n+1}\frac{25n^2+10n+7}{125}\frac{1}{6^{n-1}}+n\cdot\frac{6^{2-n}}{5n+1}$$

$$= \frac{(5n+7)}{5n+1}\frac{6^n-30n-42-25n^2-35n+25n+35}{5\cdot 6^{n-1}}-\frac{1}{5n+1}\cdot\frac{42}{5}+\frac{1}{5n+1}\frac{25n^2+10n+7}{5}\frac{1}{6^{n-1}}+\frac{6n}{5n+1}\frac{1}{6^{n-1}}$$

$$= \frac{(5n+7)\cdot 6^n}{5(5n+1)6^{n-1}}+\frac{1}{5n+1}\frac{-30n-42-25n^2-35n+25n+35}{5\cdot 6^{n-1}}-\frac{1}{5n+1}\cdot\frac{42}{5}+\frac{1}{5n+1}\frac{25n^2+10n+7}{5}\frac{1}{6^{n-1}}+\frac{6n}{5n+1}\frac{1}{6^{n-1}}$$

$$= \frac{6(5n+7)}{5(5n+1)}-\frac{1}{5n+1}\cdot\frac{42}{5}+\frac{1}{5n+1}\frac{-30n-42-25n^2-35n+25n+35}{5\cdot 6^{n-1}}+\frac{1}{5n+1}\frac{25n^2+10n+7}{5}\frac{1}{6^{n-1}}+\frac{30n}{5(5n+1)6^{n-1}}$$

$$= \frac{6(5n+7)}{5(5n+1)}-\frac{1}{5n+1}\cdot\frac{42}{5}+\frac{1}{5n+1}\frac{-30n-42-25n^2-35n+25n+35+25n^2+10n+7+30n}{5\cdot 6^{n-1}}$$

$$= \frac{6(5n+7)}{5(5n+1)}-\frac{1}{5n+1}\cdot\frac{42}{5}+\frac{1}{5n+1}\frac{-42+35+7-25n^2+25n^2-35n-30n+30n+25n+10n}{5\cdot 6^{n-1}}$$

$$=\frac{6(5n+7)}{5(5n+1)}-\frac{1}{5n+1}\cdot\frac{42}{5}+\frac{1}{5n+1}\cdot\frac{(35+7-42)+(25n^2-25n^2)+(30n-35n-30n+25n+10n)}{5\cdot 6^{n-1}}$$

$$=\frac{6(5n+7)}{5(5n+1)}-\frac{42}{5(5n+1)}=\frac{30n+42-42}{5(5n+1)}=\frac{30n}{5(5n+1)}=\frac{6n}{5n+1}$$

即最终得到掷骰子试验游程长度期望 E 的解析表达式为

$$E=\frac{6n}{5n+1} \tag{2.1-45}$$

当试验次数 n 趋近于无穷大时,掷骰子试验游程长度的期望值将趋近于 $\frac{6}{5}$。

2. 方差 D

与投币式试验相同,掷骰子试验游程长度方差 D 的定义式又可以写为

$$D=\sum_{x=1}^{n}(x-E)^2 f(x,n)=\sum_{x=1}^{n}x^2 f(x,n)-E^2=\sum_{x=1}^{n-1}x^2 f(x,n)-E^2$$

$$=\sum_{x=1}^{n-1}x^2\cdot\frac{5(5n+7-5x)}{5n+1}6^{-x}+n^2\cdot\frac{6^{2-n}}{5n+1}-\left(\frac{6n}{5n+1}\right)^2$$

$$=\frac{5}{5n+1}\sum_{x=1}^{n-1}x^2\cdot(5n+7-5x)6^{-x}+n^2\cdot\frac{6^{2-n}}{5n+1}-\left(\frac{6n}{5n+1}\right)^2$$

$$=\frac{5}{5n+1}\left[(5n+7)\sum_{x=1}^{n-1}x^2\cdot 6^{-x}-5\sum_{x=1}^{n-1}x^3\cdot 6^{-x}\right]+n^2\cdot\frac{6^{2-n}}{5n+1}-\left(\frac{6n}{5n+1}\right)^2$$

对于 $\sum_{x=1}^{n-1}x^2\cdot 6^{-x}$,有 $\sum_{x=1}^{n-1}x^2\cdot 6^{-x}=\frac{42}{125}-\frac{1}{125}(25n^2+10n+7)6^{1-n}$。令 $S=\sum_{x=1}^{n-1}x^3\cdot 6^{-x}$,以下推导 $\sum_{x=1}^{n-1}x^3\cdot 6^{-x}$ 计算公式。

$$S=\sum_{x=1}^{n-1}x^3\cdot 6^{-x}=\underbrace{\frac{1}{6}+\frac{8}{6^2}+\frac{27}{6^3}+\frac{64}{6^4}+\frac{125}{6^5}+\frac{216}{6^6}+\cdots+\frac{(n-2)^3}{6^{n-2}}+\frac{(n-1)^3}{6^{n-1}}}_{n-1\text{项}}$$

$$\tag{2.1-46}$$

式 (2.1-46) 两边乘以 $\frac{1}{6}$,有

$$\frac{1}{6}S=\sum_{x=1}^{n-1}x^3\cdot 6^{-x}=\underbrace{\frac{1}{6^2}+\frac{8}{6^3}+\frac{27}{6^4}+\frac{64}{6^5}+\frac{125}{6^6}+\frac{216}{6^7}+\cdots+\frac{(n-2)^3}{6^{n-1}}+\frac{(n-1)^3}{6^n}}_{n-1\text{项}}$$

$$\tag{2.1-47}$$

式 (2.1-46) 两边减去式 (2.1-47) 两边,有

$$\frac{5}{6}S=\underbrace{\frac{1}{6}+\frac{7}{6^2}+\frac{19}{6^3}+\frac{37}{6^4}+\frac{61}{6^5}+\frac{91}{6^6}+\cdots+\frac{(n-1)^3-(n-2)^3}{6^{n-1}}}_{n-1\text{项}}-\frac{(n-1)^3}{6^n} \tag{2.1-48}$$

式 (2.1-48) 两边乘以 $\frac{1}{6}$,有

$$\frac{5}{6^2}S=\underbrace{\frac{1}{6^2}+\frac{7}{6^3}+\frac{19}{6^4}+\frac{37}{6^5}+\frac{61}{6^6}+\frac{91}{6^7}+\cdots+\frac{(n-1)^3-(n-2)^3}{6^n}}_{n-1\text{项}}-\frac{(n-1)^3}{6^{n+1}} \tag{2.1-49}$$

式（2.1-48）两边减去式（2.1-49）两边，有

$$\frac{5}{6}S - \frac{5}{6^2}S = \underbrace{\frac{1}{6} + \frac{6}{6^2} + \frac{12}{6^3} + \frac{18}{6^4} + \frac{24}{6^5} + \cdots}_{n-1\text{项}} + \frac{-2(n-1)^3 + (n-2)^3}{6^n} + \frac{(n-1)^3}{6^{n+1}}$$

$$= \frac{1}{6} + \underbrace{\left(\frac{1}{6} + \frac{2}{6^2} + \frac{3}{6^3} + \frac{4}{6^4} + \cdots\right)}_{n-2\text{项}} + \frac{-2(n-1)^3 + (n-2)^3}{6^n} + \frac{(n-1)^3}{6^{n+1}} \quad (2.1-50)$$

令 $S_1 = \frac{1}{6} + \frac{2}{6^2} + \frac{3}{6^3} + \frac{4}{6^4} + \cdots + \frac{(n-2)}{6^{n-2}}$，以下推导 S_1 的计算公式。

$$S_1 = \underbrace{\frac{1}{6} + \frac{2}{6^2} + \frac{3}{6^3} + \frac{4}{6^4} + \cdots + \frac{(n-3)}{6^{n-3}} + \frac{(n-2)}{6^{n-2}}}_{n-2\text{项}} \quad (2.1-51)$$

式（2.1-51）两边乘以 $\frac{1}{6}$，有

$$\frac{1}{6}S_1 = \underbrace{\frac{1}{6^2} + \frac{2}{6^3} + \frac{3}{6^4} + \frac{4}{6^5} + \cdots + \frac{(n-3)}{6^{n-2}} + \frac{(n-2)}{6^{n-1}}}_{n-2\text{项}} \quad (2.1-52)$$

式（2.1-51）两边减去式（2.1-52）两边，有

$$\frac{5}{6}S_1 = \underbrace{\frac{1}{6} + \frac{1}{6^2} + \frac{1}{6^3} + \frac{1}{6^4} + \cdots + \frac{(n-2)-(n-3)}{6^{n-2}}}_{n-2\text{项}} - \frac{(n-2)}{6^{n-1}} = \frac{\frac{1}{6}\left(1 - \frac{1}{6^{n-2}}\right)}{1 - \frac{1}{6}} - \frac{(n-2)}{6^{n-1}}$$

$$= \frac{1}{6} \cdot \frac{6}{5}\left(1 - \frac{1}{6^{n-2}}\right) - \frac{(n-2)}{6^{n-1}}$$

则

$$S_1 = \frac{6}{25}\left(1 - \frac{1}{6^{n-2}}\right) - \frac{6}{5} \cdot \frac{(n-2)}{6^{n-1}}$$

把 S_1 代入式（2.1-50），有

$$\frac{5}{6}S - \frac{5}{6^2}S = \frac{1}{6} + \underbrace{\left(\frac{1}{6} + \frac{2}{6^2} + \frac{3}{6^3} + \frac{4}{6^4} + \cdots\right)}_{n-2\text{项}} + \frac{-2(n-1)^3 + (n-2)^3}{6^n} + \frac{(n-1)^3}{6^{n+1}}$$

$$= \frac{1}{6} + \frac{6}{25}\left(1 - \frac{1}{6^{n-2}}\right) - \frac{6}{5} \cdot \frac{(n-2)}{6^{n-1}} + \frac{1}{6} \cdot \frac{-2(n-1)^3 + (n-2)^3}{6^{n-1}} + \frac{1}{36} \cdot \frac{(n-1)^3}{6^{n-1}}$$

$$= \frac{1}{6} + \frac{6}{25}\left(1 - \frac{1}{6^{n-2}}\right) - \frac{6}{5} \cdot \frac{(n-2)}{6^{n-1}} + \frac{1}{6} \cdot \frac{-2n^3 + 6n^2 - 6n + 2 + n^3 - 6n^2 + 12n - 8}{6^{n-1}} + \frac{1}{36} \cdot \frac{n^3 - 3n^2 + 3n - 1}{6^{n-1}}$$

$$= \frac{1}{6} + \frac{6}{25}\left(1 - \frac{1}{6^{n-2}}\right) - \frac{6}{5} \cdot \frac{(n-2)}{6^{n-1}} + \frac{1}{6} \cdot \frac{-n^3 + 6n - 6}{6^{n-1}} + \frac{1}{36} \cdot \frac{n^3 - 3n^2 + 3n - 1}{6^{n-1}}$$

$$= \frac{1}{6} + \frac{6}{25}\left(1 - \frac{1}{6^{n-2}}\right) - \frac{6}{5} \cdot \frac{(n-2)}{6^{n-1}} + \frac{1}{36} \cdot \frac{-5n^3 - 3n^2 + 39n - 37}{6^{n-1}}$$

$$= \frac{1}{6} + \frac{6}{25} - \frac{1}{25}\frac{36}{6^{n-1}} - \frac{6}{5} \cdot \frac{(n-2)}{6^{n-1}} + \frac{1}{36} \cdot \frac{-5n^3 - 3n^2 + 39n - 37}{6^{n-1}}$$

$$= \frac{61}{150} - \frac{1}{25}\frac{36}{6^{n-1}} + \frac{1}{25} \cdot \frac{-30n + 60}{6^{n-1}} + \frac{1}{36} \cdot \frac{-5n^3 - 3n^2 + 39n - 37}{6^{n-1}}$$

$$=\frac{61}{150}+\frac{1}{25}\cdot\frac{-30n+24}{6^{n-1}}+\frac{1}{36}\cdot\frac{-5n^3-3n^2+39n-37}{6^{n-1}}$$

$$=\frac{61}{150}+\frac{1}{900}\cdot\frac{-1080n+864}{6^{n-1}}+\frac{1}{900}\cdot\frac{-125n^3-75n^2+975n-925}{6^{n-1}}$$

$$=\frac{61}{150}+\frac{1}{900}\cdot\frac{-125n^3-75n^2+975n-1080n+864-925}{6^{n-1}}$$

$$=\frac{61}{150}+\frac{1}{900}\cdot\frac{-125n^3-75n^2-105n+61}{6^{n-1}}$$

$$S=\frac{36}{25}\left(\frac{61}{150}+\frac{1}{900}\cdot\frac{-125n^3-75n^2-105n-61}{6^{n-1}}\right)$$

$$=\frac{6}{25}\cdot\frac{61}{25}+\frac{1}{25}\cdot\frac{1}{25}\cdot\frac{-125n^3-75n^2-105n-61}{6^{n-1}}$$

$$=\frac{366}{625}+\frac{1}{625}\cdot\frac{-125n^3-75n^2-105n-61}{6^{n-1}}$$

即

$$\sum_{x=1}^{n-1}x^3\cdot 6^{-x}=\frac{366}{625}-\frac{1}{625}\cdot(125n^3+75n^2+105n+61)6^{1-n} \quad (2.1-53)$$

$$D=\frac{5}{5n+1}\left[(5n+7)\sum_{x=1}^{n-1}x^2\cdot 6^{-x}-5\sum_{x=1}^{n-1}x^3\cdot 6^{-x}\right]+n^2\cdot\frac{6^{2-n}}{5n+1}-\left(\frac{6n}{5n+1}\right)^2$$

$$=\frac{5}{5n+1}\left\{(5n+7)\left(\frac{42}{125}-\frac{1}{125}(25n^2+10n+7)6^{1-n}\right)-5\left[\frac{366}{625}-\frac{1}{625}\cdot(125n^3+75n^2+105n+61)6^{1-n}\right]\right\}$$
$$+n^2\cdot\frac{6^{2-n}}{5n+1}-\left(\frac{6n}{5n+1}\right)^2$$

$$=\frac{5}{5n+1}\left\{\left(\frac{42(5n+7)}{125}-\frac{5n+7}{125}(25n^2+10n+7)6^{1-n}\right)-\frac{366}{125}+\frac{1}{125}\cdot(125n^3+75n^2+105n+61)6^{1-n}\right\}$$
$$+6n^2\cdot\frac{6^{1-n}}{5n+1}-\frac{36n^2}{(5n+1)^2}$$

$$=\frac{5}{5n+1}\left\{\frac{210n}{125}+\frac{294}{125}-\frac{125n^3+50n^2+35n}{125}6^{1-n}-\frac{175n^2+70n+49}{125}6^{1-n}-\frac{366}{125}+\frac{125n^3+75n^2+105n+61}{125}\cdot 6^{1-n}\right\}$$
$$+6n^2\cdot\frac{6^{1-n}}{5n+1}-\frac{36n^2}{(5n+1)^2}$$

$$=\frac{5}{5n+1}\left\{\frac{210n}{125}+\frac{294}{125}-\frac{366}{125}+\frac{-125n^3-50n^2-35n-175n^2-70n-49+125n^3+75n^2+105n+61}{125}6^{1-n}\right\}$$
$$+6n^2\cdot\frac{6^{1-n}}{5n+1}-\frac{36n^2}{(5n+1)^2}$$

$$=\frac{5}{5n+1}\left\{\frac{210n}{125}+\frac{294}{125}-\frac{366}{125}+\frac{(-125n^3+125n^3)+(-50n^2-175n^2+75n^2)+(-35n-70n+105n)+(-49+61)}{125}6^{1-n}\right\}$$
$$+6n^2\cdot\frac{6^{1-n}}{5n+1}-\frac{36n^2}{(5n+1)^2}$$

$$=\frac{5}{5n+1}\left\{\frac{210n}{125}-\frac{72}{125}+\frac{-150n^2+12}{125}6^{1-n}\right\}+6n^2\cdot\frac{6^{1-n}}{5n+1}-\frac{36n^2}{(5n+1)^2}$$

$$=\frac{210n}{125}\cdot\frac{5}{5n+1}-\frac{72}{125}\cdot\frac{5}{5n+1}+\frac{5}{5n+1}\cdot\frac{-150n^2+12}{125}6^{1-n}+6n^2\cdot\frac{6^{1-n}}{5n+1}-\frac{36n^2}{(5n+1)^2}$$

$$= \frac{210n}{25(5n+1)} - \frac{72}{25(5n+1)} + \frac{-150n^2+12}{25(5n+1)}6^{1-n} + 6n^2 \cdot \frac{6^{1-n}}{5n+1} - \frac{36n^2}{(5n+1)^2}$$

$$= \frac{210n}{25(5n+1)} - \frac{72}{25(5n+1)} + \frac{-150n^2+12}{25(5n+1)}6^{1-n} + \frac{150n^2}{25(5n+1)}6^{1-n} - \frac{36n^2}{(5n+1)^2}$$

$$= \frac{210n}{25(5n+1)} - \frac{72}{25(5n+1)} + \frac{-150n^2+150n^2+12}{25(5n+1)}6^{1-n} - \frac{36n^2}{(5n+1)^2}$$

$$= \frac{210n}{25(5n+1)} - \frac{72}{25(5n+1)} - \frac{36n^2}{(5n+1)^2} + \frac{12}{25(5n+1)}6^{1-n}$$

$$= \frac{210n(5n+1)}{25(5n+1)^2} - \frac{72(5n+1)}{25(5n+1)^2} - \frac{36n^2}{25(5n+1)^2} + \frac{12}{25(5n+1)}6^{1-n}$$

$$= \frac{1050n^2 - 36n^2 + 210n - 360n - 72}{25(5n+1)^2} + \frac{12}{25(5n+1)}6^{1-n}$$

$$= \frac{1014n^2 - 240n - 72}{25(5n+1)^2} + \frac{12}{25(5n+1)}6^{1-n} = \frac{6}{25}\left[\frac{169n^2 - 40n - 12}{(5n+1)^2} + \frac{2}{(5n+1)}6^{1-n}\right]$$

即 n 次掷骰子试验游程长度方差 D 的解析表达式为

$$D = \frac{6}{25}\left[\frac{169n^2 - 40n - 12}{(5n+1)^2} + \frac{2}{(5n+1)}6^{1-n}\right] \tag{2.1-54}$$

当试验次数 n 趋近于无穷大时，掷骰子试验游程长度的方差值将趋近于 $\frac{6}{25}$。

2.2 多维伯努利试验游程长度及其统计特征

2.2.1 赌盘模型游程长度统计分析

一次试验具有 H 个状态，其中任意一个状态发生的概率 p 均等于 $\frac{1}{H}$，并且任何两次不同试验之间相互独立，则称这样的试验为赌盘模型试验或者多维伯努利试验，简称赌盘模型。本节设置 $n=1,2,3,\cdots,12$，$H=2,3,4,5,6,7,8,9$。然后根据游程的定义，统计游程长度为 x 的发生频次 $G(x,n)$。统计结果见表表 2.2-1～表 2.2-8。

表 2.2-1　　赌盘模型试验 $H=2$ 时游程长度的发生频次统计

游程长度 x	试验次数 n											
	1	2	3	4	5	6	7	8	9	10	11	12
1	1	2	5	12	28	64	144	320	704	1536	3328	7168
2		1	2	5	12	28	64	144	320	704	1536	3328
3			1	2	5	12	28	64	144	320	704	1536
4				1	2	5	12	28	64	144	320	704
5					1	2	5	12	28	64	144	320
6						1	2	5	12	28	64	144
7							1	2	5	12	28	64

续表

游程长度 x	试验次数 n											
	1	2	3	4	5	6	7	8	9	10	11	12
8								1	2	5	12	28
9									1	2	5	12
10										1	2	5
11											1	2
12												1

表 2.2-2　　赌盘模型试验 $H=3$ 时游程长度的发生频次统计

游程长度 x	试验次数 n											
	1	2	3	4	5	6	7	8	9	10	11	12
1	1	4	16	60	216	756	2592	8748	29160	96228	314928	1023516
2		1	4	16	60	216	756	2592	8748	29160	96228	314928
3			1	4	16	60	216	756	2592	8748	29160	96228
4				1	4	16	60	216	756	2592	8748	29160
5					1	4	16	60	216	756	2592	8748
6						1	4	16	60	216	756	2592
7							1	4	16	60	216	756
8								1	4	16	60	216
9									1	4	16	60
10										1	4	16
11											1	4
12												1

表 2.2-3　　赌盘模型试验 $H=4$ 时游程长度的发生频次统计

游程长度 x	试验次数 n											
	1	2	3	4	5	6	7	8	9	10	11	12
1	1	6	33	168	816	3840	17664	79872	356352	1572864	6881280	29884416
2		1	6	33	168	816	3840	17664	79872	356352	1572864	6881280
3			1	6	33	168	816	3840	17664	79872	356352	1572864
4				1	6	33	168	816	3840	17664	79872	356352
5					1	6	33	168	816	3840	17664	79872
6						1	6	33	168	816	3840	17664
7							1	6	33	168	816	3840
8								1	6	33	168	816
9									1	6	33	168
10										1	6	33
11											1	6
12												1

表 2.2-4　赌盘模型试验 $H=5$ 时游程长度的发生频次统计

游程长度 x	试验次数 n											
	1	2	3	4	5	6	7	8	9	10	11	12
1	1	8	56	360	2200	13000	75000	425000	2375000	13125000	71875000	390625000
2		1	8	56	360	2200	13000	75000	425000	2375000	13125000	71875000
3			1	8	56	360	2200	13000	75000	425000	2375000	13125000
4				1	8	56	360	2200	13000	75000	425000	2375000
5					1	8	56	360	2200	13000	75000	425000
6						1	8	56	360	2200	13000	75000
7							1	8	56	360	2200	13000
8								1	8	56	360	2200
9									1	8	56	360
10										1	8	56
11											1	8
12												1

表 2.2-5　赌盘模型试验 $H=6$ 时游程长度的发生频次统计

游程长度 x	试验次数 n											
	1	2	3	4	5	6	7	8	9	10	11	12
1	1	10	85	660	4860	34560	239760	1632960	10964160	72783360	478690560	3124085760
2		1	10	85	660	4860	34560	239760	1632960	10964160	72783360	478690560
3			1	10	85	660	4860	34560	239760	1632960	10964160	72783360
4				1	10	85	660	4860	34560	239760	1632960	10964160
5					1	10	85	660	4860	34560	239760	1632960
6						1	10	85	660	4860	34560	239760
7							1	10	85	660	4860	34560
8								1	10	85	660	4860
9									1	10	85	660
10										1	10	85
11											1	10
12												1

表 2.2-6　赌盘模型试验 $H=7$ 时游程长度的发生频次统计

游程长度 x	试验次数 n											
	1	2	3	4	5	6	7	8	9	10	11	12
1	1	12	120	1092	9408	78204	633864	5042100	39530064	306357996	2352038808	17917001508
2		1	12	120	1092	9408	78204	633864	5042100	39530064	306357996	2352038808
3			1	12	120	1092	9408	78204	633864	5042100	39530064	306357996

续表

游程长度 x	试验次数 n											
	1	2	3	4	5	6	7	8	9	10	11	12
4				1	12	120	1092	9408	78204	633864	5042100	39530064
5					1	12	120	1092	9408	78204	633864	5042100
6						1	12	120	1092	9408	78204	633864
7							1	12	120	1092	9408	78204
8								1	12	120	1092	9408
9									1	12	120	1092
10										1	12	120
11											1	12
12												1

表 2.2–7　　赌盘模型试验 $H=8$ 时游程长度的发生频次统计

游程长度 x	试验次数 n											
	1	2	3	4	5	6	7	8	9	10	11	12
1	1	4	161	1680	16576	157696	1462272	13303808	119275520	1056964608	9277800448	80799072256
2		1	14	161	1680	16576	157696	1462272	13303808	119275520	1056964608	9277800448
3			1	14	161	1680	16576	157696	1462272	13303808	119275520	1056964608
4				1	14	161	1680	16576	157696	1462272	13303808	119275520
5					1	14	161	1680	16576	157696	1462272	13303808
6						1	14	161	1680	16576	157696	1462272
7							1	14	161	1680	16576	157696
8								1	14	161	1680	16576
9									1	14	161	1680
10										1	14	161
11											1	14
12												1

表 2.2–8　　赌盘模型试验 $H=9$ 时游程长度的发生频次统计

游程长度 x	试验次数 n											
	1	2	3	4	5	6	7	8	9	10	11	12
1	1	16	208	2448	27216	291600	3044304	31177872	314613072	3137627664	30993639120	303737663376
2		1	16	208	2448	27216	291600	3044304	31177872	314613072	3137627664	30993639120
3			1	16	208	2448	27216	291600	3044304	31177872	314613072	3137627664
4				1	16	208	2448	27216	291600	3044304	31177872	314613072
5					1	16	208	2448	27216	291600	3044304	31177872
6						1	16	208	2448	27216	291600	3044304
7							1	16	208	2448	27216	291600

续表

游程长度 x	试验次数 n											
	1	2	3	4	5	6	7	8	9	10	11	12
8								1	16	208	2448	27216
9									1	16	208	2448
10										1	16	208
11											1	16
12												1

表 2.1-1～表 2.2-8 表明，对于同一游程长度，当试验次数增加时，游程长度的发生频次也在增大。当试验次数一定时，随着游程长度的增大，其发生频次在减小。令赌盘模型试验次数与游程长度的差值为 $\xi = n - x$，然后根据表 2.2-1～表 2.2-8 的统计结果，将 ξ 与状态维数 H 的关系列于表 2.2-9 中。

表 2.2-9　赌盘试验中发生频次 $G(\xi)$ 随 ξ 和 H 变化的统计

状态维数 H	变量 ξ								
	1	2	3	4	5	6	7	8	9
2	2	5	12	28	64	144	320	701	1536
3	4	16	60	216	756	2592	8748	29160	96228
4	6	33	168	816	3840	17664	79872	356352	1572864
5	8	56	360	2200	13000	75000	425000	2375000	13125000
6	10	85	660	4860	34560	239760	1632960	10964160	72783360
7	12	120	1092	9408	78204	633864	5042100	39530064	306357996
8	14	161	1680	16576	157696	1462272	13303808	119275520	1056964608
9	16	208	2448	27216	291600	3044304	31177872	314613072	3137627664

2.2.2　赌盘模型游程长度频次差分方程

从表 2.2-9 可以看出，当状态维数 H 一定时，$G(\xi)$、$G(\xi+1)$ 和 $G(\xi+2)$ 之间存在关系，即

$$\frac{G(\xi+2) + H^2 G(\xi)}{G(\xi+1)} = 2H \tag{2.2-1}$$

将式（2.2-1）进行化简，得到赌盘模型游程长度的发生频次也满足二阶线性齐次常系数差分方程。

$$G(\xi+2) - 2H \cdot G(\xi+1) + H^2 G(\xi) = 0 \tag{2.2-2}$$

式（2.2-2）相应的特征方程为

$$\lambda^2 - 2H\lambda + H^2 = 0 \tag{2.2-3}$$

式（2.2-3）特征方程的二重特征根为 $\lambda = H$，因此差分方程式（2.2-52）的通解为

$$G(\xi) = (a + b\xi)H\xi \tag{2.2-4}$$

观察表2.2-9，当$\xi=1$和$\xi=2$时，游程长度的发生频次满足下面的关系式

$$G(1)=2(H-1),G(2)=3H^2-4H+1 \quad (2.2-5)$$

将式（2.2-4）与式（2.2-5）中$G(1)$和$G(2)$进行联立求解，得到待定系数a和b的表达式，然后将a和b的结果以及$\xi=n-x$再次代入式（2.2-4），并经过一系列的化简，最终得到赌盘模型游程长度发生频次的解析表达式为

$$G(x,n)=\left[\frac{H^2-1}{H^2}+\frac{(H-1)^2}{H^2}(n-x)\right]H^{n-x} \quad (2.2-6)$$

由于状态发生概率p和状态维数H之间存在倒数的关系，因此将$p=\frac{1}{H}$代入式（2.2-6）并经过化简，得到赌盘模型游程长度发生频次的另一种表达形式。

$$G(x,n)=\begin{cases}(1-p)[1+p+(1-p)(n-x)]p^{x-n} &, 1\leqslant x<n \\ 1 &, x=n\neq 1 \\ G(1,1)=1 &, x=n=1\end{cases} \quad (2.2-7)$$

2.2.3 赌盘模型游程长度概率密度和概率分布

对于赌盘模型而言，在$z(n)$个完备样本空间上，平均每个样本中含有游程长度为x的游程个数$g(x,n)$为

$$g(x,n)=\begin{cases}\left[\frac{H^2-1}{H^2}+\frac{(H-1)^2}{H^2}(n-x)\right]H^{-x} &, 1\leqslant x<n \\ H^{-n} &, x=n\neq 1 \\ g(1,1)=H^{-n} &, x=n=1\end{cases} \quad (2.2-8)$$

同样，将状态发生概率$p=\frac{1}{H}$代入式（2.2-8），得到赌盘模型$g(x,n)$的另一种表达形式。

$$g(x,n)=\begin{cases}(1-p)[1+p+(1-p)(n-x)]p^x &, 1\leqslant x<n \\ p^n &, x=n\neq 1 \\ g(1,1)=p^n &, x=n=1\end{cases} \quad (2.2-8')$$

1. 概率密度函数

同样，在赌盘模型中，游程长度为x的期望频次与各种游程长度期望频次总和的比值，称为游程长度为x的概率密度函数$f(x,n)$。

$$f(x,n)=\frac{g(x,n)}{W(x,n)} \quad (2.2-9)$$

式中：$W(x,n)$为赌盘模型中各种游程期望频次的总和。

对$W(x,n)$进行以下计算推导。

$$W(n)=\sum_{x=1}^{n}g(n,x)=\sum_{x=1}^{n-1}g(n,x)+\sum_{x=n}^{n}g(n,x)=\sum_{x=1}^{n-1}g(n,x)+g(n,n)$$

$$=\sum_{x=1}^{n-1}(1-p)[1+p+(1-p)(n-x)]p^x+p^n$$

$$=\sum_{x=1}^{n-1}[1-p^2+(1-p)^2n-(1-p)^2x]\cdot p^x+p^n$$

$$= \sum_{x=1}^{n-1} [1-p^2+(1-p)^2 n] \cdot p \cdot p^{x-1} - (1-p)^2 \sum_{x=1}^{n-1} x \cdot p \cdot p^{x-1} + p^n$$

$$= p(1-p) \sum_{x=1}^{n-1} [1+p+(1-p)n] p^{x-1} - p(1-p)^2 \sum_{x=1}^{n-1} x \cdot p^{x-1} + p^n$$

$$= p(1-p) [2-1+p+(1-p)n] \sum_{x=1}^{n-1} p^{x-1} - p(1-p)^2 \sum_{x=1}^{n-1} x \cdot p^{x-1} + p^n$$

$$= p(1-p) [2-(1-p)+(1-p)n] \sum_{x=1}^{n-1} p^{x-1} - p(1-p)^2 \sum_{x=1}^{n-1} x \cdot p^{x-1} + p^n$$

$$= p(1-p) [2+(1-p)(n-1)] \sum_{x=1}^{n-1} p^{x-1} - p(1-p)^2 \sum_{x=1}^{n-1} x \cdot p^{x-1} + p^n$$

对于 $\sum_{x=1}^{n-1} p^{x-1} = \underbrace{1+p+p^2+p^3+\cdots+p^{n-3}+p^{n-2}}_{n-1 \text{项}} = \frac{1-p^{n-1}}{1-p}$，有

$$\sum_{x=1}^{n-1} x \cdot p^{x-1} = \frac{\mathrm{d}}{\mathrm{d}p} \sum_{x=1}^{n-1} p^x = \frac{\mathrm{d}}{\mathrm{d}p} (\underbrace{p+p^2+p^3+\cdots+p^{n-3}+p^{n-1}}_{n-1 \text{项}})$$

$$= \frac{\mathrm{d}}{\mathrm{d}p} \left(\frac{p(1-p^{n-1})}{1-p} \right) = \frac{\mathrm{d}}{\mathrm{d}p} \left(\frac{p-p^n}{1-p} \right) = \frac{(1-np^{n-1})(1-p)+(p-p^n)}{(1-p)^2}$$

$$= \frac{1-np^{n-1}-p+np^n+p-p^n}{(1-p)^2} = \frac{1-np^{n-1}+np^n-p+p-p^n}{(1-p)^2}$$

$$= \frac{1-np^{n-1}+np^n-p^n}{(1-p)^2} = \frac{1-np^{n-1}+(n-1)p^n}{(1-p)^2}$$

将 $\sum_{x=1}^{n-1} p^{x-1} = \frac{1-p^{n-1}}{1-p}$ 和 $\sum_{x=1}^{n-1} x \cdot p^{x-1} = \frac{1-np^{n-1}+(n-1)p^n}{(1-p)^2}$ 代入 $W(n)$，有

$$W(n) = p(1-p)[2+(1-p)(n-1)] \sum_{x=1}^{n-1} p^{x-1} - p(1-p)^2 \sum_{x=1}^{n-1} x \cdot p^{x-1} + p^n$$

$$= p(1-p)[2+(1-p)(n-1)] \frac{1-p^{n-1}}{1-p} - p(1-p)^2 \frac{1-np^{n-1}+(n-1)p^n}{(1-p)^2} + p^n$$

$$= p[2+(1-p)(n-1)](1-p^{n-1}) - p[1-np^{n-1}+(n-1)p^n] + p^n$$

$$= [2+(1-p)(n-1)](p-p^n) - p + np^n - np^{n+1} + p^{n+1} + p^n$$

$$= 2p-2p^n+np-np^n-np^2+np^{n+1}-p+p^n+p^2-p^{n+1}-p+np^n-np^{n+1}+p^{n+1}+p^n$$

$$= p^n+p^n-2p^n+np^n-np^n+np^{n+1}-np^{n+1}+p^{n+1}-p^{n+1}+2p-p-p+np-np^2+p^2$$

$$= (p^n+p^n-2p^n)+(np^n-np^n)+(np^{n+1}-np^{n+1})+(p^{n+1}-p^{n+1})$$
$$\quad +(2p-p-p)+np-np^2+p^2$$

$$= np-np^2+p^2 = p(n-np+p) = p(1-1+n-np+p)$$

$$= p[1+(-1+n)+(-np+p)] = p[1+(n-1)-p(n-1)] = p[1+(1-p)(n-1)]$$

即

$$W(n) = p[1+(1-p)(n-1)] \tag{2.2-10}$$

将 $W(n)=p[1+(1-p)(n-1)]$ 和 $g(x,n)=\begin{cases}(1-p)[1+p+(1-p)(n-x)]p^x, & 1 \leqslant x < n \\ p^n, & x=n \neq 1 \\ g(1,1)=p^n, & x=n=1\end{cases}$ 代入

式（2.2-9）得到，赌盘模型游程长度概率密度函数 $f(x,n)$ 的解析表达式为

$$f(x,n)=\begin{cases}\dfrac{(1-p)[1+p+(1-p)(n-x)]p^x}{p[1+(1-p)(n-1)]}=\dfrac{(1-p)[1+p+(1-p)(n-x)]p^{x-1}}{1+(1-p)(n-1)} & , \ 1\leqslant x<n \\ \dfrac{p^{n-1}}{1+(1-p)(n-1)} & , \ x=n\neq 1\end{cases}$$

(2.2-11)

当试验次数 n 趋近于无穷大时，$f(x,n)$ 服从几何分布：

$$\lim_{n\to\infty}f(x,n)=(1-p)p^{x-1} \tag{2.2-12}$$

2. 概率分布函数

在赌盘模型中，游程长度不小于 x 的期望频次之和与各种游程长度期望频次总和的比值，称为游程长度为 x 的概率分布函数 $F(x,n)$，即

$$F(x,n)=\dfrac{Q(x,n)}{W(x,n)} \tag{2.2-13}$$

式中：$Q(x,n)$ 为游程长度不小于 x 的期望频次和。

$$\begin{aligned}W(x,n)&=\sum_{t=x}^{n}G(n,x)=\sum_{t=x}^{n-1}G(n,t)+G(n,n)\\ &=\sum_{t=x}^{n-1}(1-p)[1+p+(1-p)(n-t)]p^{t-n}+1\\ &=(1-p)p^{1-n}\sum_{t=x}^{n-1}[1+p+(1-p)(n-t)]p^{t-1}+1\\ &=(1-p)p^{1-n}\sum_{t=x}^{n-1}[1+p+n(1-p)-(1-p)t]p^{t-1}+1\\ &=(1-p)p^{1-n}[1+p+n(1-p)]\sum_{t=x}^{n-1}p^{t-1}-(1-p)^2p^{1-n}\sum_{t=x}^{n-1}t\cdot p^{t-1}+1\end{aligned}$$

对于 $\sum_{t=x}^{n-1}p^{t-1}$，有 $\sum_{t=x}^{n-1}p^{t-1}=\sum_{t=1}^{n-1}p^{t-1}-\sum_{t=1}^{x-1}p^{t-1}=\dfrac{1-p^{n-1}}{1-p}-\dfrac{1-p^{x-1}}{1-p}=\dfrac{p^{x-1}-p^{n-1}}{1-p}$。

对于 $\sum_{t=x}^{n-1}t\cdot p^{t-1}$，有

$$\begin{aligned}\sum_{t=x}^{n-1}t\cdot p^{t-1}&=\dfrac{\mathrm{d}}{\mathrm{d}p}\sum_{t=x}^{n-1}p^t=\dfrac{\mathrm{d}}{\mathrm{d}p}\Big(\sum_{t=1}^{n-1}p^t-\sum_{t=1}^{x-1}p^t\Big)\\ &=\dfrac{\mathrm{d}}{\mathrm{d}p}\Big[p\Big(\sum_{t=1}^{n-1}p^{t-1}-\sum_{t=1}^{x-1}p^{t-1}\Big)\Big]=\dfrac{\mathrm{d}}{\mathrm{d}p}\Big(p\dfrac{p^{x-1}-p^{n-1}}{1-p}\Big)=\dfrac{\mathrm{d}}{\mathrm{d}p}\Big(\dfrac{p^x-p^n}{1-p}\Big)\\ &=\dfrac{(xp^{x-1}-np^{n-1})(1-p)+(p^x-p^n)}{(1-p)^2}=\dfrac{xp^{x-1}-np^{n-1}-xp^x+np^n+p^x-p^n}{(1-p)^2}\\ &=\dfrac{xp^{x-1}-np^{n-1}+(p^x-xp^x)+(np^n-p^n)}{(1-p)^2}=\dfrac{xp^{x-1}-np^{n-1}+(1-x)p^x+(n-1)p^n}{(1-p)^2}\\ &=\dfrac{xp^{x-1}-np^{n-1}-(x-1)p^x+(n-1)p^n}{(1-p)^2}\end{aligned}$$

把 $\sum_{t=x}^{n-1}p^{t-1}=\dfrac{p^{x-1}-p^{n-1}}{1-p}$ 和 $\sum_{t=x}^{n-1}t\cdot p^{t-1}=\dfrac{xp^{x-1}-np^{n-1}-(x-1)p^x+(n-1)p^n}{(1-p)^2}$ 代入

$$Q(x,n)=(1-p)p^{1-n}[1+p+n(1-p)]\sum_{t=x}^{n-1}p^{t-1}-(1-p)^2p^{1-n}\sum_{t=x}^{n-1}t\cdot p^{t-1}+1, \ 有$$

$$\begin{aligned}Q(x,n) &= (1-p)p^{1-n}\left[1+p+n(1-p)\right]\sum_{t=x}^{n-1}p^{t-1}-(1-p)^2 p^{1-n}\sum_{t=x}^{n-1}t\cdot p^{t-1}+1\\
&= (1-p)p^{1-n}\left[1+p+n(1-p)\right]\frac{p^{x-1}-p^{n-1}}{1-p}-(1-p)^2 p^{1-n}\frac{xp^{x-1}-np^{n-1}-(x-1)p^x+(n-1)p^n}{(1-p)^2}+1\\
&= p^{1-n}\left[1+p+n(1-p)\right](p^{x-1}-p^{n-1})-p^{1-n}\left[xp^{x-1}-np^{n-1}-(x-1)p^x+(n-1)p^n\right]+1\\
&= \left[1+p+n-np\right](p^{x-n}-1)-\left[xp^{x-n}-n-(x-1)p^{x+1-n}+(n-1)p\right]+1\\
&= p^{x-n}+p^{x+1-n}+np^{x-n}-np^{x+1-n}-1-p-n+np-xp^{x-n}+n+xp^{x+1-n}-p^{x+1-n}-np+p+1\\
&= (p^{x+1-n}-p^{x+1-n})+(p-p)+(n-n)+(np-np)+(1-1)\\
&\quad +p^{x-n}+xp^{x+1-n}-np^{x+1-n}+np^{x-n}-xp^{x-n}\\
&= p^{x-n}+xp^{x+1-n}-np^{x+1-n}+np^{x-n}-xp^{x-n}=p^{x-n}(1+xp-np+n-x)\\
&= p^{x-n}\left[1-p(n-x)+(n-x)\right]=\left[1+(1-p)(n-x)\right]p^{x-n}\end{aligned}$$

则

$$Q(x,n)=\frac{W(x,n)}{p^{-n}}=\frac{\left[1+(1-p)(n-x)\right]p^{x-n}}{p^{-n}}=\left[1+(1-p)(n-x)\right]p^x$$

把 $Q(x,n)=\left[1+(1-p)(n-x)\right]p^x$ 和 $W(x,n)=W(n)=p\left[1+(1-p)(n-1)\right]$ 代入式（2.2-13），有赌盘模型游程长度概率分布函数 $F(x,n)$ 的解析表达式为

$$F(x,n)=\frac{\left[1+(1-p)(n-x)\right]p^x}{p\left[1+(1-p)(n-1)\right]}=\frac{1+(1-p)(n-x)}{1+(1-p)(n-1)}p^{x-1} \quad (2.2-14)$$

3. 状态平均概率

对于 n 次赌盘模型试验，某一种状态发生的各种游程长度所包含的元素总个数与样本容量之比，称为该状态发生的平均概率 $\overline{p}$，即

$$\overline{p}=\frac{1}{n}\sum_{x=1}^{n}x\cdot g(x,n) \quad (2.2-15)$$

化简式（2.2-15），有

$$\begin{aligned}\overline{p} &= \frac{1}{n}\sum_{x=1}^{n}x\cdot g(x,n)=\frac{1}{n}\sum_{x=1}^{n-1}x\cdot g(x,n)+\frac{1}{n}\cdot n\cdot g(n,n)=\frac{1}{n}\sum_{x=1}^{n-1}x\cdot g(x,n)+g(n,n)\\
&= \frac{1}{n}\sum_{x=1}^{n-1}x\cdot(1-p)\left[1+p+(1-p)(n-x)\right]p^x+p^n\\
&= \frac{1}{n}p(1-p)\left[1+p+n(1-p)\right]\sum_{x=1}^{n-1}x\cdot p^{x-1}-\frac{1}{n}p(1-p)^2\sum_{x=1}^{n-1}x^2\cdot p^{x-1}+p^n\end{aligned}$$

对于 $\sum_{x=1}^{n-1}x\cdot p^{x-1}$，按上述推导，有 $\sum_{x=1}^{n-1}x\cdot p^{x-1}=\dfrac{1-np^{n-1}+(n-1)p^n}{(1-p)^2}$。以下推导 $\sum_{x=1}^{n-1}x^2\cdot p^{x-1}$。

$$\begin{aligned}\sum_{x=1}^{n-1}x^2\cdot p^{x-1} &= p\sum_{x=1}^{n-1}x^2\cdot p^{x-2}=p\frac{\mathrm{d}^2}{\mathrm{d}p^2}\sum_{x=1}^{n-1}p^x+\sum_{x=1}^{n-1}x\cdot p^{x-1}\\
&= p\frac{\mathrm{d}^2}{\mathrm{d}p^2}\frac{p(1-p^{n-1})}{1-p}+\frac{1-np^{n-1}+(n-1)p^n}{(1-p)^2}=p\frac{\mathrm{d}^2}{\mathrm{d}p^2}\frac{p-p^n}{1-p}+\frac{1-np^{n-1}+np^n-p^n}{(1-p)^2}\\
&= p\frac{\mathrm{d}}{\mathrm{d}p}\frac{(1-np^{n-1})(1-p)+p-p^n}{(1-p)^2}+\frac{1-np^{n-1}+np^n-p^n}{(1-p)^2}\end{aligned}$$

$$= p\frac{\mathrm{d}}{\mathrm{d}p}\frac{1-np^{n-1}-p+np^n+p-p^n}{(1-p)^2}+\frac{1-np^{n-1}+np^n-p^n}{(1-p)^2}$$

$$= p\frac{\mathrm{d}}{\mathrm{d}p}\frac{1-np^{n-1}+np^n-p^n}{(1-p)^2}+\frac{1-np^{n-1}+np^n-p^n}{(1-p)^2}$$

$$= p\frac{[-n(n-1)p^{n-2}+n^2p^{n-1}-np^{n-1}](1-p)^2+2[1-np^{n-1}+np^n-p^n](1-p)}{(1-p)^4}+\frac{1-np^{n-1}+np^n-p^n}{(1-p)^2}$$

$$= \frac{[-n(n-1)p^{n-1}+n^2p^n-np^n](1-p)^2+2[p-np^n+np^{n+1}-p^{n+1}](1-p)}{(1-p)^4}+\frac{1-np^{n-1}+np^n-p^n}{(1-p)^2}$$

$$= \frac{[-n(n-1)p^{n-1}+n^2p^n-np^n](1-p)^2}{(1-p)^4}+\frac{2[p-np^n+np^{n+1}-p^{n+1}](1-p)}{(1-p)^4}+\frac{1-np^{n-1}+np^n-p^n}{(1-p)^2}$$

$$= \frac{[-n(n-1)p^{n-1}+n^2p^n-np^n]}{(1-p)^2}+\frac{2[p-np^n+np^{n+1}-p^{n+1}]}{(1-p)^3}+\frac{1-np^{n-1}+np^n-p^n}{(1-p)^2}$$

$$= \frac{-n^2p^{n-1}+np^{n-1}+n^2p^n-np^n}{(1-p)^2}+\frac{2[p-np^n+np^{n+1}-p^{n+1}]}{(1-p)^3}+\frac{1-np^{n-1}+np^n-p^n}{(1-p)^2}$$

$$= \frac{-n^2p^{n-1}+np^{n-1}-np^{n-1}+n^2p^n+np^n-np^n+1-p^n}{(1-p)^2}+\frac{2[p-np^n+np^{n+1}-p^{n+1}]}{(1-p)^3}$$

$$= \frac{-n^2p^{n-1}+(np^{n-1}-np^{n-1})+n^2p^n+(np^n-np^n)+1-p^n}{(1-p)^2}+\frac{2[p-np^n+np^{n+1}-p^{n+1}]}{(1-p)^3}$$

$$= \frac{-n^2p^{n-1}+n^2p^n-p^n+1}{(1-p)^2}+\frac{2[p-np^n+np^{n+1}-p^{n+1}]}{(1-p)^3}$$

$$= \frac{-n^2p^{n-1}+n^2p^n-p^n+1+n^2p^n-n^2p^{n+1}+p^{n+1}-p+2p-2np^n+2np^{n+1}-2p^{n+1}}{(1-p)^3}$$

$$= \frac{-n^2p^{n-1}+(2np^{n+1}-n^2p^{n+1}+p^{n+1}-2p^{n+1})+(n^2p^n+n^2p^n-p^n-2np^n)+(1-p+2p)}{(1-p)^3}$$

$$= \frac{-n^2p^{n-1}+(2n-n^2+1-2)p^{n+1}+(n^2+n^2-1-2n)p^n+(1+p)}{(1-p)^3}$$

$$= \frac{-n^2p^{n-1}+(2n-n^2-1)p^{n+1}+(2n^2-2n-1)p^n+(1+p)}{(1-p)^3}$$

$$= \frac{1+p-n^2p^{n-1}+(2n-n^2-1)p^{n+1}+(2n^2-2n-1)p^n}{(1-p)^3}$$

即

$$\sum_{x=1}^{n-1}x^2 \cdot p^{x-1}=\frac{1+p-n^2p^{n-1}+(2n-n^2-1)p^{n+1}+(2n^2-2n-1)p^n}{(1-p)^3} \quad (2.2-16)$$

把 $\sum_{x=1}^{n-1}x \cdot p^{x-1}=\frac{1-np^{n-1}+(n-1)p^n}{(1-p)^2}$、$\sum_{x=1}^{n-1}x^2 \cdot p^{x-1}=\frac{1+p-n^2p^{n-1}+(2n-n^2-1)p^{n+1}+(2n^2-2n-1)p^n}{(1-p)^3}$

代入 $\overline{p}=\frac{1}{n}p(1-p)[1+p+n(1-p)]\sum_{x=1}^{n-1}x \cdot p^{x-1}-\frac{1}{n}p(1-p)^2\sum_{x=1}^{n-1}x^2 \cdot p^{x-1}+p^n$，有

$$\overline{p}=\frac{1}{n}p(1-p)[1+p+n(1-p)]\sum_{x=1}^{n-1}x \cdot p^{x-1}-\frac{1}{n}p(1-p)^2\sum_{x=1}^{n-1}x^2 \cdot p^{x-1}+p^n$$

$$=\frac{1}{n}p(1-p)[1+p+n(1-p)]\frac{1-np^{n-1}+(n-1)p^n}{(1-p)^2}$$

91

$$-\frac{1}{n}p(1-p)^2\frac{1+p-n^2p^{n-1}+(2n-n^2-1)p^{n+1}+(2n^2-2n-1)p^n}{(1-p)^3}+p^n$$

$$=\frac{1}{n}p[1+p+n(1-p)]\frac{1-np^{n-1}+(n-1)p^n}{1-p}$$

$$-\frac{1}{n}p\frac{1+p-n^2p^{n-1}+(2n-n^2-1)p^{n+1}+(2n^2-2n-1)p^n}{1-p}+p^n$$

$$=\frac{1}{n}(p+p^2+np-np^2)\cdot\frac{1-np^{n-1}+(n-1)p^n}{1-p}$$

$$-\frac{1}{n}\frac{p+p^2-n^2p^n+(2n-n^2-1)p^{n+2}+(2n^2-2n-1)p^{n+1}}{1-p}+p^n$$

$$=\frac{p-np^n+(n-1)p^{n+1}+p^2-np^{n+1}+(n-1)p^{n+2}+np-n^2p^n+n(n-1)p^{n+1}-np^2+n^2p^{n+1}-n(n-1)p^{n+2}}{n(1-p)}$$

$$+\frac{-p-p^2+n^2p^n-(2n-n^2-1)p^{n+2}-(2n^2-2n-1)p^{n+1}}{n(1-p)}+p^n$$

$$=\frac{(n-1)p^{n+1}-np^{n+1}+n(n-1)p^{n+1}+n^2p^{n+1}+p^2+(n-1)p^{n+2}-n(n-1)p^{n+2}+np+p-n^2p^n-np^n-np^2}{n(1-p)}$$

$$+\frac{-p-p^2+n^2p^n-(2n-n^2-1)p^{n+2}-(2n^2-2n-1)p^{n+1}}{n(1-p)}+p^n$$

$$=\frac{(n-1)p^{n+1}-np^{n+1}+n(n-1)p^{n+1}+n^2p^{n+1}+p^2+(n-1)p^{n+2}-n(n-1)p^{n+2}+np+p-n^2p^n-np^n-np^2}{n(1-p)}$$

$$+\frac{-p-p^2+n^2p^n-(2n-n^2-1)p^{n+2}-(2n^2-2n-1)p^{n+1}}{n(1-p)}+p^n$$

$$=\frac{[(n-1)-n+n(n-1)+n^2]p^{n+1}+[(n-1)-n(n-1)]p^{n+2}+(n+1)p+(-n^2-n)p^n+(1-n)p^2}{n(1-p)}$$

$$+\frac{-p-p^2+n^2p^n-(2n-n^2-1)p^{n+2}-(2n^2-2n-1)p^{n+1}}{n(1-p)}+p^n$$

$$=\frac{[n-1-n+n^2-n+n^2]p^{n+1}+[n-1-n^2+n]p^{n+2}+(n+1)p+(-n^2-n)p^n+(1-n)p^2}{n(1-p)}$$

$$+\frac{-p-p^2+n^2p^n-(2n-n^2-1)p^{n+2}-(2n^2-2n-1)p^{n+1}}{n(1-p)}+p^n$$

$$=\frac{[n-1-n+n^2-n+n^2-2n^2+2n+1]p^{n+1}+[n-1-n^2+n-2n+n^2+1]p^{n+2}+(n+1-1)p+(-n^2-n+n^2)p^n+(1-n-1)p^2}{n(1-p)}+p^n$$

$$=\frac{[n-n-n+2n+n^2+n^2+2n-2n^2+1-1]p^{n+1}+[n+n-2n+n^2-n^2+1-1]p^{n+2}+(n+1-1)p+(n^2-n^2-n)p^n+(1-1-n)p^2}{n(1-p)}+p^n$$

$$=\frac{[n-n-n+2n+n^2+n^2-2n^2+1-1]p^{n+1}+[n+n-2n+n^2-n^2+1-1]p^{n+2}+(n+1-1)p+(n^2-n^2-n)p^n+(1-1-n)p^2}{n(1-p)}+p^n$$

$$=\frac{np^{n+1}+np-np^n-np^2}{n(1-p)}+p^n=\frac{np^n(p-1)+np(1-p)}{n(1-p)}+p^n=\frac{np^n(p-1)}{n(1-p)}+\frac{np(1-p)}{n(1-p)}+p^n$$

$$=-p^n+p+p^n=p$$

平均概率 $\bar{p}$ 满足

$$\bar{p}=p \tag{2.2-17}$$

式（2.2-17）表明，根据赌盘模型试验游程长度的发生频次，反求指定元素的平均

2.2 多维伯努利试验游程长度及其统计特征

概率，等于每次试验原指定元素可能发生的平均概率。

2.2.4 赌盘模型游程长度期望和方差

1. 数学期望 E

同样方法，可定义 n 次赌盘模型试验的游程长度的期望 E。

$$E = \sum_{x=1}^{n} x \cdot f(x,n) \tag{2.2-18}$$

把式（2.2-11）代入式（2.2-18），有

$$\begin{aligned}
E &= \sum_{x=1}^{n-1} x \cdot f(x,n) + n \cdot f(n,n) \\
&= \sum_{x=1}^{n-1} x \cdot \frac{(1-p)[1+p+(1-p)(n-x)]p^{x-1}}{1+(1-p)(n-1)} + n \cdot \frac{p^{n-1}}{1+(1-p)(n-1)} \\
&= \sum_{x=1}^{n-1} x \cdot \frac{(1-p)[1+p+(1-p)n-(1-p)x]p^{x-1}}{1+(1-p)(n-1)} + n \cdot \frac{p^{n-1}}{1+(1-p)(n-1)} \\
&= \sum_{x=1}^{n-1} x \cdot \frac{(1-p)[1+p+(1-p)n]p^{x-1}}{1+(1-p)(n-1)} + \sum_{x=1}^{n-1} x \cdot \frac{(1-p)[-(1-p)x]p^{x-1}}{1+(1-p)(n-1)} + n \cdot \frac{p^{n-1}}{1+(1-p)(n-1)} \\
&= \sum_{x=1}^{n-1} x \cdot \frac{(1-p)(1+p+n-np)p^{x-1}}{1+(1-p)(n-1)} + \sum_{x=1}^{n-1} x \cdot \frac{(1-p)[-(1-p)x]p^{x-1}}{1+(1-p)(n-1)} + n \cdot \frac{p^{n-1}}{1+(1-p)(n-1)} \\
&= \frac{(1-p)}{1+(1-p)(n-1)} \left[(1+p+n-np) \sum_{x=1}^{n-1} x \cdot p^{x-1} - (1-p) \sum_{x=1}^{n-1} x^2 \cdot p^{x-1} \right] + \frac{n \cdot p^{n-1}}{1+(1-p)(n-1)}
\end{aligned}$$

把 $\sum_{x=1}^{n-1} x \cdot p^{x-1} = \frac{1-np^{n-1}+(n-1)p^n}{(1-p)^2}$，$\sum_{x=1}^{n-1} x^2 \cdot p^{x-1} = \frac{1+p-n^2p^{n-1}+(2n-n^2-1)p^{n+1}+(2n^2-2n-1)p^n}{(1-p)^3}$

代入 E 表达式，有

$$\begin{aligned}
E &= \frac{(1-p)}{1+(1-p)(n-1)} \left[(1+p+n-np) \sum_{x=1}^{n-1} x \cdot p^{x-1} - (1-p) \sum_{x=1}^{n-1} x^2 \cdot p^{x-1} \right] + \frac{n \cdot p^{n-1}}{1+(1-p)(n-1)} \\
&= \frac{(1-p)}{1+(1-p)(n-1)} \left[(1+p+n-np) \frac{1-np^{n-1}+(n-1)p^n}{(1-p)^2} - (1-p) \frac{1+p-n^2p^{n-1}+(2n-n^2-1)p^{n+1}+(2n^2-2n-1)p^n}{(1-p)^3} \right] \\
&\quad + \frac{n \cdot p^{n-1}}{1+(1-p)(n-1)} \\
&= \frac{1}{1+(1-p)(n-1)} \left[(1+p+n-np) \frac{1-np^{n-1}+(n-1)p^n}{1-p} - \frac{1+p-n^2p^{n-1}+(2n-n^2-1)p^{n+1}+(2n^2-2n-1)p^n}{1-p} + np^{n-1} \right]
\end{aligned}$$

对于 $(1+p+n-np)[1-np^{n-1}+(n-1)p^n]$，有

$$\begin{aligned}
&(1+p+n-np)[1-np^{n-1}+(n-1)p^n] \\
&= 1-np^{n-1}+(n-1)p^n+p-np^n+(n-1)p^{n+1}+n-n^2p^{n-1} \\
&\quad +n(n-1)p^n-np+n^2p^n-n(n-1)p^{n+1} \\
&= (n-1)p^{n+1}-n(n-1)p^{n+1}-np^{n-1}-n^2p^{n-1}+(n-1)p^n+n(n-1)p^n-np^n+n^2p^n \\
&\quad +p-np+1+n \\
&= [(n-1)p^{n+1}-n(n-1)p^{n+1}]+(-np^{n-1}-n^2p^{n-1})+[(n-1)p^n+n(n-1)p^n-np^n+n^2p^n] \\
&\quad +(p-np)+1+n \\
&= [(n-1)-n(n-1)]p^{n+1}+(-n-n^2)p^{n-1}+[(n-1)+n(n-1)-n+n^2]p^n
\end{aligned}$$

93

$$+(1-n)p+1+n$$
$$=(n-1-n^2+n)p^{n+1}+(-n-n^2)p^{n-1}+(n-1+n^2-n-n+n^2)p^n$$
$$+(1-n)p+1+n$$
$$=(2n-n^2-1)p^{n+1}+(-n-n^2)p^{n-1}+(-1-n+2n^2)p^n+(1-n)p+1+n$$

则

$$E=\frac{1}{1+(1-p)(n-1)}\left[(1+p+n-np)\frac{1-np^{n-1}+(n-1)p^n}{1-p}-\frac{1+p-n^2p^{n-1}+(2n-n^2-1)p^{n+1}+(2n^2-2n-1)p^n}{1-p}+np^{n-1}\right]$$

$$=\frac{1}{1+(1-p)(n-1)}\left[\frac{(2n-n^2-1)p^{n+1}+(-n-n^2)p^{n-1}+(-1-n+2n^2)p^n+(1-n)p+1+n}{1-p}\right.$$
$$\left.+\frac{-1-p+n^2p^{n-1}-(2n-n^2-1)p^{n+1}-(2n^2-2n-1)p^n}{1-p}+\frac{np^{n-1}-np^n}{1-p}\right]$$

$$=\frac{1}{1+(1-p)(n-1)}\frac{(2n-n^2-1-2n+n^2+1)p^{n+1}+(-n-n^2+n^2+n)p^{n-1}+(-1-n+2n^2-2n^2+2n+1-n)p^n+(1-n-1)p+1-1+n}{1-p}$$

$$=\frac{1}{1+(1-p)(n-1)}\frac{(2n-2n-n^2+n^2-1+1)p^{n+1}+(-n+n-n^2+n^2)p^{n-1}+(2n^2-2n+2n-n-n+1-1)p^n+(1-1-n)p+1-1+n}{1-p}$$

$$=\frac{n-np}{1+(1-p)(n-1)}$$

即

$$E=\frac{n-np}{1+(1-p)(n-1)} \tag{2.2-19}$$

当试验次数 n 趋近于无穷大时,有

$$\lim_{n\to\infty}E=\lim_{n\to\infty}\frac{n-np}{1+(1-p)(n-1)}=\frac{1}{1-p} \tag{2.2-20}$$

对于只有两种发生状态的投币试验,当试验次数很大时,游程长度的期望值 $E=2$;对于状态维数 $H>2$ 的所有试验,由于状态发生概率 $p<0.5$,所以游程长度的期望值 $E<2$。

2. 方差 D

n 次赌盘模型试验中,游程长度的方差 D 可以定义为

$$D=\sum_{x=1}^{n}(x-E)^2\cdot f(x,n)=\sum_{x=1}^{n}x^2\cdot f(x,n)-E^2$$
$$=\sum_{x=1}^{n-1}x^2\cdot f(x,n)+n^2\cdot f(n,n)-E^2$$
$$=\sum_{x=1}^{n-1}x^2\cdot\frac{(1-p)[1+p+(1-p)(n-x)]p^{x-1}}{1+(1-p)(n-1)}+\frac{n^2p^{n-1}}{1+(1-p)(n-1)}-\left(\frac{n}{1+(1-p)(n-1)}\right)^2$$
$$=\sum_{x=1}^{n-1}x^2\cdot\frac{(1-p)[1+p+n(1-p)-x(1-p)]p^{x-1}}{1+(1-p)(n-1)}+\frac{n^2p^{n-1}}{1+(1-p)(n-1)}-\left(\frac{n}{1+(1-p)(n-1)}\right)^2$$

$$=\frac{(1-p)[1+p+n(1-p)]}{1+(1-p)(n-1)}\sum_{x=1}^{n-1}x^2\cdot p^{x-1}-\frac{(1-p)^2}{1+(1-p)(n-1)}\sum_{x=1}^{n-1}x^3\cdot p^{x-1}$$
$$+\frac{n^2p^{n-1}}{1+(1-p)(n-1)}-\left(\frac{n}{1+(1-p)(n-1)}\right)^2$$

2.2 多维伯努利试验游程长度及其统计特征

对于 $\sum_{x=1}^{n-1} x^2 \cdot p^{x-1}$，有 $\sum_{x=1}^{n-1} x^2 \cdot p^{x-1} = \dfrac{1+p-n^2 p^{n-1}+(2n-n^2-1)p^{n+1}+(2n^2-2n-1)p^n}{(1-p)^3}$，以下推导 $\sum_{x=1}^{n-1} x^3 \cdot p^{x-1}$ 计算公式。

$$\sum_{x=1}^{n-1} x^3 \cdot p^{x-1} = p^2 \sum_{x=1}^{n-1} x^3 \cdot p^{x-3} = p^2 \left[\dfrac{d^3}{dp^3} \sum_{x=1}^{n-1} p^x + 3 \sum_{x=1}^{n-1} x^2 \cdot p^{x-3} - 2 \sum_{x=1}^{n-1} x \cdot p^{x-3} \right]$$

(2.2-21)

$$\dfrac{d^3}{dp^3} \sum_{x=1}^{n-1} p^x = \dfrac{d^3}{dp^3} \dfrac{p(1-p^{n-1})}{1-p} = \dfrac{d^3}{dp^3} \dfrac{p-p^n}{1-p} = \dfrac{d^2}{dp^2} \dfrac{(1-np^{n-1})(1-p)+p-p^n}{(1-p)^2}$$

$$= \dfrac{d^2}{dp^2} \dfrac{(1-np^{n-1})}{1-p} + \dfrac{d^2}{dp^2} \dfrac{p-p^n}{(1-p)^2}$$

$$= \dfrac{d}{dp} \dfrac{-n(n-1)p^{n-2}(1-p)+(1-np^{n-1})}{(1-p)^2} + \dfrac{d}{dp} \dfrac{(1-np^{n-1})(1-p)^2+2(p-p^n)(1-p)}{(1-p)^4}$$

$$= \dfrac{d}{dp} \dfrac{-n(n-1)p^{n-2}}{1-p} + \dfrac{d}{dp} \dfrac{(1-np^{n-1})}{(1-p)^2} + \dfrac{d}{dp} \dfrac{(1-np^{n-1})}{(1-p)^2} + 2 \dfrac{d}{dp} \dfrac{(p-p^n)}{(1-p)^3}$$

$$= \dfrac{d}{dp} \dfrac{-n(n-1)p^{n-2}}{1-p} + 2 \dfrac{d}{dp} \dfrac{(1-np^{n-1})}{(1-p)^2} + 2 \dfrac{d}{dp} \dfrac{(p-p^n)}{(1-p)^3}$$

$$= \dfrac{-n(n-1)(n-2)p^{n-3}(1-p)-n(n-1)p^{n-2}}{(1-p)^2} + 2 \dfrac{-n(n-1)p^{n-2}(1-p)^2+2(1-np^{n-1})(1-p)}{(1-p)^4}$$

$$+ 2 \dfrac{(1-np^{n-1})(1-p)^3 + 3(p-p^n)(1-p)^2}{(1-p)^6}$$

$$= \dfrac{-n(n-1)(n-2)p^{n-3}}{1-p} + \left[\dfrac{-n(n-1)p^{n-2}}{(1-p)^2} + \dfrac{-2n(n-1)p^{n-2}}{(1-p)^2} \right]$$

$$+ \left[\dfrac{4(1-np^{n-1})}{(1-p)^3} + \dfrac{2(1-np^{n-1})}{(1-p)^3} \right] + \dfrac{6(p-p^n)}{(1-p)^4}$$

$$= \dfrac{-n(n-1)(n-2)p^{n-3}}{1-p} + \dfrac{-3n(n-1)p^{n-2}}{(1-p)^2} + \dfrac{6(1-np^{n-1})}{(1-p)^3} + \dfrac{6(p-p^n)}{(1-p)^4}$$

$$\sum_{x=1}^{n-1} x^2 \cdot p^{x-3} = p^{-2} \sum_{x=1}^{n-1} x^2 \cdot p^{x-1} = p^{-2} \dfrac{1+p-n^2 p^{n-1}+(2n-n^2-1)p^{n+1}+(2n^2-2n-1)p^n}{(1-p)^3}$$

$$\sum_{x=1}^{n-1} x \cdot p^{x-3} = p^{-2} \sum_{x=1}^{n-1} x \cdot p^{x-1} = p^{-2} \dfrac{1-np^{n-1}+(n-1)p^n}{(1-p)^2}$$

把 $\dfrac{d^3}{dp^3} \sum_{x=1}^{n-1} p^x = \dfrac{-n(n-1)(n-2)p^{n-3}}{1-p} + \dfrac{-3n(n-1)p^{n-2}}{(1-p)^2} + \dfrac{6(1-np^{n-1})}{(1-p)^3} + \dfrac{6(p-p^n)}{(1-p)^4}$、

$\sum_{x=1}^{n-1} x^2 \cdot p^{x-3} = p^{-2} \dfrac{1+p-n^2 p^{n-1}+(2n-n^2-1)p^{n+1}+(2n^2-2n-1)p^n}{(1-p)^3}$ 和 $\sum_{x=1}^{n-1} x \cdot p^{x-3} = p^{-2} \dfrac{1-np^{n-1}+(n-1)p^n}{(1-p)^2}$ 代入 $\sum_{x=1}^{n-1} x^3 \cdot p^{x-1} = p^2 \left[\dfrac{d^3}{dp^3} \sum_{x=1}^{n-1} p^x + 3 \sum_{x=1}^{n-1} x^2 \cdot p^{x-3} - 2 \sum_{x=1}^{n-1} x \cdot p^{x-3} \right]$，有

$$\sum_{x=1}^{n-1} x^3 \cdot p^{x-1} = p^2 \sum_{x=1}^{n-1} x^3 \cdot p^{x-3} = p^2 \left[\dfrac{d^3}{dp^3} \sum_{x=1}^{n-1} p^x + 3 \sum_{x=1}^{n-1} x^2 \cdot p^{x-3} - 2 \sum_{x=1}^{n-1} x \cdot p^{x-3} \right]$$

$$= p^2 \dfrac{d^3}{dp^3} \sum_{x=1}^{n-1} p^x + 3p^2 \sum_{x=1}^{n-1} x^2 \cdot p^{x-3} - 2p^2 \sum_{x=1}^{n-1} x \cdot p^{x-3}$$

$$= p^2 \left[\frac{-n(n-1)(n-2)p^{n-3}}{1-p} + \frac{-3n(n-1)p^{n-2}}{(1-p)^2} + \frac{6(1-np^{n-1})}{(1-p)^3} + \frac{6(p-p^n)}{(1-p)^4} \right]$$

$$+ 3p^2 p^{-2} \frac{1+p-n^2 p^{n-1}+(2n-n^2-1)p^{n+1}+(2n^2-2n-1)p^n}{(1-p)^3} - 2p^2 p^{-2} \frac{1-np^{n-1}+(n-1)p^n}{(1-p)^2}$$

$$= \frac{-n(n-1)(n-2)p^{n-1}}{1-p} + \frac{-3n(n-1)p^n}{(1-p)^2} + \frac{6(1-np^{n-1})p^2}{(1-p)^3} + \frac{6(p-p^n)p^2}{(1-p)^4}$$

$$+ 3 \cdot \frac{1+p-n^2 p^{n-1}+(2n-n^2-1)p^{n+1}+(2n^2-2n-1)p^n}{(1-p)^3} - 2 \cdot \frac{1-np^{n-1}+(n-1)p^n}{(1-p)^2}$$

$$= \frac{(-n^3+3n^2-2n)p^{n-1}}{1-p} + \frac{(-3n^2+3n)p^n}{(1-p)^2} + \frac{6p^2-6np^{n+1}}{(1-p)^3} + \frac{6p^3-6p^{n+2}}{(1-p)^4}$$

$$+ \frac{3+3p-3n^2 p^{n-1}+(6n-3n^2-3)p^{n+1}+(6n^2-6n-3)p^n}{(1-p)^3} - \frac{2-2np^{n-1}+(2n-2)p^n}{(1-p)^2}$$

$$= \frac{(-n^3+3n^2-2n)p^{n-1}}{1-p} + \left[\frac{(-3n^2+3n)p^n}{(1-p)^2} - \frac{2-2np^{n-1}+(2n-2)p^n}{(1-p)^2} \right] + \frac{6p^3-6p^{n+2}}{(1-p)^4}$$

$$+ \left[\frac{3+3p-3n^2 p^{n-1}+(6n-3n^2-3)p^{n+1}+(6n^2-6n-3)p^n}{(1-p)^3} + \frac{6p^2-6np^{n+1}}{(1-p)^3} \right]$$

$$= \frac{(-n^3+3n^2-2n)p^{n-1}}{1-p} + \frac{-2+2np^{n-1}+(-3n^2+3n-2n+2)p^n}{(1-p)^2} + \frac{6p^3-6p^{n+2}}{(1-p)^4}$$

$$+ \frac{3+3p+6p^2-3n^2 p^{n-1}+(6n^2-6n-3)p^n+(6n-6n-3n^2-3)p^{n+1}}{(1-p)^3}$$

$$= \frac{(-n^3+3n^2-2n)p^{n-1}}{1-p} + \frac{-2+2np^{n-1}+(-3n^2+n+2)p^n}{(1-p)^2} + \frac{6p^3-6p^{n+2}}{(1-p)^4}$$

$$+ \frac{3+3p+6p^2-3n^2 p^{n-1}+(6n^2-6n-3)p^n+(-3n^2-3)p^{n+1}}{(1-p)^3}$$

$$= \frac{(-n^3+3n^2-2n)p^{n-1}(1-3p+3p^2-p^3)}{(1-p)^4} + \frac{[-2+2np^{n-1}+(-3n^2+n+2)p^n](1-2p+p^2)}{(1-p)^4}$$

$$+ \frac{6p^3-6p^{n+2}}{(1-p)^4} + \frac{[3+3p+6p^2-3n^2 p^{n-1}+(6n^2-6n-3)p^n+(-3n^2-3)p^{n+1}](1-p)}{(1-p)^4}$$

因为

$$(-n^3+3n^2-2n)p^{n-1}(1-3p+3p^2-p^3)$$

$$= (-n^3+3n^2-2n)p^{n-1} - 3(-n^3+3n^2-2n)p^n + 3(-n^3+3n^2-2n)p^{n+1} - (-n^3+3n^2-2n)p^{n+2}$$

$$= -2+4p-2p^2+2np^{n-1}+(-3n^2+n-4n+2)p^n-2(-3n^2+n+2)p^{n+1}+2np^{n+1}+(-3n^2+n+2)p^{n+2}$$

$$= -2+4p-2p^2+2np^{n-1}+(-3n^2-3n+2)p^n-2(-3n^2+n)p^{n+1}+2np^{n+1}+(-3n^2+n+2)p^{n+2}$$

$$= -2+4p-2p^2+2np^{n-1}+(-3n^2+n-4n+2)p^n+2(-3n^2+n-n+2)p^{n+1}+(-3n^2+n+2)p^{n+2}$$

$$= -2+4p-2p^2+2np^{n-1}+(-3n^2-3n+2)p^n-2(-3n^2+2)p^{n+1}+(-3n^2+n+2)p^{n+2}$$

$$[3+3p+6p^2-3n^2 p^{n-1}+(6n^2-6n-3)p^n+(-3n^2-3)p^{n+1}](1-p)$$

$$= 3+3p+6p^2-3n^2 p^{n-1}+(6n^2-6n-3)p^n+(-3n^2-3)p^{n+1}$$

$$\quad -3p-3p^2-6p^3+3n^2 p^n-(6n^2-6n-3)p^{n+1}-(-3n^2-3)p^{n+2}$$

$$= 3+3p-3p+6p^2-3p^2-6p^3-3n^2 p^{n-1}+(6n^2+3n^2-6n-3)p^n$$

$$\quad +(-3n^2-3-6n^2+6n+3)p^{n+1}-(-3n^2-3)p^{n+2}$$

$$= 3+3p^2-6p^3-3n^2 p^{n-1}+(9n^2-6n-3)p^n+(-9n^2+6n)p^{n+1}+(3n^2+3)p^{n+2}$$

$$(-n^3+3n^2-2n)p^{n-1}(1-3p+3p^2-p^3)+[-2+2np^{n-1}+(-3n^2+n+2)p^n]$$

$$(1-2p+p^2)+6p^3-6p^{n+2}+[3+3p+6p^2-3n^2p^{n-1}+(6n^2-6n-3)p^n$$

$$+(-3n^2-3)p^{n+1}](1-p)$$

$$=(-n^3+3n^2-2n)p^{n-1}-3(-n^3+3n^2-2n)p^n+3(-n^3+3n^2-2n)p^{n+1}-(-n^3+3n^2-2n)p^{n+2}$$

$$-2+4p-2p^2+2np^{n-1}+(-3n^2-3n+2)p^n-2(-3n^2+2)p^{n+1}+(-3n^2+n+2)p^{n+2}$$

$$+6p^3-6p^{n+2}+3+3p^2-6p^3-3n^2p^{n-1}+(9n^2-6n-3)p^n+(-9n^2+6n)p^{n+1}+(3n^2+3)p^{n+2}$$

$$=-2+3+4p-2p^2+3p^2-6p^3+6p^3+(-3n^2-3n+2+3n^2-9n^2+6n+9n^2-6n-3)p^n$$

$$+(-n^3+3n^2-2n+2n-3n^2)p^{n-1}+(-3n^3+9n^2+6n-6n-4-9n^2+6n)p^{n+1}$$

$$+(-3n^2+n+2+n^3-3n^2+2n+3n^2+3-6)p^{n+2}$$

$$=(-2+3)+4p+(3p^2-2p^2)+(6p^3-6p^3)+(3n^3-3n^2-9n^2+9n^2+6n-6n-3n+2-3)p^n$$

$$+(-n^3+3n^2-3n^2-2n+2n)p^{n-1}+(-3n^3+9n^2-9n^2+6n^2-6n+6n-4)p^{n+1}$$

$$+(n^3-3n^2-3n^2+3n^2+n+2n+2+3-6)p^{n+2}$$

$$=1+4p+p^2-n^3p^{n-1}+(3n^3-3n^2-3n-1)p^n+(-3n^3+6n^2-4)p^{n+1}+(n^3-3n^2+3n-1)p^{n+2}$$

即

$$\sum_{x=1}^{n-1}x^3\cdot p^{x-1}=\frac{1+4p+p^2-n^3p^{n-1}+(3n^3-3n^2-3n-1)p^n+(-3n^3+6n^2-4)p^{n+1}+(n^3-3n^2+3n-1)p^{n+2}}{(1-p)^4}$$

$$(2.2-22)$$

把 $\sum_{x=1}^{n-1}x^2\cdot p^{x-1}=\dfrac{1+p-n^2p^{n-1}+(2n-n^2-1)p^{n+1}+(2n^2-2n-1)p^n}{(1-p)^3}$、$\sum_{x=1}^{n-1}x^3\cdot p^{x-1}=$

$\dfrac{1+4p+p^2-n^3p^{n-1}+(3n^3-3n^2-3n-1)p^n+(-3n^3+6n^2-4)p^{n+1}+(n^3-3n^2+3n-1)p^{n+2}}{(1-p)^4}$ 代入

游程长度的方差 D，有

$$D=\frac{(1-p)[1+p+n(1-p)]}{1+(1-p)(n-1)}\sum_{x=1}^{n-1}x^2\cdot p^{x-1}-\frac{(1-p)^2}{1+(1-p)(n-1)}\sum_{x=1}^{n-1}x^3\cdot p^{x-1}$$

$$+\frac{n^2p^{n-1}}{1+(1-p)(n-1)}-\left(\frac{n}{1+(1-p)(n-1)}\right)^2$$

$$=\frac{(1-p)[1+p+n(1-p)]}{1+(1-p)(n-1)}\frac{1+p-n^2p^{n-1}+(2n-n^2-1)p^{n+1}+(2n^2-2n-1)p^n}{(1-p)^3}$$

$$-\frac{(1-p)^2}{1+(1-p)(n-1)}\frac{1+4p+p^2-n^3p^{n-1}+(3n^3-3n^2-3n-1)p^n+(-3n^3+6n^2-4)p^{n+1}+(n^3-3n^2+3n-1)p^{n+2}}{(1-p)^4}$$

经过整理和化简，最终得到赌盘模型游程长度方差 D 的表达式为

$$D=\left[\frac{1+p}{1-p}-\frac{2p(1-p^n)}{n(1-p)^2}\right]E-E^2 \qquad (2.2-23)$$

当试验次数 n 趋近于无穷大时，式（2.2-23）变为

$$\lim_{n\to\infty}D=\frac{p}{(1-p)^2} \qquad (2.2-24)$$

2.2.5 赌盘模型游程长度重现期

在赌盘模型试验中，将游程长度不小于 x 的重现期定义为：设某随机事件在每次试

验中能发生的平均概率为 p，如果连续进行 $T(x)$ 次相互独立的重复试验，就可能出现 1 次长度不小于 x 的游程，则 $T(x)$ 就称为该随机事件的游程长度不小于 x 的重现期。

$$T(x)=\frac{n}{q(x)}=\frac{n}{p^x[1+(1-p)(n-x)]} \quad (2.2-25)$$

式中：$q(x)=p^x[1+(1-p)(n-x)]$ 为游程长度不小于 x 的期望频次。

当样本容量 n 恰好等于重现期 $T(x)$ 时，则样本中游程长度不小于 x 的发生次数 $q(x)=1$，因此式（2.2-25）可以进一步简化为 $T(x)=\frac{T(x)}{p^x[1+(1-p)(T(x)-x)]}$。进一步化简有 $p^x[1+(1-p)(T(x)-x)]=1$，$(1-p)(T(x)-x)=p^{-x}-1$，$T(x)-x=\frac{p^{-x}-1}{1-p}$，即重现期 $T(x)$ 的具体表达式为

$$T(x)=x+\frac{p^{-x}-1}{1-p} \quad (2.2-26)$$

以重复投币试验为例，已知状态概率 $p=0.5$，将 $x=4$ 代入式（2.2-26），直接可以得到 $T(4)=34$。连续进行 34 次投币试验，可以生成 2^{34} 个互不相同的容量为 34 的样本个数，从中统计出游程长度不小于 4 的游程总个数恰好为 2^{34} 个，则平均每个样本可以出现 1 个游程长度不小于 4 的游程。

2.3 二分法统计试验

本节采用马氏游程长度统计原理，分为二分模型游程长度的统计试验和相依时间序列游程长度的统计试验两部分。首先利用二分模型统计试验，研究游程长度的概率统计特性并与赌盘模型的相应结果进行对比，从而检验赌盘模型结论的正确性；然后再研究非独立序列游程长度的统计特性问题。

2.3.1 二分模型

二分模型统计试验的具体步骤如下：

（1）首先给定一个分界概率 p，$0 \leqslant p \leqslant 1$，然后利用 Matlab 中 $Rand$ 函数随机生成 n 个取值范围在 $[0,1]$ 之间的随机数，并规定如果生成的随机数小于或等于 p，则该次试验的样本元素 $b(i)=1$；反之则取 $b(i)=0$。这样就把 n 个小于 1 的随机数列简化为只包含数字 0 和 1 的符号样本序列。

（2）根据 2.1 节游程的定义，统计第 1 次试验中该符号样本序列中数字 0 或 1 出现不同游程长度的发生频次 $g_1(x)$，并且列出游程长度与发生频次对应关系，见表 2.3-1。

表 2.3-1 游程长度的发生频次统计表

游程长度 x	1	2	3	⋯	x	⋯	n
发生频次 $g_1(x)$	$g_1(1)$	$g_1(2)$	$g_1(3)$	⋯	$g_1(x)$	⋯	$g_1(n)$

（3）在不改变分界概率 p 的条件下，用与步骤（1）同样的步骤随机生成 m 个容量为 n 的样本序列，从而可以统计出 m 个样本中数字 1 的游程长度发生频次 $g_i(x)$，$i=1,2,$

…, m，得到 m 个与表 2.3-1 类似的表格。这样可以进一步利用式（2.3-1）计算数字 0 或 1 游程长度为 x 的平均发生频次 $g(x)$。

$$g(x) = \frac{1}{m}\sum_{i=1}^{m} g_i(x) \qquad (2.3-1)$$

当样本个数 m 足够大时，可以把式（2.3-1）的计算结果作为分界概率为 p 时，数字 0 或 1 不同游程长度的发生频次 $g(x)$，并列出 m 个样本中数字 0 或 1 的游程长度与发生频次对应关系表，见表 2.3-2。

表 2.3-2　　　　　游程长度的发生频次统计表

游程长度 x	1	2	3	…	x	…	n
发生频次 $g(x)$	$g(1)$	$g(2)$	$g(3)$	…	$g(x)$	…	$g(n)$

利用表 2.3-2 的统计结果，就可以检验游程长度与发生频次的对应关系是否服从差分方程式。同时还可以根据第 2 章赌盘模型游程长度概率密度函数的定义式，计算当分界概率为 p 时的概率密度函数 $f(x)$。有了概率密度函数 $f(x)$，就可以计算游程长度的概率分布、期望与方差等数字特征。

2.3.2　二分模型与赌盘模型对比

表 2.3-3 列出了四组检验例证。其中样本容量均为 $n=100$，四组的样本个数和分界概率分别为 $m=100$，$p=0.3$、$m=10000$，$p=0.3$、$m=100$，$p=0.7$、$m=10000$，$p=0.7$。按照二分模型统计试验统计生成的结果。

$$p^2 g(x) - 2p g(x+1) + g(x+2) = |\delta(x)| \qquad (2.3-2)$$

将二分模型生成的游程长度发生频次 $g(x)$，代入样本频次的差分方程式（2.3-2）中，观察当生成样本个数 m 增大时，式（2.3-2）右端残差 $\delta(x)$ 的绝对值是否能够趋近于零。表 2.3-3 和表 2.3-4 给出了当样本容量一定时，随着样本个数和分界概率的增大，游程长度的发生频次 $g(x)$ 以及差分方程残差绝对值 $|\delta(x)|$ 的统计结果。

表 2.3-3　　　　　二分模型游程长度发生频次的统计

游程长度 x	$m=1000$		$m=10000$	
	$p=0.3$	$p=0.7$	$p=0.3$	$p=0.7$
1	14.77	6.68	14.86	6.61
2	4.42	4.66	4.42	4.59
3	1.49	3.41	1.43	3.28
4	0.38	2.36	0.36	2.34
5	0.03	1.81	0.04	1.78
6	0.00	1.34	0.00	1.37
7	0.00	0.92	0.00	0.94
8	0.00	0.44	0.00	0.45
9	0.00	0.11	0.00	0.11
10	0.00	0.01	0.00	0.01

表 2.3-4　　　　　　　　二分模型差分方程残差绝对值的统计

游程长度 x	$m=1000$		$m=10000$	
	$p=0.3$	$p=0.7$	$p=0.3$	$p=0.7$
1	0.1676	0.1592	0.1179	0.1179
2	0.1217	0.1306	0.0994	0.0994
3	0.0568	0.1769	0.0526	0.0526
4	0.0144	0.0376	0.0120	0.0120
5	0.0025	0.0691	0.0024	0.0027
6	0.0001	0.1914	0.0001	0.0001
7	0.0000	0.0552	0.0000	0.0000
8	0.0000	0.0716	0.0000	0.0000
9	0.0000	0.0399	0.0000	0.0000
10	0.0000	0.0049	0.0000	0.0000

由表 2.3-3 和表 2.3-4 可知，随着试验样本个数的增多，式（2.3-2）右端的残差绝对值 $|\delta(x)|$ 逐渐趋近于零，表明二分模型生成的样本也满足赌盘模型的差分方程式。

2.3.3　游程长度概率密度和概率分布检验

1. 二分模型概率密度与赌盘模型的对比

用二分模型生成 m 个样本容量为 n 的样本，统计不同游程长度的发生频次，然后利用公式 $f(x,n)=\dfrac{g(x,n)}{W(x,n)}$ 定义计算在某一分界概率 p 的条件下，游程长度为 x 的概率密度函数 $f(x)$，最终与赌盘模型概率密度函数计算公式

$$f(x,n)=\begin{cases}\dfrac{(1-p)[1+p+(1-p)(n-x)]p^x}{p[1+(1-p)(n-1)]}=\dfrac{(1-p)[1+p+(1-p)(n-x)]p^{x-1}}{1+(1-p)(n-1)}, & 1\leqslant x<n \\ \dfrac{p^{n-1}}{1+(1-p)(n-1)}, & x=n\neq 1\end{cases}$$

得到的结果作比较。表 2.3-5 中样本容量均为 100，样本个数均为 100000，分界概率取 $p=0.3$、0.5、0.7 三种情况。

表 2.3-5　　　　　二分模型与赌盘模型游程长度概率密度的对比

游程长度 x	$p=0.3$		$p=0.5$		$p=0.7$	
	二分模型	赌盘模型	二分模型	赌盘模型	二分模型	赌盘模型
1	0.6996	0.7030	0.5004	0.5050	0.3001	0.3068
2	0.2111	0.2088	0.2507	0.2500	0.2116	0.2127
3	0.0690	0.0620	0.1274	0.1238	0.1520	0.1475
4	0.0183	0.0184	0.0702	0.0613	0.1106	0.1022
5	0.0019	0.0055	0.0373	0.0303	0.0841	0.0709
6	0.0000	0.0016	0.0121	0.0150	0.0653	0.0491

续表

游程长度 x	$p=0.3$ 二分模型	$p=0.3$ 赌盘模型	$p=0.5$ 二分模型	$p=0.5$ 赌盘模型	$p=0.7$ 二分模型	$p=0.7$ 赌盘模型
7	0.0000	0.0005	0.0018	0.0074	0.0459	0.0340
8	0.0000	0.0001	0.0001	0.0037	0.0233	0.0236
9	0.0000	0.0000	0.0000	0.0018	0.0063	0.0163
10	0.0000	0.0000	0.0000	0.0009	0.0007	0.0113

将表 2.3-5 中的三组数据进行对比可以发现，对于同一种模型，当分界概率变化时会引起相应概率密度值的显著变化；但是对于同一分界概率，两种模型计算的游程长度概率密度函数值都非常接近。这表明用赌盘模型概率密度函数的计算公式可以准确地计算二分模型概率密度函数的值，从而证明了赌盘模型计算式（2.3-2）的正确性。

2. 二分模型概率分布与赌盘模型的对比

用二分模型生成 m 个样本容量为 n 的样本，统计不同游程长度的发生频次，然后利用定义式 $F(x,n)=\dfrac{Q(x,n)}{W(x,n)}$ 计算在某一分界概率为 p 的条件下，游程长度为 x 的概率分布函数 $F(x)$，然后再与赌盘模型概率分布函数计算公式 $F(x,n)=\dfrac{[1+(1-p)(n-x)]p^x}{p[1+(1-p)(n-1)]}=\dfrac{1+(1-p)(n-x)}{1+(1-p)(n-1)}p^{x-1}$ 得到的结果作比较。表 2.3-6 和表 2.3-7 中样本容量均为 100，样本个数均为 100000，分界概率取 $p=0.2$、0.8 两种情况。

表 2.3-6　　二分模型与赌盘模型游程长度概率分布的比较（$p=0.2$）

游程长度 x	概率分布函数 $F(x)$ 二分模型	概率分布函数 $F(x)$ 赌盘模型	误差/%
1	1	1	0.0000
2	0.1989	0.1980	0.4525
3	0.0381	0.0392	−2.8871
4	0.0076	0.0078	−2.6316
5	0.0016	0.0015	4.1667

表 2.3-7　　二分模型与赌盘模型游程长度概率分布的比较（$p=0.8$）

游程长度 x	概率分布函数 $F(x)$ 二分模型	概率分布函数 $F(x)$ 赌盘模型	误差/%
1	1	1	0.0000
2	0.7826	0.7923	−1.2395
3	0.6211	0.6277	−1.0626
4	0.4875	0.4972	−1.9897
5	0.4035	0.3938	2.4040

续表

游程长度 x	概率分布函数 $F(x)$		误差/%
	二分模型	赌盘模型	
6	0.3201	0.3119	2.5617
7	0.2355	0.247	−4.8832
8	0.1973	0.1956	0.8616
9	0.1544	0.1549	−0.3238
10	0.1205	0.1226	−1.7427

从表 2.3-6 和表 2.3-7 中的数据可以看出，当样本个数取足够大时，无论分界概率取 0.2 还是 0.8，两种模型计算的游程长度概率分布值都很接近，两者的误差绝对值均在 5% 以内，这表明随着生成样本个数的增大，赌盘模型概率分布函数的计算公式可以准确地计算二分模型概率分布函数的值，从而验证了式（2.3-2）的正确性。

2.3.4 游程长度期望和方差检验

在样本容量 $n=100$ 和分界概率 $p=0.2$ 给定的情况下，改变生成样本的个数，利用定义式 $E=\sum_{x=1}^{n} x \cdot f(x,n)$ 计算二分模型游程长度的期望值 E，然后再与赌盘模型游程长度期望值的计算公式 $E=\dfrac{n}{1+(1-p)(n-1)}$ 得到的结果作对比。比较结果列在表 2.3-8 中。

表 2.3-8　　二分模型和赌盘模型特征值的比较

统计量	赌盘模型	二分模型的样本个数 m							
		100	500	1000	5000	10000	20000	50000	100000
期望值	1.2469	1.2688	1.2363	1.2520	1.2481	1.2448	1.2471	1.2469	1.2472
误差/%		1.7622	0.8513	0.4170	0.1026	0.1710	0.0163	0.0008	0.0247
方差值	0.3078	0.3303	0.2880	0.3169	0.3091	0.3058	0.3067	0.3085	0.3079
误差/%		7.3099	6.4328	2.9565	0.4224	0.6550	0.3574	0.2274	0.0325

从表 2.3-8 中可得，当生成的样本个数为 100 时，用二分模型生成和统计的游程长度期望值和方差值与赌盘模型计算结果相比，误差分别为 1.7622% 和 7.3099%；随着生成样本个数的逐渐增大，二分模型的计算误差绝对值逐渐减小，当样本容量为 100000 时，二分模型游程长度的期望值和方差值与赌盘模型计算结果的误差仅为 0.0247% 和 0.0325%。

给定样本容量 $n=100$ 和 $m=100000$，分界概率取为不同的数值，将二分模型和赌盘模型计算得到的期望和方差进行对比。计算结果见表 2.3-9。

表 2.3-9　　　　　　　　二分模型和赌盘模型特征值的比较

分界概率	二分模型 E	赌盘模型 E	误差/%	二分模型 D	赌盘模型 D	误差/%
0.01	1.0698	1.0099	0.0593	0.0103	0.0101	1.9802
0.10	1.1096	1.1099	−0.0270	0.1214	0.1219	−0.4102
0.20	1.2471	1.2469	0.0160	0.3085	0.3078	0.2274
0.30	1.4218	1.4225	−0.0492	0.5998	0.6009	−0.1832
0.40	1.6551	1.6556	−0.0302	1.0850	1.0852	−0.0184
0.50	1.9803	1.9802	0.0051	1.9424	1.9402	0.1134
0.60	2.4638	2.4631	0.0284	3.6036	3.6009	0.0750
0.70	3.2597	3.2573	0.0737	7.3383	7.3413	−0.0409
0.80	4.8035	4.8077	−0.0874	18.2159	18.2322	−0.0894
0.90	9.1795	9.1743	0.0567	73.7549	73.6306	0.1688

从表 2.3-9 可以看出，当分界概率在区间 [0,1] 上取值时，用二分模型生成和统计的游程长度期望值与赌盘模型期望值计算结果的误差均小于 0.10%，方差值的误差均小于 2%。这表明在整个区间 [0,1] 上，当生成样本个数逐渐增大时，用二分模型计算的游程长度期望值和方差值都能逐渐与赌盘模型的计算结果相一致，从而验证了赌盘模型游程长度期望值和方差值计算公式的正确性。

2.3.5　游程长度重现期检验

游程长度不小于 x 的重现期的计算公式 $T(x)=x+\dfrac{p^{-x}-1}{1-p}$ 有如下两个重要性质：

（1）假设在每次统计试验中，发生某种指定状态的平均概率为 p，如果取样本容量 n 等于游程长度不小于 x 的重现期 $T(x)$，则在完整样本空间中，游程长度不小于 x 的游程总个数恰好等于该完整样本空间中的样本总个数。例如，投币试验每次出现正面或者反面的概率为 $p=0.5$，用式（2.2-26）计算的游程长度不小于 2 的重现期为 8，在生成的 2^8 个容量为 8 的样本空间中，游程长度不小于 2 的游程总个数恰好为 2^8 个。

（2）在每次试验中随机生成 m 个相互独立的容量为 $n=T(x)$ 的样本，统计所有样本中游程长度不小于 x 的游程总个数 $S(x)$，则下面的极限近似成立。

$$\lambda=\lim_{m\to\infty}\frac{S(x)}{m}=1 \qquad (2.3-3)$$

表 2.3-10 是在不同状态概率 p、不同游程长度 x 的条件下，用式（2.3-3）计算得到的重现期 $T(x)$。

表 2.3-10　　　　　　　　二分模型重现期 $T(x)$ 的统计

分界概率 p	游程长度 x									
	1	2	3	4	5	6	7	8	9	10
0.10	11	112	1113							
0.15	8	53	350	2326						

续表

分界概率 p	游程长度 x									
	1	2	3	4	5	6	7	8	9	10
0.20	6	32	158	784	3910					
0.25	5	22	87	344	1369	5466				
0.30	4	16	54	179	591	1964	6538			
0.35	4	13	37	105	296	841	2397	6838		
0.40	4	11	27	67	166	411	1023	2549	6365	
0.45	3	10	23	50	109	240	520	1137	2510	5598
0.50	3	10	20	40	78	147	291	580	1131	2306
0.55	3	7	14	26	47	84	151	271	489	885
0.60	3	6	12	21	35	57	94	154	255	421
0.65	3	6	11	17	27	41	62	95	144	219
0.70	2	5	9	15	21	31	44	62	88	125
0.75	2	5	8	13	18	24	33	44	58	77
0.80	2	5	8	11	15	20	26	33	41	52
0.85	2	5	7	10	13	17	21	26	31	37
0.90	2	4	7	9	12	15	18	21	25	29

据表 2.3-10 随机生成 $m=100000$ 个相互独立的样本容量为 $n=T(x)$ 的样本,并统计所有样本中游程长度不小于 x 的游程总个数 $S(x)$,然后计算 $S(x)$ 与 m 的比值,计算结果见表 2.3-11。

表 2.3-11　　　　　　λ 计 算 数 值 统 计

分界概率 p	游程长度 x									
	1	2	3	4	5	6	7	8	9	10
0.10	1.0434	1.0733	1.0726							
0.15	1.1010	1.0932	1.0888	1.0731						
0.20	1.0580	1.0987	1.0743	1.1108	1.0799					
0.25	1.0623	1.0701	1.0790	1.1089	1.1052	1.1127				
0.30	0.9733	0.9731	1.0558	1.0984	1.0601	1.0541	1.0747			
0.35	1.1012	0.9710	0.9839	1.0150	1.0076	1.0324	1.0369	1.0271		
0.40	1.1815	0.9199	0.8950	0.9469	0.9842	0.9828	0.9679	0.9708	0.9579	
0.45	0.9489	0.9325	0.9532	0.9672	0.9711	1.0135	0.9663	0.9741	0.9761	0.9734
0.50	1.0014	1.0810	0.9536	1.0239	1.0144	0.9467	0.9580	0.9955	0.9476	0.9704

从表 2.3-11 可以得到,当分界概率 p 的取值在 $[0,0.5]$ 时,全部样本中游程长度不小于 x 的游程总个数 $S(x)$ 与样本个数 m 的比值近似接近于 1。从而验证了赌盘模型游程长度重现期计算公式的正确性。

2.3.6 独立序列游程长度统计特性

用二分模型试验生成的随机序列，并没有规定服从哪种分布。因此本节以 8 种独立数发生器为基础，研究独立随机事件的概率分布对游程长度统计特性的影响。

2.3.6.1 独立随机数发生函数

（1）Gumbel 分布。

单调递减 Gumbel 分布：

$$x(n) = 1 - \sqrt{6}\frac{C_v}{\pi}(0.5772 + \ln\{-\ln[1 - rand(n)]\}) \qquad (2.3-4)$$

$$x_k = 1 - \sqrt{6}\frac{C_v}{\pi}\{0.5772 + \ln[-\ln(1-p)]\} \qquad (2.3-5)$$

单调递增 Gumbel 分布：

$$x(n) = 1 - \sqrt{6}\frac{C_v}{\pi}(0.5772 + \ln\{-\ln[rand(n)]\}) \qquad (2.3-6)$$

$$x_k = 1 - \sqrt{6}\frac{C_v}{\pi}\{0.5772 + \ln[-\ln(p)]\} \qquad (2.3-7)$$

Gumbel 分布式中，$C_v = 0.8$。x_k 为某一分界概率 p 对应的截取水平。

（2）P-Ⅲ型分布。

单调递减 P-Ⅲ型分布：

$$x(n) = 1 - C_v - C_v \ln[rand(n)] \qquad (2.3-8)$$

$$x_k = 1 - C_v - C_v \ln(p) \qquad (2.3-9)$$

单调递增 P-Ⅲ型分布：

$$x(n) = 1 - C_v - C_v \ln[1 - rand(n)] \qquad (2.3-10)$$

$$x_k = 1 - C_v - C_v \ln(1-p) \qquad (2.3-11)$$

P-Ⅲ型分布式中，$C_v = 0.8$。

（3）S 型分布。

单调递减 S 型函数：

$$x(n) = b + \frac{1}{a}\ln\left[\frac{1 - rand(n)}{rand(n)}\right] \qquad (2.3-12)$$

$$x_k = b + \frac{1}{a}\ln\left(\frac{1-p}{p}\right) \qquad (2.3-13)$$

单调递增 S 型函数：

$$x(n) = b + \frac{1}{a}\ln\left[\frac{rand(n)}{1 - rand(n)}\right] \qquad (2.3-14)$$

$$x_k = b + \frac{1}{a}\ln\left(\frac{p}{1-p}\right) \qquad (2.3-15)$$

S 型分布式中，$a = 0.4$，$b = 0.6$。

（4）指数函数。

单调递减指数函数：

$$x(n)=1-\mathrm{e}^{-a[1-rand(n)]} \qquad (2.3-16)$$

$$x_k=1-\mathrm{e}^{-a(1-p)} \qquad (2.3-17)$$

单调递增指数函数：

$$x(n)=1-\mathrm{e}^{-a\cdot rand(n)} \qquad (2.3-18)$$

$$x_k=1-\mathrm{e}^{-a\cdot p} \qquad (2.3-19)$$

指数函数式中，$a=2$。

(5) 幂函数。

单调递减幂函数：

$$x(n)=[1-rand(n)]^a \qquad (2.3-20)$$

$$x_k=(1-p)^a \qquad (2.3-21)$$

单调递增幂函数：

$$x(n)=[rand(n)]^a \qquad (2.3-22)$$

$$x_k=p^a \qquad (2.3-23)$$

幂函数式中，$a=1$。

(6) 积幂函数。

单调递减积幂函数：

$$x(n)=1-\frac{b+c}{b}[rand(n)]^{\frac{ac}{b}}\left\{1-\frac{c}{b+c}[rand(n)]^a\right\} \qquad (2.3-24)$$

$$x_k=1-\frac{b+c}{b}p^{\frac{ac}{b}}\left(1-\frac{c}{b+c}p^a\right) \qquad (2.3-25)$$

单调递增积幂函数：

$$x(n)=\frac{b+c}{b}[rand(n)]^{\frac{ac}{b}}\left\{1-\frac{c}{b+c}[rand(n)]^a\right\} \qquad (2.3-26)$$

$$x_k=\frac{b+c}{b}p^{\frac{ac}{b}}\left(1-\frac{c}{b+c}p^a\right) \qquad (2.3-27)$$

积幂函数式中，$a=0.8$，$b=1$，$c=3$。

(7) 三角函数。

单调递减三角函数：

$$x(n)=\left\{\cos\left[\frac{\pi\cdot rand(n)}{2}\right]\right\}^a \qquad (2.3-28)$$

$$x_k=\left[\cos\left(\frac{\pi\cdot p}{2}\right)\right]^a \qquad (2.3-29)$$

单调递增三角函数：

$$x(n)=\left\{\sin\left[\frac{\pi\cdot rand(n)}{2}\right]\right\}^a \qquad (2.3-30)$$

$$x_k=\left[\sin\left(\frac{\pi\cdot p}{2}\right)\right]^a \qquad (2.3-31)$$

三角函数式中，$a=0.8$。

(8) 幂指函数。

单调递减幂指函数：

$$x(n)=[1-rand(n)]^a e^{-b \cdot rand(n)} \quad (2.3-32)$$

$$x_k=(1-p)^a e^{-b \cdot p} \quad (2.3-33)$$

单调递增幂指函数：

$$x(n)=[rand(n)]^a e^{-b \cdot rand(n)} \quad (2.3-34)$$

$$x_k=p^a e^{-b \cdot (1-p)} \quad (2.3-35)$$

幂指函数式中，$a=1$，$b=0.8$。

2.3.6.2 独立序列游程长度统计分析

对于由 8 种单调递增函数生成的样本序列，如果 $x(n) \leqslant x_k$，则样本元素 $x(n)=1$，否则样本元素 $x(n)=0$，$n=1,2,3,\cdots$。由 8 种单调递减函数生成的样本序列，如果 $x(n) \geqslant x_k$，则样本元素 $x(n)=1$，否则样本元素 $x(n)=0$，$n=1,2,3,\cdots$。

利用 Matlab 随机生成样本容量 $n=100$ 和 $n=100000$ 的 8 种样本序列，并取分界概率 $p=0.6$，计算 8 种单调递增函数和递减函数生成样本序列游程长度的概率密度值、期望值和方差值。计算结果分别见表 2.3-12 和表 2.3-13。

表 2.3-12　　　　　　独立序列游程长度的概率特征值（$n=100$）

游程长度 x	分　布　函　数							
	赌盘模型	Gumbel 分布	P-Ⅲ型分布	S 型分布	指数函数	幂函数	积幂函数	三角函数	幂指函数
1	0.4001	0.4003	0.4002	0.3999	0.4001	0.3999	0.4001	0.4002	0.4000
2	0.2406	0.2398	0.2409	0.2400	0.2409	0.2410	0.2400	0.2400	0.2400
3	0.1460	0.1466	0.1458	0.1467	0.1466	0.1455	0.1471	0.1473	0.1466
4	0.0935	0.0933	0.0932	0.0936	0.0935	0.0932	0.0932	0.0934	0.0935
5	0.0623	0.0628	0.0625	0.0622	0.0626	0.0627	0.0627	0.0619	0.0630
6	0.0382	0.0381	0.0382	0.0386	0.0380	0.0385	0.0381	0.0380	0.0378
7	0.0157	0.0156	0.0158	0.0158	0.0150	0.0156	0.0153	0.0156	0.0157
8	0.0033	0.0033	0.0032	0.0030	0.0032	0.0032	0.0032	0.0033	0.0032
9	0.0002	0.0003	0.0002	0.0003	0.0002	0.0003	0.0003	0.0003	0.0003
10	0.0000	0.0000	0.0000	0.0000	0.0000	0.0000	0.0000	0.0000	0.0000
期望	2.38	2.37	2.38	2.37	2.37	2.38	2.37	2.37	2.37
方差	2.48	2.46	2.48	2.46	2.47	2.47	2.48	2.48	2.47

表 2.3-13　　　　　　独立序列游程长度的概率特征值（$n=100000$）

游程长度 x	分　布　函　数							
	赌盘模型	Gumbel 分布	P-Ⅲ型分布	S 型分布	指数函数	幂函数	积幂函数	三角函数	幂指函数
1	0.6004	0.6002	0.6002	0.6004	0.6004	0.6004	0.6004	0.6004	0.6003
2	0.2400	0.2402	0.2399	0.2399	0.2394	0.2390	0.2393	0.2403	0.2397
3	0.1006	0.1003	0.1006	0.1003	0.1013	0.1010	0.1011	0.1003	0.1008
4	0.0446	0.0445	0.0446	0.0443	0.0444	0.0444	0.0446	0.0444	0.0443
5	0.0128	0.0131	0.0131	0.0134	0.0129	0.0133	0.0131	0.0131	0.0131

续表

游程长度 x	分 布 函 数								
	赌盘模型	Gumbel 分布	P-Ⅲ型分布	S型分布	指数函数	幂函数	积幂函数	三角函数	幂指函数
6	0.0015	0.0017	0.0016	0.0016	0.0016	0.0017	0.0015	0.0016	0.0018
7	0.0001	0.0001	0.0001	0.0001	0.0001	0.0001	0.0001	0.0001	0.0001
8	0.0000	0.0000	0.0000	0.0000	0.0000	0.0000	0.0000	0.0000	0.0000
期望	1.64	1.64	1.63	1.64	1.64	1.64	1.63	1.63	1.63
方差	0.89	0.89	0.89	0.89	0.89	0.89	0.89	0.89	0.89

从表 2.3-12 和表 2.3-13 中可以看出，尽管每一种随机数发生器的原始概率分布都不同，但是相应于每个游程长度 x 对应的 9 个概率密度函数值都非常接近，并且用 9 种方法计算得到的游程长度期望值和方差值也相等，这表明独立随机事件游程长度的统计特性与随机事件的原始概率分布无关，因此可以用赌盘模型游程长度的解析公式，计算服从不同概率分布的独立序列游程长度概率特征值。

2.4 相依序列游程长度概率密度

将前一状态与后一状态有关联的时间序列，称为相依样本序列或非独立样本序列。本节以一阶线性相依样本序列为基础，研究相依样本序列的概率密度差分方程。

2.4.1 统计试验基本思路

该统计试验的方法与 2.3.6 节中二分法统计试验基本相同。首先指定一个分界概率 p，$0 \leqslant p \leqslant 1$，并利用 Matlab 中的 $Rand$ 函数随机生成一个初始值 $x(1)$。然后给定自回归系数 k，最后利用式（2.4-1）计算相依序列 $x(n)$。

$$x(n) = rand(n-1) + k \cdot x(n-1) \quad (2.4-1)$$

式中：n 为样本容量。

对于生成的相依序列 $x(n)$，规定：如果 $x(n) \leqslant p$，则取该次试验的样本元素 $a(n)=1$；反之则取 $a(n)=0$。这样就把包含 n 个数的相依随机序列，简化为只包含数字 0 和 1 的符号样本序列。然后根据上述节中的基本思路，随机生成 m 个样本容量为 n 的相依序列，并计算出样本中游程长度为 x 的平均发生频次 $g(x)$ 以及概率密度函数 $f(x)$。

2.4.2 游程长度概率密度

以统计试验的方法，对相依序列不同游程长度的发生频次 $g(x)$ 进行统计，发现其游程长度与发生频次之间的关系也近似满足二阶线性齐次常系数差分方程。

$$p^2 \cdot g(x) - 2\lambda p \cdot g(x+1) + g(x+2) = 0 \quad (2.4-2)$$

把 $n-2$ 个不同游程长度对应的 $g(x)$ 分别代入式（2.4-2）中并进行相加，可以求出 λ 的解析表达式为

2.4 相依序列游程长度概率密度

$$\lambda = \frac{p^2 \cdot \sum_{x=1}^{n-2} g(x) + \sum_{x=1}^{n-2} g(x+2)}{2p \cdot \sum_{x=1}^{n-2} g(x+2)} \tag{2.4-3}$$

式中：λ 满足的条件为 $1 < \lambda \leqslant \dfrac{1+p^2}{2p}$。

根据式（2.2-9）$f(x,n) = \dfrac{g(x,n)}{W(x,n)}$，差分方程式（2.4-2）又可以化简为

$$p^2 \cdot f(x) - 2\lambda p \cdot f(x+1) + f(x+2) = 0 \tag{2.4-4}$$

式（2.4-4）称为相依序列游程长度概率密度函数的差分方程。其特征方程为

$$\lambda^2 - 2\lambda pr + p^2 = 0 \tag{2.4-5}$$

因为 $\lambda > 1$，所以式（2.4-5）有两个不同的实根 r_1 和 r_2。因此概率密度函数 $f(x)$ 满足的差分方程通解为

$$f(x) = a \cdot r_1^{x-1} + b \cdot r_2^{x-1} \tag{2.4-6}$$

式中：a 和 b 为任意常数。

只要确定出相依序列游程长度的概率密度函数式（2.4-6）中，两个待定常数 a 和 b 的表达形式，就可以得到 $f(x)$ 的具体表达式。下面通过矩法、两点法和混合法这三种方法计算 a 和 b 的表达式。

（1）矩法。以相依序列的概率密度函数 $f(x)$ 为基础，并结合 $f(x)$ 的零阶矩和一阶矩，计算相依序列的概率密度函数 $f(x)$ 的两个系数。其中零阶矩和一阶矩的具体表达式为

$$\sum_{x=1}^{n} f(x) = 1 \tag{2.4-7}$$

$$\sum_{x=1}^{n} x \cdot f(x) = E \tag{2.4-8}$$

式中：E 为样本游程长度的期望值。

将式（2.4-6）代入式（2.4-7）和式（2.4-8），并利用等比数列的求和公式得到 a 和 b 的具体表达式：

$$\left. \begin{aligned} a &= \frac{(1-r_1)^2(1-r_2^n)[E(1-r_2)-1] + n(1-r_2)r_2^n}{(1-r_2^n)(1-r_1^n)(r_2-r_1) - n(1-r_2)(1-r_1)(r_2^n-r_1^n)} \\ b &= \frac{(1-r_1)^2(1-r_1^n)[E(1-r_1)-1] + n(1-r_1)r_1^n}{(1-r_2^n)(1-r_1^n)(r_2-r_1) - n(1-r_2)(1-r_1)(r_2^n-r_1^n)} \end{aligned} \right\} \tag{2.4-9}$$

式（2.4-5）的两个实根 r_1 和 r_2 都是小于 1 的正数，随着试验样本容量 n 的增大时，式（2.4-9）可以进一步化简为

$$\left. \begin{aligned} a &= \frac{(1-r_1)^2(1-r_2^n)[E(1-r_2)-1]}{(1-r_2^n)(1-r_1^n)(r_2-r_1) - n(1-r_2)(1-r_1)(r_2^n-r_1^n)} \\ b &= \frac{(1-r_1)^2(1-r_1^n)[E(1-r_1)-1]}{(1-r_2^n)(1-r_1^n)(r_2-r_1) - n(1-r_2)(1-r_1)(r_2^n-r_1^n)} \end{aligned} \right\} \tag{2.4-10}$$

要使得概率密度函数 $f(x)$ 的表达式（2.4-6）有稳定的解，系数 a 和 b 均要满足大于或等于 0。因此将 r_1 和 r_2 的表达式代入式（2.4-10）中，并结合 λ 满足的条件式

$1<\lambda<\dfrac{1+p^2}{2p}$，最终得到非独立系数 λ 需要满足的条件为

$$\dfrac{p^2E^2+(E-1)^2}{2pE(E-1)}<\lambda<\dfrac{1+p^2}{2p} \qquad (2.4-11)$$

（2）两点法。根据已经计算出的概率密度函数 $f(x)$，将游程长度为 1 和 2 对应的两个函数值 $f(1)$ 和 $f(2)$ 代入式（2.4-6），可以得到系数 a 和 b 的具体表达式：

$$\left.\begin{aligned} a&=\dfrac{f(1)r_2-f(2)}{r_2-r_1} \\ b&=\dfrac{f(2)-f(1)r_1}{r_2-r_1} \end{aligned}\right\} \qquad (2.4-12)$$

在满足 $0\leqslant r_1$、$r_2\leqslant 1$ 且 $a\geqslant 0$、$b\geqslant 0$ 的条件下，非独立系数 λ 需要满足的条件为

$$\dfrac{p^2f^2(1)+f^2(2)}{2pf(1)f(2)}<\lambda<\dfrac{1+p^2}{2p} \qquad (2.4-13)$$

（3）混合法。结合矩法和两点法的计算特点，可以将式（2.4-7）和两点法的公式联立，得到系数 a 和 b 的具体表达式：

$$\left.\begin{aligned} a&=\dfrac{(1-r_1)[(1-r_2)-f(1)(1-r_2^n)]}{(1-r_2)(1-r_1^n)-(1-r_1)(1-r_2^n)} \\ b&=f(1)-a \end{aligned}\right\} \qquad (2.4-14)$$

随着试验样本容量 n 的增大时，式（2.4-14）可以进一步化简为

$$\left.\begin{aligned} a&=\dfrac{(1-r_1)[(1-r_2)-f(1)]}{r_1-r_2} \\ b&=\dfrac{(1-r_2)[f(1)-(1-r_1)]}{r_1-r_2} \end{aligned}\right\} \qquad (2.4-15)$$

在满足 $0\leqslant r_1$、$r_2\leqslant 1$ 且 $a\geqslant 0$、$b\geqslant 0$ 的条件下，非独立系数 λ 需要满足的条件为

$$\dfrac{p^2+[1-f(1)]^2}{2p[1-f(1)]}<\lambda<\dfrac{1+p^2}{2p} \qquad (2.4-16)$$

经过统计试验的验证与计算发现，与矩法和两点法相比，混合法能够兼顾两种方法的优点，并且随着试验次数的增加能够提高计算精度。

2.4.3 相依序列游程长度统计特性

2.1.2.6 节中采用简单的均匀分布作为生成相依样本序列的工具，得到了相依序列游程长度的概率密度差分方程，并给出了具体的计算方法。本节利用 8 种相依随机数发生器，进一步研究原始概率分布对相依序列游程长度概率统计特性的影响。

（1）Gumbel 分布。

单调递减 Gumbel 分布：

$$x(n)=1-\sqrt{6}\dfrac{C_v}{\pi}(0.5772+\ln\{-\ln[1-rand(n)]\})+k\cdot x(n-1) \qquad (2.4-17)$$

单调递增 Gumbel 分布：

$$x(n)=1-\sqrt{6}\dfrac{C_v}{\pi}(0.5772+\ln\{-\ln[rand(n)]\})+k\cdot x(n-1) \qquad (2.4-18)$$

(2) P-Ⅲ型分布。

单调递减 P-Ⅲ型分布：
$$x(n)=1-C_v-C_v\ln[rand(n)]+k\cdot x(n-1) \quad (2.4-19)$$

单调递增 P-Ⅲ型分布：
$$x(n)=1-C_v-C_v\ln[1-rand(n)]+k\cdot x(n-1) \quad (2.4-20)$$

(3) S型分布。

单调递减 S 型函数：
$$x(n)=b+\frac{1}{a}\ln\left[\frac{1-rand(n)}{rand(n)}\right]+k\cdot x(n-1) \quad (2.4-21)$$

单调递增 S 型函数：
$$x(n)=b+\frac{1}{a}\ln\left[\frac{rand(n)}{1-rand(n)}\right]+k\cdot x(n-1) \quad (2.4-22)$$

式中：a、b 均为非零正实数。

(4) 指数函数。

单调递减指数函数：
$$x(n)=1-e^{-a[1-rand(n)]}+k\cdot x(n-1) \quad (2.4-23)$$

单调递增指数函数：
$$x(n)=1-e^{-a\cdot rand(n)}+k\cdot x(n-1) \quad (2.4-24)$$

式中：a 为非零正实数。

(5) 简单幂函数。

单调递减幂函数：
$$x(n)=[1-rand(n)]^a+k\cdot x(n-1) \quad (2.4-25)$$

单调递增幂函数：
$$x(n)=[rand(n)]^a+k\cdot x(n-1) \quad (2.4-26)$$

式中：a 为非零正实数。

(6) 积幂函数。

单调递减积幂函数：
$$x(n)=1-\frac{b+c}{b}[rand(n)]^{\frac{ac}{b}}\left\{1-\frac{c}{b+c}[rand(n)]^a\right\}+k\cdot x(n-1) \quad (2.4-27)$$

单调递增积幂函数：
$$x(n)=\frac{b+c}{b}[rand(n)]^{\frac{ac}{b}}\left\{1-\frac{c}{b+c}[rand(n)]^a\right\}+k\cdot x(n-1) \quad (2.4-28)$$

式中：a、b、c 为非零正实数。

(7) 三角函数。

单调递减三角函数：
$$x(n)=\left\{\cos\left[\frac{\pi\cdot rand(n)}{2}\right]\right\}^a+k\cdot x(n-1) \quad (2.4-29)$$

单调递增三角函数：
$$x(n)=\left\{\sin\left[\frac{\pi\cdot rand(n)}{2}\right]\right\}^a+k\cdot x(n-1) \quad (2.4-30)$$

式中：a 为非零正实数。

（8）幂指函数。

单调递减幂指函数：

$$x(n)=[1-rand(n)]^a e^{-b \cdot rand(n)}+k \cdot x(n-1) \qquad (2.4-31)$$

单调递增幂指函数：

$$x(n)=[rand(n)]^a e^{-b \cdot rand(n)}+k \cdot x(n-1) \qquad (2.4-32)$$

式中：a 和 b 为非零正实数。

式（2.4-17）～式（2.4-32）中，8 种随机数发生器参数和 x_k 的取值，与 2.1.2.5.1 节中相应的独立随机数发生器均一致。

2.4.4 相依序列游程长度统计分析

利用游程的判断准则，研究不同概率分布函数对相依序列游程长度概率统计特性的影响，在本次统计试验中，分界概率 $p=0.6$，自回归系数 $k=0.3$，样本容量 $n=100$ 和 $n=100000$。8 种单调递增函数和递减函数的计算结果见表 2.4-1～表 2.4-4。

表 2.4-1　　　　　相依序列游程长度的概率特征值（$n=100$）

游程长度 x	分 布 函 数							
	赌盘模型	Gumbel 分布	P-Ⅲ型分布	S 型分布	指数函数	幂函数	积幂函数	三角函数	幂指函数
1	0.4001	0.4393	0.4401	0.4105	0.4772	0.4624	0.4447	0.4717	0.4559
2	0.2406	0.2482	0.2494	0.2417	0.2697	0.2614	0.2530	0.2597	0.2638
3	0.1460	0.1420	0.1420	0.1454	0.1332	0.1365	0.1404	0.1348	0.1391
4	0.0935	0.0855	0.0846	0.0914	0.0729	0.0794	0.0844	0.0778	0.0806
5	0.0623	0.0531	0.0520	0.0602	0.0348	0.0426	0.0499	0.0404	0.0432
6	0.0382	0.0249	0.0246	0.0355	0.0106	0.0149	0.0217	0.0133	0.0148
7	0.0157	0.0063	0.0065	0.0130	0.0016	0.0028	0.0051	0.0021	0.0025
8	0.0033	0.0007	0.0007	0.0023	0.0001	0.0006	0.0002	0.0002	0.0002
9	0.0002	0.0000	0.0000	0.0002	0.0000	0.0000	0.0000	0.0000	0.0000
10	0.0000	0.0000	0.0000	0.0000	0.0000	0.0000	0.0000	0.0000	0.0000
期望	2.38	2.17	2.16	2.32	1.96	2.03	2.13	2.00	2.05
方差	2.48	1.96	1.95	2.34	1.42	1.61	1.85	1.55	1.61

表 2.4-2　　　　　相依序列游程长度的概率特征值（$n=100000$）

游程长度 x	分 布 函 数							
	赌盘模型	Gumbel 分布	P-Ⅲ型分布	S 型分布	指数函数	幂函数	积幂函数	三角函数	幂指函数
1	0.6004	0.5131	0.5216	0.6237	0.6760	0.6196	0.5419	0.6249	0.6436
2	0.2400	0.2539	0.2548	0.2357	0.2263	0.2436	0.2545	0.2423	0.2408
3	0.1006	0.1227	0.1209	0.0922	0.0725	0.0913	0.1155	0.0892	0.0818

2.4 相依序列游程长度概率密度

续表

游程长度 x	分布函数 赌盘模型	Gumbel 分布	P-Ⅲ型分布	S型分布	指数函数	幂函数	积幂函数	三角函数	幂指函数
4	0.0446	0.0656	0.0624	0.0380	0.0223	0.0360	0.0573	0.0346	0.0284
5	0.0128	0.0329	0.0307	0.0095	0.0028	0.0087	0.0247	0.0082	0.0051
6	0.0015	0.0103	0.0086	0.0009	0.0001	0.0008	0.0055	0.0008	0.0003
7	0.0001	0.0013	0.0010	0.0000	0.0000	0.0000	0.0005	0.0000	0.0000
8	0.0000	0.0001	0.0000	0.0000	0.0000	0.0000	0.0000	0.0000	0.0000
期望	1.64	1.89	1.86	1.58	1.45	1.57	1.79	1.56	1.51
方差	0.89	1.38	1.31	0.79	0.56	0.76	1.17	0.75	0.65

表 2.4-3　　　　相依序列游程长度的概率分布值（$n=100$）

游程长度 x	赌盘模型	Gumbel 分布	P-Ⅲ型分布	S型分布	指数函数	幂函数	积幂函数	三角函数	幂指函数
1	1.0000	1.0000	1.0000	1.0000	1.0000	1.0000	1.0000	1.0000	1.0000
2	0.5998	0.5607	0.5599	0.5895	0.5228	0.5376	0.5553	0.5283	0.5441
3	0.3592	0.3126	0.3105	0.3478	0.2531	0.2762	0.3022	0.2685	0.2803
4	0.2132	0.1705	0.1686	0.2025	0.1199	0.1397	0.1618	0.1338	0.1412
5	0.1197	0.0850	0.0840	0.1111	0.0469	0.0603	0.0774	0.0560	0.0606
6	0.0574	0.0320	0.0320	0.0509	0.0122	0.0177	0.0275	0.0155	0.0174
7	0.0192	0.0071	0.0074	0.0154	0.0016	0.0028	0.0057	0.0022	0.0026
8	0.0035	0.0007	0.0009	0.0025	0.0000	0.0001	0.0006	0.0002	0.0002
9	0.0002	0.0000	0.0000	0.0002	0.0000	0.0000	0.0000	0.0000	0.0000

表 2.4-4　　　　相依序列游程长度的概率分布值（$n=100000$）

游程长度 x	赌盘模型	Gumbel 分布	P-Ⅲ型分布	S型分布	指数函数	幂函数	积幂函数	三角函数	幂指函数
1	1.0000	1.0000	1.0000	1.0000	1.0000	1.0000	1.0000	1.0000	1.0000
2	0.3996	0.4869	0.4784	0.3763	0.3240	0.3804	0.4581	0.3751	0.3564
3	0.1596	0.2330	0.2236	0.1406	0.0977	0.1368	0.2036	0.1328	0.1156
4	0.0590	0.1102	0.1027	0.0484	0.0252	0.0455	0.0881	0.0436	0.0338
5	0.0144	0.0446	0.0403	0.0104	0.0029	0.0095	0.0308	0.0090	0.0054
6	0.0016	0.0117	0.0096	0.0009	0.0001	0.0008	0.0061	0.0008	0.0003
7	0.0001	0.0014	0.0010	0.0000	0.0000	0.0000	0.0006	0.0000	0.0000
8	0.0000	0.0001	0.0000	0.0000	0.0000	0.0000	0.0000	0.0000	0.0000

从表 2.4-1～表 2.4-4 可以看出，具有不同概率分布的相依序列游程长度的概率密度值、概率分布值、期望和方差与赌盘模型的相应结果均有较大差异，说明相依序列游程长度的概率统计特性与原始概率分布有关，因此，前面关于"独立随机事件游程长度的统计特性与随机事件的原始概率分布无关"的结论，已经不再适用于相依序列游程长度的概率统计分析。

2.4.5 相依序列游程长度的迁移参数法

对于相依时间序列样本游程长度的计算，已经不能再用赌盘模型的计算公式。本节采用与 2.1.2.8 节相同的试验步骤，检验迁移参数法是否可以用来计算相依序列样本游程长度的概率密度值和概率分布值。

2.4.5.1 游程长度参数迁移法

（1）根据 2.1.2.8 节的内容，首先设计 8 种相依随机数发生器，利用游程的判断准则统计出不同游程长度的发生频次，然后利用赌盘模型游程长度期望值的定义式，计算出游程的平均长度 E。

（2）将计算出的游程长度平均 E，代入赌盘模型游程长度期望值的计算式，反求出相应于平均游程长度 E 的状态概率，简称"游程长度的迁移状态概率 p_z"。

$$p_z = \frac{n(E-1)}{(n-1)E} \qquad (2.4-33)$$

（3）将计算得到的 p_z 作为赌盘模型的状态概率，代入赌盘模型游程长度概率密度和概率分布的计算式中，计算游程长度为 x 的概率密度值 $f(x)$ 和概率分布值 $F(x)$，简称"模拟相依序列游程长度的概率密度值和概率分布值"。

$$f(x,n) = \begin{cases} \dfrac{(1-p_z)[2+(1-p_z)(n-x-1)]}{1+(1-p_z)(n-1)} p_z^{x-1} , & 1 \leqslant x < n \\ \dfrac{p_z^{x-1}}{1+(1-p_z)(n-1)} , & x = n \end{cases} \qquad (2.4-34)$$

$$F(x,n) = \frac{1+(1-p_z)(n-x)}{1+(1-p_z)(n-1)} p_z^{x-1} \qquad (2.4-35)$$

$$T(x) = x + \frac{p_z^{-x}-1}{1-p_z^{-x}} \qquad (2.4-36)$$

（4）根据不同游程长度的发生频次，利用赌盘模型游程长度概率密度和概率分布的定义式，计算游程长度 x 的概率密度值 $f(x)$ 和概率分布值 $F(x)$，简称"实测相依序列游程长度的概率密度值和概率分布值"。

2.4.5.2 参数迁移法的检验

统计试验中分界概率 $p=0.7$，自回归系数 $k=0.3$，样本容量 $n=100$ 和 $n=100000$。计算 8 种单调递增函数的"实测游程长度的概率密度值和概率分布值"以及"模拟游程长度的概率密度值和概率分布值"，然后进行对比分析，检验相依序列游程长度参数迁移法的正确性。8 种单调递增函数和递减函数的计算结果见表 2.4-5～表 2.4-8。

2.4 相依序列游程长度概率密度

表 2.4-5　相依序列游程长度的概率密度值（$n=100$）

游程长度 x	Gumbel 分布 实测	Gumbel 分布 模拟	P-Ⅲ型分布 实测	P-Ⅲ型分布 模拟	S型分布 实测	S型分布 模拟	指数函数 实测	指数函数 模拟
1	0.3378	0.3387	0.3393	0.3375	0.3097	0.3110	0.4066	0.4023
2	0.2283	0.2292	0.2260	0.2281	0.2160	0.2143	0.2666	0.2643
3	0.1520	0.1527	0.1527	0.1515	0.1511	0.1539	0.1467	0.1479
4	0.1061	0.1049	0.1052	0.1062	0.1098	0.1075	0.0925	0.0957
5	0.0763	0.0765	0.0765	0.0770	0.0817	0.0830	0.0562	0.0578
6	0.0548	0.0538	0.0554	0.0545	0.0634	0.0625	0.0251	0.0269
7	0.0318	0.0326	0.0319	0.0320	0.0427	0.0449	0.0057	0.0045
8	0.0112	0.0101	0.0112	0.0118	0.0206	0.0192	0.0006	0.0006
9	0.0018	0.0015	0.0018	0.0013	0.0049	0.0037	0.0000	0.0000

表 2.4-6　相依序列游程长度的概率密度值（$n=100000$）

游程长度 x	幂函数 实测	幂函数 模拟	积幂函数 实测	积幂函数 模拟	三角函数 实测	三角函数 模拟	幂指函数 实测	幂指函数 模拟
1	0.3720	0.3759	0.3550	0.3577	0.3975	0.3940	0.3619	0.3655
2	0.2488	0.2494	0.2368	0.2340	0.2573	0.2593	0.2461	0.2445
3	0.1531	0.1508	0.1513	0.1500	0.1489	0.1488	0.1528	0.1502
4	0.0994	0.0983	0.1028	0.1033	0.0934	0.0956	0.1012	0.1025
5	0.0671	0.0667	0.0726	0.0746	0.0602	0.0622	0.0704	0.0722
6	0.0405	0.0389	0.0487	0.0495	0.0320	0.0321	0.0439	0.0410
7	0.0156	0.0158	0.0249	0.0235	0.0094	0.0072	0.0191	0.0191
8	0.0032	0.0037	0.0069	0.0069	0.0012	0.0008	0.0042	0.0050
9	0.0002	0.0005	0.0008	0.0005	0.0001	0.0000	0.0004	0.0000

表 2.4-7　相依序列游程长度概率分布的实测值和模拟值（$n=100$）

游程长度 x	Gumbel 分布 实测	Gumbel 分布 模拟	P-Ⅲ型分布 实测	P-Ⅲ型分布 模拟	S型分布 实测	S型分布 模拟	指数函数 实测	指数函数 模拟
1	1.0000	1.0000	1.0000	1.0000	1.0000	1.0000	1.0000	1.0000
2	0.6622	0.6613	0.6608	0.6625	0.6903	0.6890	0.5934	0.5977
3	0.4340	0.4321	0.4347	0.4344	0.4743	0.4747	0.3268	0.3334
4	0.2820	0.2794	0.2820	0.2828	0.3232	0.3208	0.1801	0.1855
5	0.1759	0.1745	0.1768	0.1766	0.2134	0.2133	0.0876	0.0898
6	0.0996	0.0980	0.1003	0.0996	0.1317	0.1303	0.0314	0.0320
7	0.0448	0.0442	0.0449	0.0451	0.0683	0.0678	0.0063	0.0051
8	0.0130	0.0116	0.0130	0.0131	0.0256	0.0229	0.0006	0.0006
9	0.0018	0.0015	0.0018	0.0013	0.0049	0.0037	0.0000	0.0000

表 2.4-8　相依序列游程长度概率分布的实测值和模拟值（$n=100000$）

游程长度 x	幂函数 实测	幂函数 模拟	积幂函数 实测	积幂函数 模拟	三角函数 实测	三角函数 模拟	幂指函数 实测	幂指函数 模拟
1	1.0000	1.0000	1.0000	1.0000	1.0000	1.0000	1.0000	1.0000
2	0.6280	0.6241	0.6450	0.6423	0.6025	0.6060	0.6381	0.6345
3	0.3792	0.3747	0.4081	0.4083	0.3452	0.3467	0.3920	0.3900
4	0.2261	0.2239	0.2568	0.2583	0.1963	0.1979	0.2392	0.2398
5	0.1267	0.1256	0.1540	0.1550	0.1029	0.1023	0.1380	0.1373
6	0.0596	0.0589	0.0813	0.0804	0.0427	0.0401	0.0676	0.0651
7	0.0191	0.0200	0.0326	0.0309	0.0107	0.0080	0.0236	0.0241
8	0.0034	0.0042	0.0077	0.0074	0.0013	0.0008	0.0046	0.0050
9	0.0002	0.0005	0.0008	0.0005	0.0001	0.0000	0.0004	0.0000

表 2.4-5～表 2.4-8 给出了 8 种单调递增函数的概率密度值和概率分布值。从表中可以发现，用迁移参数法得到的"模拟相依序列游程长度的概率密度值和概率分布值"与"实测相依序列游程长度的概率密度值和概率分布值"非常接近，并且 8 种单调递增函数也能得到同样的结果。这表明以赌盘模型为基础的迁移参数法能够很好地用来计算相依序列游程长度的概率特性值。

2.5　游程个数概率统计分析

在 2.1 节和 2.2 节中，以投币试验、掷骰子试验、赌盘模型和相依样本序列为例，研究了样本中游程长度的概率统计和数字特征。本章采用马氏游程个数统计原理，主要探究样本中游程个数的概率统计问题。

2.5.1　投币试验游程个数统计分析

投币试验是赌盘模型中状态维数等于 2 的简单情形，因此，只要给出样本游程个数（连数）x 的定义，就可以得出 n 次投币试验样本游程个数的概率统计和数字特征的解析表达式。

2.5.1.1　投币试验分组样本个数推导

在 n 次投币试验中，某一指定元素（如 0 元素）出现游程个数为 x 的可能样本个数称为分组样本个数，用 $dz(x,n)$ 表示。

本章按照分组样本个数的定义，利用 Matlab 计算程序生成 2^n 个互不重复的完备样本空间，从中统计出相应于游程个数为 x，$x=1,2,\cdots,x_m$ 的分组样本个数 $dz(x,n)$，然后列出数表并推导 $dz(x,n)$ 的解析表达式。表 2.5-1 列出了投币试验中试验次数小于 20 时，分组样本个数 $dz(x,n)$ 的统计结果。

表 2.5-1　　　　　　　　　投币试验分组样本个数统计

试验次数 n	游程个数 x									
	1	2	3	4	5	6	7	8	9	10
1	1									
2	3									
3	6	1								
4	10	5								
5	15	15	1							
6	21	35	7							
7	28	70	28	1						
8	36	126	84	9						
9	45	210	210	45	1					
10	55	330	462	165	11					
11	66	495	924	495	66	1				
12	78	715	1716	1287	286	13				
13	91	1001	3003	3003	1001	91	1			
14	105	1365	5005	6435	3003	455	15			
15	120	1820	8008	12870	8008	1820	120	1		
16	136	2380	12376	24310	19448	6188	680	17		
17	153	3060	18564	43758	43758	18564	3060	153	1	
18	171	3876	27132	75582	92378	50388	11628	969	19	
19	190	4845	38760	125970	184756	125970	38760	4845	190	1
20	210	5985	54264	203490	352716	293930	116280	20349	1330	21

通过观察表 2.5-1 可以发现，n 次投币试验生成的 2^n 个互不重复的完备样本空间中，游程个数最多的样本中含有游程个数的最大值 x_m，可以按照下面的规则确定：当 n 为偶数，则 $x_m = \dfrac{n}{2}$；当 n 为奇数，则 $x_m = \dfrac{n+1}{2}$。

观察表 2.5-1 还可以得到，在 n 次投币试验中相应于各种游程个数的分组样本数之和恰好等于完备样本空间中的样本总个数，即

$$z(n) = \sum_{x=0}^{x=x_m} dz(x,n) = 2^n \tag{2.5-1}$$

对表 2.5-1 中 $x=1$ 时的列向量 $dz(1,n)$ 求三阶差分，可以得到三阶差分恒等于 0 的结论。因此可以将 $dz(1,n)$ 表示为关于 n 的二次函数：

$$dz(1,n) = an^2 + bn + c \tag{2.5-2}$$

其中，a、b、c 为三个待定常数，利用 $dz(1,n)$ 的不同取值可以算得 $a = b = \dfrac{1}{2}$，$c = 0$。则相应于 $x=1$ 的 $dz(1,n)$ 可以表示为

$$dz(1,n) = \frac{n(n+1)}{2} = \frac{\Gamma(n+2)}{\Gamma(2) \cdot \Gamma(3)} \qquad (2.5-3)$$

对 $x=2$ 的列向量 $dz(2,n)$ 作差分计算，会得到 5 阶差分方程恒等于 0 的结论，对 $x=3$ 的列向量 $dz(3,n)$ 作差分计算，会得到 7 阶差分方程恒等于 0 的结论。因此，可以得出若游程个数 x 固定不变，则分组样本个数 $dz(x,n)$ 的 $2x+1$ 阶差分方程恒等于 0 的结论。这样可以将分组样本个数 $dz(x,n)$ 表达为以 n 为变量的 $2x$ 阶多项式的形式，即

$$dz(x,n) = B_0 + B_1 n + B_2 n^2 + B_3 n^3 + \cdots + B_{2x} n^{2x} \qquad (2.5-4)$$

式中：B_0、B_1、$\cdots$、B_{2x} 均为待定常数。

利用 Matlab 中求解线性方程组的方法，将表 2.5-1 中 $x=2$ 的一列数据代入式（2.5-4）中，求得待定系数的具体数值，然后进一步化简得到

$$dz(2,n) = \frac{(n-2)(n-1)n(n+1)}{24} = \frac{\Gamma(n+2)}{\Gamma(n-2) \cdot \Gamma(5)} \qquad (2.5-5)$$

按照同样的方法，经过计算和化简可以得到 $dz(3,n)$ 的具体表达式为

$$dz(3,n) = \frac{(n-4)(n-3)(n-2)(n-1)n(n+1)}{720} = \frac{\Gamma(n+2)}{\Gamma(n-4) \cdot \Gamma(7)} \qquad (2.5-6)$$

同理可以得到 $dz(4,n)$ 的具体表达式为

$$dz(4,n) = \frac{(n-6)(n-5)(n-4)(n-3)(n-2)(n-1)n(n+1)}{40320} = \frac{\Gamma(n+2)}{\Gamma(n-6) \cdot \Gamma(9)}$$
$$(2.5-7)$$

观察式（2.5-3）、式（2.5-5）~式（2.5-7）可以得出分组样本个数 $dz(x,n)$ 的一般表达形式为

$$dz(x,n) = \frac{\Gamma(n+2)}{\Gamma(n+2-2x) \cdot \Gamma(2x+1)} \qquad (2.5-8)$$

对式（2.5-8）进一步化简，可以得到

$$dz(x,n) = \frac{(n+1)!}{(2x)! \cdot (n+1)!} = C_{n+1}^{2x} \qquad (2.5-9)$$

将式（2.5-9）代入式（2.5-1），如果能够使其左右两端相等，则说明式（2.5-9）是正确的，下面给出具体的证明过程。

当试验次数 n 为偶数时，可以得到

$$2^{n+1} = (1+1)^{n+1} = C_{n+1}^0 + C_{n+1}^1 + C_{n+1}^2 + C_{n+1}^3 + C_{n+1}^4 + \cdots + C_{n+1}^n + C_{n+1}^{n+1} \qquad (2.5-10)$$

同理可以得到

$$0 = (1-1)^{n+1} = C_{n+1}^0 - C_{n+1}^1 + C_{n+1}^2 - C_{n+1}^3 + C_{n+1}^4 - \cdots + C_{n+1}^n - C_{n+1}^{n+1} \qquad (2.5-11)$$

然后将式（2.5-10）和式（2.5-11）相加并约去两端的公因子得到

$$\sum_{x=0}^{x=x_m} C_{n+1}^{2x} = 2^n = z(n) \qquad (2.5-12)$$

式中，$x_m = \dfrac{n}{2}$。

同理，当 n 为奇数时，用同样的方法可以推出式（2.5-12）。这就从理论上证明了式（2.5-9）的正确性。

2.5.1.2 投币试验游程个数概率密度和概率分布

1. 概率密度函数的推导

n 次投币试验生成的完备样本空间中，游程个数为 x 的分组样本个数 $dz(x,n)$ 与样本总个数 $z(n)$ 的比值，称为游程个数为 x 的概率密度函数 $f(x,n)$，即

$$f(x,n) = \frac{dz(x,n)}{z(n)} \tag{2.5-13}$$

将式（2.5-1）和式（2.5-9）代入式（2.5-13）可以得到

$$f(x,n) = \frac{C_{n+1}^{2x}}{2^n} \tag{2.5-14}$$

对式（2.5-14）求和并代入式（2.5-12）得到

$$\sum_{x=0}^{x=x_m} f(x,n) = \frac{1}{2^n} \sum_{x=0}^{x=x_m} C_{n+1}^{2x} = 1 \tag{2.5-15}$$

通过式（2.5-15）的结果可以看到，用式（2.5-13）定义的投币试验游程个数为 x 的概率密度函数符合概率密度函数的基本性质。

2. 概率分布函数的推导

n 次投币试验生成的完备样本空间中，游程个数不小于 x 的概率密度之和，称为游程个数为 x 的概率分布函数 $F(x,n)$，即

$$F(x,n) = \sum_{x=0}^{x_m} f(x,n) \tag{2.5-16}$$

将式（2.5-14）代入式（2.5-16）则有

$$F(x,n) = \sum_{x=0}^{x_m} \frac{C_{n+1}^{2x}}{2^n} \tag{2.5-17}$$

式中，当 n 为偶数时，$x_m = \frac{n}{2}$；当 n 为奇数时，$x_m = \frac{n+1}{2}$。

从式（2.5-17）可以看出，游程个数为 x 的概率分布函数符合概率分布函数的一般性质：$F(0,n)=0$，$F(x_m,n)=1$，$F(x,n)>0$。

2.5.1.3 投币试验游程个数期望和方差

1. 期望 E

n 次投币试验生成的完备样本空间中，不同游程个数 x 与对应概率密度函数 $f(x,n)$ 的乘积之和，称为游程个数的期望值 E，即

$$E = \sum_{x=0}^{x_m} x \cdot f(x,n) \tag{2.5-18}$$

将式（2.5-14）代入式（2.5-18）得到

$$E = \sum_{x=0}^{x_m} \frac{x}{2^n} C_{n+1}^{2x} \tag{2.5-19}$$

式中，当 n 为偶数时，$x_m = \frac{n}{2}$；当 n 为奇数时，$x_m = \frac{n+1}{2}$。

根据式（2.5-19）用 Matlab 设计相应的程序，计算试验次数 n 取不同值时，投币试

验连续出现正面或者反面游程个数的期望值 E。本节研究正面游程个数的期望值，结果见表 2.5-2。

表 2.5-2　　　　投币试验游程个数的期望值统计

试验次数 n	1	2	3	4	5	6	7	8	9	10	…
期望值 E	0.5	0.75	1	1.25	1.5	1.75	2	2.25	2.5	2.75	…

观察表 2.5-2 发现，期望值 E 的二阶差分恒等于零，即期望值 E 与试验次数 n 的变化关系为线性关系。因此可以将 E 表示为关于 n 的线性方程 $E=an+b$，然后将表 2.5-2 中的任意两组数据代入该线性方程组中，可以得到方差值 E 的具体表达式为

$$E=\frac{1+n}{4} \qquad (2.5-20)$$

对游程个数期望 E 的定义式（2.5-19）进行理论推导，从而验证式（2.5-20）的正确性。

已知

$$E=\sum_{x=0}^{k} aC_k^a = 2\sum_{x=0}^{\frac{k}{2}} aC_k^a = k \cdot 2^{k-1} \qquad (2.5-21)$$

（1）当试验次数 n 为奇数时，令 $k=n+1$，$a=2x$，$x_m=\frac{k}{2}$。将代换后的表达式（2.5-21）代入式（2.5-19）的右端得到

$$E=\frac{1}{2^n}\sum_{x=0}^{\frac{k}{2}} \frac{a}{2} C_k^a = \frac{k \cdot 2^{k-2}}{2^{n+1}} = \frac{1+n}{4} \qquad (2.5-22)$$

（2）当试验次数 n 为偶数时，取 $k=n$，可以得到与式（2.5-22）同样的结果。因此根据已知的数学定理，利用解析的方法证明了式（2.5-20）的正确性。

2. 方差 D

n 次投币试验生成的完备样本空间中，游程个数 x 与期望值之差的平方和的期望，称为该次试验游程个数的方差 D，又因为投币试验的游程个数属于离散型随机变量，因此方差 D 的定义式又可以写为

$$D=\sum_{x=0}^{x_m}(x-E)^2 \cdot f(x,n) \qquad (2.5-23)$$

将式（2.5-14）和式（2.5-20）代入式（2.5-23）可以得到

$$D=\frac{1}{2^n}\sum_{x=0}^{x_m}\left[\left(x-\frac{1+n}{4}\right)^2 C_{n+1}^{2x}\right] \qquad (2.5-24)$$

表 2.5-3 和表 2.5-4 分别列出了 n 为奇数和 n 为偶数时，投币试验游程个数方差值 D 与试验次数 n 的关系。

表 2.5-3　　　　投币试验游程个数的方差值统计（n 为奇数）

试验次数 n	1	3	5	7	9	11	13	15	17	19	…
方差值 D	0.125	0.25	0.375	0.5	0.625	0.75	0.875	1	1.125	1.25	…

2.5 游程个数概率统计分析

表 2.5-4   投币试验游程个数的方差值统计（n 为偶数）

试验次数 n	2	4	6	8	10	12	14	16	18	20	...
方差值 D	0.25	0.375	0.5	0.625	0.75	0.875	1	1.125	1.25	1.375	...

观察表 2.5-3 和表 2.5-4 可以发现，方差值 D 的二阶差分恒等于零，即方差值 D 与试验次数 n 的变化关系为线性关系。因此可以将 D 表示为关于 n 的线性方程 $D=cn+d$，然后将表 2.5-3 和表 2.5-4 中的任意两组数据分别代入该线性方程组中，可以得到方差值 D 的具体表达式为

$$D=\begin{cases} \dfrac{n+1}{16}, & n \text{ 为偶数} \\ \dfrac{n+2}{16}, & n \text{ 为奇数} \end{cases} \tag{2.5-25}$$

2.5.2 赌盘模型分组样本个数

2.5.1 节中主要研究了投币试验游程个数的概率统计特性。本节将从赌盘模型入手，主要研究两次相邻试验之间样本游程个数为 x 的分组样本数变化法则。

2.5.2.1 分组样本个数递推方程组

研究赌盘模型样本游程个数的分组样本个数的步骤如下：

步骤 1：根据赌盘模型的定义，用 Matlab 编制 n 次相互独立重复试验中含有 H 个不同状态的赌盘模型计算程序，生成由 $z(n)$ 个样本组成的完备样本空间。

步骤 2：按照第 2 章中关于游程的定义，统计每个样本中游程个数为 x 的分组样本个数 $dz(x,n)$，$x=1,2,\cdots,x_m$，其中 x_m 代表一个样本中可能出现的最大游程个数。

步骤 3：将不同游程个数的分组样本个数 $dz(x,n)$ 列在表格中，通过数学推理的方法研究 $dz(x,n)$ 的变化规律，并推导出 $dz(x,n)$ 的解析表达式。

表 2.5-5 中列出了当状态维数 $H=3$ 时累计进行 15 次试验，可能发生的 H^n 个样本中含有游程个数为 x 的分组样本个数 $dz(x,n)$。

表 2.5-5   赌盘模型分组样本个数统计

试验次数 n	游程个数 x								
	0	1	2	3	4	5	6	7	8
1	2	1							
2	4	5							
3	8	17	2						
4	16	49	16						
5	32	129	78	4					
6	64	321	300	44					
7	128	769	1002	280	8				
8	256	1793	3048	1352	112				

续表

试验次数 n	游程个数 x									
	0	1	2	3	4	5	6	7	8
9	512	4097	8678	5500	880	16			
10	1024	9217	23524	19892	5120	272			
11	2048	20481	61410	66032	24600	2544	32		
12	4096	45057	155616	205360	103344	17328	640		
13	8192	98305	384990	606836	392896	96096	6944	64	
14	16384	212993	933852	1721020	1382720	460320	54208	1472	
15	32768	458753	2228186	4719368	4576040	1974560	340928	18176	128

分别计算当状态维数 $H=2,3,\cdots,100$ 时，不同游程个数的分组样本个数 $dz(x,n)$。此处仅列出状态维数 $H \leqslant 10$ 的 10 次独立重复试验中，游程个数 $x=2$ 的分组样本个数 $dz(2,n)$，统计结果见表 2.5-6。

表 2.5-6　　　　H 取不同值时分组样本个数 $dz(2,n)$ 的统计

n	状态维数 H								
	2	3	4	5	6	7	8	9	10
3	1	2	3	4	5	6	7	8	9
4	5	16	33	56	85	120	161	208	261
5	15	78	225	492	915	1530	2373	3480	4887
6	35	300	1227	3488	7995	15900	28595	47712	75123
7	70	1002	5874	21844	61950	146910	306922	583464	1031094
8	126	3048	25830	126216	444030	1257696	3055878	6624240	13147326
9	210	8678	107022	689340	3013610	10206690	28864038	71385272	159186690
10	330	23524	424410	3611760	19645690	79621860	262205034	740126080	1854908010

由表 2.5-5 和表 2.5-6 可以得到，在赌盘模型完备样本空间中，所有样本中含有游程个数的最大值为 x_m，也满足与投币试验同样的规则，可以用式（2.5-26）表示。

$$x_m = \begin{cases} \dfrac{n+1}{2}, & n \text{ 为偶数} \\ \dfrac{n}{2}, & n \text{ 为奇数} \end{cases} \qquad (2.5-26)$$

对于完备样本空间的 $z(n)$ 个样本中，按照每个样本"有"或"没有"游程以及游程个数是否完整，可以将样本划分为"无游程样本""完整样本""不完整样本"三个类型，这样就可以更加方便地研究分组样本个数的变化规律。

因此可以规定：凡是由非指定状态元素结尾的样本，因为其中含有的每一个游程都是完整的，因此称为完整样本；凡是由某一指定状态元素结尾的样本，因为在该样本中的最后一个游程还没有被非指定状态元素截断，因此是不完整的，故称为不完整样本。按照这样的规定，可以把 $z(n)$ 个样本分成为无游程样本个数 $G(0,n)$、完整样本个数 $G(x,n)$

和不完整样本个数 $B(x,n)$，并且分组样本的总个数为 $dz(x,n)=G(x,n)+B(x,n)$。

以表 2.5-5 中的计算结果，研究指定元素分组样本个数的组成规律。

(1) 无游程样本个数 $G(0,n)$ 的组成规律。在前 4 次试验中 $G(0,n)$ 满足：$G(0,1)=H-1$，$G(0,2)=(H-1)G(0,1)$，$G(0,3)=(H-1)G(0,2)$，$G(0,4)=(H-1)G(0,3)$。这 4 个等式表明：第 n 次试验形成的 $G(0,n)$ 个无游程样本个数，由前一次（$n-1$ 次）试验形成的 $G(0,n-1)$ 个无游程样本个数与 $H-1$ 个状态维数的乘积构成，因此 $G(0,n)$ 的表达式可以写为

$$G(0,n)=(H-1)G(0,n-1) \tag{2.5-27}$$

(2) 完整样本个数 $G(x,n)$ 的组成规律。当 $n=1$ 时，$G(1,1)=0$，$dz(1,1)=1$；当 $n=2$ 时，$G(1,2)=(H-1)dz(1,1)=2$，$dz(2,2)=0$；当 $n=3$ 时，$G(1,3)=(H-1)dz(1,2)=10$，$G(2,3)=(H-1)dz(2,2)=0$；当 $n=4$ 时，$G(1,4)=(H-1)dz(1,3)=34$，$G(2,4)=(H-1)dz(2,3)=4$。

从前 4 次试验完整样本个数 $G(x,n)$ 满足的等式可以看出：第 n 次试验形成的 $G(x,n)$ 个完整样本个数，由 $H-1$ 个状态维数与前一次（$n-1$ 次）试验形成的全部游程分组样本总个数的乘积构成，因此 $G(x,n)$ 的表达式可以写为

$$G(x,n)=(H-1)dz(x,n-1) \tag{2.5-28}$$

(3) 不完整样本个数 $B(x,n)$ 的构成规律。当 $n=1$ 时，$B(1,1)=1$；当 $n=2$ 时，$B(1,2)=G(0,1)+B(1,1)$；当 $n=3$ 时，$B(1,3)=G(0,2)+B(1,2)$，$B(2,3)=G(1,2)+B(2,2)$；当 $n=4$ 时，$B(1,4)=G(0,3)+B(1,3)$，$B(2,4)=G(1,3)+B(2,3)$。

从上面的等式可以看出，每次试验产生的 $B(x,n)$ 个不完整样本个数由两部分组成：前一次试验中含有 x 个游程的不完整样本个数 $B(x,n-1)$ 和前一次试验中含有 $x-1$ 个游程的完整样本个数 $G(x-1,n-1)$。所以，不完整样本个数 $B(x,n)$ 的表达式可以写为

$$G(x,n)=\begin{cases}G(x-1,n-1)+B(x,n-1), & 1\leqslant x\leqslant x_m \\ 0, & x=0\end{cases} \tag{2.5-29}$$

根据 $dz(x,n)$ 的定义，可以得出赌盘试验中含有 $x=1,2,\cdots,x_m$ 个游程的分组样本总个数为

$$dz(x,n)=G(x,n)+B(x,n) \tag{2.5-30}$$

根据前面对分组样本个数的研究，对于状态维数为 H 的赌盘模型进行 n 次独立重复试验，游程个数恰好为 x 的分组样本个数差分方程组求解步骤可以归纳如下：

步骤 1：确定样本游程个数 xx 随 n 而变化的上限值 x_m，其中 x_m 的取值范围已经由式 (2.5-26) 给出。

步骤 2：写出不同类型分组样本数满足的初始条件

$$\left.\begin{aligned}G(0,n)&=t^n\\B(0,n)&=0\\B(1,1)&=1\\dz(1,1)&=1\end{aligned}\right\} \tag{2.5-31}$$

式中，$t=H-1$。

步骤 3：写出游程个数为 x 的分组样本个数 $dz(x,n)$ 的递推方程组：

$$\left.\begin{aligned}G(x,n)&=t\cdot dz(x,n)\\B(x,n)&=G(x-1,n-1)+B(x,n-1)\\dz(x,n)&=G(x,n)+B(x,n)\end{aligned}\right\} \quad (2.5-32)$$

有了样本游程个数的上限值 x_m 和 4 个初始条件的计算公式，就可以对分组样本个数 $dz(x,n)$ 的递推方程组进行求解。

2.5.2.2 分组样本数递推形式

观察分组样本个数满足的初始条件式和递推方程式可以得到，当样本游程个数 $x=0$ 时，分组样本个数 $dz(0,n)$ 的具体表达式为

$$dz(0,n)=t^n \quad (2.5-33)$$

在 $n=2,3,4,5,6$ 条件下，利用式（2.5-31）和式（2.5-32）写出样本游程个数 $x=1$ 时，分组样本个数 $dz(1,n)$ 的逐个表达式，观察其变化规律。

$$\left.\begin{aligned}dz(1,2)&=1+2t\\dz(1,3)&=1+2t+3t^2\\dz(1,4)&=1+2t+3t^2+4t^3\\dz(1,5)&=1+2t+3t^2+4t^3+5t^4\\dz(1,6)&=1+2t+3t^2+4t^3+5t^4+6t^5\end{aligned}\right\} \quad (2.5-34)$$

通过观察式（2.5-34）可以直接写出当 $x=1$ 时，$dz(1,n)$ 的一般表达式为

$$dz(1,n)=\sum_{m=x-1}^{n}m\cdot t^{m-1} \quad (2.5-35)$$

接下来主要研究当 $x\geqslant 2$ 时，$dz(x,n)$ 的表达式。下面以 $n=10$ 为例，依次求出 $dz(2,10)$，$dz(3,10)$，$dz(4,10)$，$dz(5,10)$。利用式（2.5-31）和式（2.5-32）把相应于某个 n 值的递推计算式中的每一项都统一转换为完整样本数 $G(x,n)$，并进行依次叠加得到

$$\left.\begin{aligned}dz(2,10)&=G(2,10)+\sum_{s=2}^{9}G(1,s)\\dz(3,10)&=G(3,10)+\sum_{s=2}^{9}G(2,s)\\dz(4,10)&=G(4,10)+\sum_{s=2}^{9}G(3,s)\\dz(5,10)&=G(5,10)+\sum_{s=2}^{9}G(4,s)\end{aligned}\right\} \quad (2.5-36)$$

观察式（2.5-36）给出的四个等式，可以总结出以下规律：

（1）对于 n 次赌盘试验游程个数为 x 的分组样本个数 $dz(x,n)$，其表达式右端均由完整样本数组成。

（2）$dz(x,n)$ 的右端各项由两部分组成。第一部分是与 $dz(x,n)$ 有相同 x 和 n 的完整样本数 $G(x,n)$，第二部分是以 s 为变量的 $G(x-1,s)$ 累加构成的多项式。

（3）变量 s 的最大值和最小值分别为：$s_{\min}=2(x-1)$，$s_{\max}=n-1$。

根据以上规律，把式（2.5-36）中的等式归纳总结，得到当 $x\geqslant 2$ 时 $dz(x,n)$ 的表

达形式：

$$dz(x,n)=t \cdot \left[dz(x,n-1)+\sum_{s=2x-3}^{n-2}dz(x-1,s)\right], x \geqslant 2 \qquad (2.5-37)$$

式中：s 为与 x 和 n 有关的变量。

表达式（2.5-37）中不再出现不完整样本个数 $B(x,n)$，可以根据 n 值较小的分组样本个数递推计算出 n 值较大的分组样本个数，因此称为"分组样本个数递推形式"。

2.5.3 赌盘模型分组样本个数解析形式

在以上推导出的分组样本个数计算式（2.5-37）虽然方便了计算，但是仍然需要从最小的 n 值开始，逐步递推出最后的结果，依然无法直接给出最终的结果。因此需要继续探究在 $x \geqslant 2$ 条件下，能够直接给出最终结果的分组样本个数解析形式。

下面讨论在 $2 \leqslant x \leqslant x_m$ 条件下，分组样本个数 $dz(x,n)$ 的解析表达形式。

（1）$x=2$ 时，$dz(x,n)$ 的推导。当 $x=2$ 时，利用式（2.5-37）将不同试验次数条件下，分组样本个数表达式中每一项所对应的系数均列于表 2.5-7 中。

表 2.5-7　　　　分组样本个数 $dz(2,n)$ 各项所对应的系数

分组样本数	变量 t 的幂次									
	t^1	t^2	t^3	t^4	t^5	t^6	t^7	t^8	t^9	t^{10}
$dz(2,3)$	1									
$dz(2,4)$	2	3								
$dz(2,5)$	3	6	6							
$dz(2,6)$	4	9	12	10						
$dz(2,7)$	5	12	18	20	15					
$dz(2,8)$	6	15	24	30	30	21				
$dz(2,9)$	7	18	30	40	45	42	28			
$dz(2,10)$	8	21	36	50	60	68	56	36		
$dz(2,11)$	9	24	42	60	75	84	84	72	45	
$dz(2,12))$	10	27	48	70	90	105	112	108	90	55

观察表 2.5-7 中的数据，可以总结出关于 $dz(2,n)$ 的两个特点：

1）表 2.5-7 中每一行数字的个数，就是分组样本个数 $dz(2,n)$ 右端的项数，且这个项数都等于 $n-2$。因此当游程个数为 x 时，分组样本个数多项式的项数就是 $n-x$。

2）在 $x=2$ 和 $n \geqslant 3$ 的条件下，每一个分组样本个数组成的多项式中，各项的最低次幂都是 1，最高次幂均为 $n-x$。

根据 $dz(2,n)$ 的两个特点，可以将 $x=2$ 且 $n \geqslant 3$ 条件下，分组样本个数表达为下面的特定形式：

$$dz(x,n)=\sum_{m=1}^{n-x}k(x,m,n) \cdot t^m \qquad (2.5-38)$$

式中：$k(x,m,n)$ 为随 x、m、n 变化的待定系数。

当 $m=1$ 时，表 2.5-7 中 t^1 系数 $k(x,1,n)$ 的二阶差分恒等于 0，因此相应于 $m=1$

的系数 $k(x,1,n)$ 随 n 的变化是线性关系，因此可以表示为 $k(x,1,n)=n-2$。

当 $m=2$ 时，表 2.5-7 中相应于 t^2 系数 $k(x,2,n)$ 的二阶差分也恒等于 0，因此相应于 $m=2$ 的系数 $k(x,1,n)$ 随 n 的变化也是线性关系。通过简单的计算可以得到 $k(x,1,n)$ 满足的关系式为 $k(x,1,n)=3n-9$。

继续取 $m=3,4,5,\cdots$，得到表 2.5-7 中每一列数值随 n 变化的二阶差分都恒等于 0，因此系数 $k(x,3,n)$、$k(x,4,n)$、$k(x,5,n)$ 随 n 的变化也都满足线性关系。因此可以表示为

$$k(2,m,n)=b_0+b_1 n \tag{2.5-39}$$

将线性关系中的待定系数 b_0、b_1 及其随 m 变化的差分计算结果列于表 2.5-8 中。

表 2.5-8　　　　　待定系数 b_0 和 b_1 以及差分计算结果

m	1	2	3	4	5	6	7	8	9
b_0	-2	-9	-24	-50	-90	-147	-224	-324	-450
$\Delta^1 b_0$		-7	-15	-26	-40	-57	-77	-100	-126
$\Delta^2 b_0$			-8	-11	-14	-17	-20	-23	-26
$\Delta^3 b_0$				-3	-3	-3	-3	-3	-3
b_1	1	3	6	10	15	221	28	36	45
$\Delta^1 b_1$		2	3	4	5	6	7	8	9
$\Delta^2 b_1$			1	1	1	1	1	1	1

从表 2.5-8 可以看出，待定系数 b_0 随 m 变化的 3 阶差分为 $\Delta^3 b_0$ 恒等于 -3。因此可以得出，待定系数 b_0 满足三次代数式，即

$$b_0(m)=a_0+a_1 m+a_2 m^2+a_3 m^3 \tag{2.5-40}$$

同理，从表 2.5-8 可以得出，待定系数 b_1 随 m 的变化满足二次代数式：

$$b_1(m)=c_0+c_1 m+c_2 m^2 \tag{2.5-41}$$

从表 2.5-8 中找出 4 组 b_0 的值代入式（2.5-40），经过简单计算得到 b_0 的解析表达式为

$$b_0(m)=-\frac{m(m+1)^2}{2} \tag{2.5-42}$$

同理，可以得到 b_1 的解析表达式：

$$b_1(m)=\frac{m(m+1)}{2} \tag{2.5-43}$$

因此，将式（2.5-42）和式（2.5-43）代入式（2.5-39）中，可以得到 $k(2,m,n)$ 的具体表达式为

$$k(2,m,n)=\frac{m(m+1)(n-m-1)}{2} \tag{2.5-44}$$

将系数 $k(2,m,n)$ 的表达式代入式（2.5-38）中，可以得到在 $x=2$ 且 $n\geqslant 3$ 的条件下，分组样本个数的具体表达形式为

$$dz(x,n)=\sum_{m=x-1}^{n-x}\frac{m(m+1)(n-m-1)}{2}t^m \tag{2.5-45}$$

(2) $x=3$ 时，$dz(x,n)$ 的推导。根据 $x=2$ 时，分组样本个数的推导思路，将 $x=3$ 时分组样本个数表达式中每一项所对应的系数均列于表 2.5-9 中。

表 2.5-9　　　　　　　　分组样本数 $dz(3,n)$ 各项所对应的系数

分组样本数	变量 t 的幂次							
	t^2	t^3	t^4	t^5	t^6	t^7	t^8	t^9
$dz(3,5)$	1							
$dz(3,6)$	3	4						
$dz(3,7)$	6	12	10					
$dz(3,8)$	10	24	30	20				
$dz(3,9)$	15	40	60	60	35			
$dz(3,10)$	21	60	100	120	105	56		
$dz(3,11)$	28	84	150	200	210	168	84	
$dz(3,12)$	36	112	210	300	350	336	252	120

从表 2.5-9 中的数据发现，分组样本个数 $dz(3,n)$ 也满足两个特点：

1) 当游程个数为 x 时，构成分组样本个数多项式的项数等于 $n-x$。

2) 当 $x=3$ 且 $n \geqslant 5$ 时，构成分组样本个数的多项式中，各项的最低次幂都是 2，最高次幂均为 $n-x$。

根据 $dz(3,n)$ 的两个特点，可以将 $x=3$ 且 $n \geqslant 5$ 条件下，分组样本个数表达为下面的特定形式：

$$dz(x,n) = \sum_{m=x-1}^{n-x} k(x,m,n) \cdot t^m \tag{2.5-46}$$

式中：$k(x,m,n)$ 为随 x、m、n 变化的待定系数。

通过对表 2.5-9 中的数据进行简单计算发现，当 $m=2$ 时，t^2 系数 $k(x,2,n)$ 的三阶差分恒等于 0，因此系数 $k(3,m,n)$ 满足关于 n 的二次三项式，即

$$k(3,m,n) = d_0 + d_1 n + d_2 n^2 \tag{2.5-47}$$

从表 2.5-9 中 t^2 对应的一列中任意取出三个数代入式（2.5-47），经过简单的计算得到

$$k(x,2,n) = \frac{(n-3)(n-4)}{2} \tag{2.5-48}$$

用同样的方法可以得到表 2.5-9 中 t^3、t^4、t^5 系数满足的表达式为

$$\left. \begin{array}{l} k(x,3,n) = 2(n-4)(n-5) \\ k(x,4,n) = 5(n-5)(n-6) \\ k(x,5,n) = 10(n-6)(n-7) \end{array} \right\} \tag{2.5-49}$$

式（2.5-48）和式（2.5-49）给出了当 $x=3$ 时系数 $k(x,m,n)$ 随 m 变化的 4 个表达式，归纳和总结 $k(x,m,n)$ 的组成规律，可以把 $x=3$ 的 4 个等式改写为下面的共同形式：

$$k(3,m,n) = y(m)(n-m-1)(n-m-2) \tag{2.5-50}$$

式中：$y(m)$ 为随 m 变化的系数。

将 $y(m)$ 是随 m 变化的系数以及系数的差分计算结果列于表 2.5-10 中。

表 2.5-10　　　　　　　待定系数 $y(m)$ 及差分计算结果

m	2	3	4	5	6	7
$y(m)$	0.5	2	5	10	17.5	28
$\Delta^1 y(m)$		1.5	3	5	7.5	10.5
$\Delta^2 y(m)$			1.5	2	2.5	3
$\Delta^3 y(m)$				0.5	0.5	0.5

从表 2.5-10 可以看出，待定系数 $y(m)$ 随 m 变化的三阶差分 $\Delta^3 y(m)$ 恒等于 0.5。因此可以得出 $y(m)$ 是关于 m 的三次多项式。选出表 2.5-10 中的任意四组数据对 $y(m)$ 进行求解，得到 $y(m)$ 的表达式为

$$y(m) = \frac{m(m-1)(m+1)}{12} \tag{2.5-51}$$

再将式（2.5-51）代入式（2.5-50），得到 $k(3,m,n)$ 的最终表达式为

$$k(3,m,n) = \frac{m(m-1)(m+1)}{12}(n-m-1)(n-m-2) \tag{2.5-52}$$

将系数 $k(3,m,n)$ 的表达式代入 $dz(x,n)$ 的待定式（2.5-46）中，得到在 $x=3$ 且 $n \geqslant 5$ 的条件下，分组样本个数的具体表达形式为

$$dz(x,n) = \sum_{m=x-1}^{n-x} \frac{m(m-1)(m+1)}{12}(n-m-1)(n-m-2)t^m \tag{2.5-53}$$

由 $x=1$、$x=2$ 和 $x=3$ 条件下的 $dz(x,n)$ 表达式（2.5-35）、式（2.5-45）和式（2.5-53）可以发现，分组样本数 $dz(x,n)$ 都是对若干单项的连乘积求和，求和的起始位置和结束位置分别为 $m=x-1$ 和 $m=n-x$，并且系数 $k(x,m,n)$ 的分母都可以表示为 $\Gamma(x)\Gamma(x+1)$。

通过观察分组样本个数 $dz(x,n)$ 的系数 $k(1,m,n)$、$k(2,m,n)$、$k(3,m,n)$ 发现，其分子的组成都可以写为下面的连乘形式

$$(m+1)(n-m-1)m(n-m-2)(m-1) = \prod_{j=0}^{x-1} \frac{(m-j+1)(n-m-j)}{n-m} \tag{2.5-54}$$

将 $x=1$、$x=2$ 和 $x=3$ 分别带入式（2.5-54）中，均可以得到与式（2.5-35）、式（2.5-45）以及式（2.5-53）系数 $k(1,m,n)$、$k(2,m,n)$、$k(3,m,n)$ 分子相同的结果。最后将式（2.5-54）右端系数 $k(x,m,n)$ 的分子和分母整合在一起，写出系数 $k(x,m,n)$ 最终的解析形式：

$$k(x,m,n) = \prod_{j=0}^{x-1} \frac{(m-j+1)(n-m-j)}{\Gamma(x)\Gamma(x+1)(n-m)} \tag{2.5-55}$$

有了系数 $k(x,m,n)$ 的解析表达形式，就可以写出分组样本数 $dz(x,n)$ 的最终表达式：

$$dz(x,n) = \Gamma(x)\Gamma(x+1) \sum_{m=x-1}^{n-x} \left[\prod_{j=0}^{x-1} \frac{(m-j+1)(n-m-j)}{n-m} t^m \right] \tag{2.5-56}$$

2.5 游程个数概率统计分析

2.5.4 赌盘模型游程个数统计分析

对于确定样本中恰好出现 x 个游程的概率、期望值和方差值,仅仅根据某一个具体样本是无法解答的。需要以整个完备样本空间为基础,给出游程个数为 x 的概率密度、概率分布的定义。

2.5.4.1 赌盘模型游程个数概率密度和概率分布

1. 游程个数的概率密度

具有 H 个状态的随机事件进行 n 次相互独立的重复试验,在形成的 $z(n)$ 个完备样本空间中,游程个数为 x 的分组样本个数 $dz(x,n)$ 与样本总个数 $z(n)$ 的比值,称为赌盘模型游程个数为 x 的概率密度函数 $f(x,n)$,即

$$f(x,n) = \frac{dz(x,n)}{z(n)} \quad (2.5-57)$$

式中:$z(n) = H^n$ 或者 $z(n) = p^{-n}$。

将分组样本个数 $dz(x,n)$ 的解析表达式(2.5-56)代入式(2.5-57),并经过一系列的化简,最终得到赌盘模型游程个数概率密度函数 $f(x,n)$ 的表达式为

$$f(x,n) = \begin{cases} \sum_{m=x-1}^{n-x} \left[p^{n-m}(1-p)^m(m+1) \prod_{j=0}^{x-1} \frac{(m-j+1)(n-m-j)}{j(j+1)} \right], & x \geq 1 \\ (1-p)^n, & x = 0 \end{cases} \quad (2.5-58)$$

式中:$p = \dfrac{1}{t+1}$。

对式(2.5-58)进行验证得到,赌盘模型游程个数的概率密度函数 $f(x,n)$ 具有下面的性质:

(1) 当游程个数 x 的取值在 0 到 x_m 之间时,概率密度函数 $f(x,n) \geq 0$。

(2) 对于在区间 $[0, x_m]$ 的 $x_m + 1$ 个节点上,概率密度函数之和等于 1。

2. 游程个数的概率分布

具有 H 个状态的随机事件进行 n 次相互独立的重复试验,在形成的 $z(n)$ 个完备样本空间中,游程个数不小于 x 的概率密度之和,称为赌盘模型游程个数为 x 的概率分布函数 $F(x,n)$,即

$$F(x,n) = \sum_{x=0}^{x_m} f(x,n) \quad (2.5-59)$$

式中:当 n 为偶数时,$x_m = \dfrac{n}{2}$;当 n 为奇数时,$x_m = \dfrac{n+1}{2}$。

将概率密度函数 $f(x,n)$ 的表达式(2.5-58)代入式(2.5-59),得到赌盘模型游程个数概率分布函数 $F(x,n)$ 的表达式为

$$F(x,n) = \begin{cases} \sum_{x=0}^{x_m} \left\{ \sum_{m=x-1}^{n-x} \left[p^{n-m}(1-p)^m(m+1) \prod_{j=0}^{x-1} \frac{(m-j+1)(n-m-j)}{j(j+1)} \right] \right\}, & x \geq 1 \\ (1-p)^n, & x = 0 \end{cases} \quad (2.5-60)$$

第 2 章 马氏游程的基本原理与应用

由式（2.5-60）可以得到，赌盘模型游程个数为 x 的概率分布函数符合概率分布函数的一般性质：$F(0,n)=0$，$F(x_m,n)=1$，$F(x,n) \geqslant 0$。

2.5.4.2 赌盘模型游程个数期望和方差

1. 期望 E 的推导

在赌盘模型生成的完备样本空间中，不同游程个数 x 与对应概率密度函数 $f(x,n)$ 的乘积之和，称为游程个数的期望值 E，即

$$E = \sum_{x=0}^{x_m} x \cdot f(x,n) \tag{2.5-61}$$

式中：当 n 为偶数时，$x_m = \dfrac{n}{2}$；当 n 为奇数时，$x_m = \dfrac{n+1}{2}$。

利用式（2.5-57）、式（2.5-61）以及表 2.5-7 中的结果，把 $n=2,3,4$ 时的期望值 E 直接计算出来，并观察其变化规律。

$$\left. \begin{array}{l} E = 2p - p^2, n=2 \\ E = 3p - 2p^2, n=3 \\ E = 4p - 3p^2, n=4 \end{array} \right\} \tag{2.5-62}$$

从式（2.5-62）中的 3 个表达式中可以看出，游程个数期望值 E 的表达式是关于 p 的二次多项式，并且多项式的系数和试验次数 n 有关，因此可以将赌盘模型游程个数期望值 E 的解析形式写为

$$E = np(1-p) + p^2 \tag{2.5-63}$$

当 $p=0.55$ 时，代入式（2.5-63），可以得到与 2.5.1 节中投币试验游程个数期望值完全相同的公式，从而验证了式（2.5-63）的正确性。

2. 方差 D 的推导

在赌盘模型生成的完备样本空间中，游程个数 x 与期望值之差的平方和的期望，称为该次试验游程个数的方差 D，又因为赌盘模型游程个数是离散型随机变量，因此方差 D 的定义式又可以写为

$$D = \sum_{x=0}^{x_m} (x - E)^2 \cdot f(x,n) \tag{2.5-64}$$

利用式（2.5-57）、式（2.5-63）、式（2.5-64）以及表 2.5-7 中的数据，分别计算 $n=2,3,4$ 条件下的方差 D，经过化简得到

$$\left. \begin{array}{l} D = p(1-p)(2-3p+p^2), n=2 \\ D = p(1-p)(3-6p+4p^2), n=3 \\ D = p(1-p)(4-9p+7p^2), n=4 \end{array} \right\} \tag{2.5-65}$$

从式（2.5-65）中的 3 个表达式中可以看出，每个表达式都是三个因式的连乘，其中两个因式的构成与 n 值无关，剩余的一个因式是关于 n 的二次三项式。因此可以把该二次三项式表示为含有待定参数的多项式：$l_1(n) - l_2(n)p - l_3(n)p^2$。根据式（2.5-65）中的三个表达式，把该二次三项式的系数列于表 2.5-11 中。

表 2.5-11　　　　　　　　　二次三项式的系数

n	$l_1(n)$	$l_2(n)$	$l_3(n)$
2	2	3	1
3	3	6	4
4	4	9	7

表 2.5-11 中参数 $l_1(n)$、$l_2(n)$、$l_3(n)$ 随 n 变化的二阶差分恒等于 0，表明这 3 个参数与 n 都是简单的线性关系。经过简单的计算得到，其满足的关系式为：$l_1(n)=n$，$l_2(n)=3n-3$，$l_3(n)=3n-5$。因此，赌盘模型游程个数方差值 D 的解析形式可以表示为

$$D = p(1-p)[3p - 5p^2 + n(1 - 3p + 3p^2)] \quad (2.5-66)$$

当 $p=0.5$ 时，代入式（2.5-66），得到与 2.5.1 节中投币试验游程个数期望值完全相同的公式。从而验证了式（2.5-66）的正确性。

2.5.5　相依序列游程个数的迁移参数法

2.5.1 节～2.5.4 节在考虑样本独立的条件下，研究并推导出投币试验和赌盘模型游程个数的概率计算公式，本节主要研究相依序列游程个数的计算问题。

2.5.5.1　相依序列游程个数统计分析

本节利用与 2.5.3 节中相同的八种相依随机数发生器，生成 m 个样本容量为 n 的相依样本序列，然后统计出所有样本中游程个数为 x 的分组样本个数 $dz(x,n)$，进而根据式（2.5-57）、式（2.5-61）和式（2.5-64）计算出游程个数为 x 的概率密度值、期望值和方差值等数字特征。

本节统计试验的样本容量为 $n=100$ 和 $n=100000$。并规定分界概率 $p=0.4$，自回归系数 $k=0.2$。将统计得到概率密度值、期望值和方差值均列于表 2.5-12～表 2.5-15 中。

表 2.5-12　　　　　相依序列游程个数的概率密度值（$n=100$）

游程数 x	赌盘模型	Gumbel 分布	P-Ⅲ型分布	S 型分布	指数函数	幂函数	积幂函数	三角函数	幂指函数
10	0.0000	0.0000	0.0001	0.0000	0.0003	0.0006	0.0001	0.0001	0.0066
11	0.0000	0.0001	0.0006	0.0000	0.0009	0.0017	0.0006	0.0004	0.0170
12	0.0000	0.0003	0.0014	0.0000	0.0034	0.0046	0.0018	0.0013	0.0347
13	0.0000	0.0009	0.0039	0.0000	0.0092	0.0115	0.0054	0.0033	0.0603
14	0.0001	0.0028	0.0109	0.0001	0.0197	0.0241	0.0122	0.0090	0.0910
15	0.0004	0.0078	0.0232	0.0004	0.0395	0.0472	0.0279	0.0215	0.1258
16	0.0012	0.0182	0.0441	0.0015	0.0673	0.0768	0.0511	0.0419	0.1450
17	0.0033	0.0359	0.0722	0.0049	0.0992	0.1091	0.0792	0.0687	0.1469
18	0.0093	0.0625	0.1039	0.0119	0.1266	0.1359	0.1120	0.1007	0.1299

続表

游程数 x	分布函数								
	赌盘模型	Gumbel 分布	P-Ⅲ型分布	S型分布	指数函数	幂函数	积幂函数	三角函数	幂指函数
19	0.0217	0.0951	0.1341	0.0265	0.1451	0.1473	0.1392	0.1313	0.0977
20	0.0427	0.1247	0.1484	0.0516	0.1424	0.1371	0.1466	0.1460	0.0661
21	0.0718	0.1459	0.1397	0.0827	0.1241	0.1157	0.1380	0.1423	0.0405
22	0.1083	0.1471	0.1197	0.1158	0.0951	0.0828	0.1109	0.1223	0.0231
23	0.1394	0.1273	0.0871	0.1450	0.0619	0.0534	0.0800	0.0917	0.0098
24	0.1519	0.0984	0.0555	0.1523	0.0357	0.0296	0.0490	0.0590	0.0040
25	0.1461	0.0644	0.0316	0.1401	0.0175	0.0140	0.0265	0.0336	0.0011
26	0.1197	0.0370	0.0146	0.1110	0.0081	0.0059	0.0123	0.0162	0.0004
27	0.0849	0.0192	0.0060	0.0743	0.0028	0.0019	0.0048	0.0072	0.0001
28	0.0520	0.0084	0.0023	0.0449	0.0010	0.0006	0.0017	0.0026	0.0000
29	0.0274	0.0029	0.0007	0.0221	0.0002	0.0002	0.0006	0.0008	0.0000
30	0.0129	0.0010	0.0002	0.0099	0.0001	0.0000	0.0002	0.0002	0.0000
31	0.0049	0.0003	0.0000	0.0036	0.0000	0.0000	0.0000	0.0000	0.0000
32	0.0016	0.0001	0.0000	0.0011	0.0000	0.0000	0.0000	0.0000	0.0000
33	0.0004	0.0000	0.0000	0.0003	0.0000	0.0000	0.0000	0.0000	0.0000

表 2.5-13　　相依序列游程个数的概率密度值（$n=100000$）

游程数 x	分布函数								
	赌盘模型	Gumbel 分布	P-Ⅲ型分布	S型分布	指数函数	幂函数	积幂函数	三角函数	幂指函数
13	0.0001	0.0000	0.0002	0.0001	0.0002	0.0002	0.0000	0.0001	0.0004
14	0.0001	0.0001	0.0010	0.0003	0.0004	0.0006	0.0001	0.0002	0.0018
15	0.0002	0.0006	0.0025	0.0012	0.0018	0.0015	0.0005	0.0009	0.0048
16	0.0008	0.0016	0.0068	0.0037	0.0047	0.0043	0.0018	0.0033	0.0101
17	0.0026	0.0048	0.0160	0.0096	0.0114	0.0099	0.0049	0.0080	0.0207
18	0.0081	0.0122	0.0309	0.0216	0.0238	0.0216	0.0119	0.0177	0.0394
19	0.0180	0.0256	0.0522	0.0433	0.0435	0.0394	0.0244	0.0349	0.0648
20	0.0373	0.0474	0.0846	0.0738	0.0699	0.0663	0.0472	0.0592	0.0935
21	0.0663	0.0758	0.1159	0.1082	0.1005	0.0955	0.0750	0.0893	0.1204
22	0.1017	0.1118	0.1385	0.1383	0.1275	0.1240	0.1082	0.1190	0.1327
23	0.1355	0.1357	0.1434	0.1534	0.1433	0.1401	0.1343	0.1402	0.1392
24	0.1506	0.1455	0.1323	0.1464	0.1387	0.1417	0.1457	0.1434	0.1227
25	0.1495	0.1388	0.1085	0.1196	0.1204	0.1244	0.1402	0.1293	0.0983
26	0.1270	0.1174	0.0760	0.0830	0.0902	0.0944	0.1150	0.1035	0.0691
27	0.0905	0.0840	0.0477	0.0511	0.0591	0.0640	0.0835	0.0709	0.0414
28	0.0586	0.0510	0.0252	0.0278	0.0356	0.0383	0.0546	0.0429	0.0228

续表

游程数 x	分布函数								
	赌盘模型	Gumbel分布	P-Ⅲ型分布	S型分布	指数函数	幂函数	积幂函数	三角函数	幂指函数
29	0.0306	0.0272	0.0118	0.0123	0.0168	0.0199	0.0296	0.0225	0.0105
30	0.0142	0.0133	0.0043	0.0044	0.0076	0.0092	0.0148	0.0098	0.0047
31	0.0059	0.0048	0.0014	0.0015	0.0032	0.0033	0.0055	0.0037	0.0019
32	0.0018	0.0020	0.0006	0.0003	0.0012	0.0012	0.0020	0.0009	0.0005
33	0.0006	0.0005	0.0002	0.0001	0.0003	0.0004	0.0007	0.0004	0.0002

从表2.5-12和表2.5-13可以看出，每一种相依样本序列游程个数的概率密度值与赌盘模型游程个数的概率密度值都不相等，并且不同相依随机数发生器的概率密度值也存在差异。这表明相依样本游程个数的概率密度值不能用赌盘模型的计算结果来替代。

表2.5-14　　　　相依序列游程个数的期望值和方差值（$n=100$）

游程数 x	分布函数								
	赌盘模型	Gumbel分布	P-Ⅲ型分布	S型分布	指数函数	幂函数	积幂函数	三角函数	幂指函数
期望	24.14	21.51	20.20	23.91	19.42	19.10	19.99	20.34	16.65
方差	6.86	7.22	7.30	6.90	7.43	7.36	7.30	7.34	7.20

表2.5-15　　　　相依序列游程个数的期望值和方差值（$n=100000$）

游程数 x	分布函数								
	赌盘模型	Gumbel分布	P-Ⅲ型分布	S型分布	指数函数	幂函数	积幂函数	三角函数	幂指函数
期望	24.35	24.06	23.87	24.15	23.29	23.45	24.12	23.67	22.59
方差	6.72	7.31	7.57	6.72	7.82	7.82	7.50	7.59	8.27

观察表2.5-14和表2.5-15中的数据可以发现，无论是单调递增函数还是单调递减函数，其游程个数期望值都小于赌盘模型的期望值。这是由于发生在分界概率附近的样本元素，在自回归系数的影响下，被邻近的长游程随机地"同化"为更长的游程，使得个数较多的某些短游程变为个数较少的长游程，最终使得样本游程个数的期望值减小。

2.5.5.2　游程个数迁移参数法

本节主要探究游程个数的迁移参数法，能否用来计算相依序列样本游程个数的概率密度值。其中，游程个数的迁移参数法具体步骤为：

步骤1：统计并计算8种相依样本序列游程个数的期望值和方差值，然后根据式（2.5-63）和式（2.5-66），计算得到迁移状态概率p_z和迁移样本容量n_z。

$$E(1-3p_z+3p_z^2)=D-2p_z^2+5p_z^3-2p_z^4 \qquad (2.5-67)$$

$$n_z=\frac{E-p_z^2}{p_z(1-p_z)} \qquad (2.5-68)$$

步骤2：将计算得到的p_z和n_z代入赌盘模型游程个数的概率密度计算公式，得到"模拟相依样本序列游程个数的概率密度值"然后统计所有样本中游程个数为x的分组样本个数$dz(x,n)$，利用赌盘模型游程个数概率密度的定义式，得到"实测相依样本序列

第 2 章 马氏游程的基本原理与应用

游程个数的概率密度值数",最后将实测值和模拟值进行对比。

本次统计试验的样本容量 $n=100$ 和 $n=100000$。并规定所有单调递增随机数发生器分界概率 $p=0.7$,并将实测值和模拟值进行对比分析,检验游程个数参数迁移法的正确性。

表 2.5-16　　　　相依序列游程个数的概率密度值 ($n=100$)

游程数 x	Gumbel 分布 实测	Gumbel 分布 模拟	P-Ⅲ型分布 实测	P-Ⅲ型分布 模拟	S型分布 实测	S型分布 模拟	指数函数 实测	指数函数 模拟
12	0.0002	0.0001	0.0001	0.0001	0.0002	0.0002	0.0001	0.0002
13	0.0004	0.0004	0.0004	0.0004	0.0007	0.0007	0.0002	0.0002
14	0.0014	0.0014	0.0015	0.0014	0.0027	0.0027	0.0010	0.0010
15	0.0044	0.0043	0.0044	0.0046	0.0067	0.0067	0.0031	0.0031
16	0.0111	0.0111	0.0120	0.0120	0.0156	0.0156	0.0096	0.0093
17	0.0242	0.0241	0.0249	0.0248	0.0315	0.0313	0.0242	0.0242
18	0.0462	0.0463	0.0473	0.0472	0.0577	0.0576	0.0498	0.0495
19	0.0768	0.0768	0.0783	0.0780	0.0862	0.0863	0.0873	0.0871
20	0.1091	0.1090	0.1104	0.1104	0.1177	0.1179	0.1261	0.1263
21	0.1388	0.1387	0.1364	0.1364	0.1387	0.1386	0.1538	0.1540
22	0.1476	0.1475	0.1499	0.1499	0.1439	0.1436	0.1626	0.1625
23	0.1401	0.1402	0.1398	0.1399	0.1328	0.1330	0.1445	0.1445
24	0.1165	0.1166	0.1154	0.1154	0.1047	0.1046	0.1063	0.1060
25	0.0829	0.0829	0.0818	0.0820	0.0740	0.0738	0.0695	0.0699
26	0.0522	0.0522	0.0509	0.0508	0.0443	0.0442	0.0362	0.0364
27	0.0274	0.0274	0.0269	0.0270	0.0240	0.0243	0.0166	0.0165
28	0.0131	0.0132	0.0122	0.0124	0.0117	0.0119	0.0063	0.0064
29	0.0050	0.0051	0.0051	0.0051	0.0046	0.0046	0.0022	0.0024
30	0.0019	0.0019	0.0017	0.0017	0.0017	0.0017	0.0006	0.0006
31	0.0006	0.0006	0.0004	0.0004	0.0005	0.0005	0.0001	0.0001
32	0.0002	0.0002	0.0002	0.0002	0.0001	0.0001	0.0001	0.0001

表 2.5-17　　　　相依序列游程个数的概率密度值 ($n=100000$)

游程数 x	幂函数 实测	幂函数 模拟	积幂函数 实测	积幂函数 模拟	三角函数 实测	三角函数 模拟	幂指函数 实测	幂指函数 模拟
12	0.0001	0.0001	0.0001	0.0001	0.0001	0.0001	0.0001	0.0001
13	0.0003	0.0003	0.0003	0.0003	0.0002	0.0002	0.0003	0.0003
14	0.0012	0.0012	0.0011	0.0011	0.0006	0.0006	0.0013	0.0013
15	0.0035	0.0036	0.0036	0.0035	0.0020	0.0020	0.0039	0.0039
16	0.0090	0.0093	0.0095	0.0094	0.0069	0.0070	0.0108	0.0108

续表

游程数 x	幂函数 实测	幂函数 模拟	积幂函数 实测	积幂函数 模拟	三角函数 实测	三角函数 模拟	幂指函数 实测	幂指函数 模拟
17	0.0224	0.0222	0.0210	0.0208	0.0180	0.0179	0.0235	0.0234
18	0.0425	0.0426	0.0421	0.0422	0.0371	0.0369	0.0476	0.0478
19	0.0744	0.0744	0.0733	0.0732	0.0708	0.0709	0.0818	0.0820
20	0.1071	0.1070	0.1087	0.1087	0.1094	0.1093	0.1166	0.1164
21	0.1385	0.1383	0.1381	0.1384	0.1422	0.1422	0.1450	0.1450
22	0.1530	0.1528	0.1550	0.1552	0.1600	0.1599	0.1560	0.1560
23	0.1442	0.1440	0.1430	0.1431	0.1528	0.1528	0.1423	0.1421
24	0.1189	0.1190	0.1198	0.1198	0.1225	0.1225	0.1130	0.1130
25	0.0856	0.0859	0.0857	0.0855	0.0850	0.0848	0.0758	0.0757
26	0.0515	0.0515	0.0524	0.0523	0.0511	0.0510	0.0445	0.0445
27	0.0281	0.0281	0.0272	0.0272	0.0254	0.0254	0.0224	0.0225
28	0.0126	0.0126	0.0120	0.0120	0.0106	0.0106	0.0093	0.0096
29	0.0048	0.0049	0.0050	0.0051	0.0036	0.0040	0.0039	0.0039
30	0.0017	0.0017	0.0016	0.0016	0.0013	0.0013	0.0013	0.0013
31	0.0005	0.0005	0.0005	0.0005	0.0004	0.0004	0.0004	0.0004
32	0.0001	0.0001	0.0001	0.0001	0.0001	0.0001	0.0001	0.0001

从表 2.5-16 和表 2.5-17 可以看出,用迁移参数法模拟的 8 种单调递增相依序列游程个数概率密度值与实测的游程个数概率密度函数值非常接近,并且八种单调递增函数也能得到同样的结果。这说明用 p_z 和 n_z 取代赌盘模型中,状态概率和样本容量的游程个数迁移参数法,能够很好地用来计算相依序列样本游程个数的概率密度。

2.6 马氏游程理论实例应用

本章以宝鸡市月降水资料为基础,探究马氏游程理论在气象干旱分析中的实例应用。

根据上述马氏游程理论,分别计算统计概率分布值和公式计算得到的概率分布值,然后将统计值和计算值列在表 2.6-1～表 2.6-10 中。

表 2.6-1　　　　　　　　　宝鸡站干旱历时概率分布值

历时 l /月	$e_0=-0.1$ 统计	$e_0=-0.1$ 计算	$e_0=-0.3$ 统计	$e_0=-0.3$ 计算	$e_0=-0.5$ 统计	$e_0=-0.5$ 计算	$e_0=-0.7$ 统计	$e_0=-0.7$ 计算
1	1.0000	1.0000	1.0000	1.0000	1.0000	1.0000	1.0000	1.0000
2	0.6026	0.5645	0.5226	0.4936	0.3701	0.3791	0.3023	0.3175
3	0.3718	0.3185	0.2903	0.2436	0.1623	0.1437	0.1163	0.1008
4	0.1731	0.1797	0.1161	0.1202	0.0519	0.0544	0.0388	0.0320
5	0.0769	0.1013	0.0387	0.0593	0.0195	0.0206	0.0078	0.0101
6	0.0449	0.0571	0.0065	0.0292	0.0065	0.0078	0.0000	0.0032

续表

历时 l /月	$e_0=-0.1$ 统计	计算	$e_0=-0.3$ 统计	计算	$e_0=-0.5$ 统计	计算	$e_0=-0.7$ 统计	计算
7	0.0192	0.0322	0.0000	0.0144	0.0000	0.0030	0.0000	0.0010
8	0.0064	0.0181	0.0000	0.0071	0.0000	0.0011	0.0000	0.0003

表 2.6-2　　凤县站干旱历时概率分布值

历时 l /月	$e_0=-0.1$ 统计	计算	$e_0=-0.3$ 统计	计算	$e_0=-0.5$ 统计	计算	$e_0=-0.7$ 统计	计算
1	1.0000	1.0000	1.0000	1.0000	1.0000	1.0000	1.0000	1.0000
2	0.5130	0.5645	0.4474	0.4454	0.4118	0.3819	0.2689	0.2372
3	0.2727	0.3185	0.1908	0.1983	0.1471	0.1458	0.0336	0.0562
4	0.1429	0.1797	0.0855	0.0883	0.0441	0.0556	0.0084	0.0133
5	0.0844	0.1013	0.0461	0.0393	0.0147	0.0212	0.0000	0.0032
6	0.0519	0.0571	0.0197	0.0175	0.0000	0.0081	0.0000	0.0007
7	0.0390	0.0322	0.0132	0.0078	0.0000	0.0031	0.0000	0.0002
8	0.0195	0.0181	0.0000	0.0034	0.0000	0.0012	0.0000	0.0000
9	0.0130	0.0102	0.0000	0.0015	0.0000	0.0004	0.0000	0.0000

表 2.6-3　　凤翔站干旱历时概率分布值

历时 l /月	$e_0=-0.1$ 统计	计算	$e_0=-0.3$ 统计	计算	$e_0=-0.5$ 统计	计算	$e_0=-0.7$ 统计	计算
1	1.0000	1.0000	1.0000	1.0000	1.0000	1.0000	1.0000	1.0000
2	0.5658	0.5326	0.4710	0.4344	0.3289	0.3134	0.2500	0.2346
3	0.3026	0.2835	0.2129	0.1887	0.1007	0.0982	0.0403	0.0550
4	0.1513	0.1509	0.0710	0.0819	0.0268	0.0308	0.0161	0.0129
5	0.0658	0.0802	0.0129	0.0355	0.0000	0.0096	0.0000	0.0030
6	0.0329	0.0427	0.0000	0.0154	0.0000	0.0030	0.0000	0.0007
7	0.0197	0.0227	0.0000	0.0067	0.0000	0.0009	0.0000	0.0002

表 2.6-4　　扶风站干旱历时概率分布值

历时 l /月	$e_0=-0.1$ 统计	计算	$e_0=-0.3$ 统计	计算	$e_0=-0.5$ 统计	计算	$e_0=-0.7$ 统计	计算
1	1.0000	1.0000	1.0000	1.0000	1.0000	1.0000	1.0000	1.0000
2	0.6233	0.5454	0.5423	0.4931	0.4214	0.3806	0.2500	0.2426
3	0.3288	0.2974	0.2817	0.2430	0.1571	0.1448	0.0625	0.0588
4	0.1096	0.1621	0.0775	0.1197	0.0286	0.0551	0.0078	0.0143
5	0.0616	0.0883	0.0423	0.0590	0.0071	0.0209	0.0000	0.0035
6	0.0411	0.0481	0.0211	0.0290	0.0000	0.0080	0.0000	0.0008
7	0.0274	0.0262	0.0070	0.0143	0.0000	0.0030	0.0000	0.0002
8	0.0068	0.0142	0.0000	0.0070	0.0000	0.0011	0.0000	0.0000

表 2.6-5　　　　　　　　　　　麟游站干旱历时概率分布值

历时 l /月	$e_0=-0.1$ 统计	计算	$e_0=-0.3$ 统计	计算	$e_0=-0.5$ 统计	计算	$e_0=-0.7$ 统计	计算
1	1.0000	1.0000	1.0000	1.0000	1.0000	1.0000	1.0000	1.0000
2	0.6084	0.5345	0.5241	0.4710	0.3357	0.3380	0.2388	0.2255
3	0.3147	0.2855	0.2414	0.2217	0.1189	0.1142	0.0373	0.0508
4	0.1259	0.1525	0.0759	0.1043	0.0350	0.0386	0.0149	0.0114
5	0.0490	0.0814	0.0345	0.0491	0.0140	0.0130	0.0000	0.0026
6	0.0280	0.0434	0.0138	0.0231	0.0070	0.0044	0.0000	0.0006
7	0.0140	0.0232	0.0000	0.0108	0.0000	0.0015	0.0000	0.0001
8	0.0070	0.0123	0.0000	0.0051	0.0000	0.0005	0.0000	0.0000

表 2.6-6　　　　　　　　　　　陇县站干旱历时概率分布值

历时 l /月	$e_0=-0.1$ 统计	计算	$e_0=-0.3$ 统计	计算	$e_0=-0.5$ 统计	计算	$e_0=-0.7$ 统计	计算
1	1.0000	1.0000	1.0000	1.0000	1.0000	1.0000	1.0000	1.0000
2	0.5946	0.5334	0.5034	0.4676	0.4688	0.4363	0.3500	0.3221
3	0.3041	0.2844	0.2245	0.2185	0.1797	0.1902	0.0833	0.1037
4	0.1351	0.1516	0.0952	0.1021	0.0781	0.0829	0.0333	0.0334
5	0.0608	0.0807	0.0340	0.0477	0.0313	0.0361	0.0083	0.0107
6	0.0270	0.0430	0.0136	0.0223	0.0156	0.0157	0.0000	0.0035
7	0.0135	0.0229	0.0068	0.0104	0.0000	0.0069	0.0000	0.0011
8	0.0068	0.0122	0.0000	0.0048	0.0000	0.0030	0.0000	0.0004

表 2.6-7　　　　　　　　　　　眉县站干旱历时概率分布值

历时 l /月	$e_0=-0.1$ 统计	计算	$e_0=-0.3$ 统计	计算	$e_0=-0.5$ 统计	计算	$e_0=-0.7$ 统计	计算
1	1.0000	1.0000	1.0000	1.0000	1.0000	1.0000	1.0000	1.0000
2	0.6549	0.5593	0.5586	0.4748	0.4412	0.3675	0.2946	0.2544
3	0.3521	0.3127	0.2552	0.2254	0.1176	0.1350	0.0310	0.0647
4	0.1549	0.1747	0.0690	0.1069	0.0221	0.0496	0.0155	0.0164
5	0.0634	0.0976	0.0138	0.0507	0.0000	0.0182	0.0000	0.0042
6	0.0352	0.0545	0.0069	0.0240	0.0000	0.0067	0.0000	0.0011
7	0.0070	0.0304	0.0000	0.0114	0.0000	0.0024	0.0000	0.0003
8	0.0000	0.0170	0.0000	0.0054	0.0000	0.0009	0.0000	0.0001

表 2.6-8 岐山站干旱历时概率分布值

历时 l /月	$e_0=-0.1$ 统计	$e_0=-0.1$ 计算	$e_0=-0.3$ 统计	$e_0=-0.3$ 计算	$e_0=-0.5$ 统计	$e_0=-0.5$ 计算	$e_0=-0.7$ 统计	$e_0=-0.7$ 计算
1	1.0000	1.0000	1.0000	1.0000	1.0000	1.0000	1.0000	1.0000
2	0.5817	0.5408	0.5099	0.4722	0.4276	0.3831	0.2923	0.2529
3	0.3464	0.2923	0.2384	0.2229	0.1517	0.1467	0.0308	0.0639
4	0.1242	0.1580	0.0861	0.1052	0.0345	0.0561	0.0154	0.0162
5	0.0719	0.0853	0.0331	0.0496	0.0069	0.0215	0.0000	0.0041
6	0.0261	0.0461	0.0199	0.0234	0.0000	0.0082	0.0000	0.0010
7	0.0196	0.0249	0.0066	0.0110	0.0000	0.0031	0.0000	0.0003
8	0.0065	0.0134	0.0000	0.0052	0.0000	0.0012	0.0000	0.0001

表 2.6-9 千阳站干旱历时概率分布值

历时 l /月	$e_0=-0.1$ 统计	$e_0=-0.1$ 计算	$e_0=-0.3$ 统计	$e_0=-0.3$ 计算	$e_0=-0.5$ 统计	$e_0=-0.5$ 计算	$e_0=-0.7$ 统计	$e_0=-0.7$ 计算
1	1.0000	1.0000	1.0000	1.0000	1.0000	1.0000	1.0000	1.0000
2	0.5405	0.5334	0.4631	0.4524	0.3669	0.3595	0.2479	0.2531
3	0.3108	0.2844	0.2349	0.2046	0.1295	0.1292	0.0579	0.0640
4	0.1622	0.1516	0.0872	0.0925	0.0504	0.0464	0.0248	0.0162
5	0.0541	0.0807	0.0201	0.0418	0.0144	0.0167	0.0083	0.0041
6	0.0473	0.0430	0.0134	0.0189	0.0000	0.0060	0.0000	0.0010
7	0.0203	0.0229	0.0067	0.0085	0.0000	0.0021	0.0000	0.0003
8	0.0068	0.0122	0.0000	0.0038	0.0000	0.0008	0.0000	0.0001

表 2.6-10 太白站干旱历时概率分布值

历时 l /月	$e_0=-0.1$ 统计	$e_0=-0.1$ 计算	$e_0=-0.3$ 统计	$e_0=-0.3$ 计算	$e_0=-0.5$ 统计	$e_0=-0.5$ 计算	$e_0=-0.7$ 统计	$e_0=-0.7$ 计算
1	1.0000	1.0000	1.0000	1.0000	1.0000	1.0000	1.0000	1.0000
2	0.5407	0.5283	0.4685	0.4304	0.3358	0.3252	0.2193	0.2400
3	0.2815	0.2789	0.1958	0.1852	0.1022	0.1057	0.0702	0.0576
4	0.1259	0.1472	0.0629	0.0796	0.0292	0.0343	0.0175	0.0138
5	0.0889	0.0777	0.0280	0.0342	0.0146	0.0112	0.0088	0.0033
6	0.0519	0.0409	0.0000	0.0147	0.0000	0.0036	0.0000	0.0008
7	0.0222	0.0216	0.0000	0.0063	0.0000	0.0012	0.0000	0.0002
8	0.0074	0.0114	0.0000	0.0027	0.0000	0.0004	0.0000	0.0000

第 3 章

独立同分布干旱事件概率计算原理与方法

如第 1 章所示，干旱事件一般采用干旱历时、干旱烈度和干旱强度等特征变量描述。其中，干旱烈度和干旱强度一般采用水文统计频率分析方法进行计算。由于干旱历时为离散特征变量，实际中，一般采用几何分布来描述其发生规律。本章主要介绍独立同分布干旱事件干旱历时变量概率计算，对于干旱烈度和干旱强度所采用的原理方法，读者可参考《单变量水文序列频率计算原理与应用》（宋松柏等，2018）。

3.1 几何分布

几何分布（Geometric distribution）属离散型概率分布。假定有一伯努利随机试验，"成功 S" 事件发生的概率为 p，"失败 F" 事件发生的概率为 $q=1-p$。几何分布一般可以分为两种情况：

（1）第 k 次试验获得首次"成功"事件的概率分布（记为几何分布 1）。这类事件意味着前 $k-1$ 次试验发生"失败"，而第 k 次试验获得"成功"。即 $\underbrace{FFF\cdots F}_{k-1}\underbrace{S}_{k}$，根据概率论原理，这类事件的概率为

$$P(X=k)=(1-p)^{k-1}p=q^{k-1}p, k=1,2,\cdots \quad (3.1-1)$$

（2）直到"成功 S"事件出现，发生"失败 F"次数的概率分布（记为几何分布 2）。这类事件意味着前 k 次试验发生"失败"，而第 $k+1$ 次试验获得"成功 S"。即 $\underbrace{FFF\cdots F}_{k}\underbrace{S}_{k+1}$，同样根据概率论原理，发生"失败 F"次数的概率分布为

$$P(X=k)=(1-p)^{k}p=q^{k}p, k=1,2,\cdots \quad (3.1-2)$$

式（3.1-1）几何分布 1 模型是以 Sen 教授为代表的学者采用的干旱历时分布模型（Sen，1991a、1991b、2015）。Sen 教授在他的专著 *Applied drought modeling, prediction and mitigation* 和 *Journal of Hydrology* 期刊论文中进行了大量的研究。本章在介绍几何分布 1 模型的基础上，尝试探讨几何分布 2 模型的应用可能性。

3.2 几何分布 1 模型

假定水文随机变量 X 具有独立伯努利试验结果，满足独立同分布条件。设门限值 x_0，干旱事件发生概率为 $P(X<x_0)=p$，非干旱事件发生概率为 $P(X\geqslant x_0)=1-p=q$，干旱历时为 L。记干旱事件（干事件）$D=\{X<x_0\}$，非干旱事件（湿事件）为 $W=\{X$

第3章 独立同分布干旱事件概率计算原理与方法

$\geqslant x_0\}$。

3.2.1 干旱历时 $\{L=l\}$ 事件概率计算

按照干旱历时的定义，干旱历时长度 l 事件为

$$\{L=l\}=\left\{X_0\geqslant x_0,\underbrace{X_1<x_0,X_2<x_0,\cdots,X_l<x_0}_{l},X_{l+1}\geqslant x_0\right\} \quad (3.2-1)$$

其中，干旱历时长度必须在 $\{X_0\geqslant x_0, X_1<x_0\}$ 出现下发生。因此，干旱历时 $\{L=l\}$ 的概率 $f_d(l)$ 为条件概率：

$$f_d(l)=\frac{P(X_0\geqslant x_0,X_1<x_0,X_2<x_0,\cdots,X_l<x_0,X_{l+1}\geqslant x_0)}{P(X_0\geqslant x_0,X_1<x_0)}$$

$$=\frac{P(X_0\geqslant x_0)P(X_1<x_0)P(X_2<x_0)\cdots P(X_l<x_0)P(X_{l+1}\geqslant x_0)}{P(X_0\geqslant x_0)P(X_1<x_0)}$$

$$=\frac{\overbrace{qpp\cdots pq}^{l}}{qp}=\frac{qp^lq}{qp}=p^{l-1}q$$

即

$$f_d(l)=p^{l-1}q \quad (3.2-2)$$

式 (3.2-2) 表明，干旱历时 $\{L=l\}$ 事件服从式 (3.1-1) 几何分布 1 模型。

根据累积概率分布定义，有干旱历时 $\{L=l\}$ 的累积概率分布 $F_d(l)$ 为

$$F_d(l)=P(L\leqslant l)=\sum_{i=1}^{l}f_d(i)=\sum_{i=1}^{l}p^{i-1}q=q+pq+p^2q+\cdots+p^{l-1}q$$

$$=q(1+p+p^2+\cdots+p^{l-1})=\frac{q(1-p^l)}{1-p}=\frac{q(1-p^l)}{q}=1-p^l$$

即

$$F_d(l)=1-p^l \quad (3.2-3)$$

按照式 (3.2-3) 也可以推断概率密度函数 $f_d(l)$，有

$$f_d(l)=F_d(l)-F_d(l-1)=1-p^l-(1-p^{l-1})=p^{l-1}-p^l=p^{l-1}(1-p)=p^{l-1}q$$

同样，对于非干旱历时事件的概率 $f_w(l)$ 和累积概率分布 $F_w(l)$ 分别为

$$f_w(l)=q^{l-1}p \quad (3.2-4)$$

$$F_w(l)=P(L\leqslant l)=1-q^l \quad (3.2-5)$$

3.2.1.1 干旱历时 $\{L=l\}$ 数学期望 $E_d(L)$ 和方差 $D_d(L)$

根据数学期望的定义、等比级数和公式，有

$$E_d(L)=\sum_{l=0}^{\infty}l\cdot f_d(l)=\sum_{l=1}^{\infty}l\cdot f_d(l)=\sum_{l=1}^{\infty}l\cdot p^{l-1}q=q\sum_{l=1}^{\infty}l\cdot p^{l-1}$$

$$=q\frac{\mathrm{d}}{\mathrm{d}p}\sum_{l=1}^{\infty}p^l=q\frac{\mathrm{d}}{\mathrm{d}p}\left(\frac{1}{1-p}\right)=q\frac{1}{(1-p)^2}=(1-p)\frac{1}{(1-p)^2}=\frac{1}{1-p}=\frac{1}{q}$$

即

$$E_d(L)=\frac{1}{1-p}=\frac{1}{q} \quad (3.2-6)$$

根据方差的定义，有 $D_d(L)=E_d(L^2)-[E_d(L)]^2$。首先，推导 $E_d(L^2)$ 计算公式。

$$E_d(L^2) = \sum_{l=0}^{\infty} l^2 \cdot f_d(l) = \sum_{l=1}^{\infty} l^2 \cdot p^{l-1}q = q\sum_{l=1}^{\infty} l^2 \cdot p^{l-1}$$

$$= q\frac{\mathrm{d}}{\mathrm{d}p}\Big(\sum_{l=1}^{\infty} l \cdot p^l\Big) = q\frac{\mathrm{d}}{\mathrm{d}p}\Big(p\sum_{l=1}^{\infty} l \cdot p^{l-1}\Big) = q\frac{\mathrm{d}}{\mathrm{d}p}\Big(p\frac{\mathrm{d}}{\mathrm{d}p}\sum_{l=1}^{\infty} p^l\Big)$$

$$= q\frac{\mathrm{d}}{\mathrm{d}p}\Big[\frac{p}{(1-p)^2}\Big] = q\frac{(1-p)^2+2(1-p)p}{(1-p)^4} = q\frac{1-p^2}{(1-p)^4} = q\frac{1+p}{(1-p)^3}$$

$$= (1-p)\frac{1+p}{(1-p)^3} = \frac{1+p}{(1-p)^2}$$

或

$$E_d(L^2) = \sum_{l=0}^{\infty} l^2 \cdot f_d(l) = \sum_{l=1}^{\infty} l^2 \cdot f_d(l) = \sum_{l=1}^{\infty} l^2 \cdot p^{l-1}q = q\sum_{l=1}^{\infty} l^2 \cdot p^{l-1}$$

$$= pq\Big(\frac{\mathrm{d}^2}{\mathrm{d}p^2}\sum_{l=1}^{\infty} p^l + \sum_{l=1}^{\infty} l \cdot p^{l-2}\Big) = pq\Big[\frac{\mathrm{d}}{\mathrm{d}p}\frac{1}{(1-p)^2} + \sum_{l=1}^{\infty} l \cdot p^{l-2}\Big]$$

$$= pq\Big[\frac{2}{(1-p)^3} + \frac{1}{p(1-p)^2}\Big]$$

$$= pq\frac{2p+1-p}{p(1-p)^3} = p(1-p)\frac{1+p}{p(1-p)^3} = \frac{1+p}{(1-p)^2}$$

$$D_d(L) = E_d(L^2)-[E_d(L)]^2 = \frac{1+p}{(1-p)^2}-\frac{1}{(1-p)^2} = \frac{1+p-1}{(1-p)^2} = \frac{p}{(1-p)^2} \quad (3.2-7)$$

同理，非干旱历时事件的数学期望 $E_w(L)$ 和方差 $D_w(L)$

$$E_w(L) = \frac{1}{1-q} = \frac{1}{p} \quad (3.2-8)$$

$$D_w(L) = E_w(L^2)-[E_w(L)]^2 = \frac{q}{(1-q)^2} \quad (3.2-9)$$

3.2.1.2 干旱历时重现期 T

按照 Mehmetik Bayazit（2001）观点，平均来说，连续两个平均干旱历时（任一干旱历时长度 L）事件的时间间隔 IT 为

$$IT = E_d(L)+E_w(L) = \frac{1}{q}+\frac{1}{p} = \frac{1}{qp} \quad (3.2-10)$$

设一水文序列长度为 n，任一干旱历时长度事件发生总次数的期望值 N_d 为

$$N_d = \frac{n}{IT} = nqp \quad (3.2-11)$$

设干旱历时 $\{L=l\}$ 事件发生的次数为 N_l，根据概率原理，干旱历时 $\{L=l\}$ 事件发生的概率为 $f_d(l)=\frac{N_l}{N_d}$，则干旱历时 $\{L=l\}$ 事件发生的次数 N_l 为

$$N_l = f_d(l)N_d = p^{l-1}q \cdot nqp = np^l q^2 \quad (3.2-12)$$

则干旱历时 $\{L=l\}$ 事件发生的重现期 T 为

$$T = \frac{n}{N_l} = \frac{n}{np^l q^2} = \frac{1}{q^2 p^l} \quad (3.2-13)$$

3.2.2 干旱历时 $\{L \geqslant l\}$ 事件概率计算

3.2.2.1 干旱历时 $\{L \geqslant l\}$ 事件概率

同样，按照 Mehmetik（2001）观点，根据概率函数定义，干旱历时 $\{L \geqslant l\}$ 事件概率 $F_d^*(l)$ 为

$$F_d^*(l) = P(L \geqslant l) = \sum_{i=l}^{\infty} f_d(i) = \sum_{i=l}^{\infty} p^{i-1} q = q \sum_{i=l}^{\infty} p^{i-1}$$

令 $m = i - l$，当 $i = l$ 时，$m = 0$，当 $i \to \infty$ 时，$m \to \infty$，$i = m + l$，则

$$F_d^*(l) = q \sum_{i=l}^{\infty} p^{i-1} = q \sum_{m=0}^{\infty} p^{m+l-1} = q p^{l-1} \sum_{m=0}^{\infty} p^m = q p^{l-1} \frac{1}{1-p} = (1-p) p^{l-1} \frac{1}{1-p} = p^{l-1}$$

即

$$F_d^*(l) = p^{l-1} \tag{3.2-14}$$

或

$$F_d^*(l) = 1 - F_d(l) + f_d(l) = 1 - (1 - p^l) + p^{l-1} q = p^l + p^{l-1} q = p^{l-1}(p+q) = p^{l-1}$$

3.2.2.2 干旱历时 $\{L \geqslant l\}$ 事件概率发生的重现期 T^*

设一水文序列长度为 n，同样按照 Mehmetik（2001）观点，根据式（3.2-10），任一干旱历时长度事件发生总次数的期望值 N_d 也可以定义为

$$N_d = \frac{\{X < x_0\} \text{事件发生总次数}}{E_d(L)} = \frac{np}{E_d(L)} = \frac{np}{\dfrac{1}{1-p}} = np(1-p) = nqp \tag{3.2-15}$$

设干旱历时 $\{L \geqslant l\}$ 事件发生次数的数学期望值为 N_l^*，根据概率论原理，有 $F_d^*(l) = \dfrac{N_l^*}{N_d}$，则

$$N_l^* = F_d^*(l) N_d = p^{l-1} np(1-p) = np^l(1-p)$$

则干旱历时 $\{L \geqslant l\}$ 事件发生的重现期 T^* 为

$$T^* = \frac{n}{N_l^*} = \frac{n}{np^l(1-p)} = \frac{1}{(1-p)p^l} = \frac{1}{qp^l} \tag{3.2-16}$$

3.2.3 几何分布 1 模型参数 p 估计

式（3.2-2）几何分布 1 模型含有参数 p，其估计方法同单变量频率分布参数估计方法相同。常见的参数 p 有伯努利试验事件频率值法、矩法和极大似然法，以下介绍这些方法估计参数 p。

3.2.3.1 伯努利试验事件频率值法

设一水文序列 $x_1, x_2, \cdots, x_n$，其长度为 n。干旱历时 l 的可能发生值为 $l = 1, 2, \cdots, n$，干旱历时 l 在长度为 n 的序列中发生的频次为 $N_1^n(l)$，则参数 p 估计值 $\hat{p}$ 为

$$\hat{p} = \frac{1}{n} \sum_{l=1}^{n} l \cdot N_1^n(l) = \frac{n_1}{n} \tag{3.2-17}$$

式中：$N_1^n(l)$ 为样本序列 $x_1, x_2, \cdots, x_n$ 中，干旱历时 l 出现的频次；$n_1 = \sum\limits_{l=1}^{n} l \cdot N_1^n(l)$，即 n_1 等于样本序列 $x_1, x_2, \cdots, x_n$ 中干旱事件 $\{x_t < x_0\}$ 出现的数目，$t = 1, 2, \cdots, n$。

同样，非干旱事件（湿事件）参数 q 估计值 $\hat{q}$ 为

$$\hat{q} = 1 - \hat{p} = 1 - \frac{1}{n} \sum_{l=1}^{n} l \cdot N_1^n(l) = 1 - \frac{n_1}{n} = \frac{n_2}{n} \tag{3.2-18}$$

式中：$n_2 = \sum\limits_{l=1}^{n} l \cdot N_2^n(l)$ 为样本序列 $x_1, x_2, \cdots, x_n$ 中 $\{x_t \geq x_0\}$ 事件出现的数目，其中，$N_2^n(l)$ 为样本序列 $x_1, x_2, \cdots, x_n$ 中，非干旱 $\{x_t \geq x_0\}$ 历时 l 出现的频次，$n_1 + n_2 = n$，$\hat{p} + \hat{q} = 1$。显然，当 n 较大时，$\hat{p}$ 接近于伯努利试验事件 $\{x_t < x_0\}$ 出现的概率值，反之，n 较小时，$\hat{p}$ 代替伯努利试验事件 $\{x_t < x_0\}$ 出现的概率值会产生较大的偏差。

3.2.3.2 矩法

取固定的门限水平 x_0，按照第 1 章图 1.3-1 所示的负游程定义，则原序列 $x_1, x_2, \cdots, x_n$ 可转换为干旱序列。假定有 m 个游程（干旱历时序列样本长度），即 $l_1, l_2, \cdots, l_m$，其中，l_i 为长度 i 的游程，$i = 1, 2, \cdots, m$。根据干旱历时的均值计算公式，有 $\bar{l} = \frac{1}{m} \sum\limits_{i=1}^{m} l_i$。设干旱历时序列 $l_1, l_2, \cdots, l_m$ 中，干旱历时分别为 $l = 1, 2, \cdots, l_{\max}$，干旱历时 l 对应出现的频次为 $g(l)$，则有 $m = \sum\limits_{l=1}^{l_{\max}} g(l)$，$\sum\limits_{i=1}^{m} l_i = \sum\limits_{l=1}^{l_{\max}} l \cdot g(l)$。干旱历时的均值 $\bar{l} = \dfrac{\sum\limits_{i=1}^{m} l_i}{m} = \dfrac{\sum\limits_{l=1}^{l_{\max}} l \cdot g(l)}{\sum\limits_{l=1}^{l_{\max}} g(l)}$。由式 $E_d(L) = \dfrac{1}{1-\hat{p}}$，即 $\bar{l} = \dfrac{1}{1-\hat{p}}$，有

$$\hat{p} = \frac{\bar{l} - 1}{\bar{l}} \tag{3.2-19}$$

3.2.3.3 极大似然法

对于序列 $l_1, l_2, \cdots, l_m$，按干旱历时 l 的概率分布列 $f_d(l) = p^{l-1}(1-p)$ 构造似然函数，有 $L = \prod\limits_{i=1}^{m} p^{l_i - 1}(1-p) = (1-p)^m p^{\sum\limits_{i=1}^{m} l_i - m}$，取对数，有

$$\ln L = m \ln(1-p) + \left(\sum_{i=1}^{m} l_i - m \right) \ln p \tag{3.2-20}$$

根据极值原理，式（3.2-20）两边求导数，并令其导数等于 0，$\dfrac{\mathrm{d}\ln L}{\mathrm{d}p} = 0$，有 $\dfrac{\mathrm{d}\ln L}{\mathrm{d}p} = -\dfrac{m}{1-p} + \dfrac{1}{p}\left(\sum\limits_{i=1}^{m} l_i - m\right) = 0$，$-pm + (1-p)\left(\sum\limits_{i=1}^{m} l_i - m\right) = 0$，$-pm + \sum\limits_{i=1}^{m} l_i - m - p\sum\limits_{i=1}^{m} l_i + pm = 0$，$p \sum\limits_{i=1}^{m} l_i = \sum\limits_{i=1}^{m} l_i - m$，即

$$\hat{p} = \frac{\sum_{i=1}^{m} l_i - m}{\sum_{i=1}^{m} l_i} = \frac{\sum_{l=1}^{l_{\max}} l \cdot g(l) - m}{\sum_{l=1}^{l_{\max}} l \cdot g(l)} \tag{3.2-21}$$

3.3 几何分布2模型

回顾式（3.2-2），当干旱历时 $l=0$ 时，$P(L=0) = 1 - \sum_{l=1}^{\infty} f_d(l) = 1 - \sum_{l=1}^{\infty} p^{l-1} q = 1 - \sum_{l=1}^{\infty} p^{l-1} q = 1 - (1-p) \cdot \frac{1}{1-p} = 0$。这说明非干旱事件发生的概率等于0，与实际干旱发生情况不符。另外，从式（3.2-6）看出，当干旱发生概率 $p=0$（不发生干旱）时，干旱历时的数学期望值等于1，这显然与实际情况矛盾。因此，本节重新审视干旱历时概率表达式。借助第2章马氏游程理论方法，从样本游程概率计算出发，采用完备样本空间，从一般样本游程计算扩展到游程长度概率计算。本节方法力求克服目前现有干旱历时概率计算公式的不足。

3.3.1 样本游程概率计算

假定有一个含有"0"和"1"的样本为0001111100110100100001010111011，其长度为31。计算"0"和"1"游程发生的概率。

不难看出，样本含有15个"0"和16个"1"游程，不同长度的游程发生次数统计见表3.3-1。

表3.3-1　　　　　　　　　　样本游程概率计算结果

序号	游程	游程长度	发生次数	样本长度	概率
1	11111	5	1	5	1/16
2	0000	4	1	4	1/16
3	111	3	1	3	1/16
4	000	3	1	3	1/16
5	11	2	2	4	2/16
6	00	2	2	4	2/16
7	1	1	4	4	4/16
8	0	1	4	4	4/16
	合计		16	31	1

不同长度的游程发生的概率为

$$P(l_i = k) = \frac{N(l_i = k)}{G(n)}, \quad i = 0, 1 \tag{3.3-1}$$

式中：l_0、l_1 分别为"0"游程和"1"游程的长度；$N(l_0 = k)$、$N(l_1 = k)$ 分别为长度为 k 的"0"游程和"1"游程发生的次数；$G(n)$ 为样本"0"和"1"游程发生的总次数，本例中，$G(n)=16$。

3.3.2 完备样本空间游程长度概率计算

当 $p=\frac{1}{2}$ 时，式（3.2-2）也是一个描述连续出现"正面"或"反面"的无偏投币试验分布模型。设"正面"为"1"，"反面"为"2"；连续出现"1"称为"1"游程，连续出现"2"则称为"2"游程；k 表示游程长度。本节以"1"游程为例，设置投币试验次数 n，其投币结果有 $N=2^n$ 个长度为 n 的样本，也称样本空间集。本节借助马氏采用完备样本空间研究游程概率计算方法，如 $n=1$ 时，投币结果为 $\begin{bmatrix} 1 \\ 2 \end{bmatrix}$，有 $N=2$ 个长度为 1 的样本；$n=2$ 时，投币结果为 $\begin{bmatrix} 1 & 1 \\ 1 & 2 \\ 2 & 1 \\ 2 & 2 \end{bmatrix}$，有 $N=4$ 个长度为 2 的样本；$n=3$ 时，投币结果为 $\begin{bmatrix} 1 & 1 & 1 \\ 1 & 1 & 2 \\ 1 & 2 & 1 \\ 1 & 2 & 2 \\ 2 & 1 & 1 \\ 2 & 1 & 2 \\ 2 & 2 & 1 \\ 2 & 2 & 2 \end{bmatrix}$，有 $N=8$ 个长度为 3 的样本。记在第 t 个样本中，出现"1"游程长度 k 的发生次数为 $N_1^t(k)$，出现"2"游程长度 k 的发生次数为 $N_2^t(k)$。根据概率原理，在第 t 个样本中，出现"1"游程长度 k 的概率 $P_t(l=k)$ 为

$$P_t(l=k) = \frac{N_1^t(k)}{\sum_{k=1}^{n} N_1^t(k) + \sum_{k=1}^{n} N_2^t(k)} \quad (3.3-2)$$

采用计算机模拟技术，可模拟出不同投币次数 $N(t=1,2,\cdots,N)$ 下试验长度为 n 的投币结果（样本空间集），进而计算"1"游程长度的平均发生概率，即

$$P(l=k) = \frac{1}{N}\sum_{t=1}^{N} P_t(l=k) = \frac{1}{N}\sum_{t=1}^{N} \frac{N_1^t(k)}{\sum_{k=1}^{n} N_1^t(k) + \sum_{k=1}^{n} N_2^t(k)} \quad (3.3-3)$$

式中：N 为样本空间集所含样本的数目，$N=2^n$。

举例，当 $n=3$ 时，投币结果为 $\begin{bmatrix} 1 & 1 & 1 \\ 1 & 1 & 2 \\ 1 & 2 & 1 \\ 1 & 2 & 2 \\ 2 & 1 & 1 \\ 2 & 1 & 2 \\ 2 & 2 & 1 \\ 2 & 2 & 2 \end{bmatrix}$，"1"游程和"2"游程发生概率计算结果

第 3 章 独立同分布干旱事件概率计算原理与方法

见表 3.3-2。

表 3.3-2　　　　$n=3$ 时"1"游程和"2"游程发生概率统计计算结果

序号	"1"游程发生次数			"2"游程发生次数			合计	"1"游程发生概率			"2"游程发生概率			合计
	$k=1$	$k=2$	$k=3$	$k=1$	$k=2$	$k=3$		$k=1$	$k=2$	$k=3$	$k=1$	$k=2$	$k=3$	
1	0	0	1	0	0	0	1	0.0000	0.0000	1.0000	0.0000	0.0000	0.0000	1.0000
2	0	1	0	1	0	0	2	0.0000	0.5000	0.0000	0.5000	0.0000	0.0000	1.0000
3	2	0	0	1	0	0	3	0.6667	0.0000	0.0000	0.3333	0.0000	0.0000	1.0000
4	1	0	0	0	1	0	2	0.5000	0.0000	0.0000	0.0000	0.5000	0.0000	1.0000
5	0	1	0	1	0	0	2	0.0000	0.5000	0.0000	0.5000	0.0000	0.0000	1.0000
6	1	0	0	2	0	0	3	0.3333	0.0000	0.0000	0.6667	0.0000	0.0000	1.0000
7	1	0	0	0	1	0	2	0.5000	0.0000	0.0000	0.0000	0.5000	0.0000	1.0000
8	0	0	0	0	0	1	1	0.0000	0.0000	0.0000	0.0000	0.0000	1.0000	1.0000
游程平均发生概率								0.2500	0.1250	0.1250	0.2500	0.1250	0.1250	1.0000

"1"游程和"2"游程发生的总数为 $G(n)=\sum_{k=1}^{n}N_1^t(k)+\sum_{k=1}^{n}N_2^t(k)=\sum_{k=1}^{n}N_1^t(k)+\frac{1-\frac{1}{2}}{\frac{1}{2}}\sum_{k=1}^{n}N_1^t(k)$。

经模拟计算，长度为 k 的"1"游程发生概率见表 3.3-3，展示了不同试验长度 n 下长度为 k 的"1"游程发生概率的真实值。

表 3.3-3　　　　给定 $p=\frac{1}{2}$ 下，长度为 k 的"1"游程发生概率

n	游程长度 k									
	1	2	3	4	5	6	7	8	9	10
1	0.5000									
2	0.2500	0.2500								
3	0.2500	0.1250	0.1250							
4	0.2500	0.1250	0.0625	0.0625						
5	0.2500	0.1250	0.0625	0.0313	0.0313					
6	0.2500	0.1250	0.0625	0.0312	0.0156	0.0156				
7	0.2500	0.1250	0.0625	0.0313	0.0156	0.0078	0.0078			
8	0.2500	0.1250	0.0625	0.0312	0.0156	0.0078	0.0039	0.0039		
9	0.2500	0.1250	0.0625	0.0312	0.0156	0.0078	0.0039	0.0020	0.0020	
10	0.2500	0.1250	0.0625	0.0312	0.0156	0.0078	0.0039	0.0020	0.0010	0.0010
11	0.2500	0.1250	0.0625	0.0313	0.0156	0.0078	0.0039	0.0020	0.0010	0.0005
12	0.2500	0.1250	0.0625	0.0313	0.0156	0.0078	0.0039	0.0020	0.0010	0.0005

续表

n	游程长度 k									
	1	2	3	4	5	6	7	8	9	10
13	0.2500	0.1250	0.0625	0.0312	0.0156	0.0078	0.0039	0.0020	0.0010	0.0005
14	0.2500	0.1250	0.0625	0.0312	0.0156	0.0078	0.0039	0.0020	0.0010	0.0005
15	0.2500	0.1250	0.0625	0.0312	0.0156	0.0078	0.0039	0.0020	0.0010	0.0005

由表3.3-3不难看出，如 $n>k$ 时，长度为 k 的"1"游程发生概率是一个稳定的常数。因此，当投币次数 n 很大时，且大于游程长度 k 时，长度为 k 的"1"游程发生概率可写为如下通用公式：

$$P(l=k)=\left(\frac{1}{2}\right)^k\left(1-\frac{1}{2}\right), k\geqslant 1 \quad (3.3-4)$$

分析式（3.3-4）和式（3.1-1），二者的游程发生概率指数项相差1，与式（3.1-2）几何分布2模型相同。如果把"1"游程看作为干旱，显然，取 $p=\frac{1}{2}$，采用几何分布1计算干旱历时分布有较大的偏差，见表3.3-4。

表3.3-4　式（3.3-4）和式（3.1-1）计算"1"游程概率对比结果

长度 k	式（3.1-1）	式（3.3-4）	偏差	长度 k	式（3.1-1）	式（3.3-4）	偏差
1	0.50000	0.25000	0.25000	9	0.00195	0.00098	0.00098
2	0.25000	0.12500	0.12500	10	0.00098	0.00049	0.00049
3	0.12500	0.06250	0.06250	11	0.00049	0.00024	0.00024
4	0.06250	0.03125	0.03125	12	0.00024	0.00012	0.00012
5	0.03125	0.01563	0.01563	13	0.00012	0.00006	0.00006
6	0.01563	0.00781	0.00781	14	0.00006	0.00003	0.00003
7	0.00781	0.00391	0.00391	15	0.00003	0.00002	0.00002
8	0.00391	0.00195	0.00195	16	0.00002	0.00001	0.00001

从表3.3-4可以看出，当游程长度较小（$k\leqslant 5$）时，二者偏差加大，随着游程长度 k 增加，偏差减小；当游程长度较大（$k\geqslant 9$）时，二者计算结果接近。这说明，采用现有干旱历时分布（几何分布1）计算干旱历时分布是不合适的。

3.3.3　游程长度概率模拟计算

根据上述思路，进一步分析 $p=\frac{1}{3}$、$p=\frac{1}{4}$ 和 $p=\frac{1}{6}$ 的随机试验。设 $p=\frac{1}{3}$ 有3种试验结果 [1　2　3]，$p=\frac{1}{4}$ 有4种试验结果 [1　2　3　4]，$p=\frac{1}{6}$ 有6种试验结果 [1　2　3　4　5　6]。

如给定 $p=\frac{1}{3}$，当 $n=1$ 时，投币结果为 $\begin{bmatrix}1\\2\\3\end{bmatrix}$，有3个长度为1的样本；$n=2$ 时，投

第 3 章 独立同分布干旱事件概率计算原理与方法

币结果为 $\begin{bmatrix} 1 & 1 \\ 1 & 2 \\ 2 & 1 \\ 2 & 2 \end{bmatrix}$，$n=3$ 时，有 9 个长度为 2 的样本 $\begin{bmatrix} 1 & 1 \\ 1 & 2 \\ 1 & 3 \\ 2 & 1 \\ 2 & 2 \\ 2 & 3 \\ 3 & 1 \\ 3 & 2 \\ 3 & 3 \end{bmatrix}$。经模拟计算，长度为 k 的

"1"游程发生概率见表 3.3-5，显示了长度为 k 的"1"游程发生概率的真实值。同样 $p=\dfrac{1}{4}$、$p=\dfrac{1}{6}$，长度为 k 的"1"游程发生概率见表 3.3-6 和表 3.3-7。

表 3.3-5　　　　　给定 $p=\dfrac{1}{3}$ 下，长度为 k 的"1"游程发生概率

n	游程长度 k									
	1	2	3	4	5	6	7	8	9	10
1	0.3333									
2	0.2222	0.1111								
3	0.2222	0.0741	0.0370							
4	0.2222	0.0741	0.0247	0.0123						
5	0.2222	0.0741	0.0247	0.0082	0.0041					
6	0.2222	0.0741	0.0247	0.0082	0.0027	0.0014				
7	0.2222	0.0741	0.0247	0.0082	0.0027	0.0009	0.0005			
8	0.2222	0.0741	0.0247	0.0082	0.0027	0.0009	0.0003	0.0002		
9	0.2222	0.0741	0.0247	0.0082	0.0027	0.0009	0.0003	0.0001	0.0001	
10	0.2222	0.0741	0.0247	0.0082	0.0027	0.0009	0.0003	0.0001	0.0000	0.0000

表 3.3-6　　　　　给定 $p=\dfrac{1}{4}$ 下，长度为 k 的"1"游程发生概率

n	游程长度 k									
	1	2	3	4	5	6	7	8	9	10
1	0.2500									
2	0.1875	0.0625								
3	0.1875	0.0469	0.0156							
4	0.1875	0.0469	0.0117	0.0039						
5	0.1875	0.0469	0.0117	0.0029	0.0010					
6	0.1875	0.0469	0.0117	0.0029	0.0007	0.0002				
7	0.1875	0.0469	0.0117	0.0029	0.0007	0.0002	0.0001			

续表

n	游程长度 k									
	1	2	3	4	5	6	7	8	9	10
8	0.1875	0.0469	0.0117	0.0029	0.0007	0.0002	0.0000	0.0000		
9	0.1875	0.0469	0.0117	0.0029	0.0007	0.0002	0.0000	0.0000	0.0000	
10	0.1875	0.0469	0.0117	0.0029	0.0007	0.0002	0.0000	0.0000	0.0000	0.0000

表 3.3-7　　　　给定 $p=\dfrac{1}{6}$ 下，长度为 k 的 "1" 游程发生概率

n	游程长度 k									
	1	2	3	4	5	6	7	8	9	10
1	0.1667									
2	0.1389	0.0278								
3	0.1389	0.0231	0.0046							
4	0.1389	0.0231	0.0039	0.0008						
5	0.1389	0.0231	0.0039	0.0006	0.0001					
6	0.1389	0.0231	0.0039	0.0006	0.0001	0.0000				
7	0.13889	0.02315	0.00386	0.00064	0.00011	0.00002	0.00000			
8	0.13889	0.02315	0.00386	0.00064	0.00011	0.00002	0.00000	0.00000		
9	0.13889	0.02315	0.00386	0.00064	0.00011	0.00002	0.00000	0.00000	0.00000	
10	0.13889	0.02315	0.00386	0.00064	0.00011	0.00002	0.00000	0.00000	0.00000	0.00000

由表 3.3-5～表 3.3-7 不难看出，如 $n>k$ 时，长度为 k 的 "1" 游程发生同样是一个稳定的常数。因此，长度为 k 的 "1" 游程发生概率可写为如下通用公式：

$$P(l=k)=p^k(1-p), \quad k \geqslant 1 \tag{3.3-5}$$

显然，式（3.3-5）游程长度与几何分布 2 模型相同。

3.3.4　干旱历时概率计算

式（3.3-5）按照等概率状态空间推出了长度为 k 的 "1" 游程发生概率的计算公式。实际中，干旱发生呈现出非等概率状态。如 $p=0.8$，$H=\dfrac{1}{p}=\dfrac{1}{0.8}=1.25$，即有 1.25 个状态，概率和 $1.25 \times 0.8=1.0$。在 1.25 个状态中，$p=0.8$ 的事件仍按此概率发生。因此，式（3.3-5）归纳公式仍然成立。

为了进一步验证式（3.3-5）的正确性，假定水文随机变量 X 具有独立伯努利试验结果，满足独立同分布条件。设门限值 x_0，干旱事件发生概率 $P(X<x_0)=p$，非干旱事件发生概率 $P(X \geqslant x_0)=1-p=q$，干旱历时长度为 k。记干旱事件 $D=\{X<x_0\}$，非干旱事件 $W=\{X \geqslant x_0\}$。按照上述定义，干旱历时长度 l 的事件可定义为

$$\{l=k\}=\left\{X_0 \geqslant x_0, \underbrace{X_1<x_0, X_2<x_0, \cdots, X_k<x_0}_{k}, X_{k+1} \geqslant x_0\right\} \tag{3.3-6}$$

式 (3.3-6) 中，干旱历时长度 l 事件必须在 $\{X \geqslant x_0\}$ 出现下发生，因此，干旱历时长度 l 事件的概率为条件概率：

$$f_d(l) = P(l=k) = \frac{P\left(X_0 \geqslant x_0, \underbrace{X_1 < x_0, X_2 < x_0, \cdots, X_k < x_0}_{k}, X_{k+1} \geqslant x_0\right)}{P(X \geqslant x_0)}$$

$$= \frac{P(X_0 \geqslant x_0)\underbrace{P(X_1 < x_0)P(X_2 < x_0)\cdots P(X_k < x_0)}_{k}P(X_{k+1} \geqslant x_0)}{P(X \geqslant x_0)}$$

$$= \frac{\overbrace{qppp\cdots pq}^{k}}{q} = \frac{qp^k q}{q} = p^k q = p^k(1-p)$$

即

$$P(l=k) = p^k(1-p), k=0,1,2,\cdots \qquad (3.3-7)$$

说明式 (3.3-6) 表示的长度为 k 的"1"游程发生概率计算公式是正确的。再检查 $\sum_{k=0}^{\infty} P(l=k) = \sum_{k=0}^{\infty} p^k(1-p) = (1-p)\sum_{k=0}^{\infty} p^k = (1-p) \cdot \frac{1}{1-p} = 1$，进一步说明式 (3.3-6) 是正确的。从式 (3.3-6) 可以得出，$P(l=0) = 1-p = q$，干旱历时 $l=0$ 表明没有干旱事件发生，进而发生非干旱事件，其概率等于 q。

干旱历时累积概率分布 $F_d(l)$ 为

$$F_d(l) = P(l < k) = \sum_{l=0}^{k-1} p^l(1-p) = 1-p + \sum_{l=1}^{k-1} p^l(1-p)$$

$$= 1-p + (1-p)\sum_{l=1}^{k-1} p^l = 1-p + (1-p)\frac{p(1-p^{k-1})}{1-p}$$

$$= 1-p + p(1-p^{k-1}) = 1-p^k$$

即

$$F_d(l) = 1-p^k \qquad (3.3-8)$$

$P(l \geqslant k) = \sum_{l=k}^{\infty} p^l(1-p) = (1-p)\sum_{l=k}^{\infty} p^l$，令 $i=l-k$，当 $l=k$ 时，$i=0$；当 $l \to \infty$ 时，$i \to \infty$，$l=i+k$。则 $P(l \geqslant k) = (1-p)\sum_{i=0}^{\infty} p^{i+k} = (1-p)p^k \sum_{i=0}^{\infty} p^i = (1-p)p^k \cdot \frac{1}{1-p} = p^k$。或

$$P(l \geqslant k) = 1 - P(l < k) = 1 - (1-p^k) = p^k \qquad (3.3-9)$$

3.3.5 干旱历时分布数字特征值

干旱历时分布数学期望为

$$E_d(L) = \sum_{k=0}^{\infty} k f_d(l) = \sum_{k=0}^{\infty} k p^k(1-p) = (1-p)p \sum_{k=0}^{\infty} k p^{k-1} = (1-p)p \frac{\mathrm{d}}{\mathrm{d}p} \sum_{k=0}^{\infty} p^k$$

$$= (1-p)p \frac{\mathrm{d}}{\mathrm{d}p} \frac{1}{1-p} = (1-p)p \frac{1}{(1-p)^2} = \frac{p}{1-p} \qquad (3.3-10)$$

$$E_d(L^2) = \sum_{k=0}^{\infty} k^2 f_d(l) = \sum_{k=0}^{\infty} k^2 p^k(1-p) = (1-p)\sum_{k=0}^{\infty} k^2 p^k = (1-p)\left[\sum_{k=0}^{\infty} k(k+1)p^k - \sum_{k=0}^{\infty} k p^k\right]$$

对于 $\sum_{k=0}^{\infty} k(k+1)p^k$，有

$$\sum_{k=0}^{\infty} k(k+1)p^k = p\sum_{k=0}^{\infty} k(k+1)p^{k-1} = p\frac{d^2}{dp^2}\sum_{k=0}^{\infty} p^{k+1} = p\frac{d^2}{dp^2}p\sum_{k=0}^{\infty} p^k$$

$$= p\frac{d^2}{dp^2}\frac{p}{1-p} = p\frac{d}{dp}\frac{1-p+p}{(1-p)^2} = p\frac{d}{dp}\frac{1}{(1-p)^2} = p\frac{2}{(1-p)^3}$$

对于 $\sum_{k=0}^{\infty} kp^k$，有

$$\sum_{k=0}^{\infty} kp^k = p\sum_{k=0}^{\infty} kp^{k-1} = p\frac{d}{dp}\sum_{k=0}^{\infty} p^k = p\frac{d}{dp}\frac{1}{1-p} = \frac{p}{(1-p)^2}$$

则

$$E_d(L^2) = (1-p)\left[\frac{2p}{(1-p)^3} - \frac{p}{(1-p)^2}\right] = (1-p)\frac{2p-p(1-p)}{(1-p)^3} = \frac{p+p^2}{(1-p)^2}$$

干旱历时分布方差为

$$D_d(L) = E_d(L^2) - [E_d(L)]^2 = \frac{p+p^2}{(1-p)^2} - \left(\frac{p}{1-p}\right)^2 = \frac{p}{(1-p)^2} \quad (3.3-11)$$

干旱历时分布数学期望和方差可用概率矩母函数（probability generating function）$G(\eta)$ 获得。

$$G(\eta) = \sum_{k=0}^{\infty} f_d(l)\eta^k = \sum_{k=0}^{\infty} p^k(1-p)\eta^k = (1-p)\sum_{k=0}^{\infty} (p\eta)^k = (1-p)\cdot\frac{1}{1-p\eta}$$
$$(3.3-12)$$

$$G'(\eta) = (1-p)\cdot\frac{d}{d\eta}\frac{1}{1-p\eta} = (1-p)\cdot\frac{p}{(1-p\eta)^2}$$

$$E_d(L) = G'(1) = (1-p)\cdot\frac{p}{(1-p)^2} = \frac{p}{1-p} \quad (3.3-13)$$

$$G''(\eta) = (1-p)p\cdot\frac{d}{d\eta}\frac{1}{(1-p\eta)^2} = (1-p)p\cdot\frac{2p}{(1-p\eta)^3} = \frac{2p^2(1-p)}{(1-p\eta)^3} \quad (3.3-14)$$

$$G''(1) = \frac{2p^2(1-p)}{(1-p)^3} = \frac{2p^2}{(1-p)^2} \quad (3.3-15)$$

$$D_d(L) = G''(1) + G'(1) - [G'(1)]^2 = \frac{2p^2}{(1-p)^2} + \frac{p}{1-p} - \left(\frac{p}{1-p}\right)^2 = \frac{2p^2+p-p^2-p^2}{(1-p)^2} = \frac{p}{(1-p)^2}$$
$$(3.3-16)$$

3.3.6 干旱历时分布参数估算

几何分布 2 模型参数估计与几何分布 1 模型参数估计方法相同。

3.3.6.1 伯努利试验事件频率值法

伯努利试验事件频率值法估计参数仍为

$$\hat{p} = \frac{n_1}{n}, \quad \hat{q} = \frac{n_2}{n}, \quad n_1 + n_2 = n \quad (3.3-17)$$

式中：n 为样本序列长度；n_1 为样本序列干旱事件 $\{x_t < x_0\}$ 出现的数目；n_2 为样本序

列 $\{x_t \geqslant x_0\}$ 事件出现的数目。矩法、极大似然法公式符号约定与几何分布1模型参数估计公式相同。

3.3.6.2 矩法

对于固定的门限水平 x_0，有 $\bar{l} = \sum_{i=1}^{m} l_i$，$m = \sum_{l=1}^{l_{\max}} g(l)$，$\sum_{i=1}^{m} l_i = \sum_{l=1}^{l_{\max}} l \cdot g(l)$。由 $E_d(L) = \dfrac{p}{1-\hat{p}}$ 得，$\bar{l} = \dfrac{p}{1-\hat{p}}$，有参数估计值 $\hat{p}$ 为

$$\hat{p} = \frac{\bar{l}}{1+\bar{l}} \tag{3.3-18}$$

式中：m 为干旱历时序列样本长度；l_i 为干旱历时序列，$i=1,2,\cdots,m$，干旱历时分别取值为 $l=1,2,\cdots,l_{\max}$。

3.3.6.3 极大似然法

对于序列 $l_1, l_2, \cdots, l_m$，按干旱历时 l 的概率分布列 $f_d(l) = P(l=k) = p^k(1-p)$ 构造似然函数，有 $L = \prod_{i=1}^{m} p^{l_i}(1-p) = (1-p)^m p^{\sum_{i=1}^{m} l_i}$，取对数，有

$$\ln L = m \ln(1-p) + \ln p \sum_{i=1}^{m} l_i \tag{3.3-19}$$

根据极值原理，式（3.3-19）两边求导数，并令其导数等于 0，有 $\dfrac{\mathrm{d}\ln L}{\mathrm{d}p} = -\dfrac{m}{1-p} + \dfrac{1}{p} \sum_{i=1}^{m} l_i = 0$，即 $-pm + (1-p) \sum_{i=1}^{m} l_i = 0$，进一步整理，$p\left(\sum_{i=1}^{m} l_i + m\right) = \sum_{i=1}^{m} l_i$，即

$$\hat{p} = \frac{\sum_{i=1}^{m} l_i}{\sum_{i=1}^{m} l_i + m} = \frac{\dfrac{\sum_{i=1}^{m} l_i}{m}}{\dfrac{\sum_{i=1}^{m} l_i}{m} + 1} = \frac{\bar{l}}{1+\bar{l}} \tag{3.3-20}$$

式（3.3-18）和式（3.3-20）表明，参数 $\hat{p}$ 的矩法和极大似然法估计值相同。

3.3.7 干旱历时经验频率计算

设序列长度为 n，出现"1"游程长度 k 的发生次数为 $N_1^n(k)$，出现非"1"游程长度 k 的发生次数为 $N_2^n(k)$。根据概率原理，样本中出现"1"游程长度 k 的概率 $P(l=k)$ 为

$$P(l=k) = \frac{N_1^n(k)}{\sum_{k=1}^{n} N_1^n(k) + \sum_{k=1}^{n} N_2^n(k)} \tag{3.3-21}$$

上述推导了一个等概率状态的游程。一个干旱发生概率 p，相当于有 $\dfrac{1}{p}$ 个状态。出现"1"游程长度 k 的发生次数为 $N_1^n(k)$，则剩余 $\dfrac{1}{p} - 1 = \dfrac{1-p}{p}$ 个状态的游程总数为 $\dfrac{1-p}{p}$

$N_1^n(k)$。所以，长度为 n 的序列，$\frac{1}{p}$ 个状态的总游程数目为 $G(n)=\sum_{k=1}^{n}N_1^n(k)+\sum_{k=1}^{n}N_2^n(k)=G(n)=\sum_{k=1}^{n}N_1^n(k)+\frac{1-p}{p}\sum_{k=1}^{n}N_1^n(k)$。

3.3.8 干旱历时重现期计算

应用几何分布2模型与几何分布1模型进行干旱分析，其重现期计算推导公式推导相同，只是干旱历时分布公式存在差异。

3.3.8.1 干旱事件 $\{l=k\}$ 概率计算

按照 Mehmetik（2001）观点，给定一个长度为 n 的水文序列，任一长度 l 干旱发生总次数的期望值 N_d 为

$$N_d=\frac{\{x_t<x_0\}\text{事件发生数目}}{E_d(L)}=\frac{np}{\frac{p}{1-p}}=n(1-p) \qquad (3.3-22)$$

设 $\{l=k\}$ 事件发生次数的数学期望值为 N_l，根据概率论原理，有 $F_d(l)=\frac{N_l}{N_d}$，则

$$N_l=f_d(l)N_d=p^k(1-p)n(1-p)=np^k(1-p)^2 \qquad (3.3-23)$$

则干旱历时 $\{l=k\}$ 事件发生的重现期 T 为

$$T=\frac{n}{N_l}=\frac{n}{np^k(1-p)^2}=\frac{1}{(1-p)^2p^k} \qquad (3.3-24)$$

回顾马氏干旱历时 $\{l=k\}$ 平均发生次数（马秀峰，2011），有

$$g(k)=(1-p)[1+p+(1-p)(n-k)]p^k \qquad (3.3-25)$$

根据重现期的定义，有马氏干旱历时 $T(l)$

$$T(l)=\frac{n}{g(k)}=\frac{n}{(1-p)[1+p+(1-p)(n-k)]p^k} \qquad (3.3-26)$$

当 $n\to\infty$，式（3.3-26）有

$$T(l)=\lim_{n\to\infty}\frac{1}{(1-p)\left[\frac{1+p}{n}+(1-p)\left(1-\frac{k}{n}\right)\right]p^k}=\frac{1}{(1-p)^2p^k} \qquad (3.3-27)$$

式（3.3-27）表明式（3.3-24）的重现期与马氏重现期公式的极限式相同。

3.3.8.2 干旱事件 $\{l\geqslant k\}$ 事件概率计算

同样，按照 Mehmetik（2001）观点，给定一个长度为 n 的水文序列，任一长度 l 干旱发生总次数的期望值为 $N_d=n(1-p)$。

设 $\{l\geqslant k\}$ 事件发生次数的数学期望值为 N_l^*，根据概率论原理，有

$$N_l^*=F_d(l)N_d=p^kn(1-p)=np^k(1-p) \qquad (3.3-28)$$

则干旱历时 $\{l\geqslant k\}$ 事件发生的重现期 T^* 为

$$T^*=\frac{n}{N_l^*}=\frac{n}{np^k(1-p)}=\frac{1}{p^k(1-p)} \qquad (3.3-29)$$

回顾马氏干旱历时 $\{l\geqslant k\}$ 平均发生次数（马秀峰等，2011）为

$$\sum_{l=k}^{\infty}g(l)=\sum_{l=k}^{\infty}[(1-p)[1+p+(1-p)(n-l)]p^l]$$

$$=(1-p)\sum_{l=k}^{\infty}p^l+(1-p)\sum_{l=k}^{\infty}p^{l+1}+n(1-p)^2\sum_{l=k}^{\infty}p^l-(1-p)^2\sum_{l=k}^{\infty}lp^l$$

$$=(1-p)\sum_{l=k}^{\infty}p^l+p(1-p)\sum_{l=k}^{\infty}p^l+n(1-p)^2\sum_{l=k}^{\infty}p^l-(1-p)^2\sum_{l=k}^{\infty}lp^l$$

对于 $\sum_{l=k}^{\infty}p^l$，令 $i=l-k$，当 $l=k$ 时，$i=0$；当 $l\to\infty$ 时，$i\to\infty$，$l=i+k$。则

$$\sum_{l=k}^{\infty}p^l=\sum_{i=0}^{\infty}p^{i+k}=p^k\sum_{i=0}^{\infty}p^i=\frac{p^k}{1-p} \quad (3.3-30)$$

对于 $\sum_{l=k}^{\infty}lp^l$，令 $i=l-k$，当 $l=k$ 时，$i=0$；当 $l\to\infty$ 时，$i\to\infty$，$l=i+k$。则

$$\sum_{l=k}^{\infty}lp^l=\sum_{i=0}^{\infty}(i+k)p^{i+k}=p^k\left(\sum_{i=0}^{\infty}ip^i+k\sum_{i=0}^{\infty}p^i\right)$$

$$=p^k\left(p\sum_{i=0}^{\infty}ip^{i-1}+k\sum_{i=0}^{\infty}p^i\right)=p^k\left(p\frac{\mathrm{d}}{\mathrm{d}p}\sum_{i=0}^{\infty}p^i+k\sum_{i=0}^{\infty}p^i\right)$$

$$=p^k\left(p\frac{\mathrm{d}}{\mathrm{d}p}\frac{1}{1-p}+\frac{k}{1-p}\right)=p^k\left(\frac{p}{(1-p)^2}+\frac{k}{1-p}\right) \quad (3.3-31)$$

$$\sum_{l=k}^{\infty}g(l)=(1-p)\sum_{l=k}^{\infty}p^l+p(1-p)\sum_{l=k}^{\infty}p^l+n(1-p)^2\sum_{l=k}^{\infty}p^l-(1-p)^2\sum_{l=k}^{\infty}lp^l$$

$$=(1-p)\frac{p^k}{1-p}+p(1-p)\frac{p^k}{1-p}+n(1-p)^2\frac{p^k}{1-p}-(1-p)^2p^k\left(\frac{p}{(1-p)^2}+\frac{k}{1-p}\right)$$

$$=p^k+p^{k+1}+n(1-p)p^k-(p+k-kp)p^k$$

$$=p^k+p^{k+1}+n(1-p)p^k-p^{k+1}-k(1-p)p^k$$

$$=p^k+n(1-p)p^k-k(1-p)p^k=p^k[1+n(1-p)-k(1-p)]$$

则马氏干旱历时 $\{l\geqslant k\}$ 重现期 $T^*(l)$ 为

$$T^*(l)=\frac{n}{p^k[1+n(1-p)-k(1-p)]} \quad (3.3-32)$$

当 $n\to\infty$，式（3.3-32）有

$$\lim_{n\to\infty}T^*(l)=\lim_{n\to\infty}\frac{1}{p^k\left[\frac{1}{n}+(1-p)-\frac{k(1-p)}{n}\right]}=\frac{1}{p^k(1-p)} \quad (3.3-33)$$

显然，式（3.3-29）与马氏干旱历时 $\{l\geqslant k\}$ 重现期的极限值相同。

$p=\frac{1}{2}$ 下，不同历时 $\{l\geqslant k\}$ 事件模拟重现期见表3.3-8。

表3.3-8　　　　　　　　不同历时 $\{l\geqslant k\}$ 游程模拟重现期

n	$T(1)$	$T(2)$	$T(3)$	$T(4)$	$T(5)$	$T(6)$	$T(7)$	$T(8)$	$T(9)$
1.0×10	3.6364	8.0000	17.7778	40.0000	91.4286	213.3333	512.0000	1280.0000	3413.3333
1.0×10^2	3.9604	8.0000	16.1616	32.6531	65.9794	133.3333	269.4737	544.6809	1101.0753

续表

n	$T(1)$	$T(2)$	$T(3)$	$T(4)$	$T(5)$	$T(6)$	$T(7)$	$T(8)$	$T(9)$
5.0×10^2	3.9920	8.0000	16.0321	32.1285	64.3863	129.0323	258.5859	518.2186	1038.5396
1.0×10^3	3.9960	8.0000	16.0160	32.0641	64.1926	128.5141	257.2864	515.0905	1031.2185
5.0×10^3	3.9992	8.0000	16.0032	32.0128	64.0384	128.1025	256.2563	512.6151	1025.4356
1.0×10^4	3.9996	8.0000	16.0016	32.0064	64.0192	128.0512	256.1281	512.3074	1024.7173
5.0×10^4	3.9999	8.0000	16.0003	32.0013	64.0038	128.0102	256.0256	512.0614	1024.1434
1.0×10^5	4.0000	8.0000	16.0002	32.0006	64.0019	128.0051	256.0128	512.0307	1024.0717
5.0×10^5	4.0000	8.0000	16.0000	32.0001	64.0004	128.0010	256.0026	512.0061	1024.0143
1.0×10^6	4.0000	8.0000	16.0000	32.0001	64.0002	128.0005	256.0013	512.0031	1024.0072
5.0×10^6	4.0000	8.0000	16.0000	32.0000	64.0000	128.0001	256.0003	512.0006	1024.0014
1.0×10^7	4.0000	8.0000	16.0000	32.0000	64.0000	128.0001	256.0001	512.0003	1024.0007

$p=\dfrac{1}{2}$ 下，不同历时 $\{l=k\}$ 事件模拟重现期见表 3.3-9。

表 3.3-9　　　　　　　　不同历时 $\{l=k\}$ 游程模拟重现期

n	$T(2)$	$T(3)$	$T(4)$	$T(5)$	$T(6)$	$T(7)$	$T(8)$	$T(9)$	$T(10)$
1.0×10	6.6667	14.5455	32.0000	71.1111	160.0000	365.7143	853.3333	2048.0000	5120.0000
1.0×10^2	7.8431	15.8416	32.0000	64.6465	130.6122	263.9175	533.3333	1077.8947	2178.7234
5.0×10^2	7.9681	15.9681	32.0000	64.1283	128.5141	257.5453	516.1290	1034.3434	2072.8745
1.0×10^3	7.9840	15.9840	32.0000	64.0641	128.2565	256.7703	514.0562	1029.1457	2060.3622
5.0×10^3	7.9968	15.9968	32.0000	64.0128	128.0512	256.1537	512.4099	1025.0250	2050.4606
1.0×10^4	7.9984	15.9984	32.0000	64.0064	128.0256	256.0768	512.2049	1024.5123	2049.2295
5.0×10^4	7.9997	15.9997	32.0000	64.0013	128.0051	256.0154	512.0410	1024.1024	2048.2458
1.0×10^5	7.9998	15.9998	32.0000	64.0006	128.0026	256.0077	512.0205	1024.0512	2048.1229
5.0×10^5	8.0000	16.0000	32.0000	64.0001	128.0005	256.0015	512.0041	1024.0102	2048.0246
1.0×10^6	8.0000	16.0000	32.0000	64.0001	128.0003	256.0008	512.0020	1024.0051	2048.0123
5.0×10^6	8.0000	16.0000	32.0000	64.0000	128.0001	256.0002	512.0004	1024.0010	2048.0025
1.0×10^7	8.0000	16.0000	32.0000	64.0000	128.0000	256.0001	512.0002	1024.0005	2048.0012

3.4　应用实例

本节选用黄河流域伊洛河黑石关 1951—2010 年共计 60 年 720 个月的逐月实测降水量（表 3.4-1）（马秀峰等，2011）。采用月相对距平指标，共有 720 个月的相对距平。马秀峰认为，其中任何一个月相对距平值都不具有特殊地位，都是总体中的组成部分，在每次试验中，都有相同的发生概率；只要某月降水量相对距平为负，即可判定该月为干旱，相对负距平的绝对值越大，旱情也越严重，因而，月降水量的相对负距平可以作为评价干旱烈度的指标。

$$K_i^j = \frac{P_i^j - \overline{P_i}}{\overline{P_i}} \tag{3.4-1}$$

式中：K_i^j 为第 j 年第 i 月相对距平值，见表 3.4-2，$j=1,2,\cdots,n$，$i=1,2,\cdots,12$；n 为年数；P_i^j 为第 j 年第 i 月相对降水量值；$\overline{P_i}$ 为第 i 月多年平均降水量值。

表 3.4-1　　　　伊洛河黑石关 1951—2010 年逐月降水量统计表　　　　单位：mm

年份	1月	2月	3月	4月	5月	6月	7月	8月	9月	10月	11月	12月
1951	6.2	23.1	0.3	28.6	87.3	39.2	106.3	103.4	28.8	36.9	28.9	5.2
1952	0.0	9.1	70.9	50.2	22.2	72.8	21.1	36.5	62.4	44.7	76.6	2.6
1953	0.9	12.2	33.9	15.3	22.3	145.8	171.5	92.8	6.0	34.7	31.3	15.7
1954	15.7	47.1	2.1	26.1	133.6	30.4	93.7	227.5	11.4	53.1	54.8	27.7
1955	2.3	1.9	33.1	39.3	18.9	9.2	80.1	250.3	90.6	21.8	4.2	13.6
1956	13.1	3.5	38.2	64.1	9.8	183.3	88.4	381.0	2.8	16.0	1.5	1.2
1957	15.8	5.9	8.9	55.2	35.5	80.3	283.9	2.7	2.7	69.4	18.2	3.4
1958	13.7	0.0	28.9	41.3	77.6	49.8	376.9	148.1	21.5	54.5	57.2	14.8
1959	3.1	8.7	49.7	0.9	57.9	105.7	28.1	252.1	5.1	37.6	22.7	7.6
1960	1.7	1.9	55.1	16.3	19.7	26.7	148.5	136.3	52.0	36.6	5.4	0.6
1961	1.9	3.0	17.3	24.1	61.7	89.6	82.1	63.9	135.7	83.7	33.1	0.6
1962	0.4	16.2	0.0	9.8	13.4	56.0	52.1	181.2	101.5	53.8	56.5	1.1
1963	0.0	0.0	23.9	40.6	133.7	51.9	59.2	103.0	49.7	1.6	13.9	4.4
1964	13.9	1.9	41.3	134.3	150.8	21.5	176.6	112.9	113.9	125.1	5.8	4.3
1965	3.4	8.1	7.9	54.6	2.7	5.5	86.9	22.1	39.4	51.5	29.3	0.2
1966	0.0	12.6	35.4	43.5	39.5	55.5	124.4	94.8	12.0	19.9	15.0	1.7
1967	11.5	19.1	48.4	49.2	9.1	95.5	71.0	66.3	93.5	10.5	68.0	0.0
1968	1.6	0.0	0.9	20.1	42.0	9.3	81.9	77.2	91.0	50.6	31.8	10.5
1969	10.2	16.1	6.1	74.8	14.3	3.9	88.2	48.5	211.7	6.5	1.3	0.0
1970	0.0	1.9	13.2	36.6	41.0	44.9	184.8	98.6	75.2	31.7	5.5	0.1
1971	19.5	12.2	4.5	39.0	25.6	192.7	53.4	20.0	47.4	42.5	68.4	17.2
1972	8.5	4.1	23.4	8.5	33.8	36.4	65.4	69.8	79.9	45.5	19.8	5.0
1973	10.8	4.6	9.8	75.0	40.6	74.3	309.1	110.8	79.2	34.2	0.8	0.0
1974	3.9	10.3	37.3	60.2	55.3	43.8	173.4	73.3	120.2	70.0	24.9	27.2
1975	0.0	7.7	2.2	105.9	3.5	6.8	82.9	253.0	171.0	34.2	4.1	17.2
1976	0.0	29.5	4.3	56.4	9.1	23.5	141.1	106.2	18.1	17.5	18.4	1.3
1977	0.1	0.0	4.6	71.7	30.2	60.1	145.7	85.8	45.2	39.8	14.7	2.3
1978	0.0	6.2	22.1	18.3	36.2	94.5	140.7	88.0	27.8	41.6	22.0	1.3
1979	16.0	9.7	41.3	35.5	25.1	85.7	153.9	23.5	85.0	1.0	1.3	26.0
1980	5.8	0.0	25.1	43.7	105.2	87.9	140.3	75.9	11.3	86.0	1.9	0.0
1981	12.3	2.6	33.0	15.0	3.7	34.1	76.8	84.7	33.4	4.6	21.3	0.0

续表

年份	1月	2月	3月	4月	5月	6月	7月	8月	9月	10月	11月	12月
1982	3.0	9.1	42.1	7.5	52.9	35.1	256.7	419.1	26.4	27.7	14.1	0.0
1983	0.0	3.3	22.4	82.1	76.9	74.7	226.6	64.4	128.2	83.1	4.7	0.0
1984	0.1	1.4	1.9	18.5	54.5	55.4	240.5	144.4	173.9	26.9	30.6	15.7
1985	2.5	3.8	12.7	5.9	136.4	8.6	105.4	157.7	123.6	85.1	1.5	11.1
1986	0.7	0.5	21.6	15.2	71.0	3.7	83.0	69.5	71.9	70.0	1.6	15.8
1987	3.7	13.2	35.0	14.3	117.0	59.7	44.4	140.8	56.9	56.4	8.5	0.0
1988	0.0	7.9	21.7	22.0	32.7	7.8	232.7	211.8	67.3	55.9	0.0	6.0
1989	32.7	29.2	29.2	7.6	28.8	54.3	124.2	57.9	18.8	4.8	25.9	23.4
1990	19.7	46.8	50.1	24.7	79.3	139.6	103.4	19.3	77.1	4.0	21.5	6.8
1991	4.6	10.7	48.2	22.1	76.8	75.3	55.5	78.0	76.3	12.3	28.8	19.8
1992	1.0	4.6	32.8	26.2	39.5	40.7	138.8	184.1	128.5	27.8	27.1	25.2
1993	13.0	17.3	25.5	96.3	54.0	76.5	103.4	92.3	34.9	43.4	104.9	13.4
1994	4.7	9.2	16.3	104.7	8.2	103.7	199.9	102.6	16.6	72.9	39.7	22.6
1995	1.0	2.8	15.7	19.5	28.4	67.3	131.9	167.7	15.3	80.0	11.0	12.0
1996	3.0	19.1	9.1	35.9	14.7	36.9	271.4	217.4	114.7	63.2	30.5	12.0
1997	14.7	14.3	42.5	19.3	60.1	67.3	66.7	50.4	78.4	13.0	44.2	12.4
1998	8.3	9.8	73.7	54.5	147.3	6.4	89.0	112.6	14.5	14.6	0.9	1.8
1999	0	0	25.7	32.1	57.6	36.2	107.3	61.2	54.8	66.1	3.2	0
2000	9.3	1	0.1	19.7	16.6	35.4	147.7	147.3	165.1	55	19.2	5.6
2001	23.7	6.3	5.4	13.3	11.8	69.7	98.6	23.8	28.4	46.5	0.1	24
2002	4.7	0.2	21.2	22.8	99.2	77.5	51.6	122.5	91.1	19.4	0.6	11.4
2003	5.4	19.2	14.6	41.3	35.4	145.4	152.9	242.7	147.8	122.5	24.3	13.2
2004	0.3	16.1	10.7	10.8	75.1	56.2	81.1	111.5	137.2	5.3	29.8	11
2005	0	7	4.5	9.3	70.4	58.1	170.4	137.7	135	40.2	1.9	1.4
2006	10.8	15	4.7	42.7	119.4	87	206.1	59.7	68.7	1.4	33	6.1
2007	0	17.3	53.5	10.4	13.3	85.9	145.1	105.7	8.3	22.4	4.7	9.1
2008	13	2.9	3.6	55.1	60.7	31.2	108.5	56.7	97.1	21.5	19.5	0.5
2009	0	19.6	20.5	41.4	83.2	13.8	144.2	129.8	50.6	13.2	44.3	1.1
2010	0	5.4	10.6	54.1	26	62.6	223.8	97.4	54.6	4.8	1.2	0
月年平均	6.2	9.86	23.31	38.05	51.8	59.8	133	117.9	69.8	40.3	22.26	8.23

表 3.4-2 伊洛河黑石关 1951—2010 年逐月降水量相对距平统计表（正距平省略）

年份	1月	2月	3月	4月	5月	6月	7月	8月	9月	10月	11月	12月
1951	0		−0.99	−0.25		−0.35	−0.2	−0.12	−0.6	−0.1		−0.37
1952	−1	−0.08			−0.57		−0.8	−0.69	−0.1			−0.69
1953	−0.86			−0.6	−0.57			−0.21	−0.9	−0.1		

续表

年份	1月	2月	3月	4月	5月	6月	7月	8月	9月	10月	11月	12月
1954			−0.91	−0.32		−0.49	−0.3		−0.8			
1955	−0.63	−0.81			−0.64	−0.85	−0.4			−0.5	−0.81	
1956		−0.65			−0.81		−0.3		−1	−0.6	−0.93	−0.86
1957		−0.4	−0.62		−0.32			−0.98	−1		−0.18	−0.59
1958		−1				−0.17			−0.7			
1959	−0.5	−0.12		−0.98			−0.8		−0.9	−0.1		−0.08
1960	−0.73	−0.81		−0.57	−0.62	−0.55			−0.3	−0.1	−0.76	−0.93
1961	−0.69	−0.7	−0.26	−0.37			−0.4	−0.46				−0.93
1962	−0.94		−1	−0.74	−0.74	−0.06	−0.6					−0.87
1963	−1	−1				−0.13	−0.6	−0.13	−0.3	−1	−0.38	−0.47
1964		−0.81				−0.64		−0.04			−0.74	−0.48
1965	−0.45	−0.18	−0.66		−0.95	−0.91	−0.3	−0.81	−0.4			−0.98
1966	−1				−0.24	−0.07	−0.1	−0.2	−0.8	−0.5	−0.33	−0.79
1967					−0.83		−0.5	−0.44		−0.7		−1
1968	−0.74	−1	−0.96	−0.47	−0.19	−0.85	−0.4	−0.35				
1969			−0.74		−0.72	−0.94	−0.3	−0.59		−0.8	−0.94	−1
1970	−1	−0.81	−0.43	−0.04	−0.21	−0.25		−0.16		−0.2	−0.75	−0.99
1971			−0.81		−0.51		−0.6	−0.83	−0.3			
1972		−0.59		−0.78	−0.35	−0.39	−0.5	−0.41			−0.11	−0.39
1973		−0.53	−0.58		−0.22			−0.06		−0.2	−0.97	−1
1974	−0.37				−0.27		−0.38					
1975	−1	−0.22	−0.91		−0.93	−0.89	−0.4			−0.2	−0.82	
1976	−1		−0.82		−0.83	−0.61		−0.1	−0.7	−0.6	−0.17	−0.84
1977	−0.98	−1	−0.8		−0.42			−0.27	−0.4	0	−0.34	−0.72
1978	−1	−0.37	−0.05	−0.52	−0.3			−0.25	−0.6		−0.01	−0.84
1979		−0.02		−0.07	−0.52			−0.8		−1	−0.94	
1980	−0.07	−1						−0.36	−0.8		−0.92	−1
1981		−0.74		−0.61	−0.93	−0.43	−0.4	−0.28	−0.5	−0.9	−0.04	−1
1982	−0.52	−0.08		−0.8		−0.41			−0.6	−0.3	−0.37	−1
1983	−1	−0.67	−0.04					−0.45			−0.79	−1
1984	−0.98	−0.86	−0.92	−0.51		−0.07				−0.3		
1985	−0.6	−0.62	−0.46	−0.85		−0.86	−0.2				−0.93	
1986	−0.89	−0.95	−0.07	−0.6		−0.94	−0.4	−0.41			−0.93	
1987	−0.4			−0.63		0	−0.7		−0.2		−0.62	−1
1988	−1	−0.2	−0.07	−0.42	−0.37	−0.87			0		−1	−0.27
1989					−0.8	−0.45	−0.09	−0.1	−0.51	−0.7	−0.9	

续表

年份	1月	2月	3月	4月	5月	6月	7月	8月	9月	10月	11月	12月
1990				−0.35			−0.2	−0.84		−0.9	−0.04	−0.17
1991	−0.26			−0.42			−0.6	−0.34		−0.7		
1992	−0.84	−0.53		−0.31	−0.24	−0.32				−0.3		
1993							−0.2	−0.22	−0.5			
1994	−0.24	−0.07	−0.3		−0.84			−0.13	−0.8			
1995	−0.84	−0.72	−0.33	−0.49	−0.45	0		−0.8			−0.51	
1996	−0.52		−0.61	−0.06	−0.72	−0.38						
1997				−0.49			−0.5	−0.57		−0.7		
1998		−0.01				−0.89	−0.3	−0.05	−0.8	−0.6	−0.96	−0.78
1999	−1	−1		−0.16		−0.4	−0.2	−0.48	−0.2		−0.86	−1
2000		−0.9	−1	−0.48	−0.68	−0.41					−0.14	−0.32
2001		−0.36	−0.77	−0.65	−0.77		−0.3	−0.8	−0.6		−1	
2002	−0.24	−0.98	−0.09	−0.4			−0.6			−0.5	−0.97	
2003	−0.13		−0.37		−0.32							
2004	−0.95		−0.54	−0.72		−0.06	−0.4	−0.06		−0.9		
2005	−1	−0.29	−0.81	−0.76		−0.03				0	−0.92	−0.83
2006		−0.8					−0.49	0	−1		−0.26	
2007	−1			−0.73	−0.74			−0.1	−0.9	−0.4	−0.79	
2008		−0.71	−0.85			−0.48	−0.2	−0.52		−0.5	−0.12	−0.94
2009	−1		−0.12			−0.77			−0.3	−0.7		−0.87
2010	−1	−0.45	−0.55		−0.5			−0.18	−0.2	−0.9	−0.95	−1

经计算，干湿游程发生数目统计见表3.4-3。按照伯努利试验事件概率值法、矩法和极大似然法估计参数，旱历时概率计算结果分别见表3.4-4和表3.4-5。

表3.4-3　　　　　　伊洛河黑石关干湿游程发生数目统计

干旱历时/月	干游程数目	湿游程数目	干旱历时/月	干游程数目	湿游程数目
1	68	89	11	1	0
2	43	45	12	0	0
3	20	16	13	0	0
4	14	9	14	0	0
5	8	2	15	0	0
6	1	1	16	0	0
7	3	1	17	0	0
8	4	1	18	0	0
9	3	1	19	0	0
10	1	0	20	0	0

采用伯努利试验事件概率值法，有 $\hat{p}=0.5792$，平均轮长为 $\bar{l}=1.2598$，按矩法和极大似然法计算有 $\hat{p}=0.5575$。

表 3.4-4　伊洛河黑石关干旱历时概率计算结果（伯努利试验事件概率值法）

干旱历时/月	经验概率	理论概率		偏　差	
		几何分布1	几何分布2	几何分布1	几何分布2
1	0.2054	0.4208	0.2437	−0.2154	−0.0383
2	0.1299	0.2437	0.1412	−0.1138	−0.0113
3	0.0604	0.1412	0.0818	−0.0807	−0.0213
4	0.0423	0.0818	0.0474	−0.0395	−0.0051
5	0.0242	0.0474	0.0274	−0.0232	−0.0033
6	0.0030	0.0274	0.0159	−0.0244	−0.0129
7	0.0091	0.0159	0.0092	−0.0068	−0.0001
8	0.0121	0.0092	0.0053	0.0029	0.0068
9	0.0091	0.0053	0.0031	0.0037	0.0060
10	0.0030	0.0031	0.0018	−0.0001	0.0012
11	0.0030	0.0018	0.0010	0.0012	0.0020
12	0.0000	0.0010	0.0006	−0.0010	−0.0006
13	0.0000	0.0006	0.0003	−0.0006	−0.0003
14	0.0000	0.0003	0.0002	−0.0003	−0.0002
15	0.0000	0.0002	0.0001	−0.0002	−0.0001
16	0.0000	0.0001	0.0001	−0.0001	−0.0001
17	0.0000	0.0001	0.0000	−0.0001	−0.0000
18	0.0000	0.0000	0.0000	−0.0000	−0.0000
19	0.0000	0.0000	0.0000	−0.0000	−0.0000
20	0.0000	0.0000	0.0000	−0.0000	−0.0000

表 3.4-5　伊洛河黑石关干旱历时概率计算结果（矩法和极大似然法）

干旱历时/月	经验概率	理论概率		偏　差	
		几何分布1	几何分布2	几何分布1	几何分布2
1	0.2054	0.4425	0.2467	−0.2371	−0.0413
2	0.1299	0.2467	0.1375	−0.1168	−0.0076
3	0.0604	0.1375	0.0767	−0.0771	−0.0162
4	0.0423	0.0767	0.0427	−0.0344	−0.0004
5	0.0242	0.0427	0.0238	−0.0186	0.0003
6	0.0030	0.0238	0.0133	−0.0208	−0.0103
7	0.0091	0.0133	0.0074	−0.0042	0.0017
8	0.0121	0.0074	0.0041	0.0047	0.0080

续表

干旱历时/月	经验概率	理论概率 几何分布1	理论概率 几何分布2	偏差 几何分布1	偏差 几何分布2
9	0.0091	0.0041	0.0023	0.0049	0.0068
10	0.0030	0.0023	0.0013	0.0007	0.0017
11	0.0030	0.0013	0.0007	0.0017	0.0023
12	0.0000	0.0007	0.0004	−0.0007	−0.0004
13	0.0000	0.0004	0.0002	−0.0004	−0.0002
14	0.0000	0.0002	0.0001	−0.0002	−0.0001
15	0.0000	0.0001	0.0001	−0.0001	−0.0001
16	0.0000	0.0001	0.0000	−0.0001	−0.0000
17	0.0000	0.0000	0.0000	−0.0000	−0.0000
18	0.0000	0.0000	0.0000	−0.0000	−0.0000
19	0.0000	0.0000	0.0000	−0.0000	−0.0000
20	0.0000	0.0000	0.0000	−0.0000	−0.0000

第 4 章

同分布相依干旱事件概率计算原理与方法

第 3 章介绍独立同分布条件下干旱事件的概率计算。当水文序列具有较高的相依性时，这种方法不能用于干旱事件的概率计算。Akeyuz 等（2012）和 Sen（1990）提出了基于一阶 Markov 链（First-order Markov chain model，MC1）和二阶 Markov 链（Second-order Markov chain model，MC2）的干旱分析方法，其概率分布沿用了几何分布 1 模型。本章引用他们的文献，推导和介绍这些方法的模型。

4.1 一阶 Markov 链同分布干旱事件概率计算

假定水文随机变量 X 具有一阶 Markov 链特性，满足同分布条件。设门限值 x_0，与第 3 章符号约定一样，记干旱事件（干事件）发生概率为 $P(X<x_0)=p$，非干旱事件（湿事件）发生概率为 $P(X\geqslant x_0)=1-p=q$，干旱历时为 L。记事件干旱事件为 $D=\{X<x_0\}$，非干旱事件为 $W=\{X\geqslant x_0\}$。按照一阶 Markov 链原理，干旱状态转移概率分别为：$P(X_t\geqslant x_0|X_{t-1}\geqslant x_0)=P(W|W)$，$P(X_t<x_0|X_{t-1}\geqslant x_0)=P(D|W)$，$P(X_t<x_0|X_{t-1}<x_0)=P(D|D)$，$P(X_t\geqslant x_0|X_{t-1}<x_0)=P(W|D)$，$P(X<x_0)=P(D)=p$，$P(X\geqslant x_0)=P(W)=1-p=q$。

4.1.1 干旱历时事件 $\{L=l\}$ 概率计算

按照上述定义，干旱历时长度 l 事件必须在 $\{X_0\geqslant x_0, X_1<x_0\}$ 出现下发生，因此，干旱历时 l 事件的概率为条件概率，即

$$f_d(l)=\frac{P(X_0\geqslant x_0,X_1<x_0,X_2<x_0,\cdots,X_{l+1}\geqslant x_0)}{P(X_0\geqslant x_0,X_1<x_0)}$$

$$=\frac{P(X_0\geqslant x_0)P(X_1<x_0|X_0\geqslant x_0)P(X_2<x_0|X_1<x_0)\cdots P(X_l<x_0|X_{l-1}<x_0)P(X_{l+1}\geqslant x_0|X_l<x_0)}{P(X_0\geqslant x_0)P(X_1<x_0|X_0\geqslant x_0)}$$

$$=\frac{P(W)P(D|W)\underbrace{P(D|D)\cdots P(D|D)}_{l-1}P(W|D)}{P(W)P(D|W)}=P^{l-1}(D|D)P(W|D)$$

即

$$f_d(l)=P^{l-1}(D|D)P(W|D) \qquad (4.1-1)$$

根据累积概率分布定义，有

$$F_d(l)=P(L\leqslant l)=\sum_{i=1}^l f_d(l)=\sum_{i=1}^l P^{i-1}(D|D)P(W|D)=P(W|D)\sum_{i=1}^l P^{i-1}(D|D)$$

$$= P(W|D) \cdot \frac{1-P^l(D|D)}{1-P(D|D)} = P(W|D) \cdot \frac{1-P^l(D|D)}{P(W|D)} = 1-P^l(D|D)$$

即

$$F_d(l) = 1 - P^l(D|D) \tag{4.1-2}$$

式中：$P(D|D)+P(W|D)=1$。

按照式 (4.1-2) 也可以推断概率密度函数，有

$$f_d(l) = F_d(l) - F_d(l-1) = 1 - P^l(D|D) - [1 - P^{l-1}(D|D)] = P^{l-1}(D|D) - P^l(D|D)$$
$$= P^{l-1}(D|D)[1-P(D|D)] = P^{l-1}(D|D)P(W|D)$$

同样，对于非干旱历时长度 l 事件的概率 $f_w(l)$ 和累积概率分布 $F_w(l)$ 分别为

$$f_w(l) = P^{l-1}(W|W)P(D|W) \tag{4.1-3}$$

$$F_w(l) = P(L \leqslant l) = 1 - P^l(W|W) \tag{4.1-4}$$

干旱事件 $\{L=l\}$ 的数学期望为

$$E_d(L) = \sum_{l=1}^{\infty} l \cdot f_d(l) = \sum_{l=1}^{\infty} l \cdot P^{l-1}(D|D)P(W|D) = P(W|D) \sum_{l=1}^{\infty} l \cdot P^{l-1}(D|D)$$
$$= P(W|D) \frac{\mathrm{d}}{\mathrm{d}P(D|D)} \sum_{l=1}^{\infty} P^l(D|D) = P(W|D) \frac{\mathrm{d}}{\mathrm{d}P(D|D)} \frac{1}{1-P(D|D)}$$
$$= P(W|D) \frac{1}{[1-P(D|D)]^2} = [1-P(D|D)] \frac{1}{[1-P(D|D)]^2} = \frac{1}{1-P(D|D)}$$

即

$$E_d(L) = \frac{1}{1-P(D|D)} \tag{4.1-5}$$

同理，有非干旱事件 $\{L=l\}$ 的数学期望：

$$E_w(L) = \frac{1}{1-P(W|W)} \tag{4.1-6}$$

不难看出，平均来说，连续两个平均干旱历时（任一干旱历时长度）事件的时间间隔 IT 为

$$IT = E_d(L) + E_w(L) = \frac{1}{1-P(D|D)} + \frac{1}{1-P(W|W)} \tag{4.1-7}$$

以下推导 $P(D|D)$、$P(W|W)$ 之间的关系式。

因为 $P(D|D)+P(W|D)=1$，两边同乘以 $P(D)$，根据概率原理有，$P(D)P(D|D)+P(D)P(W|D)=P(D)$，$P(D,D)+P(W,D)=P(D)=p$。即

$$P(D,D)+P(W,D)=p \tag{4.1-8}$$

因为 $P(W|W)+P(D|W)=1$，两边同乘以 $P(W)$，根据概率原理有，$P(W)P(W|W)+P(W)P(D|W)=P(W)$，$P(W,W)+P(W,D)=P(W)=q$。即

$$P(W,W)+P(W,D)=q \tag{4.1-9}$$

由式 (4.1-8) 知，根据条件概率原理，也可进一步写为 $P(D)P(D|D)+P(W)P(D|W)=p$。因为 $P(D|W)+P(W|W)=1$，则有 $P(D)P(D|D)+P(W)[1-P(W|W)]=p$，$pP(D|D)+q[1-P(W|W)]=p$，$q[1-P(W|W)]=p-pP(D|D)$，即

$$1-P(W|W)=\frac{p[1-P(D|D)]}{q}=\frac{p[1-P(D|D)]}{1-p} \quad (4.1-10)$$

把式（4.1-10）代入式（4.1-7），有连续两个平均干旱历时（任一干旱历时长度）事件的时间间隔 IT 为

$$IT=\frac{1}{1-P(D|D)}+\frac{1-p}{p[1-P(D|D)]}=\frac{1}{p[1-P(D|D)]}=\frac{1}{pP(W|D)} \quad (4.1-11)$$

Akeyuz 等（2012）认为，对于一长度为 n 的水文序列，任一干旱历时 l 事件发生总次数的期望值 N_d 为

$$N_d=\frac{n}{IT}=npP(W|D) \quad (4.1-12)$$

设干旱历时 l 事件发生次数的期望值为 N_l，根据概率原理，有 $N_l=N_d f_d(l)$，即

$$N_l=npP(W|D)P^{l-1}(D|D)P(W|D)=npP^2(W|D)P^{l-1}(D|D) \quad (4.1-13)$$

则干旱历时事件 $\{L=l\}$ 事件发生的重现期 T 为

$$T=\frac{n}{N_l}=\frac{n}{npP^2(W|D)P^{l-1}(D|D)}=\frac{1}{pP^2(W|D)P^{l-1}(D|D)}=\frac{1}{p[1-P(D|D)]^2 P^{l-1}(D|D)}$$
$$(4.1-14)$$

4.1.2 干旱历时事件 $\{L \geqslant l\}$ 概率计算

根据干旱历时事件 $\{L=l\}$ 概率计算公式，干旱历时事件 $\{L \geqslant l\}$ 事件概率 $F_l^*(l)$ 为

$$F_l^*(l)=P(L \geqslant l)=\sum_{i=l}^{\infty} f_d(i)=\sum_{i=l}^{\infty} P^{i-1}(D|D)P(W|D)=P(W|D)\sum_{i=l}^{\infty} P^{i-1}(D|D)$$

令 $m=i-l$，当 $i=l$ 时，$m=0$，当 $i \to \infty$ 时，$m \to \infty$，$i=m+l$，则

$$F_l^*(l)=P(W|D)\sum_{i=l}^{\infty} P^{i-1}(D|D)=P(W|D)\sum_{m=0}^{\infty} P^{m+l-1}(D|D)$$
$$=P(W|D)P^{l-1}(D|D)\sum_{m=0}^{\infty} P^m(D|D)=P(W|D)P^{l-1}(D|D)\frac{1}{1-P(D|D)}$$
$$=[1-P(D|D)]P^{l-1}(D|D)\frac{1}{1-P(D|D)}=P^{l-1}(D|D)$$

即

$$F_l^*(l)=P^{l-1}(D|D) \quad (4.1-15)$$

同样，Akeyuz 等（2012）认为，任一干旱历时 l 发生总次数的期望值 N_d^* 为

$$N_d^*=\frac{\{X<x_0\}\text{发生数目}}{E_d(L)}=\frac{np}{\frac{1}{1-P(D|D)}}=np[1-P(D|D)] \quad (4.1-16)$$

设干旱历时事件 $\{L \geqslant l\}$ 发生次数的数学期望值为 N_l^*，根据概率论原理，有 $N_l^*=N_d^* f_d(l)$，则

$$N_l^*=N_d^* f_d(l)=np[1-P(D|D)]P^{l-1}(D|D)P(W|D)$$
$$=np[1-P(D|D)]P^{l-1}(D|D)[1-P(D|D)]$$
$$=np[1-P(D|D)]^2 P^{l-1}(D|D)$$

则干旱历时事件 $\{L \geq l\}$ 发生的重现期 T^* 为

$$T^* = \frac{n}{N_l^*} = \frac{n}{np[1-P(D|D)]^2 P^{l-1}(D|D)} = \frac{1}{p[1-P(D|D)]^2 P^{l-1}(D|D)}$$

4.1.3 干旱历时事件分布参数估计

根据 $P(X_t < x_0 | X_{t-1} < x_0) = P(D|D)$，对于一个长度为 n 的样本，干旱历时事件分布参数可采用下式估计：

$$\hat{P}(D|D) = \frac{\text{连续 2 个} \{X < x_0\} \text{的数目}}{\{X < x_0\} \text{的数目}}, \quad \hat{P}(W|D) = 1 - \hat{P}(D|D) \quad (4.1-17)$$

$$\hat{P}(W|W) = \frac{\text{连续 2 个} \{X \geq x_0\} \text{的数目}}{\{X \geq x_0\} \text{的数目}}, \quad \hat{P}(D|W) = 1 - \hat{P}(W|W) \quad (4.1-18)$$

根据 $P(X < x_0) = p$，有

$$\hat{p} = \frac{\{X < x_0\} \text{的数目}}{n}, \quad \hat{q} = 1 - \hat{p} \quad (4.1-19)$$

4.2 二阶 Markov 链同分布干旱事件概率计算

假定水文随机变量 X 具有二阶 Markov 链特性，满足同分布条件。设门限值 x_0，与第 3 章和 4.1 节符号约定一样，记干旱事件（干事件）发生概率为 $P(X < x_0) = p$，非干旱事件（湿事件）发生概率为 $P(X \geq x_0) = 1 - p = q$，干旱历时为 L。记干旱事件为 $D = \{X < x_0\}$，非干旱事件为 $W = \{X \geq x_0\}$。按照二阶 Markov 链原理，干旱状态转移概率分别为：$P(X_t \geq x_0 | X_{t-2} \geq x_0, X_{t-1} \geq x_0) = P(W|WW)$，$P(X_t < x_0 | X_{t-2} \geq x_0, X_{t-1} \geq x_0) = P(D|WW)$，$P(X_t < x_0 | X_{t-2} < x_0, X_{t-1} < x_0) = P(D|DD)$，$P(X_t \geq x_0 | X_{t-2} < x_0, X_{t-1} < x_0) = P(W|DD)$，$P(X_t \geq x_0 | X_{t-2} \geq x_0, X_{t-1} < x_0) = P(W|WD)$，$P(X_t < x_0 | X_{t-2} \geq x_0, X_{t-1} < x_0) = P(D|WD)$。$P(X < x_0) = P(D) = p, P(X \geq x_0) = P(W) = 1 - p = q$。

4.2.1 干旱历时事件 $\{L=l\}$ 概率计算

干旱历时 l 事件必须在 $\{X_0 \geq x_0, X_1 < x_0\}$ 出现下发生，因此，干旱历时长度 l 事件的概率为条件概率。

当 $l=1$ 时，干旱发生结果为 $\{X_0 \geq x_0, X_1 < x_0, X_2 \geq x_0\} = WDW$，有

$$f_d(l) = \frac{P(X_0 \geq x_0, X_1 < x_0, X_2 \geq x_0)}{P(X_0 \geq x_0, X_1 < x_0)} = \frac{P(X_0 \geq x_0, X_1 < x_0)P(X_2 \geq x_0 | X_0 \geq x_0, X_1 < x_0)}{P(X_0 \geq x_0, X_1 < x_0)}$$

$$= \frac{P(WD)P(W|WD)}{P(WD)} = P(W|WD)$$

当 $l \geq 2$ 时，干旱发生结果为 $\{X_0 \geq x_0, X_1 < x_0, X_{21} < x_0, \cdots, X_l < x_0, X_{l+1} \geq x_0\} = \underbrace{WDD \cdots DW}_{l}$，有

$$f_d(l) = \frac{P(X_0 \geq x_0, X_1 < x_0, X_2 < x_0, \cdots, X_{l+1} \geq x_0)}{P(X_0 \geq x_0, X_1 < x_0)}$$

$$= \frac{P(X_0 \geqslant x_0, X_1 < x_0)P(X_2 < x_0|X_1 < x_0, X_0 \geqslant x_0)P(X_3 < x_0|X_2 < x_0, X_1 < x_0)\cdots P(X_l < x_0|X_{l-2} < x_0, X_{l-1} < x_0)P(X_{l+1} \geqslant x_0 x_0|X_{l-1} < x_0, X_l < x_0)}{P(X_0 \geqslant x_0, X_1 < x_0)}$$

$$= \frac{P(WD)P(D|WD)P\underbrace{(D|DD)P(D|DD)\cdots P(D|DD)}_{l-2}P(W|DD)}{P(WD)} = P(D|WD)P^{l-2}(D|DD)P(W|DD)$$

综合以上推导有干旱历时事件 $\{L=l\}$ 发生的概率为

$$f_d(l) = \begin{cases} P(W|WD) & , l=1 \\ P(D|WD)P^{l-2}(D|DD)P(W|DD) & , l \geqslant 2 \end{cases} \quad (4.2-1)$$

根据数学期望的定义，干旱事件 $\{L=l\}$ 的数学期望为

$$E_d(L) = \sum_{l=1}^{\infty} l \cdot f_d(l) = 1 \cdot P(W|WD) + \sum_{l=2}^{\infty} l \cdot P(D|WD)P^{l-2}(D|DD)P(W|DD)$$

$$= P(W|WD) + P(D|WD)P(W|DD)\sum_{l=2}^{\infty} l \cdot P^{l-2}(D|DD)$$

令 $m=l-2$，当 $l=2$ 时，$m=0$，当 $l \to \infty$ 时，$m \to \infty$，$l=m+2$，则有

$$E_d(L) = P(W|WD) + P(D|WD)P(W|DD)\sum_{l=2}^{\infty} l \cdot P^{l-2}(D|DD)$$

$$= P(W|WD) + P(D|WD)P(W|DD)\sum_{m=0}^{\infty}(m+2) \cdot P^m(D|DD)$$

$$= P(W|WD) + P(D|WD)P(W|DD)\left[\sum_{m=0}^{\infty} m \cdot P^m(D|DD) + 2\sum_{m=0}^{\infty} P^m(D|DD)\right]$$

$$= P(W|WD) + P(D|WD)P(W|DD)\left[P(D|DD)\sum_{m=0}^{\infty} m \cdot P^{m-1}(D|DD) + 2\sum_{m=0}^{\infty} P^m(D|DD)\right]$$

$$= P(W|WD) + P(D|WD)P(W|DD)\left[P(D|DD)\frac{d}{dP(D|DD)}\sum_{m=0}^{\infty} P^m(D|DD) + 2\sum_{m=0}^{\infty} P^m(D|DD)\right]$$

$$= P(W|WD) + P(D|WD)P(W|DD)\left[P(D|DD)\frac{d}{dP(D|DD)}\frac{1}{1-P(D|DD)} + \frac{2}{1-P(D|DD)}\right]$$

$$= P(W|WD) + P(D|WD)P(W|DD)\left[\frac{P(D|DD)}{[1-P(D|DD)]^2} + \frac{2}{1-P(D|DD)}\right]$$

$$= P(W|WD) + P(D|WD)P(W|DD)\frac{P(D|DD)+2-2P(D|DD)}{[1-P(D|DD)]^2}$$

$$= P(W|WD) + P(D|WD)P(W|DD)\frac{2-P(D|DD)}{[1-P(D|DD)]^2}$$

$$= P(W|WD) + P(D|WD)P(W|DD)\frac{2-[1-P(W|DD)]}{P^2(W|DD)}$$

$$= P(W|WD) + P(D|WD)P(W|DD)\frac{1+P(W|DD)}{P^2(W|DD)}$$

$$= P(W|WD) + P(D|WD)\frac{1+P(W|DD)}{P(W|DD)} = P(W|WD) + P(D|WD)\frac{1}{P(W|DD)} + P(D|WD)\frac{P(W|DD)}{P(W|DD)}$$

$$= P(W|WD) + \frac{P(D|WD)}{P(W|DD)} + P(D|WD) = [P(W|WD) + P(D|WD)] + \frac{P(D|WD)}{P(W|DD)}$$

$$= 1 + \frac{P(D|WD)}{P(W|DD)}$$

即
$$E_d(L) = 1 + \frac{P(D|WD)}{P(W|DD)} \tag{4.2-2}$$

式中：$P(D|DD) + P(W|DD) = 1$，$P(W|WD) + P(D|WD) = 1$。

对于非干旱历时事件 $\{L=l\}$，有密度函数

$$f_d(l) = \begin{cases} P(D|DW) & , l=1 \\ P(W|DW)P^{l-2}(W|WW)P(D|WW) & , l \geq 2 \end{cases} \tag{4.2-3}$$

非干旱历时事件 $\{L=l\}$ 的数学期望为

$$E_w(L) = \sum_{l=1}^{\infty} l \cdot f_w(l) = 1 \cdot P(D|DW) + \sum_{l=2}^{\infty} l \cdot P(W|DW) P^{l-2}(W|WW) P(D|WW)$$

$$= P(D|DW) + P(W|DW)P(D|WW) \sum_{l=2}^{\infty} l \cdot P^{l-2}(W|WW)$$

令 $m = l-2$，当 $l=2$ 时，$m=0$，当 $l \to \infty$ 时，$m \to \infty$，$l = m+2$，则有

$$E_w(L) = P(D|DW) + P(W|DW)P(D|WW) \sum_{l=2}^{\infty} l \cdot P^{l-2}(W|WW)$$

$$= P(D|DW) + P(W|DW)P(D|WW) \sum_{m=0}^{\infty} (m+2) \cdot P^m(W|WW)$$

$$= P(D|DW) + P(W|DW)P(D|WW) \left[\sum_{m=0}^{\infty} m \cdot P^m(W|WW) + 2\sum_{m=0}^{\infty} P^m(W|WW) \right]$$

$$= P(D|DW) + P(W|DW)P(D|WW) \left[P(W|WW) \sum_{m=0}^{\infty} m \cdot P^{m-1}(W|WW) + 2\sum_{m=0}^{\infty} P^m(W|WW) \right]$$

$$= P(D|DW) + P(W|DW)P(D|WW) \left[P(W|WW) \frac{\mathrm{d}}{\mathrm{d}P(W|WW)} \sum_{m=0}^{\infty} P^m(W|WW) + 2\sum_{m=0}^{\infty} P^m(W|WW) \right]$$

$$= P(D|DW) + P(W|DW)P(D|WW) \left[P(W|WW) \frac{\mathrm{d}}{\mathrm{d}P(W|WW)} \frac{1}{1-P(W|WW)} + 2\frac{1}{1-P(W|WW)} \right]$$

$$= P(D|DW) + P(W|DW)P(D|WW) \left[\frac{P(W|WW)}{(1-P(W|WW))^2} + 2\frac{1}{1-P(W|WW)} \right]$$

$$= P(D|DW) + P(W|DW)P(D|WW) \frac{P(W|WW) + 2 - 2P(W|WW)}{(1-P(W|WW))^2}$$

$$= P(D|DW) + P(W|DW)P(D|WW) \frac{2 - P(W|WW)}{(1-P(W|WW))^2}$$

$$= P(D|DW) + P(W|DW)P(D|WW) \frac{2 - P(W|WW)}{P^2(D|WW)}$$

$$= P(D|DW) + P(W|DW) \frac{2 - [1 - P(D|WW)]}{P(D|WW)} = P(D|DW) + P(W|DW) \frac{1 + P(D|WW)}{P(D|WW)}$$

$$= P(D|DW) + P(W|DW) \frac{1}{P(D|WW)} + P(W|DW) \frac{P(D|WW)}{P(D|WW)}$$

$$= P(D|DW) + \frac{P(W|DW)}{P(D|WW)} + P(W|DW) = [P(D|DW) + P(W|DW)] + \frac{P(W|DW)}{P(D|WW)}$$

$$=1+\frac{P(W|DW)}{P(D|WW)}$$

即

$$E_w(L)=1+\frac{P(W|DW)}{P(D|WW)} \quad (4.2-4)$$

同样，连续两个平均干旱历时（任一干旱历时长度）事件的时间间隔 IT 为

$$IT=E_d(L)+E_w(L)=1+\frac{P(D|WD)}{P(W|DD)}+1+\frac{P(W|DW)}{P(D|WW)}=2+\frac{P(D|WD)}{P(W|DD)}+\frac{P(W|DW)}{P(D|WW)} \quad (4.2-5)$$

Akeyuz 等（2012）认为，对于一长度为 n 的水文序列，任一干旱历时 l 事件发生总次数的期望值 N_d 为

$$N_d=\frac{n}{IT}=\frac{n}{2+\dfrac{P(D|WD)}{P(W|DD)}+\dfrac{P(W|DW)}{P(D|WW)}} \quad (4.2-6)$$

设干旱历时 $\{L=l\}$ 事件发生次数的期望值为 N_l，根据概率原理，有 $N_l=N_d f_d(l)$，即

$$N_l=\frac{n}{2+\dfrac{P(D|WD)}{P(W|DD)}+\dfrac{P(W|DW)}{P(D|WW)}}f_d(l)$$

$$=\begin{cases} P(D|DW)\dfrac{n}{2+\dfrac{P(D|WD)}{P(W|DD)}+\dfrac{P(W|DW)}{P(D|WW)}}, & l=1 \\ P(W|DW)P^{l-2}(W|WW)P(D|WW)\dfrac{n}{2+\dfrac{P(D|WD)}{P(W|DD)}+\dfrac{P(W|DW)}{P(D|WW)}}, & l\geqslant 2 \end{cases} \quad (4.2-7)$$

则干旱历时 $\{L=l\}$ 事件发生的重现期 T 事件为

$$T=\frac{n}{N_l}=\begin{cases} \dfrac{2+\dfrac{P(D|WD)}{P(W|DD)}+\dfrac{P(W|DW)}{P(D|WW)}}{P(D|DW)}, & l=1 \\ \dfrac{2+\dfrac{P(D|WD)}{P(W|DD)}+\dfrac{P(W|DW)}{P(D|WW)}}{P(W|DW)P^{l-2}(W|WW)P(D|WW)}, & l\geqslant 2 \end{cases} \quad (4.2-8)$$

4.2.2　干旱历时事件 $\{L\geqslant l\}$ 概率计算

干旱历时事件 $\{L\geqslant l\}$ 的概率分布函数 $F_d(l)$ 为

$$F_d(l)=P(L\geqslant l)=\sum_{i=l}^{\infty}f_d(l) \quad (4.2-9)$$

当 $l=1$ 时，$\displaystyle F_d(1)=P(L\geqslant 1)=\sum_{i=1}^{\infty}f_d(l)=f_d(1)+\sum_{i=2}^{\infty}f_d(l)$

$$=P(W|WD)+\sum_{i=2}^{\infty}P^{i-2}(D|DD)$$

$$=P(W|WD)+P(D|WD)P(W|DD)\sum_{i=2}^{\infty}P^{i-2}(D|DD)$$

4.2 二阶 Markov 链同分布干旱事件概率计算

令 $m=i-2$，当 $i=2$ 时，$m=0$，当 $i\to\infty$ 时，$m\to\infty$，$i=m+2$，则有

$$F_d(1) = P(W\mid WD) + P(D\mid WD)P(W\mid DD)\sum_{i=2}^{\infty}P^{i-2}(D\mid DD)$$

$$= P(W\mid WD) + P(D\mid WD)P(W\mid DD)\sum_{m=0}^{\infty}P^m(D\mid DD)$$

$$= P(W\mid WD) + P(D\mid WD)P(W\mid DD)\frac{1}{1-P(D\mid DD)}$$

$$= P(W\mid WD) + P(D\mid WD)P(W\mid DD)\frac{1}{P(W\mid DD)}$$

$$= P(W\mid WD) + P(D\mid WD) = 1$$

当 $l \geqslant 2$ 时，$F_d(l) = P(L\geqslant l) = \sum_{i=l}^{\infty}f_d(l) = \sum_{i=l}^{\infty}P(D\mid WD)P^{i-2}(D\mid DD)P(W\mid DD)$

$$= P(D\mid WD)P(W\mid DD)\sum_{i=l}^{\infty}P^{i-2}(D\mid DD)$$

令 $m=i-l$，当 $i=l$ 时，$m=0$，当 $i\to\infty$ 时，$m\to\infty$，$i=m+l$，则有

$$F_d(l) = P(D\mid WD)P(W\mid DD)\sum_{i=l}^{\infty}P^{i-2}(D\mid DD) = P(D\mid WD)P(W\mid DD)\sum_{i=l}^{\infty}P^{m+l-2}(D\mid DD)$$

$$= P(D\mid WD)P(W\mid DD)P^{l-2}(D\mid DD)\sum_{m=0}^{\infty}P^m(D\mid DD)$$

$$= P(D\mid WD)P(W\mid DD)P^{l-2}(D\mid DD)\frac{1}{1-P(D\mid DD)}$$

$$= P(D\mid WD)P^{l-2}(D\mid DD)$$

综合以上，推导有干旱历时事件 $\{L\geqslant l\}$ 的概率分布函数为

$$F_d(l) = \begin{cases} 1 & , l=1 \\ P(D\mid WD)P^{l-2}(D\mid DD) & , l\geqslant 2 \end{cases} \quad (4.2-10)$$

根据 Akeyuz 等（2012）观点，对于一长度为 n 的水文序列，任一干旱历时 l 事件发生总次数的期望值 N_d 为

$$N_d = \frac{\{X<x_0\}\text{发生的数目}}{E_d(L)} = \frac{np}{1+\dfrac{P(D\mid WD)}{P(W\mid DD)}} = np\left[1+\frac{P(D\mid WD)}{P(W\mid DD)}\right]^{-1} \quad (4.2-11)$$

根据概率论原理，干旱历时事件 $\{L\geqslant l\}$ 发生次数的数学期望值为 N_l^*

$$N_l^* = N_d F_d(l) = \begin{cases} np\left[1+\dfrac{P(D\mid WD)}{P(W\mid DD)}\right]^{-1} & , l=1 \\ np\left[1+\dfrac{P(D\mid WD)}{P(W\mid DD)}\right]^{-1}P(D\mid WD)P^{l-2}(D\mid DD) & , l\geqslant 2 \end{cases}$$

则干旱历时事件 $\{L\geqslant l\}$ 事件发生的重现期 T^* 为

$$T^* = \frac{n}{N_l^*} = \begin{cases} \dfrac{1}{p}\left(1+\dfrac{P(D\mid WD)}{P(W\mid DD)}\right) & , l=1 \\ \dfrac{1}{P(D\mid WD)P^{l-2}(D\mid DD)}\left(1+\dfrac{P(D\mid WD)}{P(W\mid DD)}\right) & , l\geqslant 2 \end{cases} \quad (4.2-12)$$

4.2.3 干旱历时事件分布参数估计

对于一个长度为 n 的样本，$\hat{P}(D|D)$、$\hat{P}(W|W)$、$\hat{P}(W|D)$、$\hat{P}(D|W)$、$\hat{p}$、$\hat{q}$ 仍按式（4.1-17）～式（4.1-19）估计，$\hat{P}(D|DD)$、$\hat{P}(W|WW)$、$\hat{P}(W|DD)$、$\hat{P}(D|WW)$ 可按下式估计。

根据 $P(X_t < x_0 | X_{t-2} < x_0, X_{t-1} < x_0) = P(D|DD)$，有

$$\hat{P}(D|DD) = \frac{\text{连续 3 个}\{X<x_0\}\text{的数目}}{\text{连续 2 个}\{X<x_0\}\text{的数目}}, \quad \hat{P}(W|DD) = 1 - \hat{P}(D|DD) \quad (4.2-13)$$

根据 $P(X_t \geq x_0 | X_{t-2} \geq x_0, X_{t-1} \geq x_0) = P(W|WW)$，有

$$\hat{P}(W|WW) = \frac{\text{连续 3 个}\{X \geq x_0\}\text{的数目}}{\text{连续 2 个}\{X \geq x_0\}\text{的数目}}, \quad \hat{P}(D|WW) = 1 - \hat{P}(W|WW) \quad (4.2-14)$$

4.3 离散自回归滑动平均模型

4.1 节和 4.2 节分别介绍了一阶和二阶 Markov 链同分布干旱事件概率计算。实际中，一些水文序列不具有 Markov 链同分布特性。Chang 等（1984）指出离散自回归滑动平均（DARMA）模型比一阶和二阶 Markov 链模型更适合拟合日降水量，DARMA 是自回归滑动平均（ARMA）模型的离散形式，也更适合描述长持续特性序列。因此，本节在吸收 Buishand（1978）、Jacobs 等（1978a，1978b）、Chang 等（1984a，1984b）和 Muhammad（2013，2015）文献方法的基础上，同第 1 章、第 2 章符号约定和游程定义，假定有一"0、1"（Binary sequence）平稳过程序列 $\{X_n\}$，且具有概率分布 $P(X_n = 0) = \pi(0)$，$P(X_n = 1) = \pi(1)$，$\pi(0) + \pi(1) = 1$。研究推导这一模型在干旱分析中的应用。

4.3.1 "0、1"（Binary sequence）平稳过程

4.3.1.1 游程长度分布

为了叙述方便，本节仍然采用 Buishand（1978）文献的符号约定。设 $f_n^{(0)}$ 为"0"游程长度等于 n 的概率，按照第 1 章和第 2 章游程定义，有

$$f_n^{(0)} = P(x_1 = 0, x_2 = 0, \cdots, x_n = 0, x_{n+1} = 1 | x_0 = 1, x_1 = 0) \quad (4.3-1)$$

式中：$f_0^{(0)} = 0$。

假定观测过程在 $t = 0$ 处有观测值 $x_t = 0$。记第 1 个"1"出现的等待时间（Forward recurrence time，向前循环时间）为 $W^{(0)}$，这里的时间按照序列采样间隔计算，与游程长度有相同的物理单位；$b_n^{(0)}$ 为第 1 个"1"出现的等待时间 $W^{(0)} = n$ 的概率为

$$b_n^{(0)} = P(W^{(0)} = n) = P(x_1 = 0, x_2 = 0, \cdots, x_n = 0, x_{n+1} = 1 | x_0 = 0) \quad (4.3-2)$$

按照平稳过程的内涵，序列 $\{X_n\}$ 的概率分布依赖于 n，记"0"游程起始点为 $t = n$，按照游程定义，"0"游程起始点为 $t = n$ 的概率等于下交互点 $\{x_{n-1} = 1, x_n = 0\}$ 的概率 $P(x_{n-1} = 1, x_n = 0)$。对于一个长度为 N 的序列，"0"游程发生的期望数等于 $P(x_{n-1} = 1, x_n = 0)$，即下交互点 $\{x_{n-1} = 1, x_n = 0\}$ 概率 $P(x_{n-1} = 1, x_n = 0)$ 为

$$P(x_{n-1}=1,x_n=0)=\frac{\text{"0"游程发生的期望数}}{N} \tag{4.3-3}$$

式中：N 为序列长度。

同样，根据概率论原理，事件 $\{X_n=0\}$ 的概率为 $P(X_n=0)=\dfrac{\text{事件"0"发生的数}}{N}$，即事件"0"发生的数 $=NP(X_n=0)$。根据式（4.3-3），有"0"游程发生的期望数 $=NP(x_{n-1}=1,x_n=0)$。不难理解"0"游程的平均长度 $\mu^{(0)}$ 等于事件"0"发生数与"0"游程发生期望数的比值，即 $\mu^{(0)}$

$$\mu^{(0)}=\frac{NP(X_n=0)}{NP(x_{n-1}=1,x_n=0)}=\frac{P(X_n=0)}{P(x_{n-1}=1,x_n=0)} \tag{4.3-4}$$

同样方法可获得"1"游程的平均长度 $\mu^{(1)}$ 为

$$\mu^{(1)}=\frac{NP(X_n=1)}{NP(x_{n-1}=0,x_n=1)}=\frac{P(X_n=1)}{P(x_{n-1}=0,x_n=1)} \tag{4.3-5}$$

式中：$P(x_{n-1}=0,x_n=1)$ 为上交互点 $\{x_{n-1}=1,x_n=0\}$ 的概率；$P(X_n=1)$ 为事件 $\{x_n=1\}$ 的概率。

按照游程的定义，"0"游程是以系列"0"，其两边被"1"分界，"1"游程是以系列"1"，其两边被"0"分界。不难看出，下交互点数目等于上交互点数目，也有"0"游程发生的期望数 $=$"1"游程发生的期望数，即 $NP(x_{n-1}=1,x_n=0)=NP(x_{n-1}=0,x_n=1)$。因此，有

$$P(x_{n-1}=1,x_n=0)=P(x_{n-1}=0,x_n=1) \tag{4.3-6}$$

根据式（4.3-6）和式（4.3-4）、式（4.3-5）关系，"0"游程的平均长度 $\mu^{(0)}$ 和"1"游程的平均长度 $\mu^{(1)}$ 进一步可写为

$$\mu^{(0)}=\frac{P(X_n=0)}{P(x_{n-1}=1,x_n=0)}=\frac{P(X_n=0)}{P(x_{n-1}=0,x_n=1)}=\frac{\pi(0)}{P(x_{n-1}=0,x_n=1)} \tag{4.3-7}$$

$$\mu^{(1)}=\frac{P(X_n=1)}{P(x_{n-1}=0,x_n=1)}=\frac{P(X_n=1)}{P(x_{n-1}=1,x_n=0)}=\frac{\pi(1)}{P(x_{n-1}=1,x_n=0)} \tag{4.3-8}$$

4.3.1.2 向前循环时间关系式

4.3.1.1节给出了"0"游程长度等于 n 的概率 $f_n^{(0)}$ 和第 1 个"1"出现等待时间（向前循环时间）$W^{(0)}$ 的概率 $b_n^{(0)}$。以下进一步推导向前循环时间的矩和游程长度的矩计算公式。

根据离散多变量联合分布与边际分布的关系，有

$$P(x_1=0,x_1=0,x_2=0,\cdots,x_n=0,x_{n+1}=1)$$
$$=\sum_{k=0}^{\infty}P(x_{-(k+1)}=1,x_{-k}=0,\cdots,x_0=0,x_1=0,x_2=0,\cdots,x_n=0,x_{n+1}=1) \tag{4.3-9}$$

把式（4.3-9）代入式（4.3-2），有

$$b_n^{(0)}=P(x_1=0,x_2=0,\cdots,x_n=0,x_{n+1}=1|x_1=0)=\frac{P(x_1=0,x_1=0,x_2=0,\cdots,x_n=0,x_{n+1}=1)}{P(x_1=0)}$$
$$=\sum_{k=0}^{\infty}\frac{P(x_{-(k+1)}=1,x_{-k}=0\cdots,x_0=0,x_1=0,x_2=0,\cdots,x_n=0,x_{n+1}=1)}{P(x_1=0)}$$

根据条件概率原理，有
$$P(x_{-(k+1)}=1,x_{-k}=0,\cdots,x_0=0,x_1=0,x_2=0,\cdots,x_n=0,x_{n+1}=1)$$
$$P(x_{-k}=0,\cdots,x_0=0,x_1=0,x_2=0,\cdots,x_n=0,x_{n+1}=1|x_{-(k+1)}=1,x_{-k}=0)P(x_{-(k+1)}=1,x_{-k}=0)$$

把上式代入 $b_n^{(0)}$，有 $b_n^{(0)}=\sum_{k=0}^{\infty}P(x_{-k}=0,\cdots,x_0=0,x_1=0,x_2=0,\cdots,x_n=0,x_{n+1}=1|x_{-(k+1)}=1,x_{-k}=0)\dfrac{P(x_{-(k+1)}=1,x_{-k}=0)}{P(x_1=0)}$

根据式（4.3-4）和序列平稳特性，有：$\dfrac{P(x_{-(k+1)}=1,x_{-k}=0)}{P(x_1=0)}=\dfrac{1}{\mu^{(0)}}$，$P(x_{-k}=0,\cdots,x_0=0,x_1=0,x_2=0,\cdots,x_n=0,x_{n+1}=1|x_{-(k+1)}=1,x_{-k}=0)=f_{k+n+1}^{(0)}$。把这些代入 $b_n^{(0)}$，有

$$b_n^{(0)}=\sum_{k=0}^{\infty}\dfrac{f_{k+n+1}^{(0)}}{\mu^{(0)}} \tag{4.3-10}$$

由式（4.3-10）得，$\mu^{(0)}b_n^{(0)}=\sum_{k=0}^{\infty}f_{k+n+1}^{(0)}$。令 $m=k+n+1$，当 $k=0$ 时，$m=n+1$，当 $k\to\infty$ 时，$m\to\infty$，则 $\mu^{(0)}b_n^{(0)}=\sum_{m=n+1}^{\infty}f_m^{(0)}=\sum_{k=n+1}^{\infty}f_k^{(0)}=m_n^{(0)}$，则

$$b_n^{(0)}=\sum_{k=n+1}^{\infty}\dfrac{f_k^{(0)}}{\mu^{(0)}}=\dfrac{m_n^{(0)}}{\mu^{(0)}} \tag{4.3-11}$$

式中：$m_n^{(0)}=\sum_{k=n+1}^{\infty}f_k^{(0)}$ 为"0"游程长度大于等于 n 的概率。

回顾分数阶矩（Factorial moment）定义。设 X 为非负整数型随机变量，具有分布 $P(X=x)=p_x$，则 r 阶分数阶矩可定义为

$$E[(X)_r]=E[X(X-1)(X-2)\cdots(X-r+1)]=\sum_{x=r}^{\infty}[x(x-1)(x-2)\cdots(x-r+1)]p_x \tag{4.3-12}$$

当 $r=0$ 时，式（4.3-12）变为 $E[(X)_0]=\sum_{x=0}^{\infty}p_x=1$。当 $r=1$ 时，式（4.3-12）变为

$$E[(X)_1]=E(X)=\sum_{x=r}^{\infty}xp_x \tag{4.3-13}$$

当 $r=2$ 时，式（4.3-12）变为

$$E[(X)_2]=E[X(X-1)]=E(X^2)-E(X)=\sum_{x=r}^{\infty}[x(x-1)]p_x \tag{4.3-14}$$

显然 X 的方差 $Var(X)$ 为

$$Var(X)=E(X^2)-[E(X)]^2=E[X(X-1)]+E(X)-[E(X)]^2 \tag{4.3-15}$$

记 $\mu_{[k]}^{(0)}$ 为"0"游程长度的 k 阶分数阶矩，$\tau_{[k]}^{(0)}$ 为"0"向前循环时间 $W^{(0)}$ 的 k 阶分数阶矩。根据分数阶矩定义有

$$\tau_{[k]}^{(0)}=\sum_{n=k}^{\infty}[n(n-1)(n-2)\cdots(n-k+1)]b_n^{(0)} \tag{4.3-16}$$

把式（4.3-11）代入式（4.3-16），有 $\tau_{[k]}^{(0)} = \sum_{n=k}^{\infty}[n(n-1)(n-2)\cdots(n-k+1)]\sum_{m=n+1}^{\infty}\dfrac{f_m^{(0)}}{\mu^{(0)}}$。第 1 个求和式上下界为 $\sum_{n=k}^{\infty}$，则第 2 个求和式上下界为 $\sum_{m=n+1}^{\infty}=\sum_{m=k+1}^{\infty}$，且当 $n \leqslant k=m-1$ 时，$[n(n-1)(n-2)\cdots(n-k+1)]=0$。则

$$\tau_{[k]}^{(0)} = \sum_{n=k}^{\infty}[n(n-1)(n-2)\cdots(n-k+1)]\sum_{m=n+1}^{\infty}\frac{f_m^{(0)}}{\mu^{(0)}}$$
$$= \sum_{m=k+1}^{\infty} f_m^{(0)} \sum_{n=k}^{m-1}\frac{n(n-1)(n-2)\cdots(n-k+1)}{\mu^{(0)}} \tag{4.3-17}$$

因为 $\sum_{n=k}^{m-1} n(n-1)(n-2)\cdots(n-k+1) = k!\sum_{n=k}^{m-1}\binom{n}{k} = k!\binom{m}{k+1} = \dfrac{1}{k+1}m(m-1) \cdot (m-2)\cdots(m-k)$，代入式（4.3-17），有 $\tau_{[k]}^{(0)} = \dfrac{1}{\mu^{(0)}(k+1)}\sum_{m=k+1}^{\infty}m(m-1)(m-2)\cdots(m-k)f_m^{(0)}$，即

$$\tau_{[k]}^{(0)} = \frac{1}{\mu^{(0)}(k+1)}\sum_{m=k+1}^{\infty} m(m-1)(m-2)\cdots[m-(k-1)+1]f_m^{(0)} = \frac{\mu_{[k+1]}^{(0)}}{\mu^{(0)}(k+1)}$$

式中：$\mu_{[k+1]}^{(0)}$ 为"0"游程长度的 $k+1$ 阶分数阶矩。

4.3.1.3 游程长度有偏抽样法（The length-biased sampling approach）

本节应用游程长度有偏抽样法获得游程长度的自协方差函数。假定观测过程开始于 $t=0$，且有观测值 $x_t=0$。以下选定两种开始点计数计算概率：

（1）时间起始点选择"0"游程长度的开始点，记 $T_0^{(0)}(1)$ 为第 1 个"0"游程的长度，$T_0^{(1)}(1)$ 为第 1 个"1"游程的长度。按照这种约定[T_0 的上标为游程类型，T_0 的括号 $T_0(\ )$ 为时间开始点]，以后的游程分别记为 $T_0^{(0)}(2)$，$T_0^{(1)}(2)$，$T_0^{(0)}(3)$，$T_0^{(1)}(3)$，…。

（2）时间起始点选择任一"0"游程内，游程分别记为 $L_0^{(0)}(1)$，$L_0^{(1)}(2)$，$L_0^{(0)}(2)$，$L_0^{(1)}(2)$，…。则对于类型 i 游程（$i=0,1$），其长度序列 $T_0^{(i)}(j)$，$j=1,2,\cdots$ 是同分布的，而 $L_0^{(0)}(1)$，$L_0^{(1)}(2)$，$L_0^{(0)}(2)$，$L_0^{(1)}(2)$，…不是同分布序列。$L_0^{(0)}(1)$ 的分布为

$$P[L_0^{(0)}(1)=n] = \sum_{k=0}^{n-1} P(x_{-(k+1)}=1, x_{-k}=0,\cdots,x_0=0, x_1=0, x_2=0,\cdots,x_{n-k-1}=0, x_{n-k}=1 \mid x_0=0)$$
$$= \sum_{k=0}^{n-1} \frac{P(x_{-(k+1)}=1, x_{-k}=0,\cdots,x_0=0, x_1=0, x_2=0,\cdots,x_{n-k-1}=0, x_{n-k}=1)}{P(x_0=0)}$$

与式（4.3-10）、式（4.3-11）推导相同，有

$$P[L_0^{(0)}(1)=n] = \frac{nf_n^{(0)}}{\mu^{(0)}} \tag{4.3-18}$$

上述两种游程长度有偏抽样虽然计数方法不同，但是，一定存在如下关系：

$$E[L_0^{(1)}(1) \mid L_0^{(0)}(1)=n] = E[T_0^{(1)}(1) \mid T_0^{(0)}(1)=n] \tag{4.3-19}$$

根据全期望公式，$L_0^{(1)}(1)$ 的无条件均值为 $E[L_0^{(1)}(1)] = \sum_{n=1}^{\infty} E[L_0^{(1)}(1) \mid L_0^{(0)}(1) =$

$n]P[L_0^{(0)}(1)=n]$。把式（4.3-18）代入有 $E[L_0^{(1)}(1)]=\sum_{n=1}^{\infty}E[L_0^{(1)}(1)\mid L_0^{(0)}(1)=n]\dfrac{nf_n^{(0)}}{\mu^{(0)}}$。把式（4.3-19）代入有

$$\begin{aligned}E[L_0^{(1)}(1)]&=\sum_{n=1}^{\infty}\dfrac{E[T_0^{(1)}(1)\mid T_0^{(0)}(1)=n]}{\mu^{(0)}}nf_n^{(0)}=\sum_{n=1}^{\infty}\dfrac{E[nT_0^{(1)}(1)\mid T_0^{(0)}(1)=n]}{\mu^{(0)}}f_n^{(0)}\\&=\sum_{n=1}^{\infty}\dfrac{E[(T_0^{(0)}(1)=n)T_0^{(1)}(1)\mid T_0^{(0)}(1)=n]}{\mu^{(0)}}f_n^{(0)}\\&=\sum_{n=1}^{\infty}\dfrac{E[T_0^{(1)}(1)T_0^{(0)}(1)\mid T_0^{(0)}(1)=n]}{\mu^{(0)}}f_n^{(0)}=\dfrac{E[T_0^{(1)}(1)T_0^{(0)}(1)]}{\mu^{(0)}}\end{aligned} \quad (4.3-20)$$

根据协方差定义，

$$\begin{aligned}E[T_0^{(0)}(1)T_0^{(1)}(1)]&=Cov[T_0^{(0)}(1),T_0^{(1)}(1)]+E[T_0^{(0)}(1)]E[T_0^{(1)}(1)]\\&=Cov[T_0^{(0)}(1),T_0^{(1)}(1)]+\mu^{(0)}\mu^{(1)}\end{aligned} \quad (4.3-21)$$

式（4.3-21）代入式（4.3-20），有

$$E[L_0^{(1)}(1)]=\dfrac{Cov[T_0^{(0)}(1),T_0^{(1)}(1)]+\mu^{(0)}\mu^{(1)}}{\mu^{(0)}}=\mu^{(1)}+\dfrac{Cov[T_0^{(0)}(1),T_0^{(1)}(1)]}{\mu^{(0)}} \quad (4.3-22)$$

同理，以"1"游程"1"开始计数，有

$$E[L_1^{(0)}(1)]=\mu^{(0)}+\dfrac{Cov[T_1^{(1)}(1),T_1^{(0)}(1)]}{\mu^{(1)}} \quad (4.3-23)$$

4.3.1.4 自相关函数

一个平稳"0、1"过程序列 $\{X_n\}$，其滞时 k 的自相关函数 $c(k)$ 为 $c(k)=Cov(X_n,X_{n+k})=E(X_n,X_{n+k})-E(X_n)E(X_{n+k})$，具有概率分布 $P(X_n=0)=\pi(0)$，$P(X_n=1)=\pi(1)$，$\pi(0)+\pi(1)=1$。根据二维离散变量数学期望定义，有

$$\begin{aligned}E(X_n,X_{n+k})&=[(X_n=0)\cdot(X_{n+k}=0)]P(X_n=0,X_{n+k}=0)\\&+[(X_n=0)\cdot(X_{n+k}=1)]P(X_n=0,X_{n+k}=1)\\&+[(X_n=1)\cdot(X_{n+k}=0)]P(X_n=1,X_{n+k}=0)\\&+[(X_n=1)\cdot(X_{n+k}=1)]P(X_n=1,X_{n+k}=1)\\&=P(X_n=1,X_{n+k}=1)\end{aligned} \quad (4.3-24)$$

$$E(X_n)=0\cdot P(X_n=0)+1\cdot P(X_n=1)=P(X_n=1) \quad (4.3-25)$$

$$E(X_{n+k})=0\cdot P(X_{n+k}=0)+1\cdot P(X_{n+k}=1)=P(X_{n+k}=1) \quad (4.3-26)$$

则平稳"0、1"过程序列 $\{X_n\}$ 滞时 k 的协方差函数 $c(k)$ 为

$$c(k)=P(X_n=1,X_{n+k}=1)-P(X_n=1)P(X_{n+k}=1) \quad (4.3-27)$$

当 $k=0$ 时，式（4.3-27）变为

$$c(0)=Var(X_n)=P(X_n=1,X_n=1)-P(X_n=1)P(X_n=1)=P(X_n=1)-[P(X_n=1)]^2 \quad (4.3-28)$$

根据 $\{X_n\}$ 的分布 $(X_n=0)=\pi(0)$，$P(X_n=1)=\pi(1)$，$\pi(0)+\pi(1)=1$，式（4.3-28）可进一步写为

$$c(0)=\pi(1)-[\pi(1)]^2=\pi(1)[1-\pi(1)]=\pi(0)\pi(1) \qquad (4.3-29)$$

当 $k=1$ 时，式 (4.3-27) 变为

$$c(1)=P(X_n=1,X_{n+1}=1)-P(X_n=1)P(X_{n+1}=1)=P(X_n=1,X_{n+1}=1)-[\pi(1)]^2$$

由 $\pi(1)=P(X_n=1)=P(X_{n+1}=1)=P(X_n=0)P(X_{n+1}=1|X_n=0)+P(X_n=1)P(X_{n+1}=1|X_n=1)=P(X_n=0,X_{n+1}=1)+P(X_n=1,X_{n+1}=1)$，得 $P(X_n=0,X_{n+1}=1)=\pi(1)-P(X_n=1,X_{n+1}=1)$，因为 $P(X_n=0,X_{n+1}=1)=P(X_n=1,X_{n+1}=0)$，所以，$P(X_n=1,X_{n+1}=0)=P(X_n=0,X_{n+1}=1)=\pi(1)-P(X_n=1,X_{n+1}=1)$。则一阶相关函数 $\rho(1)$ 为

$$\begin{aligned}\rho(1)&=\frac{c(1)}{c(0)}=\frac{P(X_n=1,X_{n+1}=1)-[\pi(1)]^2}{\pi(0)\pi(1)}\\&=\frac{\pi(0)\pi(1)-\pi(1)[\pi(1)-P(X_n=1,X_{n+1}=1)]-\pi(0)[\pi(1)-P(X_n=1,X_{n+1}=1)]}{\pi(0)\pi(1)}\\&=\frac{\pi(0)\pi(1)}{\pi(0)\pi(1)}-\frac{\pi(1)[\pi(1)-P(X_n=1,X_{n+1}=1)]}{\pi(0)\pi(1)}-\frac{\pi(0)[\pi(1)-P(X_n=1,X_{n+1}=1)]}{\pi(0)\pi(1)}\\&=1-\frac{\pi(1)P(X_n=0,X_{n+1}=1)}{\pi(0)\pi(1)}-\frac{\pi(0)P(X_n=0,X_{n+1}=1)}{\pi(0)\pi(1)}\\&=1-\frac{P(X_n=0,X_{n+1}=1)}{\pi(0)}-\frac{P(X_n=0,X_{n+1}=1)}{\pi(1)}\end{aligned}$$

由式 (4.3-7) 和式 (4.3-8) 得 $\dfrac{1}{\mu^{(0)}}=\dfrac{P(x_{n-1}=1,x_n=0)}{\pi(0)}=\dfrac{P(x_{n-1}=0,x_n=1)}{\pi(0)}$，$\dfrac{1}{\mu^{(1)}}=\dfrac{P(x_{n-1}=0,x_n=1)}{\pi(1)}=\dfrac{P(x_{n-1}=1,x_n=0)}{\pi(1)}$，代入上式有

$$\rho(1)=1-\frac{1}{\mu^{(0)}}-\frac{1}{\mu^{(1)}} \qquad (4.3-30)$$

由式 (4.3-27) 和式 (4.3-29)，有 k 阶自相关函数 $\rho(k)$ 为

$$\rho(k)=\frac{c(k)}{c(0)}=\frac{P(X_n=1,X_{n+k}=1)-P(X_n=1)P(X_{n+k}=1)}{\pi(0)\pi(1)} \qquad (4.3-31)$$

因为 $\{X_n\}$ 为平稳过程，其统计特性不随 n 发生变化，为了简单起见，取 $n=0$，则式 (4.3-31) 可写为

$$\rho(k)=\frac{P(X_0=1,X_k=1)-P(X_0=1)P(X_k=1)}{\pi(0)\pi(1)} \qquad (4.3-32)$$

由式 (4.3-32) 有 $\rho(1)=\dfrac{P(X_0=1,X_1=1)-P(X_0=1)P(X_1=1)}{\pi(0)\pi(1)}=\dfrac{P(X_0=1,X_1=1)-[\pi(1)]^2}{\pi(0)\pi(1)}$，

$\rho(2)=\dfrac{P(X_0=1,X_2=1)-P(X_0=1)P(X_2=1)}{\pi(0)\pi(1)}=\dfrac{P(X_0=1,X_2=1)-[\pi(1)]^2}{\pi(0)\pi(1)}$，则

$$\begin{aligned}\rho(1)-\rho(2)&=\frac{P(X_0=1,X_1=1)-[\pi(1)]^2}{\pi(0)\pi(1)}-\frac{P(X_0=1,X_2=1)-[\pi(1)]^2}{\pi(0)\pi(1)}\\&=\frac{P(X_0=1,X_1=1)-P(X_0=1,X_2=1)}{\pi(0)\pi(1)}\end{aligned} \qquad (4.3-33)$$

根据联合分布与边际分布关系有

$$P(X_0=1,X_1=1)=P(X_0=1,X_1=1,X_2=0)+P(X_0=1,X_1=1,X_2=1) \tag{4.3-34}$$

$$P(X_0=1,X_2=1)=P(X_0=1,X_1=0,X_2=1)+P(X_0=1,X_1=1,X_2=1) \tag{4.3-35}$$

式（4.3-34）两边减去式（4.3-35）两边，有

$$P(X_0=1,X_1=1)-P(X_0=1,X_2=1)=P(X_0=1,X_1=1,X_2=0)-P(X_0=1,X_1=0,X_2=1) \tag{4.3-36}$$

把式（4.3-36）代入式（4.3-33），有

$$\rho(1)-\rho(2)=\frac{P(X_0=1,X_1=1,X_2=0)-P(X_0=1,X_1=0,X_2=1)}{\pi(0)\pi(1)} \tag{4.3-37}$$

因为

$$P(X_0=1,X_1=1,\cdots,X_n=1,X_{n+1}=0)+P(X_0=1,X_1=1,\cdots,X_n=1,X_{n+1}=1) \\ =P(X_0=1,X_1=1,\cdots,X_n=1) \tag{4.3-38}$$

$$P(X_0=0,X_1=1,\cdots,X_n=1,X_{n+1}=1)+P(X_0=1,X_1=1,\cdots,X_n=1,X_{n+1}=1) \\ =P(X_1=1,\cdots,X_n=1,X_{n+1}=1) \tag{4.3-39}$$

因为 $\{X_n\}$ 为平稳过程，其统计特性不随 n 发生变化，即

$$P(X_0=1,X_1=1,\cdots,X_n=1)=P(X_1=1,\cdots,X_n=1,X_{n+1}=1) \tag{4.3-40}$$

所以，由式（4.3-38）和式（4.3-39），有

$$P(X_0=1,X_1=1,\cdots,X_n=1,X_{n+1}=0)=P(X_0=0,X_1=1,\cdots,X_n=1,X_{n+1}=1) \tag{4.3-41}$$

根据式（4.3-41），式（4.3-37）右边第 1 项概率进一步写为

$$\begin{aligned}P(X_0=1,X_1=1,X_2=0)&=P(X_0=0,X_1=1,X_2=1)\\ &=P(X_0=0,X_1=1)P(X_2=1|X_0=0,X_1=1)\\ &=P(X_0=0,X_1=1)[1-P(X_2=0|X_0=0,X_1=1)]\end{aligned} \tag{4.3-42}$$

从游程定义看出 $P(X_0=0,X_1=1,X_2=1)$ 即为事件 $\{X_0=0,X_1=1,X_2=0\}$ 发生，$P(X_2=0|X_0=0,X_1=1)$ 即为长度为 1 的"1"游程的概率，也就是说 $f_1^{(1)}=P(X_2=0|X_0=0,X_1=1)$。则式（4.3-42）进一步写为

$$P(X_0=1,X_1=1,X_2=0)=P(X_0=0,X_1=1)[1-f_1^{(1)}] \tag{4.3-43}$$

根据式（4.3-41），式（4.3-37）右边分子第 2 项概率进一步写为

$$P(X_0=1,X_1=0,X_2=1)=P(X_0=1,X_1=0)P(X_2=1|X_0=1,X_1=0) \tag{4.3-44}$$

从游程定义看出 $P(X_0=1,X_1=0,X_2=1)$ 即为事件 $\{X_0=1,X_1=0,X_2=1\}$ 发生，$P(X_2=1|X_0=1,X_1=0)$ 即为长度为 1 的"0"游程的概率，也就是说 $f_1^{(0)}=P(X_2=1|X_0=1,X_1=0)$。则式（4.3-44）进一步写为

$$P(X_0=1,X_1=0,X_2=1)=P(X_0=1,X_1=0)f_1^{(0)} \tag{4.3-45}$$

把式（4.3-44）和式（4.3-45）代入式（4.3-37），有

$$\rho(1)-\rho(2)=\frac{P(X_0=0,X_1=1)[1-f_1^{(1)}]-P(X_0=1,X_1=0)f_1^{(0)}}{\pi(0)\pi(1)} \tag{4.3-46}$$

如前所述，上交互点概率等于下交互点概率，即 $P(X_0=0,X_1=1)=P(X_0=1,X_1=0)$。因此，式（4.3-46）可写为

$$\rho(1)-\rho(2)=\frac{P(X_0=0,X_1=1)[1-f_1^{(1)}]-P(X_0=0,X_1=1)f_1^{(0)}}{\pi(0)\pi(1)}$$

$$=\frac{[1-f_1^{(0)}-f_1^{(1)}]P(X_0=0,X_1=1)}{\pi(0)\pi(1)} \qquad (4.3-47)$$

由式（4.3-7）得 $P(x_{n-1}=0,x_n=1)=\frac{\pi(0)}{\mu^{(0)}}$，因为 $P(X_0=0,X_1=1)=P(X_0=1,X_1=0)$，式（4.3-7）两边加式（4.3-8）两边有 $\mu^{(0)}+\mu^{(1)}=\frac{\pi(0)}{P(x_{n-1}=0,x_n=1)}+\frac{\pi(1)}{P(x_{n-1}=0,x_n=1)}=\frac{1}{P(x_{n-1}=0,x_n=1)}=\frac{\mu^{(0)}}{\pi(0)}$，即

$$\pi(0)=\frac{\mu^{(0)}}{\mu^{(0)}+\mu^{(1)}} \qquad (4.3-48)$$

对于 $\frac{P(X_0=0,X_1=1)}{\pi(0)\pi(1)}$，根据式（4.3-8）有 $\frac{1}{\mu^{(1)}}=\frac{P(X_0=0,X_1=1)}{\pi(1)}$，则

$$\frac{P(X_0=0,X_1=1)}{\pi(0)\pi(1)}=\frac{1}{\mu^{(1)}\pi(0)} \qquad (4.3-49)$$

把式（4.3-48）代入式（4.3-49），有

$$\frac{P(X_0=0,X_1=1)}{\pi(0)\pi(1)}=\frac{1}{\mu^{(1)}}\frac{\mu^{(0)}+\mu^{(1)}}{\mu^{(0)}}=\frac{\mu^{(0)}+\mu^{(1)}}{\mu^{(0)}\mu^{(1)}} \qquad (4.3-50)$$

把式（4.3-50）代入式（4.3-47），有

$$\rho(1)-\rho(2)=\frac{[1-f_1^{(0)}-f_1^{(1)}]P(X_0=0,X_1=1)}{\pi(0)\pi(1)}=\frac{[\mu^{(0)}+\mu^{(1)}][1-f_1^{(0)}-f_1^{(1)}]}{\mu^{(0)}\mu^{(1)}}$$

$$(4.3-51)$$

因为 $\pi(0)+\pi(1)=1$，有

$$\pi(1)=1-\pi(0)=1-\frac{\mu^{(0)}}{\mu^{(0)}+\mu^{(1)}}=\frac{\mu^{(1)}}{\mu^{(0)}+\mu^{(1)}} \qquad (4.3-52)$$

4.3.2 "0、1"（Binary sequence）DARMA 过程

4.3.2.1 离散自回归滑动平均过程 DARMA 模型

一阶离散自回归过程（discrete autoregressive process）DAR(1)、一阶离散滑动平均过程（discrete moving average process）DMA(1) 和一阶离散自回归滑动平均过程 DARMA(1,1) 都是 DARMA(1,N) 过程的特例。一个 DARMA 模型 $\{X_n\}$ 是由独立同分布随机变量序列 $\{Y_n\}$ 的概率线性组合产生。随机变量序列 $\{Y_n\}$ 的概率分布为

$$\pi(k)=P(Y_n=n), k=0,1,2,\cdots \qquad (4.3-53)$$

$\{X_n\}$ 序列和它的边际分布按照式（4.3-53）产生。DARMA 过程模型的优点在于边际分布和相关特性相互独立。本节介绍推导离散自回归滑动平均过程（discrete autoregressive moving average process）DARMA(1,1) 的特性。

1. DAR(1) 模型

DAR(1) 模型 $\{A_n\}$ 序列定义为

$$A_n = \begin{cases} A_{n-1}, & \text{以概率 } \rho \\ Y_n, & \text{以概率 } 1-\rho \end{cases}, n \geq 0 \qquad (4.3-54)$$

A_n 从 A_{-1} 开始，$P(A_{-1}=k)=\pi(k)$，$P(A_n=k)=\pi(k)$。

根据式（4.3-54），A_n 可能由以概率 ρ 的 A_{n-1} 生成，也可能以概率 $1-\rho$ 的 Y_n 生成。因此，由离散变量全期望公式得 A_n 的概率分布函数为

$$P(A_n=k) = \rho P(A_{n-1}=k) + (1-\rho)P(Y_n=k) \qquad (4.3-55)$$

根据自协方差函数定义，有 A_n 自协方差函数

$$c(k) = \mathrm{Cov}(A_n, A_{n-k}) = E(A_n, A_{n-k}) - E(A_n)E(A_{n-k}) \qquad (4.3-56)$$

根据式（4.3-54），对 A_n 应用离散变量全期望公式，则式（4.3-56）有

$$c(k) = E(A_n, A_{n-k}) - E(A_n)E(A_{n-k})$$
$$= \rho E(A_{n-1}, A_{n-k}) + (1-\rho)E(Y_n, A_{n-k}) - [\rho E(A_{n-1}) + (1-\rho)E(Y_n)]E(A_{n-k})$$
$$= \rho E(A_{n-1}, A_{n-k}) + (1-\rho)E(Y_n, A_{n-k}) - \rho E(A_{n-1})E(A_{n-k}) - (1-\rho)E(Y_n)E(A_{n-k})$$
$$= [\rho E(A_{n-1}, A_{n-k}) - \rho E(A_{n-1})E(A_{n-k})] + [(1-\rho)E(Y_n, A_{n-k}) - (1-\rho)E(Y_n)E(A_{n-k})]$$
$$= \rho[E(A_{n-1}, A_{n-k}) - E(A_{n-1})E(A_{n-k})] + (1-\rho)[E(Y_n, A_{n-k}) - E(Y_n)E(A_{n-k})]$$

因为 $\{A_{n-k}\}$ 和 $\{Y_n\}$ 独立，则 $E(Y_n, A_{n-k}) - E(Y_n)E(A_{n-k}) = 0$，则

$$c(k) = \rho[E(A_{n-1}, A_{n-k}) - E(A_{n-1})E(A_{n-k})] = \rho c(k-1) \qquad (4.3-57)$$

式（4.3-57）依次迭代，则有

$$c(k) = \rho^{k-1} c(0) \qquad (4.3-58)$$

2. DMA(1) 模型

DMA(1) 是一个 $\{X_n\}$ 序列，可以定义为

$$X_n = \begin{cases} Y_n, & \text{以概率 } \beta \\ Y_{n-1}, & \text{以概率 } 1-\beta \end{cases} \qquad (4.3-59)$$

根据式（4.3-59），X_n 可能由以概率 β 的 $Y_n=k$ 生成，也可能以概率 $1-\beta$ 的 $Y_{n-1}=k$ 生成。因此，由离散变量全期望公式得 X_n 的概率分布函数为 $P(X_n=k) = \beta P(Y_n=k) + (1-\beta)P(Y_{n-1}=k)$。因为 Y_n 为平稳过程 $P(Y_n=k) = P(Y_{n-1}=k) = \pi(k)$，则

$$P(X_n=k) = \beta\pi(k) + (1-\beta)\pi(k) = \beta\pi(k) + \pi(k) - \beta\pi(k) = \pi(k) \qquad (4.3-60)$$

$\{X_n\}$ 与 $\{Y_n\}$ 为均值相同的平稳过程。根据自协方差函数定义有

$$c(1) = \mathrm{Cov}(X_n, X_{n-1}) = E(X_n, X_{n-1}) - E(X_n)E(X_{n-1}) \qquad (4.3-61)$$

根据式（4.3-59），X_n、X_{n-1} 可由以概率 β 和概率 $1-\beta$ 来生成。首先生成 X_n，根据离散变量全期望公式，式（4.3-61）有

$$c(1) = E(X_n, X_{n-1}) - E(X_n)E(X_{n-1})$$
$$= \beta E(Y_n, X_{n-1}) + (1-\beta)E(Y_{n-1}, X_{n-1}) - \beta E(Y_n)E(X_{n-1}) - (1-\beta)E(Y_{n-1})E(X_{n-1})$$
$$\qquad (4.3-62)$$

然后生成 X_{n-1}，根据离散变量全期望公式，式（4.3-62）有

$$c(1) = \beta E(Y_n, X_{n-1}) + (1-\beta)E(Y_{n-1}, X_{n-1}) - \beta E(Y_n)E(X_{n-1}) - (1-\beta)E(Y_{n-1})E(X_{n-1})$$

$$= \beta[\beta E(Y_n, Y_{n-1}) + (1-\beta)E(Y_n, Y_{n-2})] + (1-\beta)[\beta E(Y_{n-1}, Y_{n-1}) + (1-\beta)E(Y_{n-1}, Y_{n-2})]$$
$$-\beta[\beta E(Y_n)E(Y_{n-1}) + (1-\beta)E(Y_n)E(Y_{n-2})] - (1-\beta)[\beta E(Y_{n-1})E(Y_{n-1}) + (1-\beta)E(Y_{n-1})E(Y_{n-2})]$$
$$= \beta^2 E(Y_n, Y_{n-1}) + \beta(1-\beta)E(Y_n, Y_{n-2}) + \beta(1-\beta)E(Y_{n-1}, Y_{n-1}) + (1-\beta)^2 E(Y_{n-1}, Y_{n-2})$$
$$-\beta^2 E(Y_n)E(Y_{n-1}) - \beta(1-\beta)E(Y_n)E(Y_{n-2}) - \beta(1-\beta)E(Y_{n-1})E(Y_{n-1}) - (1-\beta)^2 E(Y_{n-1})E(Y_{n-2})$$
$$= [\beta^2 E(Y_n, Y_{n-1}) - \beta^2 E(Y_n)E(Y_{n-1})] + [\beta(1-\beta)E(Y_n, Y_{n-2}) - \beta(1-\beta)E(Y_n)E(Y_{n-2})]$$
$$+ [\beta(1-\beta)E(Y_{n-1}, Y_{n-1}) - \beta(1-\beta)E(Y_{n-1})E(Y_{n-1})]$$
$$+ [(1-\beta)^2 E(Y_{n-1}, Y_{n-2}) - (1-\beta)^2 E(Y_{n-1})E(Y_{n-2})]$$

因为 $\{Y_n\}$ 平稳独立，则 $E(Y_{n-1}, Y_{n-1}) = E(Y_{n-1}^2)$，则

$$c(1) = \beta^2[E(Y_n, Y_{n-1}) - E(Y_n)E(Y_{n-1})] + \beta(1-\beta)[E(Y_n, Y_{n-2}) - E(Y_n)E(Y_{n-2})]$$
$$+ \beta(1-\beta)[E(Y_{n-1}^2) - E^2(Y_{n-1})] + (1-\beta)^2[E(Y_{n-1}, Y_{n-2}) - E(Y_{n-1})E(Y_{n-2})]$$
$$(4.3-63)$$

因为 $\{Y_n\}$ 平稳独立，则 $E(Y_n, Y_{n-1}) - E(Y_n)E(Y_{n-1}) = 0$，$E(Y_n, Y_{n-2}) - E(Y_n)E(Y_{n-2}) = 0$，$E(Y_{n-1}, Y_{n-2}) - E(Y_{n-1})E(Y_{n-2}) = 0$，$E(Y_{n-1}^2) - E^2(Y_{n-1}) = Var(Y_{n-1}) = Var(Y_n)$，式 (4.3-63) 进一步化简为

$$c(1) = \beta(1-\beta)Var(Y_n) = \beta(1-\beta)Var(X_n) \quad (4.3-64)$$

根据自相关函数定义有

$$\rho(1) = Corr(X_n, X_{n-1}) = \frac{c(1)}{c(0)} = \frac{\beta(1-\beta)Var(X_n)}{Var(X_n)} = \beta(1-\beta) \quad (4.3-65)$$

3. DARMA(1,1) 模型

Y_n 具有独立同分布 π，假定 A_n 过程起始于 A_{-1}，与 $\{Y_n\}$ 有相同的边际分布，且 Y_n 与 A_n 独立。X_n、Y_n 与 A_n 平稳，有相同的均值。DARMA(1,1) 为

$$X_n = \begin{cases} Y_n, & \text{依概率 } \beta \\ A_{n-1}, & \text{依概率 } 1-\beta \end{cases}; A_n = \begin{cases} A_{n-1}, & \text{依概率 } \rho \\ Y_n, & \text{依概率 } 1-\rho \end{cases} \quad (4.3-66)$$

$Cov(k) = Cov(X_n X_{n-k}) = E(X_n X_{n-k}) - E(X_n)E(X_{n-k})$，对 X_n 应用全期望公式，有

$$Cov(k) = \beta E(Y_n X_{n-k}) + (1-\beta)E(A_{n-1} X_{n-k}) - \beta E(Y_n)E(X_{n-k}) - (1-\beta)E(A_{n-1})E(X_{n-k})$$

对 X_{n-k} 应用全期望公式，有

$$Cov(k) = \beta[\beta E(Y_n Y_{n-k}) + (1-\beta)E(Y_n A_{n-k-1})]$$
$$+ (1-\beta)[\beta E(A_{n-1} Y_{n-k}) + (1-\beta)E(A_{n-1} A_{n-k-1})]$$
$$- \beta[\beta E(Y_n)E(Y_{n-k}) + (1-\beta)E(Y_n)E(A_{n-k-1})]$$
$$- (1-\beta)[\beta E(A_{n-1})E(Y_{n-k}) + (1-\beta)E(A_{n-1})E(A_{n-k-1})]$$
$$= \beta^2 E(Y_n Y_{n-k}) + \beta(1-\beta)E(Y_n A_{n-k-1})$$
$$+ \beta(1-\beta)E(A_{n-1} Y_{n-k}) + (1-\beta)^2 E(A_{n-1} A_{n-k-1})$$
$$- \beta^2 E(Y_n)E(Y_{n-k}) - \beta(1-\beta)E(Y_n)E(A_{n-k-1})$$
$$- \beta(1-\beta)E(A_{n-1})E(Y_{n-k}) - (1-\beta)^2 E(A_{n-1})E(A_{n-k-1})$$
$$= \beta^2[E(Y_n Y_{n-k}) - E(Y_n)E(Y_{n-k})] + \beta(1-\beta)[E(Y_n A_{n-k-1}) - E(Y_n)E(A_{n-k-1})]$$
$$+ \beta(1-\beta)[E(A_{n-1} Y_{n-k}) - E(A_{n-1})E(Y_{n-k})] + (1-\beta)^2[E(A_{n-1} A_{n-k-1}) - E(A_{n-1})E(A_{n-k-1})]$$
$$(4.3-67)$$

因为 Y_n 独立同分布，则式 (4.3-67) 第 1 项 $E(Y_n Y_{n-k}) - E(Y_n)E(Y_{n-k}) = E(Y_n)$

$E(Y_{n-k})-E(Y_n)E(Y_{n-k})=0$。

因为 Y_n 与 A_{n-k-1} 独立，则式 (4.3-67) 第 2 项 $E(Y_n A_{n-k-1})-E(Y_n)E(A_{n-k-1})=E(Y_n)E(A_{n-k-1})-E(Y_n)E(A_{n-k-1})=0$

因为 $E(A_{n-k}Y_{n-k})-E(A_{n-k})E(Y_{n-k})$，对 A_{n-k} 应用全期望公式，有

$$E(A_{n-k}Y_{n-k})-E(A_{n-k})E(Y_{n-k})=\rho E(A_{n-k-1}Y_{n-k})+(1-\rho)E(Y_{n-k}Y_{n-k})$$
$$-\rho E(A_{n-k-1})E(Y_{n-k})-(1-\rho)E(Y_{n-k})E(Y_{n-k})$$
$$=\rho[E(A_{n-k-1}Y_{n-k})-E(A_{n-k-1})E(Y_{n-k})]$$
$$+(1-\rho)[E(Y_{n-k}Y_{n-k})-E(Y_{n-k})E(Y_{n-k})]$$

因为 $E(A_{n-k-1}Y_{n-k})-E(A_{n-k-1})E(Y_{n-k})=E(A_{n-k-1})E(Y_{n-k})-E(A_{n-k-1})E(Y_{n-k})=0$，则

$$E(A_{n-k}Y_{n-k})-E(A_{n-k})E(Y_{n-k})=(1-\rho)[E(Y_{n-k}Y_{n-k})-E(Y_{n-k})E(Y_{n-k})]=(1-\rho)Var(Y_n)$$
$$(4.3-68)$$

当 $i=1,2,\cdots,k-1$ 时，

$$E(A_{n-i}Y_{n-k})-E(A_{n-i})E(Y_{n-k})=\rho E(A_{n-i-1}Y_{n-k})+(1-\rho)E(Y_{n-i}Y_{n-k})$$
$$-\rho E(A_{n-i-1})E(Y_{n-k})-(1-\rho)E(Y_{n-i})E(Y_{n-k})$$
$$=\rho[E(A_{n-i-1}Y_{n-k})-E(A_{n-i-1})E(Y_{n-k})]$$
$$-(1-\rho)[E(Y_{n-i}Y_{n-k})-E(Y_{n-i})E(Y_{n-k})]$$

因为 $E(Y_{n-i}Y_{n-k})-E(Y_{n-i})E(Y_{n-k})=E(Y_{n-i})E(Y_{n-k})-E(Y_{n-i})E(Y_{n-k})=0$，则

$$E(A_{n-i}Y_{n-k})-E(A_{n-i})E(Y_{n-k})=\rho[E(A_{n-(i+1)}Y_{n-k})-E(A_{n-(i+1)})E(Y_{n-k})]$$
$$(4.3-69)$$

进一步递推，有

$$E(A_{n-i}Y_{n-k})-E(A_{n-i})E(Y_{n-k})=\rho^{k-2}[E(A_{n-k}Y_{n-k})-E(A_{n-k})E(Y_{n-k})]=\rho^{k-i}(1-\rho)Var(Y_n)$$
$$(4.3-70)$$

应用式 (4.3-70)，式 (4.3-67) 第 3 项 $[E(A_{n-1}Y_{n-k})-E(A_{n-1})E(Y_{n-k})]=\rho^{k-1}(1-\rho)Var(Y_n)$。

式 (4.3-67) 第 4 项 $E(A_{n-1}A_{n-k-1})-E(A_{n-1})E(A_{n-k-1})=E(A_{n-1}A_{n-k-1})-E(A_{n-1})E(A_{n-1-k})$，对 A_{n-1} 应用全期望公式，有

$$c(k)=E(A_{n-1}A_{n-k-1})-E(A_{n-1})E(A_{n-k-1})=E(A_{n-1}A_{n-k-1})-E(A_{n-1})E(A_{n-1-k})$$
$$=\rho E(A_{n-2}A_{n-1-k})+(1-\rho)E(Y_{n-1}A_{n-1-k})-\rho E(A_{n-2})E(A_{n-1-k})-(1-\rho)E(Y_{n-1})E(A_{n-1-k})$$
$$=\rho[E(A_{n-2}A_{n-1-k})-E(A_{n-2})E(A_{n-1-k})]+(1-\rho)[E(Y_{n-1}A_{n-1-k})-E(Y_{n-1})E(A_{n-1-k})]$$

因为，$E(Y_{n-1}A_{n-1-k})-E(Y_{n-1})E(A_{n-1-k})=E(Y_{n-1})E(A_{n-1-k})-E(Y_{n-1})E(A_{n-1-k})=0$，则

$$E(A_{n-1}A_{n-1-k})-E(A_{n-1})E(A_{n-1-k})=\rho[E(A_{n-2}A_{n-1-k})-E(A_{n-2})E(A_{n-1-k})]=\rho c(k-1)$$

依次递推，有

$$E(A_{n-1}A_{n-1-k})-E(A_{n-1})E(A_{n-1-k})=\rho^k c(0)$$
$$c(0)=E(A_{n-1-k}A_{n-1-k})-E(A_{n-1-k})E(A_{n-1-k})=Var(A_n)=Var(Y_n)$$

综合以上推导，有

$$E(A_{n-1}A_{n-1-k})-E(A_{n-1})E(A_{n-1-k})=\rho^k Var(Y_n) \quad (4.3-71)$$

则
$$Cov(k) = \beta(1-\beta)\rho^{k-1}(1-\rho)var(Y_n) + (1-\beta)^2\rho^k Var(Y_n)$$
$$= (1-\beta)\rho^{k-1}Var(Y_n)[\beta(1-\rho)+(1-\beta)\rho]$$
$$= (1-\beta)\rho^{k-1}Var(Y_n)[\beta-\rho\beta+\rho-\rho\beta] = (1-\beta)(\rho+\beta-2\rho\beta)\rho^{k-1}Var(Y_n) \quad (4.3-72)$$

根据上述协方差计算式，X_n 的自相关函数为

$$\rho(k) = \frac{c(k)}{c(0)} = \frac{(1-\beta)(\rho+\beta-2\rho\beta)\rho^{k-1}Var(Y_n)}{Var(Y_n)} = (1-\beta)(\rho+\beta-2\rho\beta)\rho^{k-1} \quad (4.3-73)$$

令 $c = (1-\beta)(\rho+\beta-2\rho\beta)$，则

$$\rho(k) = c\rho^{k-1}, \quad k \geqslant 1 \quad (4.3-74)$$

式中：$c = (1-\beta)(\rho+\beta-2\rho\beta)$。

4.3.2.2 "0、1"（Binary sequence）离散自回归滑动平均过程 DARMA 模型

在 "0、1"（Binary sequence）离散自回归滑动平均过程 DARMA（Binary DARMA process）中，随机变量序列 $\{Y_n\}$ 为伯努利变量，具有概率分布 $\pi(0) = P(Y_n = 0)$，$\pi(1) = P(Y_n = 1)$，$\pi(0) + \pi(1) = 1$。离散 Binary DARMA(1,1) 过程定义见式（4.3-66），同样，A_n 过程起始于 A_{-1}，与 $\{Y_n\}$ 有相同的边际分布，且 A_{-1} 与 $Y_0, Y_1, Y_2, \cdots$ 独立。A_n 与 X_n 为相关取值 "0、1" 变量，即 0 取值的概率为 $\pi(0)$，1 取值的概率为 $\pi(1)$。A_n 的自相关函数为 $Corr(A_n, A_{n-k}) = \rho^k$，$X_n$ 的自相关函数为 $Corr(X_n, X_{n-k}) = c\rho^k$，$c = (1-\beta)(\beta+\rho-2\rho\beta)$。Buishand（1978）指出离散 Binary DARMA(1,1) 适合描述干、湿序列的统计特性。

1. 一阶 "0、1"（Binary sequence）离散自回归 DARMA 过程

一阶 "0、1"（Binary sequence）离散自回归 DAR(1) 过程模型见式（4.3-54）。$\{A_n\}$ 为两状态一阶 Markov 链过程。令 $P(i,j) = P(A_{n+1} = j | A_n = i)$，$i = 0, 1$，$j = 0, 1$。以下推导其状态转移概率矩阵。

对于 $P(0,0) = P(A_{n+1} = 0 | A_n = 0)$，如式（4.3-54）所示，$A_n$ 可以以概率 ρ 转移为 A_{n-1}，也可以以概率 $1-\rho$ 转移为 Y_n。因为 $\{Y_n\}$ 为伯努利变量，取值 "0、1"。因此，A_n 也取值 "0、1"。因此，末状态 A_{n+1} 转移到前一个状态 A_n，$A_{n+1} \to A_n = 0$；也可以是 A_{n+1} 转移到状态 Y_{n+1}，$A_{n+1} \to Y_{n+1} = 0$。因为，当前状态 $A_n = 0$ 已知，所以，$P(A_n = 0) = 1$。考虑 $\{A_n\}$ 过程的平稳性，有 $P(A_n = 0 | A_{n+1} = 0) = P(A_{n-1} = 0 | A_n = 0)$，$P(A_{n+1} = 0 | Y_{n+1} = 0) = P(A_n = 0 | Y_n = 0)$。考虑 $\{Y_n\}$ 为伯努利变量，有 $P(Y_{n+1} = 0) = P(Y_n = 0) = \pi(0)$。则

$$P(0,0) = P(A_{n+1} = 0 | A_n = 0) = P(A_{n+1} = 0 | A_n = 0)P(A_n = 0) + P(A_{n+1} = 0 | Y_{n+1} = 0)P(Y_{n+1} = 0)$$
$$= P(A_{n-1} = 0 | A_n = 0)P(A_n = 0) + P(A_n = 0 | Y_n = 0)P(Y_n = 0) = \rho \cdot 1 + (1-\rho)\pi(0)$$

对于 $P(0,1) = P(A_{n+1} = 1 | A_n = 0)$，如式（4.3-54）所示，$A_n$ 可以以概率 ρ 转移为 A_{n-1}，也可以以概率 $1-\rho$ 转移为 Y_n。因为 $\{Y_n\}$ 为伯努利变量，取值 "0、1"。因此，A_n 也取值 "0、1"。因此，末状态 A_{n+1} 转移到前一个状态 A_n，$A_{n+1} \to A_n = 0$；也可以是 A_{n+1} 转移到状态 Y_{n+1}，$A_{n+1} \to Y_{n+1} = 0$。因为，当前状态 $A_n = 0$ 已知，所以，$P(A_n = 0) = 1$。考虑 $\{A_n\}$ 过程的平稳性，有 $P(A_n = 1 | A_{n+1} = 0) = P(A_{n-1} = 1 | A_n = 0)$，显然，

不满足 $A_n = A_{n-1}$。因此 $P(A_n=1|A_{n+1}=0)=P(A_{n-1}=1|A_n=0)=0$。$P(A_{n+1}=0|Y_{n+1}=0)=P(A_n=0|Y_n=0)$。考虑 $\{Y_n\}$ 为伯努利变量，有 $P(Y_{n+1}=0)=P(Y_n=0)=\pi(0)$。则

$$P(0,1)=P(A_{n+1}=1|A_n=0)=P(A_{n+1}=1|A_n=0)P(A_n=0)+P(A_{n+1}=1|Y_{n+1}=1)P(Y_{n+1}=1)$$
$$=0\times1+(1-\rho)\pi(1)=(1-\rho)\pi(1)$$

对于 $P(1,0)=P(A_{n+1}=1|A_n=0)$，如式（4.3-54）所示，$A_n$ 可以以概率 ρ 转移为 A_{n-1}，也可以以概率 $1-\rho$ 转移为 Y_n。因为 $\{Y_n\}$ 为伯努利变量，取值"0、1"。因此，末状态 A_{n+1} 转移到前一个状态 A_n，$A_{n+1} \to A_n=0$；也可以是 A_{n+1} 转移到状态 Y_{n+1}，$A_{n+1} \to Y_{n+1}=0$。因为，当前状态 $A_n=1$ 已知，所以，$P(A_n=1)=1$。考虑 $\{A_n\}$ 过程的平稳性，有 $P(A_n=1|A_{n+1}=0)=P(A_{n-1}=1|A_n=0)$，显然，不满足 $A_n=A_{n-1}$。有 $P(A_n=1|A_{n+1}=0)=P(A_{n-1}=1|A_n=0)=0$。$P(A_{n+1}=0|Y_{n+1}=0)=P(A_n=0|Y_n=0)$。考虑 $\{Y_n\}$ 为伯努利变量，有 $P(Y_{n+1}=0)=P(Y_n=0)=\pi(0)$。则

$$P(1,0)=P(A_{n+1}=0|A_n=1)=P(A_{n+1}=0|A_n=1)P(A_n=0)+P(A_{n+1}=0|Y_{n+1}=0)P(Y_{n+1}=0)$$
$$=0\times1+(1-\rho)\pi(0)=(1-\rho)\pi(0)$$

对于 $P(1,1)=P(A_{n+1}=1|A_n=1)$，如式（4.3-54）所示，$A_n$ 可以以概率 ρ 转移为 A_{n-1}，也可以以概率 $1-\rho$ 转移为 Y_n。因为 $\{Y_n\}$ 为伯努利变量，取值"0、1"。因此，A_n 也取值"0、1"。因此，末状态 A_{n+1} 转移到前一个状态 A_n，$A_{n+1} \to A_n=1$；也可以是 A_{n+1} 转移到状态 Y_{n+1}，$A_{n+1} \to Y_{n+1}=1$。因为，当前状态 $A_n=1$ 已知，所以，$P(A_n=1)=1$。考虑 $\{A_n\}$ 过程的平稳性，有 $P(A_n=1|A_{n+1}=1)=P(A_{n-1}=1|A_n=1)$，有 $P(A_n=1|A_{n+1}=1)=P(A_{n-1}=1|A_n=1)=\rho$。$P(A_{n+1}=1|Y_{n+1}=1)=P(A_n=1|Y_n=1)=1-\rho$。考虑 $\{Y_n\}$ 为伯努利变量，有 $P(Y_{n+1}=1)=P(Y_n=0)=\pi(1)$。

$$P(1,1)=P(A_{n+1}=1|A_n=1)=P(A_{n+1}=1|A_n=1)P(A_n=1)+P(A_{n+1}=1|Y_{n+1}=1)P(Y_{n+1}=1)$$
$$=\rho\cdot1+(1-\rho)\pi(0)=(1-\rho)\pi(1)$$

综合以上推导，有"0、1"（Binary sequence）离散自回归 DAR(1) 状态转移矩阵：

$$P=\begin{bmatrix}P(0,0) & P(0,1)\\P(1,0) & P(1,1)\end{bmatrix}=\begin{bmatrix}\rho+(1-\rho)\pi(0) & (1-\rho)\pi(1)\\(1-\rho)\pi(0) & (1-\rho)\pi(1)\end{bmatrix} \quad (4.3-75)$$

2. 一阶"0、1"（Binary sequence）离散自回归 DARMA(1,1) 过程

一阶"0、1"（Binary sequence）离散自回归 DARMA(1,1) 过程模型见式（4.3-66）。$\{X_n\}$ 不是两状态一阶 Markov 链过程，但是，$\{A_n, X_n\}$ 是二维一阶 Markov 链过程。

令 $Q_m(i,j)=P(A_{n+1}=j, X_{n+1}=m|A_n=i)$，$i=0,1$，$j=0,1$，$k=0,1$，$m=0,1$。因为 $\{X_n\}$ 为取值"0、1"，所以，$\{X_n\}$ 的末状态为取值"0、1"，$\{A_n, X_n\}$ 状态转移矩阵分为 $Q_0=\begin{bmatrix}Q_0(0,0) & Q_0(0,1)\\Q_0(1,0) & Q_0(1,1)\end{bmatrix}$ 和 $Q_1=\begin{bmatrix}Q_1(0,0) & Q_1(0,1)\\Q_1(1,0) & Q_1(1,1)\end{bmatrix}$。以下推导其状态转移概率矩阵。

（1）末状态 $X_{n+1}=0$。对于 $Q_0(0,0)=P(A_{n+1}=0, X_{n+1}=0|A_n=0)$，如式（4.3-66）所示，$X_n$ 可以以概率 β 转移为 Y_n，也可以以概率 $1-\beta$ 转移为 A_{n-1}；A_n 再以概率 ρ 转移为 A_{n-1}，也可以以概率 $1-\rho$ 转移为 Y_n。

4.3 离散自回归滑动平均模型

1) $Q_0(0,0) = P(X_{n+1}=0, A_{n+1}=0 | A_n=0)$。对 $X_{n+1}=0$，应用全概率公式，有
$$Q_0(0,0) = P(X_{n+1}=0, A_{n+1}=0 | A_n=0)$$
$$= \beta P(Y_{n+1}=0, A_{n+1}=0 | A_n=0) + (1-\beta) P(A_n=0, A_{n+1}=0 | A_n=0)$$

对 $A_{n+1}=0$，应用全概率公式，有
$$Q_0(0,0) = \beta[\rho P(Y_{n+1}=0, A_n=0 | A_n=0) + (1-\rho) P(Y_{n+1}=0, Y_{n+1}=0 | A_n=0)]$$
$$+ (1-\beta)[\rho P(A_n=0, A_n=0 | A_n=0) + (1-\rho) P(A_n=0, Y_{n+1}=0 | A_n=0)]$$
$$= \beta\rho P(Y_{n+1}=0, A_n=0 | A_n=0) + \beta(1-\rho) P(Y_{n+1}=0, Y_{n+1}=0 | A_n=0)$$
$$+ \rho(1-\beta) P(A_n=0, A_n=0 | A_n=0) + (1-\rho)(1-\beta) P(A_n=0, Y_{n+1}=0 | A_n=0)$$
$$= \beta\rho P(Y_{n+1}=0 | A_n=0) + \beta(1-\rho) P(Y_{n+1}=0 | A_n=0)$$
$$+ \rho(1-\beta) P(A_n=0) + (1-\rho)(1-\beta) P(Y_{n+1}=0 | A_n=0)$$
$$= \beta\rho P(Y_{n+1}=0) + \beta(1-\rho) P(Y_{n+1}=0)$$
$$+ \rho(1-\beta) P(A_n=0 | A_n=0) + (1-\rho)(1-\beta) P(Y_{n+1}=0)$$
$$= \beta\rho\pi(0) + \beta(1-\rho)\pi(0) + \rho(1-\beta) \cdot 1 + (1-\rho)(1-\beta)\pi(0)$$
$$= \rho(1-\beta) + \beta\rho\pi(0) + \beta\pi(0) - \beta\rho\pi(0) + \pi(0) - \beta\pi(0) - \rho\pi(0) + \beta\rho\pi(0)$$
$$= \rho(1-\beta) + \beta\rho\pi(0) - \beta\rho\pi(0) + \beta\pi(0) - \beta\pi(0) + [\pi(0) - \rho\pi(0) + \beta\rho\pi(0)]$$
$$= \rho(1-\beta) + [1-\rho(1-\beta)]\pi(0) \tag{4.3-76}$$

2) $Q_0(0,1) = P(X_{n+1}=0, A_{n+1}=1 | A_n=0)$。对 $X_{n+1}=0$，应用全概率公式，有
$$Q_0(0,1) = P(X_{n+1}=0, A_{n+1}=1 | A_n=0)$$
$$= \beta P(Y_{n+1}=0, A_{n+1}=1 | A_n=0) + (1-\beta) P(A_n=0, A_{n+1}=1 | A_n=0)$$

对 $A_{n+1}=1$，应用全概率公式，有
$$Q_0(0,1) = \beta[\rho P(Y_{n+1}=0, A_n=1 | A_n=0) + (1-\rho) P(Y_{n+1}=0, Y_{n+1}=1 | A_n=0)]$$
$$+ (1-\beta)[\rho P(A_n=0, A_n=1 | A_n=0) + (1-\rho) P(A_n=0, Y_{n+1}=1 | A_n=0)]$$
$$= \beta\rho P(Y_{n+1}=0, A_n=1 | A_n=0) + \beta(1-\rho) P(Y_{n+1}=0, Y_{n+1}=1 | A_n=0)$$
$$+ \rho(1-\beta) P(A_n=0, A_n=1 | A_n=0) + (1-\beta)(1-\rho) P(A_n=0, Y_{n+1}=1 | A_n=0)$$

因为，$P(Y_{n+1}=0, A_n=1 | A_n=0) = 0$，$P(Y_{n+1}=0, Y_{n+1}=1 | A_n=0) = 0$，$P(A_n=0, A_n=1 | A_n=0) = 0$，则
$$Q_0(0,1) = (1-\beta)(1-\rho) P(A_n=0, Y_{n+1}=1 | A_n=0) = (1-\beta)(1-\rho) P(Y_{n+1}=1 | A_n=0)$$
$$= (1-\beta)(1-\rho) P(Y_{n+1}=1) = (1-\beta)(1-\rho)\pi(1) \tag{4.3-77}$$

3) $Q_0(1,0) = P(X_{n+1}=0, A_{n+1}=0 | A_n=1)$。对 $X_{n+1}=0$，应用全概率公式，有
$$Q_0(1,0) = P(X_{n+1}=0, A_{n+1}=0 | A_n=1)$$
$$= \beta P(Y_{n+1}=0, A_{n+1}=0 | A_n=1) + (1-\beta) P(A_n=0, A_{n+1}=0 | A_n=1)$$

因为 $P(A_n=0, A_{n+1}=0 | A_n=1) = 0$，则 $Q_0(1,0) = \beta P(Y_{n+1}=0, A_{n+1}=0 | A_n=1)$，对 $A_{n+1}=0$，应用全概率公式，有 $Q_0(1,0) = \beta[\rho P(Y_{n+1}=0, A_n=0 | A_n=1) + (1-\rho) P(Y_{n+1}=0, Y_{n+1}=0 | A_n=1)]$，因为 $P(Y_{n+1}=0, A_n=0 | A_n=1) = 0$，则
$$Q_0(1,0) = \beta(1-\rho) P(Y_{n+1}=0, Y_{n+1}=0 | A_n=1) = \beta(1-\rho) P(Y_{n+1}=0 | A_n=1)$$
$$= \beta(1-\rho) P(Y_{n+1}=0) = \beta(1-\rho)\pi(0) \tag{4.3-78}$$

4) $Q_0(1,1) = P(X_{n+1}=0, A_{n+1}=1 | A_n=1)$。对 $X_{n+1}=0$，应用全概率公式，有
$$Q_0(1,1) = P(X_{n+1}=0, A_{n+1}=1 | A_n=1)$$
$$= \beta P(Y_{n+1}=0, A_{n+1}=1 | A_n=1) + (1-\beta) P(A_n=0, A_{n+1}=1 | A_n=1)$$

因为 $P(A_n=0, A_{n+1}=1|A_n=1)=0$，则 $Q_0(1,1)=\beta P(Y_{n+1}=0, A_{n+1}=1|A_n=1)$，对 $A_{n+1}=1$，应用全概率公式，有

$$Q_0(1,1)=\beta[\rho P(Y_{n+1}=0, A_n=1|A_n=1)+(1-\rho)P(Y_{n+1}=0, Y_{n+1}=1|A_n=1)]$$

因为 $P(Y_{n+1}=0, Y_{n+1}=1|A_n=1)=0$，则

$$Q_0(1,1)=\beta\rho P(Y_{n+1}=0, A_n=1|A_n=1)=\beta\rho P(Y_{n+1}=0|A_n=1)$$
$$=\beta\rho P(Y_{n+1}=0)=\beta\rho\pi(0) \tag{4.3-79}$$

综合式以上推导，有末状态 $X_{n+1}=0$ 的转移概率矩阵为

$$Q_0=\begin{bmatrix}Q_0(0,0) & Q_0(0,1) \\ Q_0(1,0) & Q_0(1,1)\end{bmatrix}=\begin{bmatrix}\rho(1-\beta)+[1-\rho(1-\beta)]\pi(0) & (1-\beta)(1-\rho)\pi(1) \\ \beta(1-\rho)\pi(0) & \beta\rho\pi(0)\end{bmatrix} \tag{4.3-80}$$

(2) 末状态 $X_{n+1}=1$ 的转移概率矩阵。

1) $Q_1(0,0)=P(X_{n+1}=1, A_{n+1}=0|A_n=0)$。对 $X_{n+1}=1$，应用全概率公式，有

$$Q_1(0,0)=P(X_{n+1}=1, A_{n+1}=0|A_n=0)$$
$$=\beta P(Y_{n+1}=1, A_{n+1}=0|A_n=0)+(1-\beta)P(A_n=1, A_{n+1}=0|A_n=0)$$

因为 $P(A_n=1, A_{n+1}=0|A_n=0)$，则 $Q_1(0,0)=\beta P(Y_{n+1}=1, A_{n+1}=0|A_n=0)$。对 $A_{n+1}=0$，应用全概率公式，有

$$Q_1(0,0)=\beta[\rho P(Y_{n+1}=1, A_n=0|A_n=0)+(1-\rho)P(Y_{n+1}=1, Y_{n+1}=0|A_n=0)]$$

因为 $P(Y_{n+1}=1, Y_{n+1}=0|A_n=0)=0$，则

$$Q_1(0,0)=\beta\rho P(Y_{n+1}=1, A_n=0|A_n=0)=\beta\rho P(Y_{n+1}=1|A_n=0)$$
$$=\beta\rho P(Y_{n+1}=1)=\beta\rho\pi(1) \tag{4.3-81}$$

2) $Q_1(0,1)=P(X_{n+1}=1, A_{n+1}=1|A_n=0)$。对 $X_{n+1}=1$，应用全概率公式，有

$$Q_1(0,1)=P(X_{n+1}=1, A_{n+1}=1|A_n=0)$$
$$=\beta P(Y_{n+1}=1, A_{n+1}=1|A_n=0)+(1-\beta)P(A_n=1, A_{n+1}=1|A_n=0)$$

因为 $P(A_n=1, A_{n+1}=1|A_n=0)=0$，则 $Q_1(0,1)=\beta P(Y_{n+1}=1, A_{n+1}=1|A_n=0)$，对 $A_{n+1}=1$，应用全概率公式，有

$$Q_1(0,1)=\beta P(Y_{n+1}=1, A_{n+1}=1|A_n=0)$$
$$=\beta[\rho P(Y_{n+1}=1, A_n=1|A_n=0)+(1-\rho)P(Y_{n+1}=1, Y_{n+1}=1|A_n=0)]$$

因为 $P(Y_{n+1}=1, A_n=1|A_n=0)=0$，则

$$Q_1(0,1)=\beta(1-\rho)P(Y_{n+1}=1, Y_{n+1}=1|A_n=0)=\beta(1-\rho)P(Y_{n+1}=1|A_n=0)$$
$$=\beta(1-\rho)P(Y_{n+1}=1)=\beta(1-\rho)\pi(1) \tag{4.3-82}$$

3) $Q_1(1,0)=P(X_{n+1}=1, A_{n+1}=0|A_n=1)$。对 $X_{n+1}=1$，应用全概率公式，有

$$Q_1(1,0)=P(X_{n+1}=1, A_{n+1}=0|A_n=1)$$
$$=\beta P(Y_{n+1}=1, A_{n+1}=0|A_n=1)+(1-\beta)P(A_n=1, A_{n+1}=0|A_n=1)$$

对 $A_{n+1}=0$，应用全概率公式，有

$$Q_1(1,0)=\beta[\rho P(Y_{n+1}=1, A_n=0|A_n=1)+(1-\rho)P(Y_{n+1}=1, Y_{n+1}=0|A_n=1)]$$
$$+(1-\beta)[\rho P(A_n=1, A_n=0|A_n=1)+(1-\rho)P(A_n=1, Y_{n+1}=0|A_n=1)]$$

因为 $P(Y_{n+1}=1, A_n=0|A_n=1)=0$，$P(Y_{n+1}=1, Y_{n+1}=0|A_n=1)=0$，$P(A_n=1, A_n=0|A_n=1)=0$，则

$$Q_1(1,0) = (1-\beta)(1-\rho)P(A_n=1, Y_{n+1}=0|A_n=1)$$
$$= (1-\beta)(1-\rho)P(Y_{n+1}=0|A_n=1) = (1-\beta)(1-\rho)P(Y_{n+1}=0) = (1-\beta)(1-\rho)\pi(0)$$
$$(4.3-83)$$

4) $Q_1(1,1) = P(X_{n+1}=1, A_{n+1}=1|A_n=1)$。对 $X_{n+1}=1$，应用全概率公式，有

$$Q_1(1,1) = P(X_{n+1}=1, A_{n+1}=1|A_n=1)$$
$$= \beta P(Y_{n+1}=1, A_{n+1}=1|A_n=1) + (1-\beta)P(A_n=1, A_{n+1}=1|A_n=1)$$

对 $A_{n+1}=1$，应用全概率公式，有

$$Q_1(1,1) = \beta[\rho P(Y_{n+1}=1, A_n=1|A_n=1) + (1-\rho)P(Y_{n+1}=1, Y_{n+1}=1|A_n=1)]$$
$$+ (1-\beta)[\rho P(A_n=1, A_n=1|A_n=1) + (1-\rho)P(A_n=1, Y_{n+1}=1|A_n=1)]$$
$$= \beta\rho P(Y_{n+1}=1, A_n=1|A_n=1) + \beta(1-\rho)P(Y_{n+1}=1, Y_{n+1}=1|A_n=1)$$
$$+ \rho(1-\beta)P(A_n=1, A_n=1|A_n=1) + (1-\beta)(1-\rho)P(A_n=1, Y_{n+1}=1|A_n=1)$$
$$= \beta\rho P(Y_{n+1}=1|A_n=1) + \beta(1-\rho)P(Y_{n+1}=1|A_n=1)$$
$$+ \rho(1-\beta)P(A_n=1|A_n=1) + (1-\beta)(1-\rho)P(Y_{n+1}=1|A_n=1)$$
$$= \beta\rho P(Y_{n+1}=1) + \beta(1-\rho)P(Y_{n+1}=1) + \rho(1-\beta)\cdot 1 + (1-\beta)(1-\rho)P(Y_{n+1}=1)$$
$$= \beta\rho\pi(1) + \beta(1-\rho)\pi(1) + \rho(1-\beta) + (1-\beta)(1-\rho)\pi(1)$$
$$= \rho(1-\beta) + [\beta\rho\pi(1) + \beta(1-\rho)\pi(1) + (1-\beta)(1-\rho)\pi(1)]$$
$$= \rho(1-\beta) + [\beta\rho + \beta(1-\rho) + (1-\beta)(1-\rho)]\pi(1)$$
$$= \rho(1-\beta) + (\beta\rho + \beta - \beta\rho + 1 - \rho - \beta + \beta\rho)\pi(1)$$
$$= \rho(1-\beta) + (\beta\rho - \beta\rho + \beta - \beta + 1 - \rho + \beta\rho)\pi(1)$$
$$= \rho(1-\beta) + (1 - \rho + \beta\rho)\pi(1)$$
$$= \rho(1-\beta) + [1 - \rho(1-\beta)]\pi(1) \quad (4.3-84)$$

综合以上推导，有末状态 $X_{n+1}=1$ 的转移概率矩阵为

$$Q_1 = \begin{bmatrix} Q_1(0,0) & Q_1(0,1) \\ Q_1(1,0) & Q_1(1,1) \end{bmatrix} = \begin{bmatrix} \beta\rho\pi(1) & \beta(1-\rho)\pi(1) \\ (1-\beta)(1-\rho)\pi(0) & \rho(1-\beta) + [1-\rho(1-\beta)]\pi(1) \end{bmatrix}$$
$$(4.3-85)$$

4.3.2.3 游程长度分布

1. DAR(1) 过程游程长度分布

$$f_n^{(0)} = P(T_0 = n) = P(X_0=1, X_1=0, \cdots, X_n=0, X_{n+1}=1 | X_0=1, X_1=0)$$
$$= \frac{P(X_0=1, X_1=0, \cdots, X_n=0, X_{n+1}=1)}{P(X_0=1, X_1=0)}$$
$$= \frac{P(X_0=1)P(X_1=0|X_0=1)P(X_2=0|X_1=0)P(X_3=0|X_2=0)\cdots P(X_n=0|X_{n-1}=0)P(X_{n+1}=1|X_n=0)}{P(X_0=1)P(X_1=0|X_0=1)}$$
$$= P(X_2=0|X_1=0)P(X_3=0|X_2=0)\cdots P(X_n=0|X_{n-1}=0)P(X_{n+1}=1|X_n=0)$$
$$= P^{n-1}(0,0)P(0,1) = P^{n-1}(0,0)[1-P(0,0)] \quad (4.3-86)$$

同理有
$$f_n^{(1)} = P(T_1 = n) = P^{n-1}(1,1)[1-P(1,1)] \quad (4.3-87)$$

2. DARMA(1,1) 过程游程长度分布

$$f_n^{(0)} = P(T_0 = n) = P(X_0=1, X_1=0, \cdots, X_n=0, X_{n+1}=1 | X_0=1, X_1=0)$$

$$= \frac{P(X_0=1, X_1=0, \cdots, X_n=0, X_{n+1}=1)}{P(X_0=1, X_1=0)} \quad (4.3-88)$$

根据联合分布与边际分布关系 $P(X_0=1, X_1=0, \cdots, X_n=0, X_{n+1}=1) + P(X_0=1, X_1=0, \cdots, X_n=0, X_{n+1}=0) = P(X_0=1, X_1=0, \cdots, X_n=0)$，有 $P(X_0=1, X_1=0, \cdots, X_n=0, X_{n+1}=1) = P(X_0=1, X_1=0, \cdots, X_n=0) - P(X_0=1, X_1=0, \cdots, X_n=0, X_{n+1}=0)$。把此式代入式（4.3-88），有

$$f_n^{(0)} = \frac{P(X_0=1, X_1=0, \cdots, X_n=0) - P(X_0=1, X_1=0, \cdots, X_n=0, X_{n+1}=0)}{P(X_0=1, X_1=0)} \quad (4.3-89)$$

以下根据二维 Markov 过程 $\{A_n, X_n\}$ 的状态转移概率 $Q_m(i,j) = P(A_{n+1}=j, X_{n+1}=m | A_n=i)$，推导式（4.3-89）中 $P(X_0=1, X_1=0, \cdots, X_n=0)$ 和 $P(X_0=1, X_1=0, \cdots, X_n=0, X_{n+1}=0)$ 计算公式。

因为 $X_0=1$，假定 DARMA(1,1) 起始于 A_{-1}，与 $\{Y_n\}$ 有相同的分布，且独立于 $Y_0, Y_1, Y_2, \cdots$。则在 $X_0=1$ 下，有 $A_0=0$ 和 $A_0=1$，即初始状态 $\{A_0, X_0\} = \{A_0=0, X_0=1\}$ 和 $\{A_0, X_0\} = \{A_0=1, X_0=1\}$。

(1) $P(X_0=1, X_1=0, \cdots, X_n=0)$：

在初始状态 $\{A_0=0, X_0=1\}$ 发生后，末状态有 $\underbrace{\{X_1=0, \cdots, X_{n-1}=0, X_n=0\}}_{n 个}$ 发生，$P(X_0=1, X_1=0, \cdots, X_n=0)$ 概率可以为

$P(A_0=0, X_0=1) P(A_1=0, X_1=0 | A_0=0) P(A_2=0, X_2=0 | A_1=0) \cdots (A_n=0, X_n=0 | A_{n-1}=0)$
$+ P(A_0=0, X_0=1) P(A_1=1, X_1=0 | A_0=0) P(A_2=1, X_2=0 | A_1=1) \cdots (A_n=1, X_n=0 | A_{n-1}=1)$
$= P(A_0=0, X_0=1)[Q_0(0,0)]^n + P(A_0=0, X_0=1)[Q_0(0,1)]^n$
$= P(A_0=0, X_0=1)[Q_0^n(0,0) + Q_0^n(0,1)] \quad (4.3-90)$

同样在初始状态 $\{A_0=1, X_0=1\}$ 发生后，末状态有 n 个末状态等于 0 发生，即 $\underbrace{X_1=0, \cdots, X_{n-1}=0, X_n=0}_{n 个}$ 发生，$P(X_0=1, X_1=0, \cdots, X_n=0)$ 概率可以为

$P(A_0=1, X_0=1) P(A_1=0, X_1=0 | A_0=1) P(A_2=0, X_2=0 | A_1=1) \cdots (A_n=0, X_n=0 | A_{n-1}=1)$
$+ P(A_0=1, X_0=1) P(A_1=1, X_1=0 | A_0=1) P(A_2=1, X_2=0 | A_1=1) \cdots (A_n=1, X_n=0 | A_{n-1}=1)$
$= P(A_0=1, X_0=1)[Q_0(1,0)]^n + P(A_0=1, X_0=1)[Q_0(1,1)]^n$
$= P(A_0=1, X_0=1)[Q_0^n(1,0) + Q_0^n(1,1)] \quad (4.3-91)$

结合式（4.3-90）和式（4.3-91），有

$P(X_0=1, X_1=0, \cdots, X_n=0)$
$= P(A_0=0, X_0=1)[Q_0^n(0,0) + Q_0^n(0,1)] + P(A_0=1, X_0=1)[Q_0^n(1,0) + Q_0^n(1,1)] \quad (4.3-92)$

(2) $P(X_0=1, X_1=0, \cdots, X_n=0, X_{n+1}=0)$：

这种情况显然有 $n+1$ 个末状态等于 0 发生，即 $\underbrace{\{X_1=0, \cdots, X_n=0, X_{n+1}=0\}}_{n+1 个}$。与式（4.3-92）推导思路相同，有

$P(X_0=1, X_1=0, \cdots, X_n=0, X_{n+1}=0)$
$= P(A_0=0, X_0=1)[Q_0^{n+1}(0,0) + Q_0^{n+1}(0,1)] + P(A_0=1, X_0=1)[Q_0^{n+1}(1,0) + Q_0^{n+1}(1,1)]$
$\quad (4.3-93)$

把式 (4.3-92) 和式 (4.3-93) 代入式 (4.3-89)，有

$$f_n^{(0)} = \frac{P(A_0=0,X_0=1)[Q_0^n(0,0)+Q_0^n(0,1)]+P(A_0=1,X_0=1)[Q_0^n(1,0)+Q_0^n(1,1)]}{P(X_0=1,X_1=0)}$$
$$-\frac{P(A_0=0,X_0=1)[Q_0^{n+1}(0,0)+Q_0^{n+1}(0,1)]+P(A_0=1,X_0=1)[Q_0^{n+1}(1,0)+Q_0^{n+1}(1,1)]}{P(X_0=1,X_1=0)}$$

(4.3-94)

令 $Q_0^n(0,E)=Q_0^n(0,0)+Q_0^n(0,1)$，$Q_0^n(1,E)=Q_0^n(1,0)+Q_0^n(1,1)$，$Q_0^{n+1}(0,E)=Q_0^{n+1}(0,0)+Q_0^{n+1}(0,1)$，$Q_0^{n+1}(1,E)=Q_0^{n+1}(1,0)+Q_0^{n+1}(1,1)$，则式 (4.3-94) 可进一步写为

$$f_n^{(0)} = \frac{P(A_0=0,X_0=1)Q_0^n(0,E)+P(A_0=1,X_0=1)Q_0^n(1,E)-P(A_0=0,X_0=1)Q_0^{n+1}(0,E)-P(A_0=1,X_0=1)Q_0^{n+1}(1,E)}{P(X_0=1,X_1=0)}$$
$$=\frac{P(A_0=0,X_0=1)[Q_0^n(0,E)-Q_0^{n+1}(0,E)]+P(A_0=1,X_0=1)[Q_0^n(1,E)-Q_0^{n+1}(1,E)]}{P(X_0=1,X_1=0)}$$
$$=\frac{P(A_0=0|X_0=1)P(X_0=1)[Q_0^n(0,E)-Q_0^{n+1}(0,E)]+P(A_0=1|X_0=1)P(X_0=1)[Q_0^n(1,E)-Q_0^{n+1}(1,E)]}{P(X_1=0|X_0=1)P(X_0=1)}$$
$$=\frac{P(A_0=0|X_0=1)[Q_0^n(0,E)-Q_0^{n+1}(0,E)]+P(A_0=1|X_0=1)[Q_0^n(1,E)-Q_0^{n+1}(1,E)]}{P(X_1=0|X_0=1)}$$

(4.3-95)

其中，$Q_0^n(0,E)$ 和 $Q_0^n(1,E)$ 可以从状态转移矩阵 Q_0 中获得；$P(X_1=0|X_0=1)$ 可由式 (4.3-8) $\mu^{(1)}=\frac{\pi(1)}{P(x_{n-1}=1,x_n=0)}=\frac{\pi(1)}{P(x_0=1,x_1=0)}=\frac{\pi(1)}{P(X_1=0|X_0=1)P(X_0=1)}=\frac{\pi(1)}{P(X_1=0|X_0=1)\pi(1)}=\frac{1}{P(X_1=0|X_0=1)}$ 获得；$P(A_0=0|X_0=1)$ 可按以下推导获得。

根据全数学期望公式，有 $P(A_0=0,X_0=1)=P(A_0=0,X_0=1|A_{-1}=0)P(A_{-1}=0)+P(A_0=0,X_0=1|A_{-1}=1)P(A_{-1}=1)$。

因为 Y_n 具有独立同分布，假定，A_n 过程起始于 A_{-1}，与 $\{Y_n\}$ 有相同的边际分布，则有 $P(A_0=0,X_0=1)=Q_1(0,0)\pi(0)+Q_1(1,0)\pi(1)$。把 $Q_1(0,0)=\beta\rho\pi(1)$ 和 $Q_1(1,0)=(1-\beta)(1-\rho)\pi(0)$ 代入有

$$P(A_0=0,X_0=1)=Q_1(0,0)\pi(0)+Q_1(1,0)\pi(1)$$
$$=\beta\rho\pi(1)\pi(0)+(1-\beta)(1-\rho)\pi(0)\pi(1)=\pi(0)\pi(1)[\beta\rho+(1-\beta)(1-\rho)]$$
$$=\pi(0)\pi(1)(\beta\rho+1-\rho-\beta+\beta\rho)=(1-\rho-\beta+2\beta\rho)\pi(0)\pi(1)$$

即

$$P(A_0=0,X_0=1)=(1-\rho-\beta+2\beta\rho)\pi(0)\pi(1) \qquad (4.3-96)$$

根据条件概率公式，有

$$P(A_0=0|X_0=1)=\frac{P(A_0=0,X_0=1)}{P(X_0=1)}=\frac{(1-\rho-\beta+2\beta\rho)\pi(0)\pi(1)}{\pi(1)}=(1-\rho-\beta+2\beta\rho)\pi(0)$$

(4.3-97)

因为 $P(A_0=0|X_0=1)+P(A_0=1|X_0=1)$，则

$$P(A_0=1|X_0=1)=1-(A_0=0|X_0=1)=1-(1-\rho-\beta+2\beta\rho)\pi(0) \qquad (4.3-98)$$

把 $P(X_1=0|X_0=1)$、式（4.3-97）和式（4.3-98）代入式（4.3-95），有 $f_n^{(0)}$ 的计算式。

4.3.2.4 游程长度方差

设 $T^{(0)}$ 为"0"游程长度。由 4.3.1.2 节 $\tau_{[k]}^{(0)} = \dfrac{\mu_{[k+1]}^{(0)}}{\mu^{(0)}(k+1)}$，令 $k=1$，根据分数阶矩性质，$E[(X)_1] = E(X)$，$E[(X)_2] = E[X(X-1)]$，有 $\tau_{[0]}^{(0)} = E(W^{(0)})$，$\mu_{[2]}^{(0)} = E[T^{(0)}(T^{(0)}-1)]$，则

$$E(W^{(0)}) = \frac{E[T^{(0)}(T^{(0)}-1)]}{2\mu^{(0)}} \quad (4.3-99)$$

由 $Var(X) = E[X(X-1)] + E(X) - [E(X)]^2$，式（4.3-99）进一步写为

$$E(W^{(0)}) = \frac{Var(T^{(0)}) - E(T^{(0)}) + [E(T^{(0)})]^2}{2\mu^{(0)}} \quad (4.3-100)$$

把 $\mu^{(0)} = E(T^{(0)})$ 代入式（4.3-100），有

$$E(W^{(0)}) = \frac{Var(T^{(0)}) - \mu^{(0)} + [\mu^{(0)}]^2}{2\mu^{(0)}} = \frac{1}{2}\left[\frac{Var(T^{(0)})}{\mu^{(0)}} + \mu^{(0)} - 1\right] \quad (4.3-101)$$

式（4.3-101）表明，方差可由 $E(W^{(0)})$ 推出。

根据全数学期望公式，有向前循环时间的数学期望：

$$E(W^{(0)}) = E(W^{(0)}|A_0=0)P(A_0=0|X_0=0) + E(W^{(0)}|A_0=1)P(A_0=1|X_0=0)$$
$$(4.3-102)$$

同样，根据全数学期望公式，有 $P(A_0=1, X_0=0) = P(A_0=1, X_0=0|A_{-1}=0)P(A_{-1}=0) + P(A_0=1, X_0=0|A_{-1}=1)P(A_{-1}=1)$。因为 Y_n 具有独立同分布 π，假定，A_n 过程起始于 A_{-1}，与 $\{Y_n\}$ 有相同的边际分布，则有 $P(A_0=1, X_0=0) = Q_0(0,1)\pi(0) + Q_0(1,1)\pi(1)$。把 $Q_0(0,1) = (1-\beta)(1-\rho)\pi(1)$ 和 $Q_1(1,1) = \beta\rho\pi(0)$ 代入有

$$P(A_0=1, X_0=0) = Q_0(0,1)\pi(0) + Q_0(1,1)\pi(1) = [(1-\beta)(1-\rho)\pi(1)]\pi(0) + \beta\rho\pi(0)\pi(1)$$
$$= [(1-\beta)(1-\rho) + \beta\rho]\pi(0)\pi(1) = (1-\rho-\beta+\beta\rho+\beta\rho)\pi(0)\pi(1)$$
$$= (1-\rho-\beta+2\beta\rho)\pi(0)\pi(1) \quad (4.3-103)$$

根据条件概率公式，有

$$P(A_0=1|X_0=0) = \frac{P(A_0=1, X_0=0)}{P(X_0=0)} = \frac{(1-\rho-\beta+2\beta\rho)\pi_0\pi(1)}{\pi(0)} = (1-\rho-\beta+2\beta\rho)\pi(1) \quad (4.3-104)$$

因为 $P(A_0=1|X_0=0) + P(A_0=0|X_0=0) = 1$，由式（4.3-104）得

$$P(A_0=0|X_0=0) = 1 - P(A_0=1|X_0=0) = 1 - (1-\rho-\beta+2\beta\rho)\pi(1) \quad (4.3-105)$$

另外，等待事件（向前循环事件）事件 $\{W^{(0)}=n\}$ 为 $\{x_0=0, x_1=0, x_2=0, \cdots, x_n=0, x_{n+1}=1\}$。$\{W^{(0)} \geq n|A_0=i\}$ 等价于发生大于等于 n 次"0"转移，因此，有

$$P(W^{(0)} \geq n|A_0=i) = Q_0^n(i, E) \quad (4.3-106)$$

由式（4.3-106），可得数学期望：

$$E(W^{(0)}|A_0=i) = \sum_{n=1}^{\infty} P(W^{(0)} \geq n|A_0=i) = \sum_{n=1}^{\infty} Q_0^n(i, E) = \sum_{n=0}^{\infty} Q_0^n(i, E) - 1 = R_0(i, E) - 1$$

式中：$Q_0(i,E)=Q_0(i,0)+Q_0(i,1)$；$R_0(i,E)=\sum_{n=0}^{\infty}Q_0^n(i,E)$。

设 R_0 为矩阵，其第 (i,j) 个元素为 $R_0(i,j)$，即 $R_0=\begin{bmatrix} R_0(0,0) & R_0(0,1) \\ R_0(1,0) & R_0(1,1) \end{bmatrix}$。令 $R_0=(I-Q_0)^{-1}$，其中，$I=\begin{bmatrix} 1 & 0 \\ 0 & 1 \end{bmatrix}$。根据逆矩阵原理，有行列式 $\Delta_0=|I-Q_0|$，则

$$\Delta_0 R_0=\begin{bmatrix} 1-\beta\rho\pi(0) & (1-\beta)(1-\rho)\pi(1) \\ \beta(1-\rho)\pi(0) & 1-\rho(1-\beta)-[1-\rho(1-\beta)]\pi(0) \end{bmatrix} \quad (4.3-107)$$

注：Buishand（1978）原文 $\Delta_0 R_0=\begin{bmatrix} 1-\beta\rho\pi(0) & (1-\beta)(1-\rho)\pi(1) \\ \beta(1-\rho)\pi(0) & 1-\rho(1-\beta)-[1-\rho(1-\beta)]\pi(0) \end{bmatrix}$ 可能有误。

由式（4.3-107）得

$$\begin{aligned}\Delta_0 R_0(0,E)&=1-\beta\rho\pi(0)+(1-\beta)(1-\rho)\pi(1)=1-\beta\rho[1-\pi(1)]+(1-\beta)(1-\rho)\pi(1)\\&=1-\beta\rho+\beta\rho\pi(1)+\pi(1)-\beta\pi(1)-\rho\pi(1)+\beta\rho\pi(1)\\&=1-\beta\rho+(\beta\rho+1-\beta-\rho+\beta\rho)\pi(1)\\&=(1-\beta-\rho+2\beta\rho)\pi(1)+1-\beta\rho \end{aligned} \quad (4.3-108)$$

$$\begin{aligned}\Delta_0 R_0(1,E)&=\beta(1-\rho)\pi(0)+1-\rho(1-\beta)-[1-\rho(1-\beta)]\pi(0)\\&=\beta(1-\rho)[1-\pi(1)]+1-\rho(1-\beta)-[1-\rho(1-\beta)][1-\pi(1)]\\&=\beta(1-\rho)-\beta(1-\rho)\pi(1)+1-\rho(1-\beta)-1+\rho(1-\beta)+\pi(1)-\rho(1-\beta)\pi(1)\\&=\beta(1-\rho)+[\rho(1-\beta)-\rho(1-\beta)]+(1-1)+\pi(1)-\rho(1-\beta)\pi(1)-\beta(1-\rho)\pi(1)\\&=\beta(1-\rho)+[1-\rho(1-\beta)-\beta(1-\rho)]\pi(1)\\&=\beta-\beta\rho+(1-\rho+\beta\rho-\beta+\beta\rho)\pi(1)\\&=(1-\rho-\beta+2\beta\rho)\pi(1)+\beta-\beta\rho \end{aligned} \quad (4.3-109)$$

从式（4.3-108）和式（4.3-109）可以看出，有

$$\Delta_0 R_0(0,E)=\Delta_0 R_0(1,E)+1-\beta \quad (4.3-110)$$

把 $E(W^{(0)}|A_0=i)=R_0(i,E)-1$ 代入式（4.3-102），有

$$\begin{aligned}E(W^{(0)})&=E(W^{(0)}|A_0=0)P(A_0=0|X_0=0)+E(W^{(0)}|A_0=1)P(A_0=1|X_0=0)\\&=[R_0(0,E)-1]P(A_0=0|X_0=0)+[R_0(1,E)-1]P(A_0=1|X_0=0)\\&=R_0(0,E)P(A_0=0|X_0=0)-P(A_0=0|X_0=0)\\&\quad+R_0(1,E)P(A_0=1|X_0=0)-P(A_0=1|X_0=0)\\&=R_0(0,E)P(A_0=0|X_0=0)+R_0(1,E)P(A_0=1|X_0=0)\\&\quad-[P(A_0=0|X_0=0)+P(A_0=1|X_0=0)]\\&=R_0(0,E)P(A_0=0|X_0=0)+R_0(1,E)P(A_0=1|X_0=0)-1 \end{aligned}$$

由式（4.3-110）知，$R_0(0,E)=\dfrac{\Delta_0 R_0(1,E)+1-\beta}{\Delta_0}$，$P(A_0=1|X_0=0)=1-P(A_0=0|X_0=0)$，则

$$\begin{aligned}E(W^{(0)})&=R_0(0,E)P(A_0=0|X_0=0)+R_0(1,E)P(A_0=1|X_0=0)-1\\&=\dfrac{\Delta_0 R_0(1,E)+1-\beta}{\Delta_0}P(A_0=0|X_0=0)+R_0(1,E)[1-P(A_0=0|X_0=0)]-1 \end{aligned}$$

$$= R_0(1,E)P(A_0=0|X_0=0) + \frac{(1-\beta)P(A_0=0|X_0=0)}{\Delta_0}$$
$$+ R_0(1,E) - R_0(1,E)P(A_0=0|X_0=0) - 1$$
$$= R_0(1,E) + \frac{(1-\beta)P(A_0=0|X_0=0)}{\Delta_0}$$
$$+ [R_0(1,E)P(A_0=0|X_0=0) - R_0(1,E)P(A_0=0|X_0=0)] - 1$$
$$= R_0(1,E) + \frac{(1-\beta)P(A_0=0|X_0=0)}{\Delta_0} - 1 \tag{4.3-111}$$

由式 (4.3-109) 知 $R_0(1,E) = \frac{(1-\rho-\beta+2\beta\rho)\pi(1)+\beta-\beta\rho}{\Delta_0}$, 式 (4.3-105) $P(A_0=0|X_0=0) = 1-(1-\rho-\beta+2\beta\rho)\pi(1)$ 代入式 (4.3-111), 得

$$E(W^{(0)}) = R_0(1,E) + \frac{(1-\beta)P(A_0=0|X_0=0)}{\Delta_0} - 1$$
$$= \frac{(1-\rho-\beta+2\beta\rho)\pi(1)+\beta-\beta\rho}{\Delta_0} + \frac{(1-\beta)}{\Delta_0}[1-(1-\rho-\beta+2\beta\rho)\pi(1)] - 1$$
$$= \frac{(1-\rho-\beta+2\beta\rho)\pi(1)+\beta-\beta\rho+1-(1-\rho-\beta+2\beta\rho)\pi(1)-\beta+\beta(1-\rho-\beta+2\beta\rho)\pi(1)}{\Delta_0} - 1$$
$$= \frac{[(1-\rho-\beta+2\beta\rho)-(1-\rho-\beta+2\beta\rho)\pi(1)]+\beta(1-\rho-\beta+2\beta\rho)\pi(1)+(\beta-\beta)+1-\beta\rho}{\Delta_0} - 1$$
$$= \frac{1-\beta\rho+\beta(1-\rho-\beta+2\beta\rho)\pi(1)}{\Delta_0} - 1$$

即
$$E(W^{(0)}) = \frac{1-\beta\rho+\beta(1-\rho-\beta+2\beta\rho)\pi(1)}{\Delta_0} - 1 \tag{4.3-112}$$

4.3.2.5 连续游程长度间的相依性

由式 (4.3-22) 中 $E[L_0^{(1)}(1)] = \mu^{(1)} + \frac{Cov[T_0^{(0)}(1),T_0^{(1)}(1)]}{\mu^{(0)}}$ 知,假定获得了 $E[L_0^{(1)}(1)]$, 则可以得到连续游程长度间的相依性度量指标协方差 $Cov[T_0^{(0)}(1),T_0^{(1)}(1)]$。因此,以下推导 $E[L_0^{(1)}(1)]$ 计算公式。

根据全数学期望公式,有

$$E[L_0^{(1)}(1)] = \sum_{i=0}^{1}\sum_{n=0}^{\infty} E(L_0^{(1)}(1)|W^{(0)}=n,A_{n+1}=i)P(W^{(0)}=n,A_{n+1}=i)$$
$$\tag{4.3-113}$$

式中: $W^{(0)}$ 为向前循环时间;条件 $W^{(0)}=n$, $A_{n+1}=i$ 是指开始点 $t=0$ 时具有值 $X_0=0$, 第一个 "1" 发生在 $t=n+1$, 具有值 $A_{n+1}=i$。

根据二维 Markov 过程 $\{A_n,X_n\}$ 的状态转移概率,有

$$E[L_0^{(1)}(1) \geqslant m|W^{(0)}=n,A_{n+1}=i] = Q_1^{m-1}(i,0) + Q_1^{m-1}(i,1) = Q_1^{m-1}(i,E)$$
$$\tag{4.3-114}$$

式 (4.3-113) 中, 其右边条件数学期望 $E(L_0^{(1)}(1)|W^{(0)}=n,A_{n+1}=i)$ 有

$$E(L_0^{(1)}(1) \mid W^{(0)} = n, A_{n+1} = i) = \sum_{m=1}^{\infty} Q_1^{m-1}(i, E) = R_1(i, E) \quad (4.3-115)$$

式中：$R_1(i,E)$ 与 $R_0(i,E)$ 定义方式相同。

把式 (4.3-115) 代入式 (4.3-113)，有

$$E[L_0^{(1)}(1)] = \sum_{i=0}^{1} \sum_{n=0}^{\infty} R_1(i,E) P(W^{(0)} = n, A_{n+1} = i) = \sum_{i=0}^{1} R_1(i,E) \sum_{n=0}^{\infty} P(W^{(0)} = n, A_{n+1} = i)$$
$$(4.3-116)$$

同样，与式 (4.3-110) 推导方法相同，有

$$\Delta_1 R_1(1, E) = \Delta_1 R_1(0, E) + 1 - \beta \quad (4.3-117)$$

式中：Δ_1 为矩阵 $I - R_1$ 的行列式值，$\Delta_1 = |I - R_1|$，$I = \begin{bmatrix} 1 & 0 \\ 0 & 1 \end{bmatrix}$。

由式 (4.3-116)，有

$$E[L_0^{(1)}(1)] = R_1(0,E) \sum_{n=0}^{\infty} P(W^{(0)} = n, A_{n+1} = 0) + R_1(1,E) \sum_{n=0}^{\infty} P(W^{(0)} = n, A_{n+1} = 1)$$

由式 (4.3-117) 得 $R_1(1,E) = R_1(0,E) + \dfrac{1-\beta}{\Delta_1}$，代入上式，有

$$\begin{aligned}
E[L_0^{(1)}(1)] &= R_1(0,E) \sum_{n=0}^{\infty} P(W^{(0)} = n, A_{n+1} = 0) \\
&\quad + \left[R_1(0,E) + \frac{1-\beta}{\Delta_1} \right] \sum_{n=0}^{\infty} P(W^{(0)} = n, A_{n+1} = 1) \\
&= R_1(0,E) \sum_{n=0}^{\infty} \left[P(W^{(0)} = n, A_{n+1} = 0) + P(W^{(0)} = n, A_{n+1} = 1) \right] \\
&\quad + \frac{1-\beta}{\Delta_1} \sum_{n=0}^{\infty} P(W^{(0)} = n, A_{n+1} = 1) \\
&= R_1(0,E) \sum_{n=0}^{\infty} \left[P(W^{(0)} = n) \right] + \frac{1-\beta}{\Delta_1} \sum_{n=0}^{\infty} P(W^{(0)} = n, A_{n+1} = 1) \\
&= R_1(0,E) + \frac{1-\beta}{\Delta_1} \sum_{n=0}^{\infty} P(W^{(0)} = n, A_{n+1} = 1) \quad (4.3-118)
\end{aligned}$$

同理，有

$$E[L_0^{(1)}(1)] = R_1(1,E) + (1-\beta) \frac{\sum_{n=0}^{\infty} \left[P(W^{(0)} = n, A_{n+1} = 0) \right]}{\Delta_1} \quad (4.3-119)$$

又因

$$\begin{aligned}
P(W^{(0)} = n, A_{n+1} = 0) &= [Q_0^n(0,0) Q_1(0,i) + Q_0^n(0,1) Q_1(1,i)] P(A_0 = 0, X_0 = 0) \\
&\quad + [Q_0^n(1,0) Q_1(0,i) + Q_0^n(1,1) Q_1(1,i)] P(A_0 = 1, X_0 = 0)
\end{aligned}$$
$$(4.3-120)$$

式 (4.3-120) 两边求和，则

$$\begin{aligned}
\sum_{n} P(W^{(0)} = n, A_{n+1} = 0) &= \left[Q_1(0,i) \sum_{n=0}^{\infty} Q_0^n(0,0) + Q_1(1,i) \sum_{n=0}^{\infty} Q_0^n(0,1) \right] P(A_0 = 0, X_0 = 0) \\
&\quad + \left[Q_1(0,i) \sum_{n=0}^{\infty} Q_0^n(1,0) + Q_1(1,i) \sum_{n=0}^{\infty} Q_0^n(1,1) \right] P(A_0 = 1, X_0 = 0)
\end{aligned}$$

$$= [R_0(0,0)Q_1(0,i) + R_0(0,1)Q_1(1,i)]P(A_0=0, X_0=0)$$
$$+ [R_0(1,0)Q_1(0,i) + R_1(1,1)Q_1(1,i)]P(A_0=1, X_0=0)$$
(4.3-121)

其中

$$Q_1 = \begin{bmatrix} Q_1(0,0) & Q_1(0,1) \\ Q_1(1,0) & Q_1(1,1) \end{bmatrix} = \begin{bmatrix} \beta\rho\pi(1) & \beta(1-\rho)\pi(1) \\ (1-\beta)(1-\rho)\pi(0) & \rho(1-\beta)+[1-\rho(1-\beta)]\pi(1) \end{bmatrix}$$

$$R_0 = \begin{bmatrix} R_0(0,0) & R_0(0,1) \\ R_0(1,0) & R_0(1,1) \end{bmatrix} = \frac{1}{\Delta_0} \begin{bmatrix} 1-\beta\rho\pi(0) & (1-\beta)(1-\rho)\pi(1) \\ \beta(1-\rho)\pi(0) & 1-\rho(1-\beta)-[1-\rho(1-\beta)]\pi(0) \end{bmatrix}$$

$$P(A_0=0, X_0=0) = 1 - (1-\rho-\beta+2\beta\rho)\pi(1)$$
$$P(A_0=1 | X_0=0) = (1-\rho-\beta+2\beta\rho)\pi(1)$$

把式（4.3-121）代入式（4.3-119），即可求得 $E[L_0^{(1)}(1)]$。把 $E[L_0^{(1)}(1)]$ 代入式（4.3-22）$E[L_0^{(1)}(1)] = \mu^{(1)} + \dfrac{Cov[T_0^{(0)}(1), T_0^{(1)}(1)]}{\mu^{(0)}}$，即可获得 $Cov[T_0^{(0)}(1), T_0^{(1)}(1)] = \mu^{(0)} E[L_0^{(1)}(1)] - \mu^{(0)}\mu^{(1)}$。

4.3.3 模型参数估计

如前所述，DAR(1) 过程模型有参数 $\pi(0)$、$\pi(1)$ 和 ρ，DARMA(1,1) 过程模型有参数 $\pi(0)$、$\pi(1)$、ρ 和 β。

4.3.3.1 方法1

(1) 估计 $\pi(0)$、$\pi(1)$。$\pi(0)$、$\pi(1)$ 可由式（4.3-52）估计，即

$$\hat{\pi}(0) = \frac{\hat{\mu}^{(0)}}{\hat{\mu}^{(0)} + \hat{\mu}^{(1)}} \tag{4.3-122}$$

$$\hat{\pi}(1) = 1 - \hat{\pi}(0) = 1 - \frac{\hat{\mu}^{(0)}}{\hat{\mu}^{(0)} + \hat{\mu}^{(1)}} = \frac{\hat{\mu}^{(1)}}{\hat{\mu}^{(0)} + \hat{\mu}^{(1)}} \tag{4.3-123}$$

式中：$\hat{\mu}^{(0)}$ 为"0"游程（干旱）长度的平均值；$\hat{\mu}^{(1)}$ 为"1"游程（非干旱）长度的平均值。

$\hat{\mu}^{(0)}$ 和 $\hat{\mu}^{(1)}$ 可由样本根据门限水平划分获得"0""1"序列 X_n，进而计算它们的游程长度平均值。

(2) 估计 c。DAR(1) 过程模型自相关函数为 $\rho(k) = \rho^k(1)$，$k \geq 1$。DARMA(1,1) 过程模型自相关函数为 $\rho(k) = c\rho^{k-1}$，$k \geq 1$。由 $c = 1 - \dfrac{1}{\hat{\mu}^{(0)}} - \dfrac{1}{\hat{\mu}^{(1)}}$ 估计出 $\hat{c}$，令 $\hat{\rho}(1) = \hat{c}$。

(3) 估计 ρ。由 $\rho(1) - \rho(2) = \dfrac{[\hat{\mu}^{(0)} + \hat{\mu}^{(1)}][1 - \hat{f}_1^{(0)} - \hat{f}_1^{(1)}]}{\hat{\mu}^{(0)}\hat{\mu}^{(1)}}$ 估计 $\hat{\rho}(1) - \hat{\rho}(2)$，则 $\hat{\rho}(1) = \hat{c}$ 和 $\hat{\rho}(1) - \hat{\rho}(2)$ 计算 $\hat{\rho}(2)$。由 $\rho = \dfrac{\hat{\rho}(2)}{\hat{\rho}(1)}$ 计算参数 $\hat{\rho}$。其中，$\hat{f}_1^{(0)}$ 为"0"游程长度等于1的概率；$\hat{f}_1^{(1)}$ 为"1"游程长度等于1的概率；$\hat{f}_1^{(0)}$ 和 $\hat{f}_1^{(1)}$ 均可由"0""1"序列 X_n 进行计算。

(4) 估计 β。参数 c 和 ρ 估计后，根据 $c = (1-\beta)(\rho+\beta-2\rho\beta)$ 进行参数 β 估计，即

$$\hat{\beta}=\frac{(3\hat{\rho}-1)\pm\sqrt{(3\hat{\rho}-1)^2-4(2\hat{\rho}-1)(\hat{\rho}-\hat{c})}}{2(2\hat{\rho}-1)} \qquad (4.3-124)$$

本节采用 Ksenija（2006）文献资料，说明上述参数的计算过程，见表 4.3-1。

表 4.3-1　Rijeka 站 1 月 DARMA(1,1) 模型参数计算和干湿游程经验、理论频数统计计算结果

长度	干游程 经验频数	干游程 经验天数	干游程 DARMA(1,1) 理论天数	干游程 DAR(1) 理论天数	湿游程 经验频数	湿游程 经验天数	湿游程 DARMA(1,1) 理论天数	湿游程 DAR(1) 理论天数
1	56	56	49.0	36.6	88	88	95.9	89.4
2	25	50	26.8	30.0	55	110	45.4	49.6
3	24	72	21.2	24.6	22	66	26.0	27.6
4	9	36	17.6	20.2	16	64	15.0	15.3
5	17	85	14.6	16.5	8	40	8.7	8.5
6	9	54	12.2	13.5	4	24	5.0	4.7
7	13	91	10.2	11.1	6	42	2.9	2.6
8	7	56	8.5	9.1	1	8	1.7	1.5
9	6	54	7.1	7.5	0	0	1.0	0.8
10	4	40	5.9	6.1	1	10	0.6	0.4
11	7	77	5.0	5.0				
12	3	36	4.1	4.1				
13	3	39	3.4	3.4				
14	1	14	2.9	2.8				
15	2	30	2.4	2.3				
16	4	64	2.0	1.9				
17	2	34	1.7	1.5				
18	4	72	1.4	1.2				
19	0	0	1.2	1.0				
20	0	0	1.0	0.8				
21	3	63	0.8	0.7				
22	1	22	0.7	0.6				
23	1	23	0.6	0.5				
24	0	0	0.5	0.4				
25	0	0	0.4	0.3				
26	0	0	0.3	0.3				
27	0	0	0.3	0.2				
28	0	0	0.2	0.2				
29	2	58	0.2	0.1				
合计	203	1126			201	452		

根据表 4.3-1，有 $\hat{\mu}^{(0)} = \dfrac{1126}{203} = 5.547$，$\hat{\mu}^{(1)} = \dfrac{452}{201} = 2.249$；$\hat{\pi}(0) = \dfrac{\hat{\mu}^{(0)}}{\hat{\mu}^{(0)} + \hat{\mu}^{(1)}} = \dfrac{5.547}{5.547 + 2.249} = 0.712$，$\hat{\pi}(1) = 1 - \hat{\pi}(0) = 1 - 0.712 = 0.288$；$\hat{c} = 1 - \dfrac{1}{\hat{\mu}^{(0)}} - \dfrac{1}{\hat{\mu}^{(1)}} = 1 - \dfrac{1}{5.547} - \dfrac{1}{2.249} = 0.375$，$\hat{\rho}(1) = \hat{c} = 0.375$，$\hat{f}_1^{(0)} = \dfrac{56}{203} = 0.276$，$\hat{f}_1^{(1)} = \dfrac{88}{201} = 0.438$；$\hat{\rho}(1) - \hat{\rho}(2) = \dfrac{[\hat{\mu}^{(0)} + \hat{\mu}^{(1)}][1 - \hat{f}_1^{(0)} - \hat{f}_1^{(1)}]}{\hat{\mu}^{(0)} \hat{\mu}^{(1)}} = \dfrac{(5.547 + 2.249)(1 - 0.276 - 0.438)}{5.547 \times 2.249} = 0.179$，$\hat{\rho}(2) = \hat{\rho}(1) - 0.179 = 0.375 - 0.179 = 0.196$；$\hat{\rho} = \dfrac{\hat{\rho}(2)}{\hat{\rho}(1)} = \dfrac{0.196}{0.375} = 0.523$。把 $\hat{c} = 0.375$，$\hat{\rho} = 0.523$ 代入 $\hat{\beta} = \dfrac{(3\hat{\rho} - 1) \pm \sqrt{(3\hat{\rho} - 1)^2 - 4(2\hat{\rho} - 1)(\hat{\rho} - \hat{c})}}{2(2\hat{\rho} - 1)}$，得 $\hat{\beta} = 0.266$。

4.3.3.2 方法2

(1) 估计 $\pi(0)$、$\pi(1)$。$\pi(0)$、$\pi(1)$ 仍按 4.3.3.1 节方法 1 进行估计。

(2) 估计 ρ。首先计算 "0" "1" 序列 X_n 的自相关函数 $r(k)$，设序列 X_n 的长度为 N。

$$r(k) = \dfrac{\sum_{t=1}^{N-k}(x_t - \overline{x})(x_{t+k} - \overline{x})}{\sum_{t=1}^{N}(x_t - \overline{x})^2} \tag{4.3-125}$$

式中：$\overline{x} = \dfrac{1}{N}\sum_{t=1}^{N} x_t$。

令 $\hat{\rho} = \dfrac{r(2)}{r(1)}$ 作为 ρ 的初值，求解函数 $\phi(\rho) = \sum_{k=1}^{M}[r(k) - c\rho^{k-1}]^2$ 的最小值，获得参数 $\hat{c}$ 和 $\hat{\rho}$。

(4) 估计 β。参数 c 和 ρ 估计后，参数 β 仍按式（4.3-124）进行 $\hat{\beta} = \dfrac{(3\hat{\rho} - 1) \pm \sqrt{(3\hat{\rho} - 1)^2 - 4(2\hat{\rho} - 1)(\hat{\rho} - \hat{c})}}{2(2\hat{\rho} - 1)}$ 估计。

4.3.4 DARMA 过程模型模拟

本节 DARMA（1，1）模型为例，说明进行日降水量随机模拟的主要步骤。具体步骤如下：

(1) 模型识别。使用样本自相关函数 ACF 检验样本数据的自相关性，判断模型形式。若 ACF 逐渐衰减，则适合选用具有较长记忆的 DARMA(1,1) 模型；若 ACF 呈指数衰减则适合采用 DAR(1) 模型。

(2) 模型参数估计。估计 DARMA(1,1) 和 DAR(1) 模型参数，并通过对比理论 ACF 与样本序列 ACF 进行模型初步检验。

(3) 模型检验。DAR(1) 和 DARMA(1,1) 模型检验主要包括 ACF、干湿游程的理论值与样本值拟合效果评估。

（4）模型选择。在确定模型结构时，湿游程和干游程长度模拟效果同样重要，可根据湿游程和干游程长度的样本和理论概率分布误差平方和最小选择模型。

（5）干湿序列模拟。按照湿日和干日的离散概率分布 $\pi(1)$ 和 $\pi(0)$，生成"0,1"随机变量 Y_t 序列。然后给定初值 A_0，生成 A_t 序列，其中 A_t 为 A_{t-1} 和 Y_t 的概率分别为 ρ 和 $1-\rho$；最后，根据概率 β 和 $1-\beta$ 选择 X_t 的移动平均分量和自回归分量部分。用蒙特卡罗方法随机生成 100 组长度为 $500+n$ 的干湿日序列，取序列长度为 n，以消除初值 A_0 的影响。对模拟产生干湿日序列的 ACF 和干湿游程进行检验，并与实测序列进行对比。步骤（5）可参考程序 4.3-1 完成。

（6）日降水量生成。采用 Gamma 分布函数对样本序列中不同湿游程降水事件进行概率分布拟合，选用分布函数，按照产生的湿游程序列随机生成降水量，进行 x_{mean}、C_v、C_s、R_{m1} 和 r_1 的检验。

程序 4.3-1　DARMA(1,1) 模型

```
% Simlong-模拟长度;pai1:π(1);pai0:π(0);lamuda:β;1-lamuda]:1-β
% X:模拟序列{X_n}
Y=randsrc(Simlong,1,[1 0;pai1 pai0]);
U=lamuda;V=beta;A(1)=0;
for t=2:Simlong
    A(t)=randsrc(1,1,[A(t-1)Y(t);lamuda 1-lamuda]);
    X(t)=randsrc(1,1,[Y(t)A(t-1);beta 1-beta]);
end
X=X';
```

4.4　离散自回归滑动平均模型在干旱分析中的应用

本节采用 DARMA 模型对我国 811 个站点近 60 年来日降水量模拟进行研究（曾文颖等，2022）。采用多日降水事件的概率分布和概率结构，建立 DARMA(1,1) 模型，模拟日降水事件的发生；根据不同游程降水事件分布函数，模拟湿日的降水量；以均值（x_{mean}）、变差系数（C_v）、偏态系数（C_s）、最大一日降水量（R_{m1}）和一阶自相关系数（r_1）为指标，评价模型模拟效果，并与 DAR(1) 模型进行对比，验证 DARMA(1,1) 模型在中国的适用性，以期为日降水量随机模拟提供新的模拟途径。

4.4.1　数据来源

降水数据选自中国地面气候资料日值数据集（V3.0）提供的全国气象站日降水数据，优选测站条件较好、建站时间早、缺测数据少、资料完整性好的 811 个气象站点，统计各站点近 60 年的多年平均日降水量，得到日降水量由东南沿海向西北内陆递减；日平均降水量小于 1mm 的站点占比 16%，小于 3mm 的站点占 65%，最大日平均降水量为 7.6mm。

4.4.2 干湿游程序列模拟

降水量的阈值（δ，mm）对于确定日降水事件的发生非常重要，干燥状态定义为一日降水量低于给定阈值δ。参考顾学志关于中国日降水量分布的研究，选取中国日降水量阈值 δ 为 0.1mm，即日降水量大于 0.1mm 视为湿日，小于 0.1mm 视为干日，降水量大于 0.1mm 持续天数视为一次降水事件的湿游程长，降水量小于 0.1mm 持续天数视为一次干游程长。

按照本节 DAR(1) 和 DARMA(1,1) 模型原理，计算 DAR(1) 和 DARMA(1,1) 模型的参数 λ 和 β。本节以 51330、57278、57512 和 59849 四个站点为例说明模型建立及检验过程，其中 51330 站点日降水数据起止年限为 1958—2017 年，57278 站点和 57512 站点为 1959—2017 年，59849 站点为 1956—2017 年。经计算四站点降水量统计值及模型参数见表 4.4-1。

表 4.4-1 四站点日降水量统计值及模型参数

站点	实测日降水量序列统计值					模型参数				
	x_{mean}/mm	C_v	C_s	R_{m1}/mm	r_1	π_0	π_1	ρ_1	ρ_{11}	β_{11}
51330	0.7	3.610	6.911	57.0	0.152	0.730	0.270	0.291	0.445	0.407
57278	2.3	3.469	8.188	293.9	0.174	0.690	0.310	0.367	0.503	0.268
57512	3.1	3.082	7.125	232.1	0.151	0.554	0.446	0.311	0.372	0.311
59849	6.6	2.861	6.227	373.5	0.380	0.462	0.538	0.421	0.687	0.278

注 ρ_1 为 DAR(1) 模型参数，ρ_{11} 和 β_{11} 分别为 DARMA(1,1) 模型参数。

所选择的四个站点多年平均日降水量分别为 0.7mm、2.3mm、3.1mm 和 6.6mm，且地理位置横跨东西南北。通过日降水量统计值可以发现，不同站点 C_v 和 C_s 值无明显差异，沿海地区的最大一日降水量大于内陆地区，大部分地区不降水概率大于降水概率，而降水概率越大，日降水量序列自相关性越大。

计算 DARMA(1,1) 和 DAR(1) 模型的理论 ACF，图解法比较样本和理论 ACF 如图 4.4-1 所示。总体而言，各站点的理论 ACF 衰减缓慢，最终在第 8 天附近趋于零，符合 DARMA(1,1) 模型的特征，证实 DARMA(1,1) 模型适用于中国气象站点的日降水序列模拟。DAR(1) 模型的 ACF 呈指数衰减，以 59849 站点最为明显，在 ACF 滞时为 2d 后出现明显衰减，导致与样本数据 ACF 出现较大误差。理论 ACF 检验结果显示，对于中国降水事件干湿序列的模拟，DARMA(1,1) 更能保持较高滞后阶数的相关性。

在确定模型结构和阶数时，湿游程和干游程同样重要。因此，根据干湿游程样本和理论概率分布的平方和误差的最小值进行模型选择。在此基础上，计算 DARMA(1, 1) 模型和 DAR(1) 模型的理论干湿游程概率分布，与样本序列进行对比，如图 4.4-2 所示。

从图 4.4-2 可知：

（1）DARMA(1,1) 模型能够在 1 到 10 个连续雨日和连续干日内生成概率误差最小，

4.4 离散自回归滑动平均模型在干旱分析中的应用

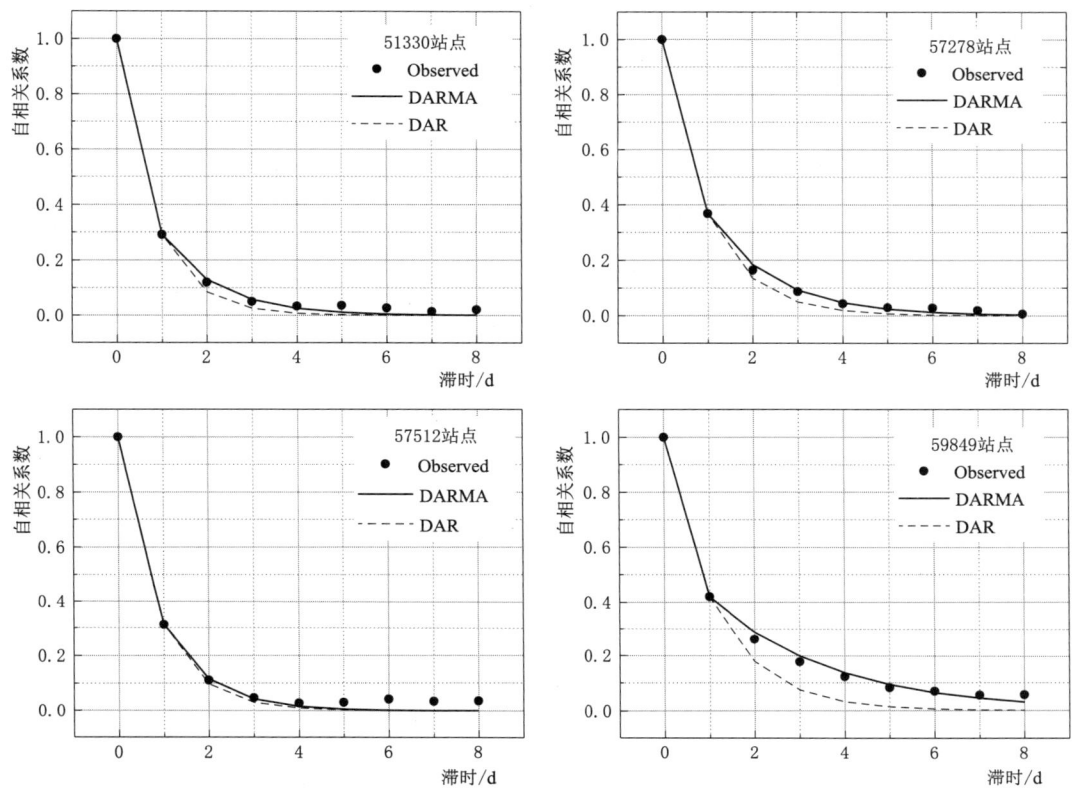

图 4.4-1 理论和实测 ACF 对比图

优于 DAR(1)。对于 51330 站点，DARMA(1,1) 模型单个干日概率为 0.2427，而实测数据计算概率为 0.2368；对于 51330 站点，DARMA(1,1) 模型连续 4 个雨天的概率为 0.0903，而实测数据计算概率为 0.0943。

(2) DAR(1) 模型连续干日概率分布的模拟效果较差。对于 57278 站点，DAR(1) 模型单个干日概率为 0.1959，而实测数据计算概率为 0.2555；对于 59849 站点，DAR(1) 模型连续四个干日概率为 0.1016，而实测数据计算概率为 0.0810。理论干湿游程分布检验结果显示，DARMA(1,1) 模拟所得误差平方和更小，较 DAR(1) 模型接近原序列干日概率。

用蒙特卡罗方法随机生成 100 组长度为 $500+n$ 的干湿日序列，取序列长度为 n，以消除初值 A_0 的影响，将通过 DARMA(1,1) 和 DAR(1) 模型分别模拟产生的 100 组干湿游程概率分布，与原序列对比，选用结合箱形图与核密度图特点的分边小提琴图，显示统计数据及其整体分布和概率密度，更加直观地对比模拟结果，如图 4.4-3 所示，空心圈点代表样本序列的干湿游程，灰色小提琴和浅灰色小提琴分别代表 DARMA(1,1) 和 DAR(1) 的模拟结果，左侧四站点干游程长度概率分布和右测四站点湿游程长度概率分布均显示了，模拟数据计算和样本数据计算具有良好的一致性。这一结果表明，模拟的日降水序列能够重现原始数据集的参数和特征。

第 4 章 同分布相依干旱事件概率计算原理与方法

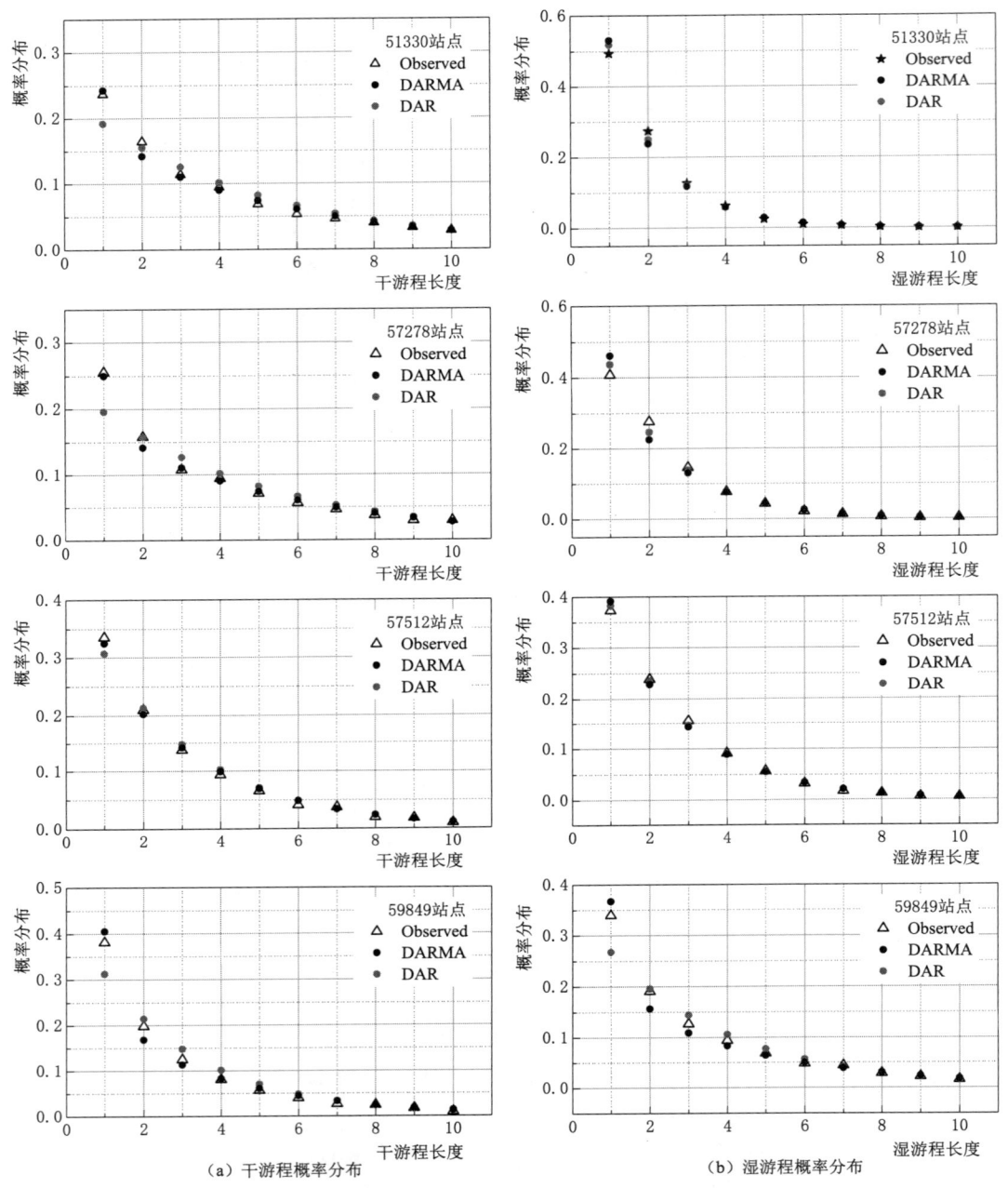

图 4.4-2 理论和实测干、湿游程概率分布对比图

表 4.4-2 总结模拟生成的 100 组降水 0-1 序列的平均 ACF 误差和干湿游程均方根误差的统计信息，其中，DARMA(1,1) 模型的 ACF 误差和干湿游程误差和均在 0.03 以内，干、湿游程误差在 0.02 以内，DAR(1) 模型的 ACF 误差和干湿游程误差和均在 0.06 以内，干、湿游程误差在 0.03 以内；DARMA(1,1) 模型的干游程概率分布拟合更优，DAR(1) 模型则拟合出具有较小误差的湿游程概率分布；随着站点年降水量的增加，

4.4 离散自回归滑动平均模型在干旱分析中的应用

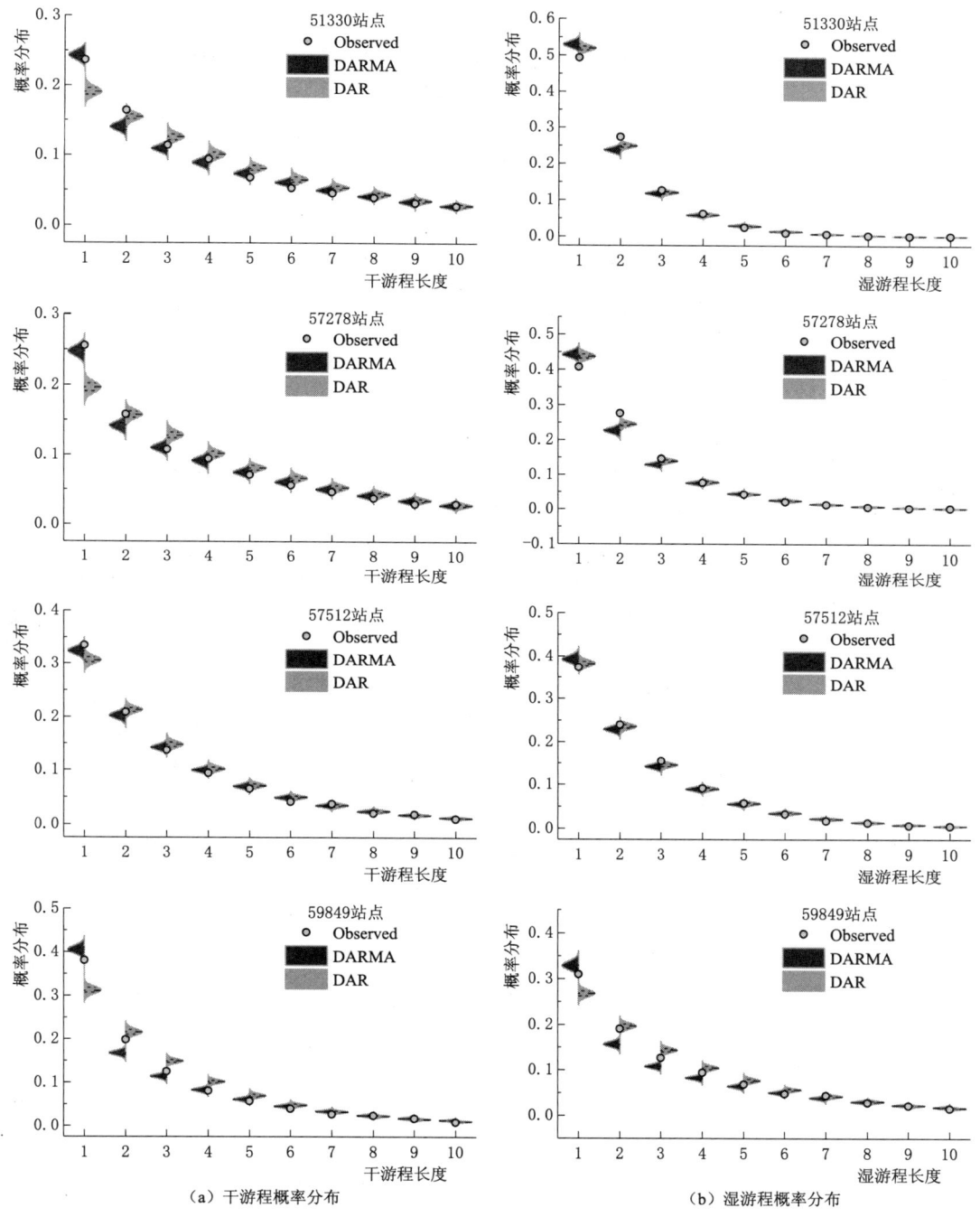

图 4.4-3 模拟和实测干、湿游程概率分布对比图

多日降水事件出现概率增加，DARMA(1,1) 在湿游程概率分布的拟合上也优于 DAR(1) 模型。整体而言，两种模型的模拟结果与原序列特征值较为接近，模型合理，但是 DARMA(1,1) 模型对长持续性事件模拟具有更高的精度，验证了 Muhammad（2013）和

Chung 等（2000）的研究结果。

表 4.4-2　DAR(1) 和 DARMA(1,1) 模型的 ACF 和干、湿游程平方和误差分析

站点	ACF 误差		干游程误差		湿游程误差		干湿游程误差和	
	DARMA	DAR	DARMA	DAR	DARMA	DAR	DARMA	DAR
51330	**0.0218**	0.0237	**0.0096**	0.0166	0.0164	**0.0119**	**0.0260**	0.0285
57278	**0.0149**	0.0187	**0.0079**	0.0204	0.0196	**0.0140**	**0.0275**	0.0343
57512	**0.0277**	0.0290	**0.0070**	0.0112	0.0091	**0.0061**	**0.0161**	0.0173
59849	**0.0292**	0.0588	**0.0135**	0.0244	**0.0145**	0.0154	**0.0280**	0.0398

4.4.3　日降水量模拟

首先对原序列一日降水、连续两日、连续三日降水等不同持续天数的降水事件进行划分，为避免因较大游程出现次数少无法进行分布拟合的情况，取较大游程出现次数大于 10 为有效游程，记最大湿游程为 $L_{\max}$，选用二参数 Gamma 分布对不同游程的降水事件进行分布拟合，分别得到不同持续天数降水量的分布函数。将全国 811 个站点模拟产生的 0-1 干湿序列进行游程划分，采用对应的分布函数对不同降水事件进行降水量的随机生成，当模拟湿游程大于样本序列最大湿游程时，采用最大湿游程对应分布函数来随机生成降水量。

按照各站点日降水量 x_{mean}、C_v、C_s 和 r_1 误差，总体发现以下规律：①大部分站点拟合效果好。②东南沿海误差小，西北内陆误差大。西北地区地处亚欧大陆腹地，主要受西风带气流的影响，来自海洋的水汽难以到达，形成干旱少雨的基本气候特征，复杂的地形分布使降水时空分布极不均匀，降水量大值主要集中在山脉地区，而山区降水又呈现出历时短、强度大的特点，这种降水特点导致降水量序列的自相关系数迅速衰减，而 DARMA 模型更适合于模拟 ACF 衰减缓慢的长持续性降水序列。因而西北内陆误差较东南沿海大，与降水量从东南沿海向西北内陆递减有较大关联。③新疆、西藏和内蒙古等部分少降水地区 r_1 误差较为明显。分析结果显示，DARMA(1,1) 模型能保持各站点日降水量的统计特征值及自相关性，适用于中国日降水量的随机模拟，且在东南沿海效果更好。

按多年平均日降水量大小对站点进行划分，讨论模型 DARMA 适用性。其中，0~1mm 有 130 个站点、1~2mm 有 270 个站点、2~3mm 有 134 个站点、3~4mm 有 142 个站点、4~5mm 有 99 个站点、大于 5mm 的站点有 36 个。计算不同多年平均日降水量区间内，DARMA(1,1) 和 DAR(1) 模型各 100 组模拟日降水量的 x_{mean}、C_v、C_s、R_{m1} 和 r_1 的平均误差，并统计拟合更优的站点占比情况，计算结果见表 4.4-4。

从表 4.4-3 可以发现：

（1）降水量较小区域均值误差在 0.05mm 以内，降水量较大区域误差为 0.1mm 以内，在多年日平均降水量大于 5mm 地区误差为 0.2mm 以内，DARMA(1,1) 模型的 r_1 平均误差为 0.099，DAR(1) 为 0.107，模拟效果较好。

4.4 离散自回归滑动平均模型在干旱分析中的应用

表4.4-3　　　　不同降水区间日降水量模拟平均误差及拟合更优占比统计

参数	平均日降水量/mm	平均误差 DARMA	平均误差 DAR	拟合更优占比 DARMA	拟合更优占比 DAR	平均日降水量/mm	平均误差 DARMA	平均误差 DAR	拟合更优占比 DARMA	拟合更优占比 DAR
x_{mean}	0~1	0.055	**0.054**	0.438	**0.562**	1~2	0.054	**0.051**	0.415	**0.585**
C_v		**1.456**	1.469	**0.654**	0.346		**0.569**	0.585	**0.726**	0.274
C_s		**4.800**	4.854	**0.569**	0.431		**1.900**	1.977	**0.741**	0.259
R_{m1}		**28.114**	28.756	**0.523**	0.477		**45.711**	47.836	**0.674**	0.326
r_1		**0.141**	0.144	**0.608**	0.392		**0.071**	0.080	**0.837**	0.163
x_{mean}	2~3	0.071	**0.058**	0.381	**0.619**	3~4	0.066	**0.049**	0.338	**0.662**
C_v		**0.511**	0.520	**0.709**	0.291		**0.459**	0.464	**0.683**	0.317
C_s		**1.779**	1.822	**0.694**	0.306		**1.792**	1.811	**0.669**	0.331
R_{m1}		**65.294**	67.482	**0.590**	0.410		**89.227**	90.456	**0.577**	0.423
r_1		**0.069**	0.077	**0.866**	0.134		**0.078**	0.085	**0.951**	0.049
x_{mean}	4~5	0.109	**0.083**	0.333	**0.667**	>5	0.198	0.203	**0.528**	0.472
C_v		**0.322**	0.330	**0.677**	0.323		**0.398**	0.405	**0.750**	0.250
C_s		**1.300**	1.323	**0.677**	0.323		**1.647**	1.661	**0.639**	0.361
R_{m1}		**90.016**	92.735	**0.707**	0.293		**126.173**	130.868	**0.722**	0.278
r_1		**0.101**	0.112	**1**	0		**0.137**	0.145	**1**	0

(2) 由于序列中存在大量无降水日,使得原序列的C_v和C_s值较大,且最大一日降水量出现的不确定性高,在随机抽样的过程中产生一定误差。

(3) DARMA(1,1)模型的C_v、C_s、R_{m1}和r_1平均误差小于DAR(1)模型,拟合更优站点占较多比重,更好地保持了实测日降水量的统计特征值,模拟的序列具有实用性。

(4) 在多年平均日降水量小于5mm的地区,采用DAR(1)模型模拟所得日降水量均值的误差更小,随着降水量的增加,具有长持续性特点的DARMA(1,1)模型在日降水量均值的模拟上,逐渐优于DAR(1)模型,在多年平均日降水量大于5mm的地区,DARMA(1,1)模拟的均值误差为0.198,小于DARA(1)的误差0.203,且有52.8%的站点都是DARMA(1,1)更优。

(5) 随着多年平均日降水量的增加,DARMA(1,1)模型的优势更加明显,均值更优站点占比从0.438增加到0.528,C_v更优占比从0.654增加到0.75,C_s从0.569增加到0.639,R_{m1}从0.523增加到0.722,r_1更优占比变化最为明显,从0.608增加到1。

选取的5个评价指标中,若同一模型有大于等于3个指标与原序列更为接近,则认为该模型为该站点的最优拟合模型,统计发现811个气象站点中,有518个站点为DARMA更优,占比64%,在云南、广东、广西和江浙一带DARMA最优占比在90%以上,而新疆、青海、兰州等地DAR模型占比较其他地区更高。

以上分类讨论结果显示,除均值以外,采用DARMA(1,1)模型拟合的日降水量在保持实测序列各统计特征值方面,优于DAR(1)模型,与原序列更为接近。对于模拟产生日降水量的均值,DAR(1)模型在多年平均日降水量小于5mm地区效果更好,而

DARMA(1,1) 模型在多年平均日降水量大于 5mm 地区更具优势。在工程实践及水资源规划管理中，对降水量大、多日降水事件频发地区选用 DARMA(1,1) 模型；在对降水量较小地区进行随机模型时，若 C_v、C_s、R_{m1} 和 r_1 为重要指标则选用 DARMA(1,1) 模型，若均值为重要指标则可选用 DAR(1) 模型。

第 5 章

基于循环事件理论的干旱概率计算原理与方法

第 1 章至第 4 章介绍了游程理论在干旱分析中应用的几个理论模型。干旱历时虽然是一个随机变量,但是,要准确地把握它的内涵和度量确实是一个复杂的概率计算过程。本章在吸收威廉·费勒等(2014)、Shmueli 等(2000)、Loa'iciga(1996,2005)、王正发(2002)文献的基础上,推导了基于循环事件-更新理论的游程一些计算公式。其中,一些理论和方法在现有的《水文统计学》和《概率论与数理统计》等教材中未提及,也尚未有中文文献报道。作者深感这些理论和方法是深层次研究干旱规律所必备的,也为从事水文统计研究提供了启发性思路。通过本章学习,读者可以领悟到基于循环事件-更新理论的游程分析思想,可为进一步探究游程概率分布和干旱概率分布计算奠定基础。

5.1 概率母函数

在介绍概率母函数(Probability generating function,PGF)定义之前,为了便于理解,本节首先介绍几个一般求和公式(盛骤等,2020)。

5.1.1 三个常用的求和公式

1. 几何级数

几何级数求和计算公式为

$$1 + r + r^2 + r^3 + \cdots = \sum_{x=0}^{\infty} r^x = \frac{1}{1-r}, \ |r| < 1 \tag{5.1-1}$$

例如,几何分布 $P(X=x) = p(1-p)^x$,因为 $p < 1$,所以,$\sum_{x=0}^{\infty} P(X=x) = \sum_{x=0}^{\infty} p(1-p)^x = p \sum_{x=0}^{\infty} (1-p)^x = \frac{p}{1-(1-p)} = 1$。

2. 二项式公式

对于任意 $p, q \in R$ 和整数 n,有

$$(p+q)^n = \sum_{x=0}^{n} \binom{n}{x} p^x q^{n-x} \tag{5.1-2}$$

式中:$\binom{n}{x} = \frac{n!}{(n-x)! \ x!}$。

例如,二项式分布 $P(X=x) = \binom{n}{x} p^x q^{n-x}$,$\sum_{x=0}^{\infty} P(X=x) = \sum_{x=0}^{\infty} \binom{n}{x} p^x q^{n-x} = $

$[p+(1-p)]^n = 1$。

3. 指数幂级数

对于任意 $\lambda \in R$，有

$$\sum_{x=0}^{\infty} \frac{\lambda^x}{x!} = e^\lambda \tag{5.1-3}$$

例如，泊松分布 $P(X=x) = \frac{\lambda^x}{x!} e^{-\lambda}$，$x=0,1,2,\cdots$。$\sum_{x=0}^{\infty} P(X=x) = \sum_{x=0}^{\infty} \frac{\lambda^x}{x!} e^{-\lambda} = e^{-\lambda} \sum_{x=0}^{\infty} \frac{\lambda^x}{x!} = e^{-\lambda} e^\lambda = 1$。另外，对于任意 $\lambda \in R$，有 $e^\lambda = \lim_{n \to \infty} \left(1 + \frac{\lambda}{n}\right)^n$。

5.1.2 概率母函数

概率母函数（PGF）是处理取值为 $0,1,2,\cdots$ 的离散随机变量非常有用的工具。特别是，当随机变量 X 和 Y 独立时，PGF 容易描述 $X+Y$ 的分布。

定义：设 X 为离散随机变量，取非负值 $\{0,1,2,\cdots\}$，对于所有 $s \in R$，$G(s) = E(s^X)$ 存在收敛，则 $G(s) = E(s^X)$ 称为 X 的概率母函数。

$$G(s) = E(s^X) \tag{5.1-4}$$

PGF 具有以下特性：

(1) $G(0) = P(X=0)$。根据式（5.1-4），有 $G(0) = 0^0 \cdot P(X=0) + 0^1 \cdot P(X=1) + 0^2 \cdot P(X=2) + \cdots = P(X=0)$。

(2) $G(1) = 1$。根据式（5.1-4），有 $G(1) = \sum_{x=0}^{\infty} 1^x P(X=x) = \sum_{x=0}^{\infty} P(X=x) = 1$。

(3) 概率 $P(X=x)$ 计算。PGF 采用幂级数扩展或微分得到个体概率。因此，当给定 $G(s) = E(s^X)$ 时，可以从 PGF 得到概率 $P(X=x)$。即 $p_x = P(X=x)$，则

$$G(s) = E(s^X) = \sum_{x=0}^{\infty} p_x s^x = p_0 + p_1 s + p_2 s^2 + p_3 s^3 + p_4 s^4 + \cdots \tag{5.1-5}$$

式中：$p_0 = P(X=0) = G(0)$。

式（5.1-5）一阶微分，有

$$G'(s) = p_1 + 2p_2 s + 3p_3 s^2 + 4p_4 s^3 + \cdots \tag{5.1-6}$$

因此，有

$$p_1 = P(X=1) = G'(0) \tag{5.1-7}$$

式（5.1-6）再进行一阶微分，即 $G(s)$ 的二阶微分，有

$$G''(s) = 2p_2 + (3 \times 2) p_3 s + (4 \times 3) p_4 s^2 + \cdots \tag{5.1-8}$$

因此，有

$$p_2 = P(X=2) = \frac{1}{2} G''(0) \tag{5.1-9}$$

式（5.1-8）再进行一阶微分，即 $G(s)$ 的三阶微分，有

$$G'''(s) = (3 \times 2) p_3 + (4 \times 3 \times 2) p_4 s + \cdots \tag{5.1-10}$$

因此，有

$$p_3 = P(X=3) = \frac{1}{3!} G'''(0) \tag{5.1-11}$$

同样，有一般形式

$$p_n = P(X=n) = \frac{1}{n!}G^{(n)}(0) = \frac{1}{n!}\frac{d^n}{ds^n}G(s)\bigg|_{s=0} \quad (5.1-12)$$

（4）数学期望和矩计算。因为 $G(s) = \sum_{x=0}^{\infty} p_x s^x$，则 $G'(s) = \sum_{x=0}^{\infty} x s^{x-1} p_x$，取 $s=1$，有

$$G'(1) = \sum_{x=0}^{\infty} x p_x = E(X) \quad (5.1-13)$$

式（5.1-13）表明，PGF 的一阶微分在 $s=1$ 处的值等于 X 的数学期望。

式（5.1-5）进行 k 阶微分，有 $G^{(k)}(s) = \dfrac{d^k}{ds^k}G(s) = \sum_{x=k}^{\infty} x(x-1)(x-2)\cdots(x-k+1)s^{x-k}p_x$，取 $s=1$，有

$$G^{(k)}(1) = \sum_{x=k}^{\infty} x(x-1)(x-2)\cdots(x-k+1)p_x$$
$$= E[X(X-1)(X-2)\cdots(X-k+1)] = E(X_{[k]}) \quad (5.1-14)$$

式（5.1-14）表明，PGF 的 k 阶微分在 $s=1$ 处的值等于 X 的 k 阶分数矩。
X 的方差 $Var(X)$ 为

$$Var(X) = E(X^2) - [E(X)]^2 = E[X(X-1)] + E(X) - [E(X)]^2 \quad (5.1-15)$$

5.1.3 随机变量和的概率母函数

假定随机变量 X_1、X_2 相互独立，则 $X_1 + X_2$ 的概率母函数为

$$E(s^{X_1+X_2}) = E(s^{X_1} s^{X_2}) \quad (5.1-16)$$

推论：假定随机变量 $X_1, X_2, \cdots, X_n$ 独立，则 $Y = X_1 + X_2 + \cdots + X_n$ 的概率母函数为

$$G_Y(s) = E(s^{X_1+X_2+\cdots+X_n}) = \prod_{i=1}^{n} E(s^{X_i}) \quad (5.1-17)$$

5.2 循环事件理论

本节讨论重复试验中一类重复出现的事件 ε。这类事件 ε 每次出现后，试验从头开始，即 ε 出现后是整个试验的重复。连续两次出现事件 ε 之间的等待时间相互独立，且具有相同分布的随机变量；事件 ε 在第 n 次试验出现仅依赖于前 n 次试验的结果，而与以后无关。

在过去的研究中，长度为 r 的"成功"游程曾用多种方法定义，如连续出现 3 次"成功"的序列包含 0 个、还是 1 个或 2 个长度为 r 的游程，其主要取决于不同的研究目的，可以采用不同的定义。Feller（1968）认为，应用循环事件（Recurrent events），长度为 r 的游程必须这样定义，使得每当一个游程完成后，过程又重新从头开始。这就是说，在 n 个字母"S"与"F"的序列中，包含长度为 r 的"成功 S"游程数，就是这个序列中所包含的互不重选的、由恰好 r 个"S"所构成的字符串个数。在一系列伯努利（Bernoulli）试验序列中，如果第 n 次试验的结果使序列的游程增加一个，就说长度为 r 的游程在第 n 次试验出现。因此，根据上述定义内涵，可以分析伯努利试验序列"SSS|SF|SSS|SSS"。表 5.2-1 所示各符号出现的位置。

表 5.2-1　　　　　　　　　　一个伯努利试验序列值

位置	1	2	3	4	5	6	7	8	9	10	11
结果	S	S	S	S	F	S	S	S	S	S	S

根据循环事件理论，从表 5.2-1 可以看出，有 3 个长度为 3 的游程，分别发生在第 3、8、11 次试验；有 5 长度为 2 的游程，它们分别发生在 2、4、7、9、11 次试验。

5.2.1　循环事件定义

假定可能结果为 $E_j(j=1,2,\cdots)$ 的重复试验，这些试验可以不要求为相互独立，且可以无限地继续下去，$P(E_{j_1},E_{j_2},\cdots,E_{j_n})$ 能够对所有的有限序列进行定义。设 ε 为有限序列的一个属性，对于每个有限序列 $(E_{j_1},E_{j_2},\cdots,E_{j_n})$，可以唯一地确定序列是否具有这个属性 ε。本节约定，"ε 在有限或无限序列 $E_{j_1},E_{j_2},\cdots$ 中的第 n 个位置处出现"是"子序列 $(E_{j_1},E_{j_2},\cdots,E_{j_n})$ 具有属性 ε"的简略说法。根据这一约定，事件 ε 在第 n 次试验出现仅依赖于前 n 次试验的结果。因此，本节谈到的循环事件 ε，实际上是指一类由 ε 出现这一属性所决定的事件。

定义：如果满足下列条件，属性 ε 为一个循环事件：

（1）ε 在序列 $(E_{j_1},E_{j_2},\cdots,E_{j_{n+m}})$ 的第 n 个与第 n+m 个位置处出现，其充分必要条件是 ε 在两个子序列 $(E_{j_1},E_{j_2},\cdots,E_{j_n})$ 和 $(E_{j_{n+1}},E_{j_{n+2}},\cdots,E_{j_{n+m}})$ 的最后出现。

（2）ε 在序列第 n 个位置处出现，等价于

$$P(E_{j_1},E_{j_2},\cdots,E_{j_{n+m}})=P(E_{j_1},E_{j_2},\cdots,E_{j_n})P(E_{j_{n+1}},E_{j_{n+2}},\cdots,E_{j_{n+m}}) \quad (5.2-1)$$

根据上述定义，对于每个循环事件，都可以定义以下两个序列：

$$u_n=P\{ε\ 出现在第\ n\ 次试验\} \quad (5.2-2)$$

$$f_n=P\{ε\ 第\ 1\ 次出现在第\ n\ 次试验\} \quad (5.2-3)$$

令 $u_0=1, f_0=0$，引入 u_n 和 f_n 的概率母函数，有

$$F(s)=\sum_{k=1}^{\infty}f_k s^k,\ U(s)=\sum_{k=0}^{\infty}u_k s^k \quad (5.2-4)$$

根据循环事件定义，ε 在第 1 次出现在第 k 次试验且第 2 次出现在第 n 次试验这一事件的概率等于 $f_k f_{n-k}$，则 ε 第 2 次出现在第 n 次试验这一事件的概率 $f_n^{(2)}$ 等于

$$f_n^{(2)}=f_1 f_{n-1}+f_2 f_{n-2}+\cdots+f_{n-1}f_1 \quad (5.2-5)$$

ε 第 r 次出现在第 n 次试验这一事件的概率等于

$$f_n^{(r)}=f_1 f_{n-1}^{(r-1)}+f_2 f_{n-2}^{(r-1)}+\cdots+f_{n-1}f_1^{(r-1)} \quad (5.2-6)$$

同样，根据循环事件定义，ε 在第 v 次试验第 1 次出现且在第 n 次试验中第 2 次出现这一事件的概率等于 $f_v u_{n-v}$，ε 在第 n 次试验中第 1 次出现这一事件的概率等于 $f_n=f_n u_0$。因为这些事件均为互不相容，因此，有

$$u_n=f_1 u_{n-1}+f_2 u_{n-2}+\cdots+f_n u_0,\ n\geqslant 1 \quad (5.2-7)$$

不难看出，式 (5.2-7) 右边为卷积 $\{f_k\}*\{u_k\}=\sum_{m=0}^{\infty}f_m u_{k-m}$。式 (5.2-7) 两边求概率母函数，因为左边不包括 $n=0$，则 $\sum_{k=0}^{\infty}u_k s^k - u_0 s^0 = U(s)-1$；右边为

$$\sum_{k=0}^{\infty}[\{f_k\}*\{u_k\}]s^k = \sum_{k=0}^{\infty}\Big[\sum_{m=0}^{\infty}f_m u_{k-m}\Big]s^k = \sum_m f_m\Big[\sum_{k=0}^{\infty}u_{k-m}s^k\Big]$$。令 $l=k-m$，当 $k=0$ 时，$l=-m$，取 $l=0$，当 $k\to 0$ 时，$l\to 0$，$k=l+m$，则 $\sum_{k=0}^{\infty}[\{f_k\}*\{u_k\}]s^k = \sum_{m=0}^{\infty}f_m\Big[\sum_{k=0}^{\infty}u_{k-m}s^k\Big] = \sum_{m=0}^{\infty}f_m\Big[\sum_{l=0}^{\infty}u_l s^{l+m}\Big] = \sum_{m=0}^{\infty}f_m s^m\Big[\sum_{l=0}^{\infty}u_l s^l\Big] = F(s)U(s)$。则式（5.2-7）两边求概率母函数，有 $U(s)-1=F(s)U(s)$，即 $\{u_n\}$ 与 $\{f_n\}$ 的概率母函数之间的关系为

$$U(s) = \frac{1}{1-F(s)} \tag{5.2-8}$$

5.2.2　部分分式展开

设概率母函数 $P(s)=\dfrac{U(s)}{V(s)}$，其中，$U(s)$ 和 $V(s)$ 没有公共因子，且 $U(s)$ 比 $V(s)$ 的阶数低，$V(s)$ 的阶数为 m，且有 m 个不同的根（实根或虚根）$s_1,s_2,\cdots,s_m$，即 $V(s)=(s-s_1)\cdot(s-s_2)\cdot\cdots\cdot(s-s_m)$。根据代数原理，$P(s)$ 可以分解为部分分式

$$P(s) = \frac{U(s)}{V(s)} = \frac{\rho_1}{s-s_1} + \frac{\rho_2}{s-s_2} + \cdots + \frac{\rho_m}{s-s_m} \tag{5.2-9}$$

式中：$\rho_i = \dfrac{-U(s_i)}{V'(s_i)}$，$i=1,2,\cdots,m$。

式（5.2-9）两边同乘以 $s-s_i$，有

$$\frac{U(s)}{V(s)}\cdot(s-s_i) = \Big(\frac{\rho_1}{s-s_1} + \frac{\rho_2}{s-s_2} + \cdots + \frac{\rho_m}{s-s_m}\Big)\cdot(s-s_i)$$

$$\frac{U(s)}{(s-s_1)\cdot(s-s_2)\cdots(s-s_m)}\cdot(s-s_i) = \Big(\frac{\rho_1}{s-s_1} + \frac{\rho_2}{s-s_2} + \cdots + \frac{\rho_m}{s-s_m}\Big)\cdot(s-s_i)$$

则 $\dfrac{U(s)}{\prod_{j=1,j\neq i}^{m}(s-s_j)} = \Big(\dfrac{\rho_1}{s-s_1} + \dfrac{\rho_2}{s-s_2} + \cdots + \dfrac{\rho_m}{s-s_m}\Big)\cdot(s-s_i)$。即

$$\frac{U(s)}{\prod_{j=1,j\neq i}^{m}(s-s_j)} = \rho_i + (s-s_i)\sum_{j=1,j\neq i}^{m}\frac{\rho_j}{s-s_j} \tag{5.2-10}$$

因 $V(s)=(s-s_1)\cdot(s-s_2)\cdots(s-s_m)$，根据乘积导数法则，有 $V'(s)=(s-s_1)\cdot(s-s_2)\cdots(s-s_m)+(s-s_1)[(s-s_1)\cdot(s-s_2)\cdot\cdots\cdot(s-s_m)]' = \prod_{j=1,j\neq i}^{m}(s-s_j)$。则

$$\frac{-U(s_i)}{V'(s_i)} = \rho_i + (s-s_i)\sum_{j=1,j\neq i}^{m}\frac{\rho_j}{s-s_j} \tag{5.2-11}$$

当 $s=s_i$，式（5.2-11）有

$$\rho_i = \frac{-U(s_i)}{V'(s_i)} \tag{5.2-12}$$

因 $P(s)$ 为概率母函数，$P(s)=\sum_{k=0}^{\infty}p_k s^k$。对式（5.2-12），有 $\dfrac{\rho_j}{s-s_j} = \dfrac{-\rho_j}{s_j\left(1-\dfrac{s}{s_j}\right)} =$

$$\frac{-\rho_j}{s_j}\frac{1}{1-\frac{s}{s_j}}=\frac{-\rho_j}{s_j}\sum_{k=0}^{\infty}\left(\frac{s}{s_j}\right)^k=\sum_{k=0}^{\infty}\frac{-\rho_j}{s_j^{k+1}}s^k\text{。代入式（5.2-9），有 }P(s)=\frac{U(s)}{V(s)}=$$

$$\frac{\rho_1}{s-s_1}+\frac{\rho_2}{s-s_2}+\cdots+\frac{\rho_m}{s-s_m}=\sum_{k=0}^{\infty}\frac{-\rho_j}{s_1^{k+1}}s^k+\sum_{k=0}^{\infty}\frac{-\rho_j}{s_2^{k+1}}s^k+\cdots+\sum_{k=0}^{\infty}\frac{-\rho_j}{s_m^{k+1}}s^k=$$

$$\sum_{k=0}^{\infty}\left(\sum_{j=1}^{m}\frac{-\rho_j}{s_j^{k+1}}\right)s^k=\sum_{k=0}^{\infty}\left(\frac{-\rho_1}{s_1^{k+1}}+\frac{-\rho_2}{s_2^{k+1}}+\cdots+\frac{-\rho_m}{s_m^{k+1}}\right)s^k\text{。即}$$

$$P(s)=\sum_{k=0}^{\infty}\left(\frac{-\rho_1}{s_1^{k+1}}+\frac{-\rho_2}{s_2^{k+1}}+\cdots+\frac{-\rho_m}{s_m^{k+1}}\right)s^k \tag{5.2-13}$$

比较 $P(s)=\sum_{k=0}^{\infty}p_k s^k$ 与式（5.2-13），有

$$p_k=\frac{-\rho_1}{s_1^{k+1}}+\frac{-\rho_2}{s_2^{k+1}}+\cdots+\frac{-\rho_m}{s_m^{k+1}} \tag{5.2-14}$$

5.2.3 概率计算

根据王正发（2002）、威廉.费勒等（2014）、Moye 等（1988）文献，本节介绍和推导基于循环事件理论的游程概率计算公式。设 $R_{0,k}(n)$ 为历时 k 的干旱事件在未来 n 次试验中不发生的概率，即历时 k 的干旱事件发生次数为 0 的概率；$R_{i,k}(n)$ 为历时 k 的干旱事件在未来 n 次试验中恰好发生 i 次的概率，即历时 k 的干旱事件发生次数为 i 的概率；u_n 为历时 k 的干旱事件发生在第 n 次试验的概率；f_n 为历时 k 的干旱事件第一次发生在第 n 次试验的概率；$g(n)$ 为历时 k 的干旱事件在第 n 次试验至少发生一次的概率；干旱发生的概率为 p，不发生干旱的概率为 $q=1-p$。同第 1 章定义符号一样，$\sum_{i=0}^{I}R_{i,k}(n)=1$，$I=\left[\frac{n+1}{k+1}\right]$ 表示不超过 $\frac{n+1}{k+1}$ 的整数。

历时 k 的干旱事件发生次数的数学期望为

$$\varepsilon_{r,k}=\sum_{i=0}^{I}i\cdot R_{i,k}(n) \tag{5.2-15}$$

历时 k 的干旱事件发生次数的方差为

$$Var_{r,k}=\sum_{i=0}^{I}i^2\cdot R_{i,k}(n)-\varepsilon_{r,k}^2 \tag{5.2-16}$$

干旱事件发生次数为

$$G=\sum_{k=1}^{n}\varepsilon_{r,k} \tag{5.2-17}$$

干旱事件的平均历时为

$$L(n)=\frac{\sum_{k=1}^{n}k\cdot\varepsilon_{r,k}}{\sum_{k=1}^{n}\varepsilon_{r,k}} \tag{5.2-18}$$

在 $n>k$ 下，$g(n+1)$ 的递推关系可以解释为历时 k 的干旱事件在第 $n+1$ 次试验至少发生一次的概率，有 2 种情况：①在第 n 次试验至少发生一次历时 k 的干旱事件；②在

第 $n+1$ 次试验才至少发生一次历时 k 的干旱事件。根据 $g(n)$ 定义，第 1 种情况的概率为 $g(n)$。第 2 种情况见表 5.2-2。

表 5.2-2　　　　　　　　　$g(n+1)$ 递推关系（第 2 种情况）

			k 个				
$n-k$	$n-k+1$	$n-k+2$	$\cdots$	$n-2$	$n-1$	n	$n+1$
1	1	0	0	0	0	0	0

因为第 2 种情况表示在第 $n+1$ 次试验才至少发生一次历时 k 的干旱事件，表 5.2-2 可以解释为 3 种可能性：①在第 $n-k$ 次没有至少发生一次历时 k 的干旱事件，其概率为 $1-g(n-k)$；②在第 $n-k+1$ 次没有发生历时 k 的干旱事件，其概率为 q；③在第 $n-k+1$ 至第 $n+1$ 次试验发生历时 k 的干旱事件，其概率为 p^k。则 $g(n+1)=g(n)+[1-g(n-k)]qp^k=g(n)+qp^k[1-g(n-k)]$。

在 $n<k$ 下，不可能至少发生一次历时 k 的干旱事件，$g(n+1)=0$。在 $n=k$ 下，发生一次历时 k 的干旱事件，$g(n+1)=p^k$。则 $g(n+1)$ 的递推关系为

$$g(n+1)=\begin{cases} 0 & ,\ n<k \\ p^k & ,\ n=k \\ g(n)+qp^k[1-g(n-k)] & ,\ n>k \end{cases} \quad (5.2-19)$$

根据概率原理 $R_{0,k}(n)$ 与 $g(n)$ 的关系为 $R_{0,k}(n)=1-g(n)$，即

$$g(n+1)=\begin{cases} 1 & ,\ n<k \\ 1-p^k & ,\ n=k \\ 1-g(n)-qp^k[1-g(n-k)] & ,\ n>k \end{cases} \quad (5.2-20)$$

根据循环事件 $R_{i,k}(n)$ 的递推关系为

$$R_{i,k}(n)=f_1 R_{i-1,k}(n-1)+f_2 R_{i-1,k}(n-2)+\cdots+f_{n-1}R_{i-1,k}(1) \quad (5.2-21)$$

式 (5.2-21) 表示历时 k 的干旱事件在 n 次试验中恰好发生 i 次可以解释为：①在第 1 次试验首次发生，在未来 $n-1$ 试验恰好发生 $i-1$ 次；②在第 2 次试验首次发生，在未来 $n-2$ 试验恰好发生 $i-1$ 次；③在第 3 次试验首次发生，在未来 $n-3$ 试验恰好发生 $i-1$ 次；④依次类推，在第 $n-1$ 次试验首次发生，在未来 1 次恰好发生 i 次。写成方程组有

$$\begin{cases} R_{1,k}(n)=f_1 R_{0,k}(n-1)+f_2 R_{0,k}(n-2)+\cdots+f_{n-2}R_{0,k}(2)+f_{n-1}R_{0,k}(1) \\ R_{2,k}(n)=f_1 R_{1,k}(n-1)+f_2 R_{1,k}(n-2)+\cdots+f_{n-2}R_{1,k}(2)+f_{n-1}R_{1,k}(1) \\ \quad\quad\quad\quad\quad\quad\quad\quad\quad\quad \vdots \\ R_{i,k}(n)=f_1 R_{i-1,k}(n-1)+f_2 R_{i-1,k}(n-2)+\cdots+f_{n-2}R_{i-1,k}(2)+f_{n-1}R_{i-1,k}(1) \\ \quad\quad\quad\quad\quad\quad\quad\quad\quad\quad \vdots \\ R_{I,k}(n)=f_1 R_{I-1,k}(n-1)+f_2 R_{I-1,k}(n-2)+\cdots+f_{n-2}R_{I-1,k}(2)+f_{n-1}R_{I-1,k}(1) \end{cases}$$
$$(5.2-22)$$

式 (5.2-22) 中 $f_1,f_2,\cdots,f_n$ 可根据 u_n 与 f_n 的关系来递推。

$$u_n=f_1 u_{n-1}+f_2 u_{n-2}+\cdots+f_{n-1}u_1+f_n u_0, n\geqslant 1 \quad (5.2-23)$$

式 (5.2-23) 表示历时 k 的干旱事件在第 n 次试验中发生，可以解释为：①在第 1

次试验首次发生，在未来 $n-1$ 次试验发生；②在第 2 次试验首次发生，在未来 $n-2$ 次试验发生；③依次类推，在第 n 次试验首次发生，等价于在 n 次试验发生，$f_n u_0 = f_n$，$u_0 = 1$。进一步写成方程组，有

$$\begin{cases} f_1 u_0 = u_1 \\ f_1 u_1 + f_2 u_0 = u_2 \\ \vdots \\ f_1 u_{i-1} + f_2 u_{i-2} + \cdots + f_{i-1} u_1 + f_i u_0 = u_i \\ \vdots \\ f_1 u_{n-1} + f_2 u_{n-2} + \cdots + f_{n-1} u_1 + f_n u_0 = u_n \end{cases} \quad (5.2-24)$$

式 (5.2-24) 中 $u_1, u_2, \cdots, u_n$ 可采用以下递推关系获得。

当 $i \geq k$ 时，历时 k 的干旱事件概率为 p^k，关系式有

$$u_i + u_{i-1} p + u_{i-2} p^2 + \cdots + u_{i-k+1} p^{k-1} = p^k \quad (5.2-25)$$

式 (5.2-25) 中，假定 u_i 为历时 k 的干旱事件在第 i 次试验出现，显然第 $i, i-1, \cdots, i-k+1$ 次试验（共 k 次）都出现干旱的概率为 p^k。在这种情况下，历时 k 的干旱事件在这 k 次试验之一中出现；在第 $i-j$ 次试验出现（$j=0,1,2,\cdots,k-1$），而在其后的 k 次试验都出现成功，概率为 $u_{i-j} p^k$，这些 k 种结果互不相容，则有式 (5.2-24) 递推关系。

当 $i < k$ 时，关系式有

$$u_1 = u_2 = \cdots = u_{k-1} = 0, \ u_0 = 1 \quad (5.2-26)$$

上述计算步骤可归结为：

(1) 给定 n 和 k，计算 $I = \left[\dfrac{n+1}{k+1}\right]$。

(2) 计算 $g(n)$，$i=1,2,\cdots,n$。

(3) 计算 $R_{0,k}(i)$，$i=1,2,\cdots,n$。

(4) 计算 u_i，$i=1,2,\cdots,n$。

(5) 计算 f_i，$i=1,2,\cdots,n$。

(6) 计算 $R_{j,k}(i)$，$i=1,2,\cdots,n$；$j=1,2,\cdots,I$。

计算程序见程序 5.2-1 所示。

程序 5.2-1

% renew01.m
% Drought analysis by renewal theory
clc;clear;
% Annual precipitation of Xi'an(mm)
data=[
1932   285.2;
1933   534.2;
1934   579.2;
1935   617.7;
1936   388.2;
1937   608.9;

```
1938    819.8;
1939    461.8;
1940    650.1;
1941    427.9;
1942    456.7;
1943    641.2;
1944    468.1;
1945    560.6;
............
2004    512.7;
2005    541.4;
2006    575.9;
2007    712.1;
2008    543.6];
x=data(:,2);n=length(x);
durations=15;
subplot(1,3,1);
nzt=14;set(gca,'fontsize',nzt);
plot(data(:,1),data(:,2),'—ok');hold on;
xlabel('年');ylabel('降水量(mm)');
title('(a)测站降水量');
axis([min(data(:,1)) max(data(:,1)) min(data(:,2)) max(data(:,2))]);
%%%%%%%%%%%%%%%%%%%%%%%%%%%%%%%%%%%%%%%%%%%
% q is drought probability,q=P(x<x0)           %
% p is non drought probability p=P(x>=x0)      %
%%%%%%%%%%%%%%%%%%%%%%%%%%%%%%%%%%%%%%%%%%%
xav=mean(x);xst=std(x);xcv=xst/xav;xcs=skewness(x,0);x0=xav;
for i=1:durations
    d(i)=0;
end
if x(1)<x0
  r=1;
else
  r=0;
end
for i=2:n
    if x(i)>=x0
      if r>=1
          d(r)=d(r)+1;r=0;
      end
    else
      r=r+1;
      if i==n
          d(r)=d(r)+1;
```

```
            end
        end
end
d0=0;
for i=1:n
    if x(i)>=x0
        d0=d0+1;
    end
end
fprintf(1,'                    Number of diffeent run lengths\n');
fprintf(1,'===================================================\n');
fprintf(1,'          l          number of d=l\n');
fprintf(1,'===================================================\n');
for l=1:durations
    fprintf(1,'%12.0f %12.0f\n',l,d(l));
end
fprintf(1,'===================================================\n');
d1=0;cc=0;
for l=1:durations
    d1=d1+l*d(l);cc=cc+d(l);
end
mtotal=d1+d0;
% p=d1/n;   %叶夫杰维奇(1967)法··
p=1-cc/d1;%极大似然法
q=1-p;
fprintf(1,'Total years=%4.0f years of no drought=%4.0f years of drought=%4.0f\n',mtotal,d0,d1);
fprintf(1,'p=%12.4f q=%12.4f\n',p,q);
fprintf(1,'===================================================\n');
for l=1:durations
    pl(l)=p^(l-1)*(1-p);
end
pc0(durations)=d(durations);
for l=durations-1:-1:1
    pc0(l)=pc0(l+1)+d(l);
end
for l=1:durations
    temp_value(l)=pl(l)*sum(d);
end
pc1(durations)=temp_value(durations);
for l=durations-1:-1:1
    pc1(l)=pc1(l+1)+temp_value(l);
end
subplot(1,3,2);
nzt=14;set(gca,'fontsize',nzt);
```

```
plot(1:durations,pc0,'sk');hold on;
plot(1:durations,pc1,'-r');
xlabel('年');ylabel('累积频次');
title('(b)测站连续干旱概率分布图');axis([1 durations min(pc0) max(pc0)+5]);
hold off;
for l=1:durations
    pl0(l)=pc0(l)/sum(d);
end
pl1(durations)=pl(durations);
for l=durations-1:-1:1
    pl1(l)=pl1(l+1)+pl(l);
end
subplot(1,3,3);
nzt=14;set(gca,'fontsize',nzt);
plot(1:durations,pl0,'sk');hold on;
plot(1:durations,pl1,'-r');
xlabel('年');ylabel('累积概率');
title('(c)测站连续干旱概率分布图');axis([1 durations min(pl1) max(pl1)]);
hold off;
fprintf(1,'    连续干旱段    实测累积频次    计算累积频次    实测累积频率    计算累积频率    游程计算频率    游程经验频率\n');
fprintf(1,'===============================================================================================\n');
for l=1:durations
fprintf(1,'%12.0f %12.4f %12.4f %12.4f %12.4f %12.4f %12.4f\n',l,pc0(l),pc1(l),pl0(l),pl1(l),pl(l),d(l)/sum(d));
end
fprintf(1,'===============================================================================================\n');
for k=1:durations
    u=[];f=[];R=[];g=[];
    fprintf(1,'=============================\n');
    fprintf(1,' k    i    n    Ri,k(n)\n');
    fprintf(1,'=============================\n');
    % Calculation R0,k(n)
    for j=1:n
        if j<k
            g(j)=0;
        end
        if j==k
            g(j)=p^k;
        end
        if j>k
            if j-1-k<=0
```

```
                gg=0;
            else
                gg=g(j-1-k);
            end
            g(j)=g(j-1)+p^k*q*(1-gg);
        end
    end
    for j=1:n
        R(1,j)=1-g(j);
    end
    fprintf(1,'%3.0f  %3.0f  %3.0f  %15.13f\n',k,0,n,R(1,n));
    % Calculation Ri,k(n)   i=1--II
    II=ceil((n+1)/(k+1));u(1)=1;f(1)=0;In=1;
    for i=1:II
        Jn=1;
        for j=1:k-1
            Jn=Jn+1;u(Jn)=0;
        end
        for j=k:n
            Jn=Jn+1;msum=0;
            for l=1:k-1
                msum=msum+(p^l)*u(j+1-l);
            end
            u(Jn)=(p^k)-msum;
        end
        Jn=1;
        for j=1:n
            msum=0;Jn=Jn+1;
            for l=1:j-1
                msum=msum+f(l+1)*u(j+1-l);
            end
            f(Jn)=(u(Jn)-msum)/u(1);
        end
        In=In+1;
        for j=1:n
            R(In,j)=0;msum=0;
            for l=1:j-1
                msum=msum+f(l+1)*R(In-1,j-l);
            end
            R(In,j)=msum;
        end
        fprintf(1,'%3.0f  %3.0f  %3.0f  %15.13f\n',k,i,n,R(In,n));
    end
    msum=0;mavl(k)=0;
```

```
      for i=0:ll
          msum=msum+R(i+1,n);mavl(k)=mavl(k)+i*R(i+1,n);
      end
      fprintf(1,'Sum of Ri,k(n)=    %15.13f\n',msum);
      fprintf(1,'Average number of drought=    %10.4f\n',mavl(k));
      fprintf(1,'==========================================\n');
end
fprintf(1,'       Comparisions between observed and models\n');
fprintf(1,'==========================================\n');
fprintf(1,'        No.       pc0        pc1\n');
fprintf(1,'==========================================\n');
for l=1:durations
    fprintf(1,'%12.0f %12.0f %12.4f\n',l,d(l),mavl(l));
end
fprintf(1,'==========================================\n');
% Calculate return periods under different run length
fprintf(1,'       Return periods under different run length\n');
fprintf(1,'==========================================\n');
fprintf(1,'    l        T        St       TL1       TU1\n');
fprintf(1,'==========================================\n');
c=0.95;a=1-c;
i=0;
for k=1:durations
    i=i+1;TT(i)=(1-p^k)/(q*p^k);
    mvarT(i)=sqrt(1/(q*p^k)^2-(2*k+1)/(q*p^k)-p/q^2);
    TL1(i)=TT(i)-norminv(1-a/2)*mvarT(i)/sqrt(n);TU1(i)=TT(i)+norminv(1-a/2)*mvarT(i)/sqrt(n);
    fprintf(1,'%3.0f   %12.4f   %12.4f   %12.4f   %12.4f\n',k,TT(i),mvarT(i),TL1(i),TU1(i));
end
fprintf(1,'==========================================\n');
return
```

例 5.2-1 采用西安站年降水资料，取多年平均值为门限值，提取干旱历时序列。经计算，$p=0.4634$，$q=0.5366$。若采用几何分布计算，计算结果见表 5.2-3。采用循环事件计算结果见表 5.2-4 和表 5.2-5。

表 5.2-3　　　　　　　　基于几何分布的干旱历时计算结果

轮长	实测累积频次	计算累积频次	实测累积频率	计算累积频率	轮长计算频率	轮长经验频率
1	22.0000	21.9998	1.0000	1.0000	0.5366	0.5000
2	11.0000	10.1949	0.5000	0.4634	0.2487	0.2727
3	5.0000	4.7244	0.2273	0.2147	0.1152	0.1364
4	2.0000	2.1892	0.0909	0.0995	0.0534	0.0455
5	1.0000	1.0144	0.0455	0.0461	0.0247	0.0455
6	0.0000	0.4700	0.0000	0.0214	0.0115	0.0000

续表

轮长	实测累积频次	计算累积频次	实测累积频率	计算累积频率	轮长计算频率	轮长经验频率
7	0.0000	0.2177	0.0000	0.0099	0.0053	0.0000
8	0.0000	0.1008	0.0000	0.0046	0.0025	0.0000
9	0.0000	0.0466	0.0000	0.0021	0.0011	0.0000
10	0.0000	0.0215	0.0000	0.0010	0.0005	0.0000
11	0.0000	0.0098	0.0000	0.0004	0.0002	0.0000
12	0.0000	0.0044	0.0000	0.0002	0.0001	0.0000
13	0.0000	0.0019	0.0000	0.0001	0.0001	0.0000
14	0.0000	0.0008	0.0000	0.0000	0.0000	0.0000
15	0.0000	0.0002	0.0000	0.0000	0.0000	0.0000

表 5.2-4　　　　实测频次与计算频次对比结果

轮长	实测频次	计算频次	轮长	实测频次	计算频次
1	11	15.2536	9	0	0.0364
2	6	9.4453	10	0	0.0166
3	3	4.1630	11	0	0.0076
4	1	1.8632	12	0	0.0035
5	1	0.8430	13	0	0.0016
6	0	0.3835	14	0	0.0007
7	0	0.1748	15	0	0.0003
8	0	0.0798			

表 5.2-5　　　　不同轮长重现期计算结果

轮长	重现期	重现期方差	重现期下限	重现期上限
1	2.1579	1.5807	1.8048	2.5110
2	6.8144	5.5053	5.5847	8.0441
3	16.8627	14.7642	13.5650	20.1604
4	38.5457	35.6037	30.5933	46.4981
5	85.3356	81.5040	67.1309	103.5402
6	186.3030	181.5459	145.7532	226.8529
7	404.1802	398.4713	315.1782	493.1822
8	874.3363	867.6574	680.5375	1068.1351
9	1888.8836	1881.2228	1468.6963	2309.0710
10	4078.1699	4069.5198	3169.2076	4987.1323
11	8802.4193	8792.7753	6838.4771	10766.3615
12	18996.8521	18986.2116	14756.1180	23237.5862
13	40995.3651	40983.7265	31841.2963	50149.4339
14	88465.8405	88453.2029	68709.0546	108222.6263
15	190902.1294	190888.4924	148265.5381	233538.7207

5.2.4 重现期计算

根据上述约定，在一系列伯努利试验序列中，如果第 n 次试验的结果使序列的游程增加一个，就说长度为 r 的游程在第 n 次试验出现。

假定 u_n 为 ε 在第 n 次试验出现，显然第 $n,n-1,n-2,\cdots,n-r+1$ 次试验（共 r 次）都出现"成功"的概率为 p^r。在这种情况下，ε 在这 r 次试验之一中出现；ε 在第 $n-k$ 次试验出现（$k=0,1,2,\cdots,r-1$），而在其后的 k 次试验都出现成功的概率为 $u_{n-k}p^k$，这些 r 种结果互不相容，则有以下递推关系。

$$u_n+u_{n-1}p+u_{n-2}p^2+\cdots+u_{n-r+1}p^{r-1}=p^r, \quad n\geqslant r \qquad (5.2-27)$$

显然，

$$u_1=u_2=\cdots=u_{r-1}=0, \quad u_0=1 \qquad (5.2-28)$$

式（5.2-27）两边同乘以 s^n，有

$$u_n s^n+u_{n-1}s^n p+u_{n-2}s^n p^2+\cdots+u_{n-r+1}s^n p^{r-1}=p^r s^n \qquad (5.2-29)$$

式（5.2-29）两边对 $n=r,r+1,r+2,\cdots$ 求和，有

$$\sum_{n=r}^{\infty}u_n s^n+\sum_{n=r}^{\infty}u_{n-1}s^n p+\sum_{n=r}^{\infty}u_{n-2}s^n p^2+\cdots+\sum_{n=r}^{\infty}u_{n-r+1}s^n p^{r-1}=\sum_{n=r}^{\infty}p^r s^n \qquad (5.2-30)$$

对于式（5.2-30）右边项 $\sum\limits_{n=r}^{\infty}p^r s^n$，考虑级数 $1+s+s^2+\cdots=\dfrac{1}{1-s}$，有

$$\sum_{n=r}^{\infty}p^r s^n=p^r\sum_{n=r}^{\infty}s^n=p^r(s^r+s^{r+1}+s^{r+2}+\cdots)=p^r s^r(1+s+s^2+\cdots)=\dfrac{p^r s^r}{1-s}$$

$$(5.2-31)$$

对于式（5.2-30）左边第 1 项 $\sum\limits_{n=r}^{\infty}u_n s^n$，因为 $u_1=u_2=\cdots=u_{r-1}=0(u_0=1)$，$U(s)=\sum\limits_{k=0}^{\infty}u_k s^k$，则 $\sum\limits_{n=r}^{\infty}u_n s^n=\sum\limits_{n=1}^{r}u_n s^n+\sum\limits_{n=r}^{\infty}u_n s^n=\sum\limits_{n=1}^{\infty}u_n s^n=\sum\limits_{n=0}^{\infty}u_n s^n-u_0 s^0=U(s)-1$，即

$$\sum_{n=r}^{\infty}u_n s^n=U(s)-1 \qquad (5.2-32)$$

对于式（5.2-30）左边第 2 项 $\sum\limits_{n=r}^{\infty}u_{n-1}s^n p$，因为 $u_1=u_2=\cdots=u_{r-1}=0(u_0=1)$，$U(s)=\sum\limits_{k=0}^{\infty}u_k s^k$，则

$$\sum_{n=r}^{\infty}u_{n-1}s^n p=ps\sum_{n=r}^{\infty}u_{n-1}s^{n-1}=ps(u_{r-1}s^{r-1}+u_r s^r+u_{r+1}s^{r+1}+u_{r+2}s^{r+2}+\cdots)$$

$$=ps\Big(\sum_{n=1}^{r-2}u_n s^n+u_{r-1}s^{r-1}+u_r s^r+u_{r+1}s^{r+1}+u_{r+2}s^{r+2}+\cdots\Big)=ps\sum_{n=1}^{\infty}u_n s^n$$

$$=ps\Big(\sum_{n=0}^{\infty}u_n s^n-u_0 s^0\Big)=ps[U(s)-1] \qquad (5.2-33)$$

对于式（5.2-30）左边第 3 项 $\sum\limits_{n=r}^{\infty}u_{n-2}s^n p^2$，因为 $u_1=u_2=\cdots=u_{r-1}=0(u_0=1)$，

$U(s)=\sum_{k=0}^{\infty}u_ks^k$，则

$$\sum_{n=r}^{\infty}u_{n-2}s^np^2=p^2s^2\sum_{n=r}^{\infty}u_{n-2}s^{n-2}=p^2s^2(u_{r-2}s^{r-2}+u_{r-1}s^{r-1}+u_rs^r+u_{r+1}s^{r+1}+u_{r+2}s^{r+2}+\cdots)$$

$$=p^2s^2\Big(\sum_{n=1}^{r-3}u_ns^n+u_{r-2}s^{r-2}+u_{r-1}s^{r-1}+u_rs^r+u_{r+1}s^{r+1}+u_{r+2}s^{r+2}+\cdots\Big)$$

$$=p^2s^2\sum_{n=1}^{\infty}u_ns^n=p^2s^2\Big(\sum_{n=0}^{\infty}u_ns^n-u_0s^0\Big)=p^2s^2[U(s)-1] \tag{5.2-34}$$

对于式（5.2-30）左边最后 1 项 $\sum_{n=r}^{\infty}u_{n-r+1}s^np^{r-1}$，因为 $u_1=u_2=\cdots=u_{r-1}=0$（$u_0=1$），$U(s)=\sum_{k=0}^{\infty}u_ks^k$，则

$$\sum_{n=r}^{\infty}u_{n-r+1}s^np^{r-1}=p^{r-1}s^{r-1}\sum_{n=r}^{\infty}u_{n-r+1}s^{n-r+1}=p^{r-1}s^{r-1}(u_1s^1+u_2s^2+u_3s^3+\cdots)$$

$$=p^{r-1}s^{r-1}\sum_{n=1}^{\infty}u_ns^n=p^{r-1}s^{r-1}\Big(\sum_{n=0}^{\infty}u_ns^n-u_0s^0\Big)=p^{r-1}s^{r-1}[U(s)-1] \tag{5.2-35}$$

把式（5.2-31）～式（5.2-35）代入式（5.2-30），有

$$[U(s)-1](1+ps+p^2s^2+\cdots+p^{r-1}s^{r-1})=\frac{p^rs^r}{1-s} \tag{5.2-36}$$

根据等比数列有限项和公式，有 $1+ps+p^2s^2+\cdots+p^{r-1}s^{r-1}=\frac{1-p^rs^r}{1-ps}$，则式（5.2-36）进一步写为

$$[U(s)-1]\frac{1-p^rs^r}{1-ps}=\frac{p^rs^r}{1-s} \tag{5.2-37}$$

整理式（5.2-37），有

$$U(s)=1+\frac{p^rs^r}{1-s}\frac{1-ps}{1-p^rs^r}=\frac{(1-s)(1-p^rs^r)+p^rs^r(1-ps)}{(1-s)(1-p^rs^r)}=\frac{1-p^rs^r-s+p^rs^{r+1}+p^rs^r-p^{r+1}s^{r+1}}{(1-s)(1-p^rs^r)}$$

$$=\frac{1-s+(p^rs^r-p^rs^r)+(p^rs^{r+1}-p^{r+1}s^{r+1})}{(1-s)(1-p^rs^r)}=\frac{1-s+p^rs^{r+1}(1-p)}{(1-s)(1-p^rs^r)}=\frac{1-s+qp^rs^{r+1}}{(1-s)(1-p^rs^r)}$$

即

$$U(s)=\frac{1-s+qp^rs^{r+1}}{(1-s)(1-p^rs^r)} \tag{5.2-38}$$

式中：$q=1-p$。

因为 $U(s)=\frac{1}{1-F(s)}$，所以有 $F(s)=1-\frac{1}{U(s)}$。把式（5.2-38）代入有

$$F(s)=1-\frac{1}{U(s)}=1-\frac{(1-s)(1-p^rs^r)}{1-s+qp^rs^{r+1}}=\frac{1-s+qp^rs^{r+1}-(1-s)(1-p^rs^r)}{1-s+qp^rs^{r+1}}$$

$$=\frac{1-s+qp^rs^{r+1}-1+p^rs^r+s-p^rs^{r+1}}{1-s+qp^rs^{r+1}}=\frac{(1-1)+(s-s)+(qp^rs^{r+1}+p^rs^r-p^rs^{r+1})}{1-s+qp^rs^{r+1}}$$

$$=\frac{p^rs^r(qs+1-s)}{1-s+qp^rs^{r+1}}=\frac{p^rs^r[(1-p)s+1-s]}{1-s+qp^rs^{r+1}}=\frac{p^rs^r(s-ps+1-s)}{1-s+qp^rs^{r+1}}=\frac{p^rs^r(1-ps)}{1-s+qp^rs^{r+1}}$$

即循环时间的概率母函数为

$$F(s)=\frac{p^r s^r(1-ps)}{1-s+qp^r s^{r+1}}=\frac{p^r s^r-p^{r+1}s^{r+1}}{1-s+qp^r s^{r+1}} \tag{5.2-39}$$

由式（5.2-39）得

$$\begin{aligned}F'(s)=\frac{dF(s)}{ds}&=\frac{[rp^r s^{r-1}-(r+1)p^{r+1}s^r](1-s+qp^r s^{r+1})-(p^r s^r-p^{r+1}s^{r+1})[-1+(r+1)qp^r s^r]}{(1-s+qp^r s^{r+1})^2}\\
&=\frac{[rp^r s^{r-1}-(r+1)p^{r+1}s^r](1-s+qp^r s^{r+1})}{(1-s+qp^r s^{r+1})^2}-\frac{(p^r s^r-p^{r+1}s^{r+1})[-1+(r+1)qp^r s^r]}{(1-s+qp^r s^{r+1})^2}\\
&=\frac{rp^r s^{r-1}-(r+1)p^{r+1}s^r}{1-s+qp^r s^{r+1}}-\frac{(p^r s^r-p^{r+1}s^{r+1})[-1+(r+1)qp^r s^r]}{(1-s+qp^r s^{r+1})^2}\\
&=\frac{rp^r s^{r-1}-rp^{r+1}s^r-p^{r+1}s^r}{1-s+qp^r s^{r+1}}-\frac{-p^r s^r+p^{r+1}s^{r+1}+rqp^{2r}s^{2r}-rqp^{2r+1}s^{2r+1}+qp^{2r}s^{2r}-qp^{2r+1}s^{2r+1}}{(1-s+qp^r s^{r+1})^2}\end{aligned}$$

即

$$F'(s)=\frac{rp^r s^{r-1}-rp^{r+1}s^r-p^{r+1}s^r}{1-s+qp^r s^{r+1}}-\frac{-p^r s^r+p^{r+1}s^{r+1}+rqp^{2r}s^{2r}-rqp^{2r+1}s^{2r+1}+qp^{2r}s^{2r}-qp^{2r+1}s^{2r+1}}{(1-s+qp^r s^{r+1})^2} \tag{5.2-40}$$

则有

$$\begin{aligned}F'(1)&=\frac{rp^r-rp^{r+1}-p^{r+1}}{1-1+qp^r}-\frac{-p^r+p^{r+1}+rqp^{2r}-rqp^{2r+1}+qp^{2r}-qp^{2r+1}}{(1-1+qp^r)^2}\\
&=\frac{rp^r-rp^{r+1}-p^{r+1}}{qp^r}-\frac{-p^r+p^{r+1}+rqp^{2r}-rqp^{2r+1}+qp^{2r}-qp^{2r+1}}{q^2 p^{2r}}\\
&=\frac{rp^r-rp^{r+1}-p^{r+1}}{qp^r}-\frac{p^r(-1+p+rqp^r-rqp^{r+1}+qp^r-qp^{r+1})}{q^2 p^{2r}}\\
&=\frac{rp^r-rp^{r+1}-p^{r+1}}{qp^r}-\frac{-1+p+rqp^r-rqp^{r+1}+qp^r-qp^{r+1}}{q^2 p^r}\\
&=\frac{rp^r-rp^{r+1}-p^{r+1}}{qp^r}-\frac{-(1-p)+rqp^r-rqp^{r+1}+qp^r-qp^{r+1}}{q^2 p^r}\\
&=\frac{rp^r-rp^{r+1}-p^{r+1}}{qp^r}-\frac{-q+rqp^r-rqp^{r+1}+qp^r-qp^{r+1}}{q^2 p^r}\\
&=\frac{rp^r-rp^{r+1}-p^{r+1}}{qp^r}-\frac{q(-1+rp^r-rp^{r+1}+p^r-p^{r+1})}{q^2 p^r}\\
&=\frac{rp^r-rp^{r+1}-p^{r+1}}{qp^r}-\frac{-1+rp^r-rp^{r+1}+p^r-p^{r+1}}{qp^r}\\
&=\frac{rp^r-rp^{r+1}-p^{r+1}+1-rp^r+rp^{r+1}-p^r+p^{r+1}}{qp^r}\\
&=\frac{(rp^r-rp^r)+(rp^{r+1}-rp^{r+1})+(p^{r+1}-p^{r+1})+1-p^r}{qp^r}=\frac{1-p^r}{qp^r}\end{aligned}$$

即

$$T=E(s)=F'(1)=\frac{1-p^r}{qp^r} \tag{5.2-41}$$

由式（5.2-40）求 $F''(s)=\dfrac{dF'(s)}{ds}$，有

$$F''(s) = \frac{\mathrm{d}}{\mathrm{d}s}\frac{rp^r s^{r-1} - rp^{r+1}s^r - p^{r+1}s^r}{1-s+qp^r s^{r+1}} - \frac{\mathrm{d}}{\mathrm{d}s}\frac{-p^r s^r + p^{r+1}s^{r+1} + rqp^{2r}s^{2r} - rqp^{2r+1}s^{2r+1} + qp^{2r}s^{2r} - qp^{2r+1}s^{2r+1}}{(1-s+qp^r s^{r+1})^2}$$

$$= \frac{[r(r-1)p^r s^{r-2} - r^2 p^{r+1}s^{r-1} - rp^{r+1}s^{r-1}](1-s+qp^r s^{r+1})}{(1-s+qp^r s^{r+1})^2} - \frac{(rp^r s^{r-1} - rp^{r+1}s^r - p^{r+1}s^r)[-1+(r+1)qp^r s^r]}{(1-s+qp^r s^{r+1})^2}$$

$$- \frac{[-rp^r s^{r-1} + (r+1)p^{r+1}s^r + 2r^2 qp^{2r}s^{2r-1} - r(2r+1)qp^{2r+1}s^{2r} + 2rqp^{2r}s^{2r-1} - (2r+1)qp^{2r+1}s^{2r}](1-s+qp^r s^{r+1})^2}{(1-s+qp^r s^{r+1})^4}$$

$$+ \frac{(-p^r s^r + p^{r+1}s^{r+1} + rqp^{2r}s^{2r} - rqp^{2r+1}s^{2r+1} + qp^{2r}s^{2r} - qp^{2r+1}s^{2r+1})2(1-s+qp^r s^{r+1})[-1+(r+1)qp^r s^r]}{(1-s+qp^r s^{r+1})^4}$$

$$F''(1) = \frac{[r(r-1)p^r - r^2 p^{r+1} - rp^{r+1}](1-1+qp^r)}{(1-1+qp^r)^2} - \frac{(rp^r s^{r-1} - rp^{r+1} - p^{r+1})[-1+(r+1)qp^r]}{(1-1+qp^r)^2}$$

$$- \frac{[-rp^r + (r+1)p^{r+1} + 2r^2 qp^{2r} - r(2r+1)qp^{2r+1} + 2rqp^{2r} - (2r+1)qp^{2r+1}](1-1+qp^r)^2}{(1-1+qp^r)^4}$$

$$+ \frac{(-p^r + p^{r+1} + rqp^{2r} - rqp^{2r+1} + qp^{2r} - qp^{2r+1})2(1-1+qp^r)[-1+(r+1)qp^r]}{(1-1+qp^r)^4}$$

$$= \frac{[r(r-1)p^r - r^2 p^{r+1} - rp^{r+1}]qp^r}{(qp^r)^2} - \frac{(rp^r s^{r-1} - rp^{r+1} - p^{r+1})[-1+(r+1)qp^r]}{(qp^r)^2}$$

$$- \frac{[-rp^r + (r+1)p^{r+1} + 2r^2 qp^{2r} - r(2r+1)qp^{2r+1} + 2rqp^{2r} - (2r+1)qp^{2r+1}](qp^r)^2}{(qp^r)^4}$$

$$+ \frac{(-p^r + p^{r+1} + rqp^{2r} - rqp^{2r+1} + qp^{2r} - qp^{2r+1})2(qp^r)[-1+(r+1)qp^r]}{(qp^r)^4} \quad (5.2-42)$$

$$D(s) = F''(1) + F'(s) - [F'(s)]^2$$

$$= \frac{[r(r-1)p^r - r^2 p^{r+1} - rp^{r+1}]qp^r}{(qp^r)^2} - \frac{(rp^r s^{r-1} - rp^{r+1} - p^{r+1})[-1+(r+1)qp^r]}{(qp^r)^2}$$

$$- \frac{[-rp^r + (r+1)p^{r+1} + 2r^2 qp^{2r} - r(2r+1)qp^{2r+1} + 2rqp^{2r} - (2r+1)qp^{2r+1}](qp^r)^2}{(qp^r)^4}$$

$$+ \frac{(-p^r + p^{r+1} + rqp^{2r} - rqp^{2r+1} + qp^{2r} - qp^{2r+1})2(qp^r)[-1+(r+1)qp^r]}{(qp^r)^4} + \frac{1-p^r}{qp^r} + \left(\frac{1-p^r}{qp^r}\right)^2$$

整理后有

$$S_T = \sqrt{D(s)} = \sqrt{\frac{1}{(qp^r)^2} - \frac{2r+1}{qp^r} - \frac{p}{q^2}} \quad (5.2-43)$$

例 5.2-2 给定 $r=8$,$p=0.3,0.4,\cdots,0.7$,$T=E(s)$,$S_T=\sqrt{D(s)}$,采用程序 5.2-2,经计算,结果见表 5.2-6。

表 5.2-6　　　　　不同 r 和 p 下 $T=E(s)$,$S_T=\sqrt{D(s)}$ 计算结果

r	p	p	$T=E(s)$	$S_T=\sqrt{D(s)}$
8	0.30000	0.70000	21772.25575	21765.18265
8	0.40000	0.60000	2541.46484	2534.61704
8	0.50000	0.50000	510.00000	503.42626
8	0.60000	0.40000	146.34355	140.07252
8	0.70000	0.30000	54.48884	48.50412

程序 5.2-2

```
r=8;
for p=0.3:0.1:0.7
    q=1-p;Et=(1-p^r)/(q*p^r);
    St=sqrt(1/(q*p^r)^2-(2*r+1)/(q*p^r)-p/q^2);
    fprintf(1,'%3.0f %10.5f %10.5f %15.5f %15.5f\n',r,p,q,Et,St);
end
return
```

5.2.5 q_n 计算

5.2.5.1 f_n 计算

Feller (1968) 认为 $p_k = \dfrac{-\rho_1}{s_1^{k+1}} + \dfrac{-\rho_2}{s_2^{k+1}} + \cdots + \dfrac{-\rho_m}{s_m^{k+1}}$ 中，只要求出 $V(s)=0$ 绝对值最小的根 s_1，当 $n\to\infty$ 时，就有

$$p_k \approx \frac{-\rho_1}{s_1^{k+1}} \tag{5.2-44}$$

由式（5.2-39）$F(s)=\dfrac{p^r s^r - p^{r+1} s^{r+1}}{1-s+qp^r s^{r+1}}$ 和 $\rho_i = \dfrac{U(s_i)}{V'(s_i)}$ 知，$U(s)=p^r s^r - p^{r+1}s^{r+1}$，$V(s)=1-s+qp^r s^{r+1}$，$V'(s)=-1+(r+1)qp^r s^r$，又因 $U(s)=p^r s^r - p^{r+1}s^{r+1}=p^r s^r(1-ps)$，则 $[-1+(r+1)qp^r s^r](1-s)=qp^r s^r(1+r-rs)$，$-1+(r+1)qp^r s^r=\dfrac{qp^r s^r(1+r-rs)}{1-s}$。则 $V(s)=1-s+qp^r s^{r+1}=\dfrac{qp^r s^r(1+r-rs)}{1-s}$。进而有

$$p_k \approx -\frac{U(s_i)}{V'(s_i)}\frac{1}{s_1^{k+1}} = -\frac{p^r s^r(1-ps)}{\dfrac{qp^r s^r(1+r-rs)}{1-s}}\frac{1}{s_1^{k+1}} = -\frac{p^r s^r(1-ps)(1-s)}{qp^r s^r(1+r-rs)}\frac{1}{s_1^{k+1}}$$

$$= -\frac{(1-ps)(1-s)}{q(1+r-rs)}\frac{1}{s_1^{k+1}} = \frac{(1-ps)(s-1)}{q(1+r-rs)}\frac{1}{s_1^{k+1}}$$

则有 f_n 的近似式

$$f_n = \frac{(x-1)(1-px)}{q(r+1-rx)}\frac{1}{x^{n+1}} \tag{5.2-45}$$

式中：$x=\dfrac{1-rqp^r}{1-(r+1)qp^r}$ 为 $V(x)=0$ 绝对值最小的根；$V(x)=1-x+qp^r x^{r+1}=0$ 按迭代求解 $x=1+qp^r x^{r+1}$，即 $x_t=1+qp^r x_{t-1}^{r+1}$。给定初值 $x_0=1$，$x_1=1+qp^r x_0^{r+1}=1+qp^r$，$x_2=1+qp^r x_1^{r+1}=1+qp^r(1+qp^r)^{r+1}$，依次类推，有

$$x = 1+qp^r+(r+1)(qp^r)^2+(r+1)^2(qp^r)^3+\cdots$$
$$= 1+qp^r[1+(r+1)(qp^r)+(r+1)^2(qp^r)^2+\cdots]$$
$$= 1+\frac{qp^r}{1-(r+1)(qp^r)} = \frac{1-(r+1)(qp^r)+qp^r}{1-(r+1)(qp^r)} = \frac{1-rqp^r}{1-(r+1)qp^r}$$

5.2.5.2 q_n 计算

1. 方法 1

在 x 次试验中无游程（长度为 r）发生的概率 q_n 为 $q_n=f_{n+1}+f_{n+2}+f_{n+3}+\cdots$，表示第 $n+1$ 次试验第 1 次发生长度为 r 游程或第 $n+2$ 次试验第 1 次发生长度为 r 游程或第 $n+3$ 次试验第 1 次发生长度为 r 游程，说明 n 次试验中无游程（长度为 r）发生。

根据式（5.2-45）有

$$q_n \approx \frac{(x-1)(1-px)}{q(r+1-rx)}\frac{1}{x^{n+2}}+\frac{(x-1)(1-px)}{q(r+1-rx)}\frac{1}{x^{n+3}}+\frac{(x-1)(1-px)}{q(r+1-rx)}\frac{1}{x^{n+4}}+\cdots$$

$$=\frac{(x-1)(1-px)}{q(r+1-rx)}\left(\frac{1}{x^{n+2}}+\frac{1}{x^{n+3}}+\frac{1}{x^{n+4}}+\cdots\right)=\frac{(x-1)(1-px)}{q(r+1-rx)}\frac{1}{x^{n+2}}\left(1+\frac{1}{x}+\frac{1}{x^2}+\frac{1}{x^3}+\cdots\right)$$

$$=\frac{(x-1)(1-px)}{q(r+1-rx)}\frac{1}{x^{n+2}}\frac{1}{1-\frac{1}{x}}=\frac{(x-1)(1-px)}{q(r+1-rx)}\frac{1}{x^{n+2}}\frac{x}{x-1}=\frac{1-px}{q(r+1-rx)}\frac{1}{x^{n+1}}$$

即

$$q_n=f_{n+1}+f_{n+2}+f_{n+3}+\cdots \approx \frac{1-px}{q(r+1-rx)}\frac{1}{x^{n+1}} \tag{5.2-46}$$

式中：$x=\dfrac{1-rqp^r}{1-(r+1)qp^r}$。

2. 方法 2

$$q_n=f_{n+1}+f_{n+2}+f_{n+3}+\cdots=1-f_1-f_2-\cdots-f_n \tag{5.2-47}$$

式中：$f_1,f_2,\cdots,f_n$ 按式（5.2-45）进行计算，$x=\dfrac{1-rqp^r}{1-(r+1)qp^r}$。

3. 方法 3

在 n 次试验中，没有出现长度为 r 游程的概率为 $q_n=f_{n+1}+f_{n+2}+f_{n+3}+\cdots=\sum_{i=n+1}^{\infty}f_i$，两边乘以 s^n，有 $q_n s^n=\sum_{i=n+1}^{\infty}f_i s^n$，两边从 $n=0$ 到 $n\to\infty$ 求和，有 $\sum_{n=0}^{\infty}q_n s^n=\sum_{n=0}^{\infty}\sum_{i=n+1}^{\infty}f_i s^n$。$q_n$ 的概率母函数为

$$G(s)=\sum_{n=0}^{\infty}q_n s^n=\sum_{n=0}^{\infty}q_n s^n=\sum_{n=0}^{\infty}f_{n+1}s^n+\sum_{n=0}^{\infty}f_{n+2}s^n+\sum_{n=0}^{\infty}f_{n+3}s^n+\sum_{n=0}^{\infty}f_{n+4}s^n+\cdots$$

$$=s^{-1}\sum_{n=0}^{\infty}f_{n+1}s^{n+1}+s^{-2}\sum_{n=0}^{\infty}f_{n+2}s^{n+2}+s^{-3}\sum_{n=0}^{\infty}f_{n+3}s^{n+3}+s^{-4}\sum_{n=0}^{\infty}f_{n+4}s^{n+4}+\cdots$$

$$=s^{-1}\sum_{t=1}^{\infty}f_t s^t+s^{-2}\sum_{t=2}^{\infty}f_t s^t+s^{-3}\sum_{t=3}^{\infty}f_t s^t+s^{-4}\sum_{t=4}^{\infty}f_t s^t+\cdots$$

$$=s^{-1}[F(s)-f_0]+s^{-2}[F(s)-f_0-f_1 s]+s^{-3}[F(s)-f_0-f_1 s-f_2 s^2]$$

$$+s^{-4}[F(s)-f_0-f_1 s-f_2 s^2-f_3 s^3]+\cdots$$

因为 $f_0=0$，所以有

$$G(s)=s^{-1}F(s)+s^{-2}[F(s)-f_1 s]+s^{-3}[F(s)-f_1 s-f_2 s^2]+s^{-4}[F(s)-f_1 s-f_2 s^2-f_3 s^3]+\cdots$$

$$=F(s)s^{-1}+F(s)s^{-2}-f_1 s^{-1}+F(s)s^{-3}-f_1 s^{-2}-f_2 s^{-1}+F(s)s^{-4}-f_1 s^{-3}-f_2 s^{-2}-f_3 s^{-1}+\cdots$$

$$=F(s)s^{-1}+F(s)s^{-2}+F(s)s^{-3}+F(s)s^{-4}+\cdots-f_1 s^{-1}-f_1 s^{-2}-f_1 s^{-3}-\cdots$$

$$-f_2 s^{-1} - f_2 s^{-2} - f_2 s^{-3} - \cdots - f_3 s^{-1} - f_3 s^{-2} - f_3 s^{-3} - \cdots$$
$$= F(s)s^{-1}(1+s^{-1}+s^{-2}+s^{-3}+\cdots) - f_1 s^{-1}(1+s^{-1}+s^{-2}+s^{-3}+\cdots)$$
$$-f_2 s^{-1}(1+s^{-1}+s^{-2}+s^{-3}+\cdots) - f_3 s^{-1}(1+s^{-1}+s^{-2}+s^{-3}+\cdots) - \cdots$$
$$= (1+s^{-1}+s^{-2}+s^{-3}+\cdots)[F(s)s^{-1} - f_1 s^{-1} - f_2 s^{-1} - f_3 s^{-1} - \cdots]$$
$$= (1+s^{-1}+s^{-2}+s^{-3}+\cdots)[F(s)s^{-1} - s^{-1}(f_1 + f_2 + f_3 + \cdots)]$$
$$= \frac{1}{1-s^{-1}}[F(s)s^{-1} - s^{-1}(f_1 + f_2 + f_3 + \cdots)]$$

因为 $f_1 + f_2 + f_3 + \cdots = 1$, 所以有 $G(s) = \dfrac{s}{s-1}\left[\dfrac{F(s)}{s} - \dfrac{1}{s}\right] = \dfrac{s}{s-1}\dfrac{F(s)-1}{s} = \dfrac{1-F(s)}{1-s}$。即

$$G(s) = \frac{1-F(s)}{1-s} \tag{5.2-48}$$

由 $U(s) = \dfrac{1}{1-F(s)}$, 则

$$G(s) = \frac{1-F(s)}{1-s} = \frac{1}{1-s}\frac{1}{\frac{1}{1-F(s)}} = \frac{1}{(1-s)U(s)} \tag{5.2-49}$$

再由式 (5.2-38) 代入式 (5.2-49) 得

$$G(s) = \frac{1}{(1-s)U(s)} = \frac{1}{(1-s)}\frac{(1-s)(1-p^r s^r)}{1-s+qp^r s^{r+1}} = \frac{1-p^r s^r}{1-s+qp^r s^{r+1}} \tag{5.2-50}$$

可按部分分式 $p_k = \dfrac{\rho_1}{s_1^{k+1}} + \dfrac{\rho_2}{s_2^{k+1}} + \cdots + \dfrac{\rho_m}{s_m^{k+1}}$ 进行求解。由 $G(s) = \dfrac{U(s)}{V(s)} = \dfrac{1-p^r s^r}{1-s+qp^r s^{r+1}}$ 得

$$q_n = \sum_{i=1}^{r+1} \frac{\rho_i}{s_i^{k+1}}, \quad \rho_i = \frac{(1-p^r s^r)/(1-s_i)}{\prod_{j=1, j\neq i}^{m}(s-s_j)} \tag{5.2-51}$$

4. 方法 4

设 q_n 在第 n 次试验中, 没有出现轮长 r 游程的概率, q_{n-1} 在第 $n-1$ 次试验中, 没有出现轮长 r 游程的概率。事件 {在第 n 次试验中, 没有出现轮长 r 游程}, 可能在第 $n-1$ 次试验中不发生, 但是要除去 {在第 $n-k-1$ 次试验没有出现轮长 r 游程, 且第 $n-k$ 次不发生轮长 r 游程, 而第 $n-k+1$ 次至第 n 次发生轮长 r 游程}, 则有递推计算公式

$$q_n = \begin{cases} 1, & 0 \leqslant n < k \\ 1-p^k, & n=k \\ q_{n-1} - qp^k q_{n-k-1}, & n>k \end{cases} \tag{5.2-52}$$

上述 4 种方法可采用程序 5.2-3 进行计算。

程序 5.2-3 n 次试验中, 不发生长度为 r 游程的概率计算程序

```
clc;clear;
% Method 1(Galit Shmuleli. Run-related probability functions applied to sampling inspection)
p=0.5;k=2;nn=15;
```

```
q=1-p;i=0;
fprintf(1,'================================================
==========================================\n');
fprintf(1,'   p      k     n       fn-Exact  fn-Approx  qn-Approx  qn-Exact1  qn-Recu  qn-Exact2\n');
fprintf(1,'================================================
==========================================\n');
for n=2:1:nn
    i=i+1;RR=[];PP=[];KK=[];
    %[RR,PP,KK]=residue([-p^k,zeros(1,k-1),1],[(1-p)*p^k,zeros(1,k-1),-1,1]);
    cc1=[];cc1=[-p^(k+1),zeros(1,k-1),0];
    m=0;cc2=[];
    for j=k:-1:1
        m=m+1;cc2(m)=q*p^j;
    end
    [RR,PP,KK]=residue(cc1,[cc2,q-1]);
    msum=0;
    for l=1:k+0
        msum=msum+RR(l)/PP(l)^(n+1);
    end
    Re1(i)=abs(msum);
    [c,II]=min(abs(PP));s=PP(II);
    Re2(i)=(s-1)*(1-p*s)/((k+1-k*s)*q)/s^(n+1);
    Re3(i)=(1-p*s)/((k+1-k*s)*q)/s^(n+1);
    msum=0;
    for l=1:n
        if l<k
            tt=0;
        else
            tt=Re1(l-1);
        end
        msum=msum+tt;
    end
    Re4(i)=1-msum;
    if n<k
        Re5(i)=1;
    end
    if n==k
        Re5(i)=1-p^k;
    end
    if n>k
        rn=[];rn(1:k-1)=1;rn(k)=1-p^k;
        for l=k+1:n
            if l-k-1==0
                tt=1;
```

```
            else
                tt=rn(l-k-1);
            end
            rn(l)=rn(l-1)-q*p^k*tt;
        end
        Re5(i)=rn(n);
    end
    RR=[];PP=[];KK=[];
    [RR,PP,KK]=residue([-p^k,zeros(1,k-1),1],[(1-p)*p^k,zeros(1,k-1),-1,1]);
    msum=0;
    for l=1:k+1
        msum=msum+RR(l)/PP(l)^(n+1);
    end
    Re6(i)=abs(msum);
    fprintf(1,'%3.2f %3.0f %3.0f %10.5f %10.5f %10.5f %10.5f %10.5f %10.5f \n',p,k,n,Re1(i),Re2(i),Re3(i),Re4(i),Re5(i),Re6(i));
end
fprintf(1,'================================================================\n');
% Method 2(Feller. An introduction to probability theory and its applications)
p=0.95;k=2;nn=15;
q=1-p;i=0;
fprintf(1,'================================================================\n');
fprintf(1,'  p    k   n   fn-Exact   fn-Approx   qn-Approx   qn-Exact1   qn-Recu   qn-Exact2\n');
fprintf(1,'================================================================\n');
for n=2:1:nn
    i=i+1;RR=[];PP=[];KK=[];
    %[RR,PP,KK]=residue([-p^k,zeros(1,k-1),1],[(1-p)*p^k,zeros(1,k-1),-1,1]);
    cc1=[];cc1=[p^(k+0),zeros(1,k-1),0];
    m=0;cc2=[];
    for j=k:-1:1
        m=m+1;cc2(m)=q*p^(j-1);
    end
    [RR,PP,KK]=residue(cc1,[-cc2,1]);
    msum=0;
    for l=1:k+0
        msum=msum+RR(l)/PP(l)^(n+1);
    end
    Re1(i)=abs(msum);
    [c,II]=min(abs(PP));s=PP(II);
    Re2(i)=(s-1)*(1-p*s)/((k+1-k*s)*q)/s^(n+1);
    Re3(i)=(1-p*s)/((k+1-k*s)*q)/s^(n+1);
```

```
    msum=0;
    for l=1:n
        if l<k
            tt=0;
        else
            tt=Re1(l-1);
        end
        msum=msum+tt;
    end
    Re4(i)=1-msum;
    if n<k
        Re5(i)=1;
    end
    if n==k
        Re5(i)=1-p^k;
    end
    if n>k
        rn=[];rn(1:k-1)=1;rn(k)=1-p^k;
        for l=k+1:n
            if l-k-1==0
                tt=1;
            else
                tt=rn(l-k-1);
            end
            rn(l)=rn(l-1)-q*p^k*tt;
        end
        Re5(i)=rn(n);
    end
    RR=[];PP=[];KK=[];
    [RR,PP,KK]=residue([-p^k,zeros(1,k-1),1],[(1-p)*p^k,zeros(1,k-1),-1,1]);
    msum=0;
    for l=1:k+1
        msum=msum+RR(l)/PP(l)^(n+1);
    end
    Re6(i)=abs(msum);
    fprintf(1,'%3.2f %3.0f %3.0f %10.5f %10.5f %10.5f %10.5f %10.5f %10.5f \n',p,k,n,Re1(i),Re2(i),Re3(i),Re4(i),Re5(i),Re6(i));
end
fprintf(1,'======================================================================\n');
return
```

经计算，结果见表 5.2-7。

表 5.2-7　n 次试验中，不发生长度为 r 游程的概率计算（$n=15$，$p=0.5$，$p=0.95$，$k=2$）

p	k	n	f_n 精确	f_n 近似	q_n 近似	q_n 精确1	q_n 递归	q_n 精确2
0.50	2	2	0.25000	0.18090	0.76631	0.75000	0.75000	0.75000
0.50	2	3	0.12500	0.14635	0.61996	0.62500	0.62500	0.62500
0.50	2	4	0.12500	0.11840	0.50156	0.50000	0.50000	0.50000
0.50	2	5	0.09375	0.09579	0.40577	0.40625	0.40625	0.40625
0.50	2	6	0.07813	0.07749	0.32827	0.32812	0.32813	0.32813
0.50	2	7	0.06250	0.06269	0.26558	0.26562	0.26563	0.26563
0.50	2	8	0.05078	0.05072	0.21486	0.21484	0.21484	0.21484
0.50	2	9	0.04102	0.04103	0.17382	0.17383	0.17383	0.17383
0.50	2	10	0.03320	0.03320	0.14063	0.14062	0.14063	0.14063
0.50	2	11	0.02686	0.02686	0.11377	0.11377	0.11377	0.11377
0.50	2	12	0.02173	0.02173	0.09204	0.09204	0.09204	0.09204
0.50	2	13	0.01758	0.01758	0.07446	0.07446	0.07446	0.07446
0.50	2	14	0.01422	0.01422	0.06024	0.06024	0.06024	0.06024
0.50	2	15	0.01151	0.01151	0.04874	0.04874	0.04874	0.04874
0.95	2	2	0.90250	0.50267	0.16257	0.09750	0.09750	0.09750
0.95	2	3	0.04513	0.12284	0.03973	0.05237	0.05237	0.05237
0.95	2	4	0.04513	0.03002	0.00971	0.00725	0.00725	0.00725
0.95	2	5	0.00440	0.00734	0.00237	0.00285	0.00285	0.00285
0.95	2	6	0.00236	0.00179	0.00058	0.00049	0.00049	0.00049
0.95	2	7	0.00033	0.00044	0.00014	0.00016	0.00016	0.00016
0.95	2	8	0.00013	0.00011	0.00003	0.00003	0.00003	0.00003
0.95	2	9	0.00002	0.00003	0.00001	0.00001	0.00001	0.00001
0.95	2	10	0.00001	0.00001	0.00000	0.00000	0.00000	0.00000
0.95	2	11	0.00000	0.00000	0.00000	0.00000	0.00000	0.00000
0.95	2	12	0.00000	0.00000	0.00000	0.00000	0.00000	0.00000
0.95	2	13	0.00000	0.00000	0.00000	0.00000	0.00000	0.00000
0.95	2	14	0.00000	0.00000	0.00000	0.00000	0.00000	0.00000
0.95	2	15	0.00000	0.00000	0.00000	0.00000	0.00000	0.00000

5.2.6　Feller 重现期计算

根据 f_n 近似公式，有重现期计算公式为

$$T=E(s)=\sum_{s=0}^{\infty}sf_s\approx\sum_{s=0}^{\infty}\frac{(x-1)(1-px)}{(r+1-rx)q}\frac{s}{x^{s+1}}=\frac{(x-1)(1-px)}{(r+1-rx)q}\sum_{s=0}^{\infty}\frac{s}{x^{s+1}}$$

(5.2-53)

因为

$$\sum_{s=0}^{\infty}\frac{s}{x^{s+1}}=\frac{0}{x^1}+\frac{1}{x^2}+\frac{2}{x^3}+\frac{3}{x^4}+\frac{4}{x^5}+\cdots=\frac{1}{x^2}+\frac{2}{x^3}+\frac{3}{x^4}+\frac{4}{x^5}+\cdots$$

$$=\frac{1}{x^2}+\frac{1}{x^3}+\frac{1}{x^3}+\frac{1}{x^4}+\frac{1}{x^4}+\frac{1}{x^4}+\frac{1}{x^5}+\frac{1}{x^5}+\frac{1}{x^5}+\cdots$$

$$=\frac{1}{x^2}\left(1+\frac{1}{x}+\frac{1}{x^2}+\frac{1}{x^3}+\cdots\right)+\frac{1}{x^3}\left(1+\frac{1}{x}+\frac{1}{x^2}+\frac{1}{x^3}+\cdots\right)+\frac{1}{x^4}\left(1+\frac{1}{x}+\frac{1}{x^2}+\frac{1}{x^3}+\cdots\right)+\cdots$$

$$=\left(\frac{1}{x^2}+\frac{1}{x^3}+\frac{1}{x^4}+\cdots\right)\left(1+\frac{1}{x}+\frac{1}{x^2}+\frac{1}{x^3}+\cdots\right)$$

$$=\frac{1}{x^2}\left(1+\frac{1}{x}+\frac{1}{x^2}+\frac{1}{x^3}+\cdots\right)\left(1+\frac{1}{x}+\frac{1}{x^2}+\frac{1}{x^3}+\cdots\right)$$

$$=\frac{1}{x^2}\left(\frac{1}{1-\frac{1}{x}}\right)\left(\frac{1}{1-\frac{1}{x}}\right)=\frac{1}{x^2}\cdot\frac{x}{x-1}\cdot\frac{x}{x-1}=\frac{1}{(x-1)^2}$$

则

$$\sum_{s=0}^{\infty}\frac{s}{x^{s+1}}=\frac{1}{(x-1)^2} \tag{5.2-54}$$

把式（5.2-54）代入式（5.2-53），有 Feller 近似现期计算公式为

$$T=E(s)=\frac{(x-1)(1-px)}{(r+1-rx)q}\sum_{s=0}^{\infty}\frac{s}{x^{s+1}}=\frac{(x-1)(1-px)}{(r+1-rx)q}\frac{1}{(x-1)^2}=\frac{1-px}{(x-1)(r+1-rx)(1-p)} \tag{5.2-55}$$

式中：$x=\dfrac{1-rqp^r}{1-(r+1)qp^r}$。

5.3 更新过程

一般来说，连续发生事件之间的时间间隔具有任一类型独立同分布，其计数过程（Counting process）称为更新过程（Renewal process）。本节引用 Ross（1990）文献，介绍更新过程。设 $\{N(t),t\geqslant 0\}$ 为计数过程，$\{X_n,n\geqslant 1\}$ 是这个计数过程中第 $n-1$ 个事件与第 n 个事件之间的时间间隔。

5.3.1 更新过程定义

假定非负随机变量序列 $\{X_1,X_2,\cdots\}$ 独立同分布，则计数过程 $\{N(t),t\geqslant 0\}$ 称为更新过程。

更新过程是一个计数过程，直到第 1 个事件发生的时间间隔具有分布 F，第 1 个事件与第 2 个事件之间的时间间隔也与直到第 1 个事件发生的时间间隔具有相同的分布 F，这个过程依次发生下去，第 $n-1$ 个事件与第 n 个事件之间的时间间隔也具有相同的分布 F。当事件发生一次，就说一次更新发生。因此，也可以说，$\{X_n,n\geqslant 1\}$ 是第 $n-1$ 次更新与第 n 次更新之间的时间间隔。更新过程可用一个例子来进行理解。假定有一个无穷数目的灯泡供应，灯泡的寿命具有独立同分布。现假定在某一个时刻使用一个灯泡，当灯泡坏了，就立即更换一个新灯泡。这个过程依次持续进行下去，记 $\{N(t),t\geqslant 0\}$ 为在 t 时刻

灯泡坏掉的数目，则 $\{N(t), t \geq 0\}$ 称为一个更新过程。同样，一个车间某个机器零件的更换也属于更新过程。

对于一个更新过程，事件更新时间间隔 $X_1, X_2, \cdots$，也称为到达时间间隔（interarrival times）。令 $S_0 = 0$，$S_n = \sum_{i=1}^{n} X_i (n \geq 1)$。即 $S_1 = X_1$ 是第 1 次更新的时刻，$S_2 = X_1 + X_2$ 是第 2 次更新的时刻（直到第 1 次更新的时间间隔加上第 1 次更新和第 2 次更新之间的时间间隔）。因此，S_n 实际上就是第 n 次更新的时刻，$N(t)$ 为 t 时刻或 t 时刻之前事件发生的总更新次数，或 t 时刻或 t 时刻之前事件发生的总次数。与上述符号约定相同，记 F 为相邻两个事件发生之间的时间间隔，$F(0) = P(X_n = 0) < 1$。记 $\mu = E(X_n)(n \geq 1)$ 为连续更新之间的平均时间间隔。

因为 S_n 为第 n 次更新的时刻，则 $N(t)$ 可以写为

$$N(t) = \max\{n : S_n \leq t\} \tag{5.3-1}$$

可以这样理解式 (5.3-1)。例如，$S_4 \leq t$，$S_5 > t$。说明到时刻 t，第 4 次更新发生；时刻 t 之后，发生了第 5 次更新。因此，到时刻 t，更新次数 $N(t)$ 必须等于 4。根据强大数定律，当 $n \to \infty$ 时，$\dfrac{S_n}{n} = \dfrac{\sum_{i=1}^{n} X_i}{n} \to \mu$ 以概率 1 成立。但是，$\mu > 0$ 意味着当 $n \to \infty$ 时，$S_n \to \infty$。说明 $S_n \leq t$ 只能在有限的时间内至多发生有限次更新，$N(t)$ 一定取有限值。

5.3.2　$N(t)$ 的分布

在获得 $N(t)$ 的分布前，先看一个等价事件关系：

$$N(t) \geq n \Leftrightarrow S_n \leq t \tag{5.3-2}$$

式 (5.3-2) 表明，到时刻 t 为止，更新次数 $N(t)$ 大于等于 n 等价于在时刻 t 或时刻 t 之前第 n 次更新发生。因为，在 $[0, t]$ 内，发生了 n 次以上的更新，则第 n 次更新的时刻 S_n 一定在时刻 t 或时刻 t 之前。即式 (5.3-2) 的等价事件是成立的。根据概率原理，有

$$P[N(t) \geq n] = P(S_n \leq t) \tag{5.3-3}$$

根据式 (5.3-2)，一定有另一个等价事件关系，即

$$N(t) = n \Leftrightarrow S_n \leq t \leq S_{n+1} \tag{5.3-4}$$

式 (5.3-4) 表明，到时刻 t 为止，更新次数 $N(t)$ 等于 n 等价于在时刻 t 或时刻 t 之前第 n 次更新发生，且在时刻 t 之后第 $n+1$ 次更新发生。根据概率原理，有

$$P[N(t) = n] = P[N(t) \geq n] - P[N(t) \geq n+1] = P(S_n \leq t) - P(S_{n+1} \leq t) \tag{5.3-5}$$

由联合概率分布原理值，当随机变量 X、Y 独立时，X 有概率密度函数 $f(x)$，Y 有概率密度函数 $g(y)$，记 $X + Y$ 的累积概率分布函数为 $F_{X+Y}(a)$，则

$$F_{X+Y}(a) = P(X + Y \leq a) = \iint_{x+y \leq a} f(x) g(y) \mathrm{d}x \mathrm{d}y = \int_{-\infty}^{\infty} \int_{-\infty}^{a-y} f(x) g(y) \mathrm{d}x \mathrm{d}y$$

$$= \int_{-\infty}^{\infty} \left[\int_{-\infty}^{a-y} f(x) \mathrm{d}x \right] g(y) \mathrm{d}y = \int_{-\infty}^{\infty} F_X(a - y) g(y) \mathrm{d}y \tag{5.3-6}$$

式 (5.3-6) 表明，两个独立的随机变量 X、Y 和的分布 $F_{X+Y}(a)$ 等于变量 X、Y

累积概率分布 F_X 与 F_Y 的二重卷积。

因为 $X_i(i \geqslant 1)$ 为独立同分布随机变量,且具有相同分布 F,记 $S_n = \sum_{i=1}^{n} X_i$ 的分布为 F_n,根据式 (5.3-6),有 S_n 的分布 F_n 为 F 的 n 重卷积。式 (5.3-5) 可进一步写为

$$P[N(t)=n] = P(S_n \leqslant t) - P(S_{n+1} \leqslant t) = F_n(t) - F_{n+1}(t) \tag{5.3-7}$$

例 5.3-1 假定更新时间间隔(到达时间间隔)服从几何分布 $P(X_n = i) = p(1-p)^{i-1}$,$i \geqslant 1$。$S_1 = X_1$ 可以解释为获得一个成功所需要的试验次数,每次试验独立,且成功出现的概率为 p。类似,$S_n = \sum_{i=1}^{n} X_i$ 可以解释为获得 n 个成功所需要的试验次数。因此,S_n 有分布

$$P(S_n = k) = \begin{cases} \binom{k-1}{n-1} p^n (1-p)^{k-n}, & k \geqslant n \\ 0, & k < n \end{cases}$$

$$P(S_n \leqslant t) = \sum_{k=n}^{[t]} \binom{k-1}{n-1} p^n (1-p)^{k-n}, \quad P(S_{n+1} \leqslant t) = \sum_{k=n+1}^{[t]} \binom{k-1}{n-1} p^{n+1} (1-p)^{k-n-1}。$$

由式 (5.3-7) 有

$$P[N(t)=n] = P(S_n \leqslant t) - P(S_{n+1} \leqslant t) = \sum_{k=n}^{[t]} \binom{k-1}{n-1} p^n (1-p)^{k-n}$$

$$- \sum_{k=n+1}^{[t]} \binom{k-1}{n-1} p^{n+1} (1-p)^{k-n-1}。$$

5.3.3 $N(t)$ 的数学期望

由式 (5.3-7) 知,$P[N(t)=n] = P(S_n \leqslant t) - P(S_{n+1} \leqslant t) = P(N(t) \geqslant n) - P(N(t) \geqslant n+1)$,则根据数学期望的定义,$N(t)$ 的数学期望 $m(t)$ 为

$$\begin{aligned}
m(t) &= \sum_{n=1}^{\infty} n \cdot P[N(t)=n] = \sum_{n=1}^{\infty} n \cdot \{P[N(t) \geqslant n] - P[N(t) \geqslant n+1]\} \\
&= 1 \cdot \{P[N(t) \geqslant 1] - P[N(t) \geqslant 2]\} + 2 \cdot \{P[N(t) \geqslant 2] - P[N(t) \geqslant 3]\} \\
&\quad + 3 \cdot \{P[N(t) \geqslant 3] - P[N(t) \geqslant 4]\} + \cdots + n \cdot \{P[N(t) \geqslant n] - P[N(t) \geqslant n+1]\} + \cdots \\
&= P[N(t) \geqslant 1] + P[N(t) \geqslant 2] + P[N(t) \geqslant 3] + \cdots + P[N(t) \geqslant n] + \cdots \\
&= \sum_{n=1}^{\infty} P[N(t) \geqslant n] = \sum_{n=1}^{\infty} P(S_n \leqslant t) = \sum_{n=1}^{\infty} F_n(t)
\end{aligned}$$

即

$$m(t) = \sum_{n=1}^{\infty} F_n(t) \tag{5.3-8}$$

5.4 随机更新过程在枯水过程分析中的应用

本节根据 Loa'iciga(1996)文献,介绍和推导随机更新过程理论在枯水过程分析中的主要计算公式。

5.4.1 基于更新过程的枯水游程计算

设一年径流序列为 $Q_1, Q_2, \cdots, Q_t$,其中,下标为年序号,编号为 $1\sim t$。设中位数或 40% 的分位数作为门限水平,将年径流序列分为高于门限水平和低于门限水平(干旱)两类,从而形成两类游程。基于更新过程的干旱定义如图 5.4-1 所示,图中,D 为干旱历时,τ 为非干旱历时,R 为更新时间,$N(t)$ 为时间点 t 上干旱发生的次数。设起始时间为 $t=0$,出现一段非干旱历时 τ_1,直到第 1 个干旱 D_1(多年干旱游程)开始发生。在这个时间点 t 上,干旱发生的次数记为 $N(t)$,取值为 1(假定 τ_1 前段有干旱发生)。第 1 个干旱持续 D_1 年,紧接着发生非干旱历时 τ_2,直到下一个干旱开始的时间点 $t=\tau_1+D_1+\tau_2$ 上,$N(t)$ 值增加到 2。第 2 个干旱持续 D_2 年,上述更新循环又开始了。一般来说,更新时间(图 5.4-1)是指 R,其值等于干旱历时 D 加上后续非干旱历时 τ(后续间隔时间,subsequent interarrival time),即 $R=D+\tau$。本节的术语"更新"用来描述一种随机计数过程,它表达了这样一种观点,即所研究的现象(如干旱)随着时间的推移,其统计规律性重新出现(例如,干旱的再次发生是概率平稳的)。这里的统计规律性意思是一个干旱开始和下一个干旱开始间的时间段(间隔段 $R=D+\tau$)具有常数期望值,且与时间独立的概率分布。更新过程是基本泊松随机过程的泛化称谓。在泊松随机过程中,循环现象(Recurring phenomena)有一个瞬时分布(图 5.4-1 中干旱历时 $D=0$),即到达间隔时间 τ(Interarrival times)具有独立的指数分布。在更新过程中,循环现象为随机干旱历时 D,到达间隔时间 τ 不需要为指数分布。Loa'iciga(1996)认为干旱历时的发生不影响等待时间,即 D 与 τ 相互独立发生。一般认为干旱游程和非干旱游程服从几何分布。

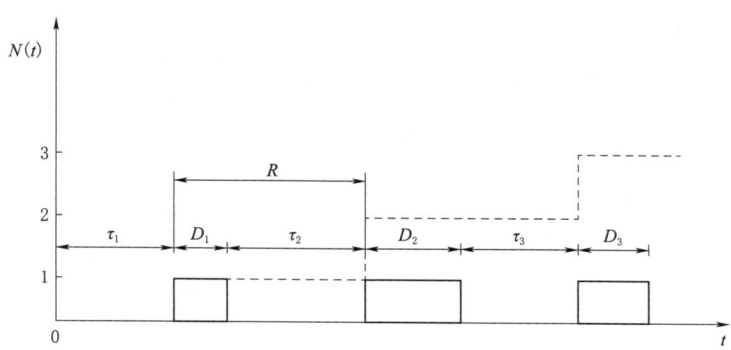

图 5.4-1 基于更新过程的干旱概念定义

$$P(D=r)=(1-p_1)p_1^{r-1}, \quad r=1,2,\cdots \quad (5.4-1)$$

$$P(\tau=r)=(1-p_2)p_2^{r-1}, \quad r=1,2,\cdots \quad (5.4-2)$$

式中:r 为干旱游程和非干旱游程的长度;$p_1+p_2=1$;p_1 为干径流条件(干旱)的概率;p_2 为非干径流条件(非干旱)的概率。当门限值取年径流序列中位数时,$p_1=p_2=p=\dfrac{1}{2}$。如前所述,更新时间 R 是指一个干旱游程的开始至下一个干旱游程的开始。以下推导更新时间 R 的分布。

在概率论中，设 X、Y 为两相互独立的随机变量，$Z=X+Y$，Z 变量的特征函数 $\phi_Z(\Psi)$ 等于 X 变量的特征函数 $\phi_X(\Psi)$ 乘以 Y 变量的特征函数 $\phi_Y(\Psi)$，$\phi_Z(\Psi)=\phi_X(\Psi)\phi_Y(\Psi)$。干旱游程 D 特征函数 $\phi_D(\Psi)$ 为

$$\phi_D(\Psi)=E(\mathrm{e}^{\mathrm{i}\Psi})=\sum_{k=1}^{\infty}\mathrm{e}^{\mathrm{i}\Psi k}P(D=k)=\sum_{k=1}^{\infty}\mathrm{e}^{\mathrm{i}\Psi k}(1-p_1)p_1^{k-1}=\frac{1-p_1}{p_1}\sum_{k=1}^{\infty}\mathrm{e}^{\mathrm{i}\Psi k}p_1^k$$

$$=\frac{1-p_1}{p_1}\sum_{k=1}^{\infty}(\mathrm{e}^{\mathrm{i}\Psi}p_1)^k=\frac{1-p_1}{p_1}\left[\sum_{k=0}^{\infty}(\mathrm{e}^{\mathrm{i}\Psi}p_1)^k-1\right]=\frac{1-p_1}{p_1}\left(\frac{1}{1-\mathrm{e}^{\mathrm{i}\Psi}p_1}-1\right)$$

$$=\frac{1-p_1}{p_1}\left(\frac{\mathrm{e}^{\mathrm{i}\Psi}p_1}{1-\mathrm{e}^{\mathrm{i}\Psi}p_1}\right)=\frac{\mathrm{e}^{\mathrm{i}\Psi}(1-p_1)}{1-p_1\mathrm{e}^{\mathrm{i}\Psi}} \tag{5.4-3}$$

式中：i 为虚数单位。

同理，非干旱游程 τ 特征函数 $\phi_\tau(\Psi)$ 为

$$\phi_\tau(\Psi)=\frac{\mathrm{e}^{\mathrm{i}\Psi}(1-p_2)}{1-p_2\mathrm{e}^{\mathrm{i}\Psi}} \tag{5.4-4}$$

则更新时间 R 特征函数 $\phi_R(\Psi)$ 为

$$\phi_R(\Psi)=\phi_D(\Psi)\phi_\tau(\Psi)=\frac{\mathrm{e}^{\mathrm{i}\Psi}(1-p_1)}{1-p_1\mathrm{e}^{\mathrm{i}\Psi}}\cdot\frac{\mathrm{e}^{\mathrm{i}\Psi}(1-p_2)}{1-p_2\mathrm{e}^{\mathrm{i}\Psi}}=\frac{\mathrm{e}^{-\mathrm{i}\Psi}\mathrm{e}^{\mathrm{i}\Psi}(1-p_1)}{\mathrm{e}^{-\mathrm{i}\Psi}(1-p_1\mathrm{e}^{\mathrm{i}\Psi})}\cdot\frac{\mathrm{e}^{-\mathrm{i}\Psi}\mathrm{e}^{\mathrm{i}\Psi}(1-p_2)}{\mathrm{e}^{-\mathrm{i}\Psi}(1-p_2\mathrm{e}^{\mathrm{i}\Psi})}$$

$$=\frac{(1-p_1)}{(\mathrm{e}^{-\mathrm{i}\Psi}-p_1)}\cdot\frac{(1-p_2)}{(\mathrm{e}^{-\mathrm{i}\Psi}-p_2)}=\frac{(1-p_1)}{(\xi-p_1)}\cdot\frac{(1-p_2)}{(\xi-p_2)}$$

即

$$\phi_R(\Psi)=\frac{(1-p_1)}{(\xi-p_1)}\cdot\frac{(1-p_2)}{(\xi-p_2)} \tag{5.4-5}$$

式中：$\xi=\mathrm{e}^{-\mathrm{i}\Psi}$。

式（5.4-5）的右边项分子分母同乘以 p_1-p_2，有 $\frac{(1-p_1)(1-p_2)}{(\xi-p_1)(\xi-p_2)}\cdot\frac{p_1-p_2}{(p_1-p_2)}$。此式的分子 $p_1-p_2=(\xi-p_2)-(\xi-p_1)$，则

$$\frac{(1-p_1)}{(\xi-p_1)}\cdot\frac{(1-p_2)}{(\xi-p_2)}=\frac{(1-p_1)(1-p_2)}{(\xi-p_1)(\xi-p_2)}\cdot\frac{p_1-p_2}{(p_1-p_2)}=\frac{(1-p_1)(1-p_2)}{(\xi-p_1)(\xi-p_2)}\cdot\frac{(\xi-p_2)-(\xi-p_1)}{(p_1-p_2)}$$

$$=\frac{(1-p_1)(1-p_2)(\xi-p_2)}{(\xi-p_1)(\xi-p_2)(p_1-p_2)}-\frac{(1-p_1)(1-p_2)(\xi-p_1)}{(\xi-p_1)(\xi-p_2)(p_1-p_2)}$$

$$=\frac{(1-p_1)(1-p_2)}{(\xi-p_1)(p_1-p_2)}-\frac{(1-p_1)(1-p_2)}{(\xi-p_2)(p_1-p_2)}$$

$$=\frac{(1-p_1)(1-p_2)}{(\xi-p_1)(p_1-p_2)}+\frac{(1-p_1)(1-p_2)}{(\xi-p_2)(p_2-p_1)}$$

$$=\frac{(1-p_1)(1-p_2)}{(p_1-p_2)(\xi-p_1)}+\frac{(1-p_1)(1-p_2)}{(p_2-p_1)(\xi-p_2)}$$

代入式（5.4-5）的右边项，有

$$\phi_R(\Psi)=\frac{(1-p_1)(1-p_2)}{(p_1-p_2)(\xi-p_1)}+\frac{(1-p_1)(1-p_2)}{(p_2-p_1)(\xi-p_2)} \tag{5.4-6}$$

式（5.4-5）的右边项进一步写为

$$\phi_R(\Psi) = \frac{(1-p_1)(1-p_2)}{(p_1-p_2)(\xi-p_1)} + \frac{(1-p_1)(1-p_2)}{(p_2-p_1)(\xi-p_2)} = \frac{(1-p_1)(1-p_2)}{(p_1-p_2)} \left(\frac{1}{\xi-p_1} - \frac{1}{\xi-p_2} \right)$$

(5.4-7)

根据级数公式，进一步改写式（5.4-7）的右边项：

$$\frac{(1-p_1)(1-p_2)}{(p_1-p_2)} \left(\frac{1}{\xi-p_1} - \frac{1}{\xi-p_2} \right) = \frac{(1-p_1)(1-p_2)}{(p_1-p_2)} \left[\frac{1}{(e^{-i\Psi}-p_1)} - \frac{1}{(e^{-i\Psi}-p_2)} \right]$$

$$= \frac{(1-p_1)(1-p_2)}{(p_1-p_2)} \left[\frac{e^{i\Psi}}{e^{i\Psi}(e^{-i\Psi}-p_1)} - \frac{e^{i\Psi}}{e^{i\Psi}(e^{-i\Psi}-p_2)} \right]$$

$$= \frac{(1-p_1)(1-p_2)}{(p_1-p_2)} \left(\frac{e^{i\Psi}}{1-p_1 e^{i\Psi}} - \frac{e^{i\Psi}}{1-p_2 e^{i\Psi}} \right)$$

根据级数公式，有

$$\frac{(1-p_1)(1-p_2)}{(p_1-p_2)} \left(\frac{1}{\xi-p_1} - \frac{1}{\xi-p_2} \right) = \frac{(1-p_1)(1-p_2)}{(p_1-p_2)} \left[e^{i\Psi} \sum_{v=0}^{\infty} (p_1 e^{i\Psi})^v - e^{i\Psi} \sum_{v=0}^{\infty} (p_2 e^{i\Psi})^v \right]$$

$$= \frac{(1-p_1)(1-p_2)}{(p_1-p_2)} \left[e^{i\Psi(v+1)} \sum_{v=0}^{\infty} p_1^v - e^{i\Psi(v+1)} \sum_{v=0}^{\infty} p_2^v \right]$$

$$= \frac{(1-p_1)(1-p_2)}{(p_1-p_2)} \left[e^{i\Psi(v+1)} \sum_{v=0}^{\infty} (p_1^v - p_2^v) \right]$$

即

$$\phi_R(\Psi) = \frac{(1-p_1)(1-p_2)}{(p_1-p_2)} \left[e^{i\Psi(v+1)} \sum_{v=0}^{\infty} (p_1^v - p_2^v) \right] \quad (5.4-8)$$

另外，根据更新时间 R 特征函数定义：

$$\phi_R(\Psi) = E(e^{i\Psi}) = \sum_{r=0}^{\infty} P(R=r) e^{i\Psi r} \quad (5.4-9)$$

对于式（5.4-8）的右边项，令 $r=v+1$，有

$$\phi_R(\Psi) = \frac{(1-p_1)(1-p_2)}{(p_1-p_2)} \left[e^{i\Psi(v+1)} \sum_{v=0}^{\infty} (p_1^v - p_2^v) \right]$$

$$= \frac{(1-p_1)(1-p_2)}{(p_1-p_2)} \left[e^{i\Psi r} \sum_{v=0}^{\infty} (p_1^{r-1} - p_2^{r-1}) \right]$$

$$= \sum_{v=0}^{\infty} \left[\frac{(1-p_1)(1-p_2)}{(p_1-p_2)} (p_1^{r-1} - p_2^{r-1}) e^{i\Psi r} \right] \quad (5.4-10)$$

对比式（5.4-9）与式（5.4-10）的右边项，有

$$P(R=r) = \frac{(1-p_1)(1-p_2)}{(p_1-p_2)} (p_1^{r-1} - p_2^{r-1}), \quad r=2,3,\cdots \quad (5.4-11)$$

当 $p_1 = p_2 = p$ 时，式（5.4-11）变为

$$P(R=r) = (1-p)^2 (r-1) p^{r-2}, \quad r=2,3,\cdots \quad (5.4-12)$$

Loa'iciga（1996）认为式（5.4-11）具有以下意义：①定义干旱风险；②时间间隔 t 内，干旱历时 r 发生次数的概率；③时间间隔 t 内，干旱发生次数的数学期望。

5.4.2 干旱概率计算

5.4.2.1 干旱发生次数 $N(t)$ 的概率计算

设 W_r 为直到第 r 次干旱发生的等待时间，$W_r = \sum_{j=1}^{r} R_j$。当 $W_{r+1} \geq t$ 时，$N(t) \leq r$，即第 $r+1$ 个干旱的等待时间大于等于 t，说明第 $r+1$ 个干旱没有在 $[0, t]$ 发生，$[0, t]$ 内一定最多有 r 个干旱发生。按照这个观点，只有当 $W_{r+1} > t$ 且 $W_r \leq t$ 时，$N(t) = r$。因此，有

$$P[N(t)=r]=P(W_r \leq t)-P(W_{r+1} \leq t) \tag{5.4-13}$$

对式 (5.4-5) 右边项分子分母同乘以 $e^{2i\Psi}$，有

$$\phi_R(\Psi)=\frac{(1-p_1)}{(\xi-p_1)} \cdot \frac{(1-p_2)}{(\xi-p_2)}=\frac{(1-p_1)}{(e^{-i\Psi}-p_1)} \cdot \frac{(1-p_2)}{(e^{-i\Psi}-p_2)}$$

$$=\frac{e^{i\Psi}(1-p_1)}{e^{i\Psi}(e^{-i\Psi}-p_1)} \cdot \frac{e^{i\Psi}(1-p_2)}{e^{i\Psi}(e^{-i\Psi}-p_2)}=\frac{(1-p_1)}{(1-p_1 e^{i\Psi})} \cdot \frac{(1-p_2)}{(1-p_2 e^{i\Psi})}e^{2i\Psi} \tag{5.4-14}$$

因为 $W_r = \sum_{j=1}^{r} R_j$ 为 r 个独立随机变量和，所以 W_r 的特征函数 $\phi_{W_r}(\Psi)$ 等于 r 个独立随机变量特征函数 $\phi_{R_j}(\Psi) = \phi_R(\Psi)$ 的乘积，即

$$\phi_{W_r}(\Psi)=\prod_{j=1}^{r}\phi_{R_j}(\Psi)=[\phi_R(\Psi)]^r=\left[\frac{(1-p_1)}{(1-p_1 e^{i\Psi})} \cdot \frac{(1-p_2)}{(1-p_2 e^{i\Psi})}e^{2i\Psi}\right]^r$$

$$=\frac{(1-p_1)^r}{(1-p_1 e^{i\Psi})^r} \cdot \frac{(1-p_2)^r}{(1-p_2 e^{i\Psi})^r}e^{2ir\Psi} \tag{5.4-15}$$

几何级数 $\sum_{k=0}^{\infty}(p_j e^{i\Psi})^k = \frac{1}{1-p_j e^{i\Psi}}, j=1,2$。此式两边对 $p_j e^{i\Psi}$ 求一阶导数，有 $\sum_{k=0}^{\infty}k(p_j e^{i\Psi})^{k-1}=1 \times \frac{1}{(1-p_j e^{i\Psi})^2}$。在此基础上，对 $p_j e^{i\Psi}$ 求一阶导数，有 $\sum_{k=0}^{\infty}k(k-1)(p_j e^{i\Psi})^{k-2}=1 \times 2 \times \frac{1}{(1-p_j e^{i\Psi})^3}$。同上述方法相同，$\sum_{k=0}^{\infty}k(k-1)(k-2)(p_j e^{i\Psi})^{k-3}=1 \times 2 \times 3 \times \frac{1}{(1-p_j e^{i\Psi})^4}$。依次对 $p_j e^{i\Psi}$ 求 r 阶导数得 $\frac{\sum_{k=0}^{\infty}k(k-1)\cdots[k-(r-2)](p_j e^{i\Psi})^{k-(r-1)}}{1 \times 2 \times 3 \times \cdots \times (r-1)}=\frac{1}{(1-p_j e^{i\Psi})^r}$，显然，$k=0,2,\cdots,r-2$ 时，$\sum_{k=0}^{\infty}k(k-1)\cdots[k-(r-2)](p_j e^{i\Psi})^{k-(r-1)}$ 为 0。因此，有

$$\frac{\sum_{k=r-1}^{\infty}k(k-1)\cdots[k-(r-2)](p_j e^{i\Psi})^{k-(r-1)}}{1 \times 2 \times 3 \times \cdots \times (r-1)}=\frac{1}{(1-p_j e^{i\Psi})^r}$$

又因 $1 \times 2 \times 3 \times \cdots \times (r-1) = (r-1)!$，则

5.4 随机更新过程在枯水过程分析中的应用

$$\frac{\sum_{k=r-1}^{\infty} k(k-1)\cdots[k-(r-2)](p_j\mathrm{e}^{\mathrm{i}\Psi})^{k-(r-1)}}{(r-1)!} = \frac{1}{(1-p_j\mathrm{e}^{\mathrm{i}\Psi})^r}$$

令 $s=k-(r-1)$，当 $k=r-1$ 时，$s=0$；当 $k\to\infty$ 时，$s\to\infty$；当 $k=s+r-1$ 时，有

$$\frac{\sum_{s=0}^{\infty}(s+r-1)(s+r-2)\cdots(s+1)\cdot(p_j\mathrm{e}^{\mathrm{i}\Psi})^s}{(r-1)!} = \frac{1}{(1-p_j\mathrm{e}^{\mathrm{i}\Psi})^r}$$

因为 $(s+r-1)(s+r-2)\cdots(s+1)=\dfrac{(s+r-1)!}{s!}$，所以有

$$\frac{1}{(1-p_j\mathrm{e}^{\mathrm{i}\Psi})^r} = \sum_{s=0}^{\infty}\frac{(s+r-1)!\cdot(p_j\mathrm{e}^{\mathrm{i}\Psi})^s}{s!(r-1)!} = \sum_{s=0}^{\infty}\frac{(s+r-1)!}{s!(r-1)!}\cdot p_j^s\mathrm{e}^{\mathrm{i}\Psi s} \quad (5.4-16)$$

令 $b_{r,s}=\dfrac{(s+r-1)!}{s!(r-1)!}$，式 (5.4-16) 进一步写为

$$\frac{1}{(1-p_j\mathrm{e}^{\mathrm{i}\Psi})^r} = \sum_{s=0}^{\infty} b_{r,s} p_j^s \mathrm{e}^{\mathrm{i}\Psi s} \quad (5.4-17)$$

式 (5.4-17) 取 $j=1$, $j=2$，有

$$\frac{1}{(1-p_1\mathrm{e}^{\mathrm{i}\Psi})^r} = \sum_{s=0}^{\infty} b_{r,s} p_1^s \mathrm{e}^{\mathrm{i}\Psi s} \quad (5.4-18)$$

式中：$b_{r,s}=\dfrac{(s+r-1)!}{s!(r-1)!}$。

$$\frac{1}{(1-p_2\mathrm{e}^{\mathrm{i}\Psi})^r} = \sum_{v=0}^{\infty} b_{r,v} p_2^v \mathrm{e}^{\mathrm{i}\Psi v} \quad (5.4-19)$$

式中：$b_{r,v}=\dfrac{(v+r-1)!}{v!(r-1)!}$。

式 (5.4-17) 和式 (5.4-18) 中，$s=v$。把式 (5.4-18) 和式 (5.4-19) 代入式 (5.4-15)，有

$$\begin{aligned}
\phi_{W_r}(\Psi) &= \frac{(1-p_1)^r}{(1-p_1\mathrm{e}^{\mathrm{i}\Psi})^r}\cdot\frac{(1-p_2)^r}{(1-p_2\mathrm{e}^{\mathrm{i}\Psi})^r}\mathrm{e}^{2\mathrm{i}r\Psi} = (1-p_1)^r(1-p_2)^r\frac{1}{(1-p_1\mathrm{e}^{\mathrm{i}\Psi})^r}\cdot\frac{1}{(1-p_2\mathrm{e}^{\mathrm{i}\Psi})^r}\mathrm{e}^{2\mathrm{i}r\Psi}\\
&= (1-p_1)^r(1-p_2)^r\frac{1}{(1-p_1\mathrm{e}^{\mathrm{i}\Psi})^r}\cdot\frac{1}{(1-p_2\mathrm{e}^{\mathrm{i}\Psi})^r}\mathrm{e}^{2\mathrm{i}r\Psi}\\
&= (1-p_1)^r(1-p_2)^r\Big[\sum_{s=0}^{\infty} b_{r,s} p_1^s \mathrm{e}^{\mathrm{i}\Psi s}\Big]\cdot\Big[\sum_{v=0}^{\infty} b_{r,v} p_2^v \mathrm{e}^{\mathrm{i}\Psi v}\Big]\mathrm{e}^{2\mathrm{i}r\Psi}\\
&= (1-p_1)^r(1-p_2)^r\sum_{s,v=0}^{\infty}[b_{r,s} b_{r,v} p_1^s p_2^v \mathrm{e}^{\mathrm{i}(s+v)\Psi}]\mathrm{e}^{2\mathrm{i}r\Psi}
\end{aligned} \quad (5.4-20)$$

由 $\sum_{s,v=0}^{\infty} f_{s,v} = \sum_{n=0}^{\infty}\sum_{s=0}^{n} f_{s,n-s}$ 得

$$\phi_{W_r}(\Psi) = \sum_{n=0}^{\infty}\Big[(1-p_1)^r(1-p_2)^r\sum_{s=0}^{n} b_{r,s} b_{r,n-s} p_1^s p_2^{n-s}\Big]\mathrm{e}^{\mathrm{i}\Psi(n+2r)} \quad (5.4-21)$$

式中：$b_{r,s}=\dfrac{(s+r-1)!}{s!(r-1)!}$；$b_{r,v}=\dfrac{(v+r-1)!}{v!(r-1)!}$。

另外，根据概率原理，直到第 r 次干旱发生的等待时间 W_r 的特征函数为

$$\phi_{W_r}(\Psi) = \sum_{n=0}^{\infty} P(W_r=n+2r)\mathrm{e}^{\mathrm{i}\Psi(n+2r)} \quad (5.4-22)$$

235

对比式 (5.4-21) 和式 (5.4-22)，有

$$P(W_r = n+2r) = (1-p_1)^r (1-p_2)^r \sum_{s=0}^{n} b_{r,s} b_{r,n-s} p_1^s p_2^{n-s}, \quad n \geqslant 0 \qquad (5.4-23)$$

因为 $W_r \leqslant t$，所以 $n+2r \leqslant t$，即 $n \leqslant t-2r$，则

$$P(W_r \leqslant t) = P(n \leqslant t-2r) = \sum_{n=0}^{t-2r} (1-p_1)^r (1-p_2)^r \sum_{s=0}^{n} b_{r,s} b_{n,r,s} p_1^s p_2^{n-s} \qquad (5.4-24)$$

式中：$b_{r,s} = \dfrac{(s+r-1)!}{s!(r-1)!}$；$b_{n,r,s} = \dfrac{(n+r-s-1)!}{(n-s)!(r-1)!} = b_{r,n-s}$。

同样，$W_{r+1} \leqslant t$ 等价于 $n+2(r+1) \leqslant t$，即 $n \leqslant t-2(r+1)$。又因 $P[W_r = n+2(r+1)] = (1-p_1)^{r+1}(1-p_2)^{r+1} \sum_{s=0}^{n} b_{r+1,s} b_{n,r+1,s} p_1^s p_2^{n-s}$，则

$$P(W_{r+1} \leqslant t) = P[W_r = n+2(r+1)] = \sum_{n=0}^{t-2(r+1)} (1-p_1)^{r+1} (1-p_2)^{r+1} \sum_{s=0}^{n} b_{r+1,s} b_{n,r+1,s} p_1^s p_2^{n-s}$$
$$(5.4-25)$$

把式 (5.4-24) 和式 (5.4-25) 代入式 (5.4-13)，有

$$P[N(t) = r] = P(W_r \leqslant t) - P(W_{r+1} \leqslant t)$$
$$= \sum_{n=0}^{t-2r} \left[(1-p_1)^r (1-p_2)^r \sum_{s=0}^{n} b_{r,s} b_{n,r,s} p_1^s p_2^{n-s} \right]$$
$$- \sum_{n=0}^{t-2(r+1)} \left[(1-p_1)^{r+1} (1-p_2)^{r+1} \sum_{s=0}^{n} b_{r+1,s} b_{n,r+1,s} p_1^s p_2^{n-s} \right] \qquad (5.4-26)$$

式中：$r=0,1,2,\cdots,\left[\dfrac{t}{2}-1\right]$；$\left[\dfrac{t}{2}-1\right]$ 为不超过 $\dfrac{t}{2}-1$ 的最大整数。

因为，$P[N(t) \leqslant r] = P(W_{r+1} > t)$，$P(W_{r+1} \leqslant t)$ 见式 (5.4-25)，则有

$$P[N(t) \leqslant r] = P(W_{r+1} > t) = 1 - P(W_{r+1} \leqslant t)$$
$$= 1 - \sum_{n=0}^{t-2(r+1)} \left[(1-p_1)^{r+1} (1-p_2)^{r+1} \sum_{s=0}^{n} b_{r+1,s} b_{n,r+1,s} p_1^s p_2^{n-s} \right] \qquad (5.4-27)$$

式中：$r=0,1,2,\cdots,\left[\dfrac{t}{2}-1\right]$。

干旱风险 Ⅱ 定义为 t 年干旱至少发生一次的概率或 $P[N(t) \geqslant 1]$，$P[N(t) \geqslant 1] = P(R \leqslant t)$，则根据式 (5.4-12) 有

$$\text{Ⅱ} = P[N(t) \geqslant 1] = P(R \leqslant t) = \sum_{n=2}^{t} P(R=n) = \sum_{n=2}^{t} \frac{(1-p_1)(1-p_2)}{(p_1-p_2)} (p_1^{n-1} - p_2^{n-1})$$
$$(5.4-28)$$

干旱次数的数学期望值 $E[N(t)] = \sum_{r=1}^{\left[\frac{t}{2}\right]} P[N(t) \geqslant r]$。当 $W_r < t$ 时，一定有 $N(t) \geqslant r$。把式 (5.4-24) 代入，有

$$E[N(t)] = \sum_{r=1}^{\left[\frac{t}{2}\right]} P[N(t) \geqslant r] = \sum_{r=1}^{\left[\frac{t}{2}\right]} \sum_{n=2}^{t-2r} (1-p_1)^r (1-p_2)^r \sum_{s=0}^{n} b_{r,s} b_{n,r,s} p_1^s p_2^{n-s}$$
$$(5.4-29)$$

式中：$\left[\dfrac{t}{2}\right]$ 为不超过 $\dfrac{t}{2}$ 的最大整数。

5.5 基于留数原理的奇异积分计算

更新时间理论应用于干旱分析中涉及了一些广义积分和傅里叶变换。应用留数原理可以把沿闭曲线的积分转为孤立奇点处的留数，也可以方便计算一些定积分和广义积分。因此，本节首先介绍基于留数原理的奇异积分计算。

5.5.1 奇异积分计算

节引用 Churchill 等（1990）文献，介绍奇异积分计算。

连续函数 $f(x)$ 在区间 $0 \leqslant x < \infty$ 的奇异积分为

$$\int_0^\infty f(x) \mathrm{d}x = \lim_{R \to \infty} \int_0^R f(x) \mathrm{d}x \tag{5.5-1}$$

式（5.5-1）右边的极限存在，则奇异积分收敛于这个极限值。

如果 $f(x)$ 在整个实数轴上连续，则 $f(x)$ 在区间 $-\infty < x < \infty$ 的奇异积分为

$$\int_{-\infty}^\infty f(x) \mathrm{d}x = \lim_{R_1 \to \infty} \int_{-R_1}^0 f(x) \mathrm{d}x + \lim_{R_2 \to \infty} \int_0^{R_2} f(x) \mathrm{d}x \tag{5.5-2}$$

同样，式（5.5-2）右边的两个极限存在，则奇异积分收敛于这两个极限值和。

通常式（5.5-2）的另一个值是非常有用的。若式（5.5-2）的极限存在，则柯西主值（Cauchy Principal Value，P.V.）为

$$\mathrm{P.V.} \int_{-\infty}^\infty f(x) \mathrm{d}x = \lim_{R \to \infty} \int_{-R}^R f(x) \mathrm{d}x \tag{5.5-3}$$

然而，有时式（5.5-3）柯西主值存在，但是，极限式不一定收敛。下面例 5.5-1 和例 5.5-2 说明了这一点。

例 5.5-1 $\mathrm{P.V.} \int_{-\infty}^\infty x \mathrm{d}x = \lim_{R \to \infty} \int_{-R}^R x \mathrm{d}x = \lim_{R \to \infty} \left[\dfrac{x^2}{2}\right]_{-R}^R = \lim_{R \to \infty} 0 = 0$。

例 5.5-2 $\int_{-\infty}^\infty x \mathrm{d}x = \lim_{R_1 \to \infty} \int_{-R_1}^0 x \mathrm{d}x + \lim_{R_2 \to \infty} \int_0^{R_2} x \mathrm{d}x = \lim_{R_1 \to \infty} \left[\dfrac{x^2}{2}\right]_{-R_1}^0 + \lim_{R_2 \to \infty} \left[\dfrac{x^2}{2}\right]_0^{R_2} = -\lim_{R_1 \to \infty} \dfrac{R_1^2}{2} + \lim_{R_2 \to \infty} \dfrac{R_2^2}{2}$。

显然，例 5.5-2 最后 2 个极限不存在，则其奇异积分也不存在。假定，$f(x)$ 在区间 $-\infty < x < \infty$ 为偶函数，即 $f(x) = f(-x)$，同时，也假定式（5.5-3）柯西主值存在，则有

$$\int_{-R_1}^0 f(x) \mathrm{d}x = \frac{1}{2} \int_{-R_1}^{R_1} f(x) \mathrm{d}x, \quad \int_0^{R_2} f(x) \mathrm{d}x = \frac{1}{2} \int_{-R_2}^{R_2} f(x) \mathrm{d}x \tag{5.5-4}$$

进而有

$$\int_{-R_1}^0 f(x) \mathrm{d}x + \int_0^{R_2} f(x) \mathrm{d}x = \frac{1}{2} \int_{-R_1}^{R_1} f(x) \mathrm{d}x + \frac{1}{2} \int_{-R_2}^{R_2} f(x) \mathrm{d}x \tag{5.5-5}$$

若式（5.5-5）两边 $R_1 \to \infty$，$R_2 \to \infty$，则式（5.5-5）右边的极限存在；式（5.5-5）右边的极限存在，则式（5.5-5）左边的极限存在。事实上，$\int_{-\infty}^\infty f(x) \mathrm{d}x =$

P. V. $\int_{-\infty}^{\infty} f(x) \mathrm{d}x$。又因为 $\int_{0}^{R} f(x) \mathrm{d}x = \frac{1}{2} \int_{-R}^{R} f(x) \mathrm{d}x$，所以，有

$$\int_{-\infty}^{\infty} f(x) \mathrm{d}x = \frac{1}{2} \left[\text{P. V.} \int_{-\infty}^{\infty} f(x) \mathrm{d}x \right] \tag{5.5-6}$$

5.5.2 应用留数原理计算奇异积分

留数定理：设函数复变函数 $f(z)$ 在区域 D 内除有限个孤立奇点 $z_1, z_2, \cdots, z_n$ 外处处解析。C 是 D 内包围着奇点的一条正向简单闭曲线，则

$$\oint_C f(z) \mathrm{d}z = 2\pi \mathrm{i} \sum_{k=1}^{n} \operatorname*{Res}_{z=z_k} f(z) \tag{5.5-7}$$

式中：$\operatorname{Res} f(z)$ 为 $f(z)$ 的留数。

式（5.5-7）留数定理表明，沿封闭曲线 C 的积分计算，可转化为求被积函数在 C 中的各孤立奇点处的留数。

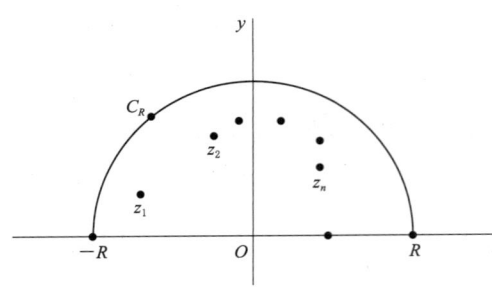

图 5.5-1 简单闭环曲线围成的积分路径

设 $p(x)$、$q(x)$ 为实数系数不相同的多项式，z 为负数，$q(z)$ 没有实数零点，但是，复平面实数轴上方至少有一个零。本节假定 $q(z)$ 有 n 个不相同的零点，且位于复平面实数轴上方，记为 $z_1, z_2, \cdots, z_n$，n 小于等于 $q(z)$ 的阶数。沿着图 5.5-1 所示正向边界和半圆围成的区域，定义多项式 $f(z)$：

$$f(z) = \frac{p(z)}{q(z)} \tag{5.5-8}$$

图 5.5-1 简单闭曲线有实轴段 $z=-R$ 至 $z=R$，以及 $|z|=R$ 的上部半圆 C_R（逆时针方向）组成。可以容易理解，当正数 R 足够大时，$z_1, z_2, \cdots, z_n$ 均可以位于这个 $z_1, z_2, \cdots, z_n$ 内。根据留数定理有

$$\int_{-R}^{R} f(x) \mathrm{d}x + \int_{C_R} f(z) \mathrm{d}z = 2\pi \mathrm{i} \sum_{k=1}^{n} \operatorname*{Res}_{z=z_k} f(z) \tag{5.5-9}$$

或者

$$\int_{-R}^{R} f(x) \mathrm{d}x = 2\pi \mathrm{i} \sum_{k=1}^{n} \operatorname*{Res}_{z=z_k} f(z) - \int_{C_R} f(z) \mathrm{d}z \tag{5.5-10}$$

若 $\lim\limits_{R \to \infty} \int_{C_R} f(z) \mathrm{d}z = 0$，则

$$\text{P. V.} \int_{-\infty}^{\infty} f(x) \mathrm{d}x = 2\pi \mathrm{i} \sum_{k=1}^{n} \operatorname*{Res}_{z=z_k} f(z) \tag{5.5-11}$$

若 $f(x)$ 为偶函数，则有

$$\int_{-\infty}^{\infty} f(x) \mathrm{d}x = 2\pi \mathrm{i} \sum_{k=1}^{n} \operatorname*{Res}_{z=z_k} f(z) \tag{5.5-12}$$

$$\int_{0}^{\infty} f(x) \mathrm{d}x = \pi \mathrm{i} \sum_{k=1}^{n} \operatorname*{Res}_{z=z_k} f(z) \tag{5.5-13}$$

例 5.5-3 计算积分 $\int_0^\infty \frac{1}{x^6+1}\mathrm{d}x$。

令 $f(z)=\frac{1}{z^6+1}$。$z^6+1=0$ 的复数根为 $c_k=\exp\left[\mathrm{i}\left(\frac{\pi}{6}+\frac{2k\pi}{6}\right)\right]$，$k=0,1,2,\cdots,5$。显然，$c_0=\exp\left(\frac{\mathrm{i}\pi}{6}\right)$，$c_1=\mathrm{i}$，$c_2=\exp\left(\frac{\mathrm{i}5\pi}{6}\right)$ 在复平面的上半部，如图 5.5-2 所示。当 $R>1$ 时，c_0、c_1 和 c_2 都位于实数轴段（$z=x$，$-R\leqslant x\leqslant R$）和 $z=-R$、$z=R$ 组成半圆 $|z|=R$ 的上半部 C_R。因此，有 $\int_{-R}^{R}f(x)\mathrm{d}x+$

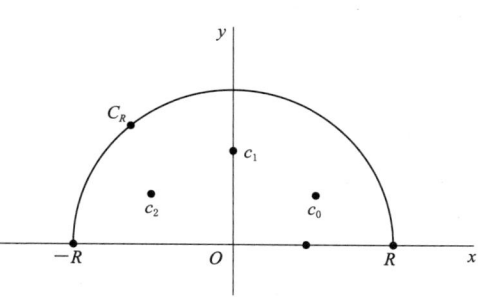

图 5.5-2 例 5.5-3 被积函数的积分路径

$\int_{C_R}f(z)\mathrm{d}z=2\pi\mathrm{i}(B_0+B_1+B_2)$，其中 B_0、B_1 和 B_2 为 $f(z)$ 在 c_0、c_1 和 c_2 处的留数。根据留数计算规则，有 $B_k=\underset{z=z_k}{\mathrm{Res}}\frac{1}{z^6+1}=\frac{1}{6c_k^5}=\frac{1}{6c_k^5}\frac{c_k}{c_k}=\frac{1}{6c_k^6}c_k=\frac{1}{6\times 1}c_k=\frac{c_k}{6}$，$k=0,1,2$。因此，有 $B_0+B_1+B_2=\frac{1}{6}(c_0+c_1+c_2)=\frac{1}{6}(\mathrm{e}^{\mathrm{i}\pi/6}+\mathrm{i}+\mathrm{e}^{-\mathrm{i}\pi/6})=-\frac{\mathrm{i}}{3}$。则 $\int_{-R}^{R}f(x)\mathrm{d}x=2\pi\mathrm{i}(B_0+B_1+B_2)-\int_{C_R}f(z)\mathrm{d}z=2\pi\mathrm{i}\left(-\frac{\mathrm{i}}{3}\right)-\int_{C_R}f(z)\mathrm{d}z=\frac{2\pi}{3}-\int_{C_R}f(z)\mathrm{d}z$。这个对于 $R>1$ 是成立的。因为 $R>1$，所以，$|z^6+1|\geqslant||z|^6-1|=R^6-1=M_R$。假定 z 为 C_R 内任一点，有 $|f(z)|=\frac{1}{|z^6+1|}\leqslant M_R$，这个意味着 $\left|\int_{C_R}f(z)\mathrm{d}z\right|\leqslant M_R\pi R$，$\pi R$ 为半圆 C_R 的圆周长度。又因为 $M_R\pi R=\frac{\pi R}{R^6-1}=\frac{\frac{\pi}{R^5}}{1-\frac{\pi}{R^6}}$，所以，当 $R\to\infty$ 时，$M_R\pi R=\frac{\pi R}{R^6-1}=\frac{\frac{\pi}{R^5}}{1-\frac{\pi}{R^6}}\to 0$。因此，$\lim_{R\to\infty}\int_{C_R}f(z)\mathrm{d}z=0$。进而有 $\lim_{R\to\infty}\int_{-R}^{R}\frac{1}{x^6+1}\mathrm{d}x=\frac{2\pi}{3}$，或 P.V. $\lim_{R\to\infty}\int_{-R}^{R}\frac{1}{x^6+1}\mathrm{d}x=\frac{2\pi}{3}$。最后，有 $\int_0^\infty\frac{1}{x^6+1}\mathrm{d}x=\frac{1}{2}\times\frac{2\pi}{3}=\frac{\pi}{3}$。

5.6 基于复合更新理论的干旱模型

2005 年，Loa'iciga 提出了基于复合更新（Compound renewal）理论的干旱模型。本节引用 Loa'iciga（2005）文献，推导和介绍这一干旱模型。设 D 为干旱历时，其概率密度 $f_D(t)$ 可用具有参数 a_1 的截取指数分布进行描述。

$$f_D(t)=a_1\mathrm{e}^{-a_1(t-\theta)},\ t\geqslant\theta,\ a_1>0 \tag{5.6-1}$$

式中：θ 为截取水平。

设 T 为干旱间隔（一次干旱的终止至下一次干旱的起始），其概率密度 $f_T(t)$ 可用具有参数 a_2 的截取指数分布进行描述。

$$f_T(t)=a_2\mathrm{e}^{-a_2 t};\ t\geqslant 0, a_2>0 \tag{5.6-2}$$

根据干旱历时和干旱间隔，更新时间定义为干旱历时 D 与干旱间隔 T 的和，即 $R=D+T$。基于复合更新理论的干旱模型应用实例可参见 Loa'iciga（2005）文献，本节仅介绍其原理和方法。

5.6.1 更新时间的概率密度函数

更新时间的概率密度函数 $f_R(t)$ 可用 $C_R(v)$ 的傅里叶变换获得。$R=D+T$，D 和 T 是相互独立的变量。

$$C_R(v)=\left[\frac{a_1\mathrm{e}^{\mathrm{i}v\theta}}{(a_1-\mathrm{i}v)}\right]\left[\frac{a_2}{(a_2-\mathrm{i}v)}\right],\ a_1\neq a_2 \tag{5.6-3}$$

式中：i 为虚数单位；右边第 1 项为干旱历时 D 的特征函数；第 2 项为干旱间隔 T 的特征函数。

式（5.6-3）实质上利用特征函数的性质，两个相互独立变量和的特征函数等于这两个变量特征函数的乘积。这样把 $D+T$ 的特征函数转换为 D 和 T 特征函数的乘积。通过对 $D+T$ 特征函数 $C_R(v)$ 进行傅里叶变换，可获得 $f_R(t)$，即

$$f_R(t)=\frac{1}{2\pi}\int_{-\infty}^{\infty}\mathrm{e}^{-\mathrm{i}vt}C_R(v)\mathrm{d}v=\frac{1}{2\pi}\int_{-\infty}^{\infty}\mathrm{e}^{-\mathrm{i}vt}\left[\frac{a_1\mathrm{e}^{\mathrm{i}v\theta}}{(a_1-\mathrm{i}v)}\right]\left[\frac{a_2}{(a_2-\mathrm{i}v)}\right]\mathrm{d}v \tag{5.6-4}$$

根据留数定理，式（5.6-4）进一步可写为

$$\begin{aligned}f_R(t)&=\frac{1}{2\pi}\int_{-\infty}^{\infty}\mathrm{e}^{-\mathrm{i}vt}\left[\frac{\mathrm{i}a_1\mathrm{e}^{\mathrm{i}v\theta}}{\mathrm{i}(a_1-\mathrm{i}v)}\right]\left[\frac{\mathrm{i}a_2}{\mathrm{i}(a_2-\mathrm{i}v)}\right]\mathrm{d}v f_R(t)=-\frac{1}{2\pi}\int_{-\infty}^{\infty}\mathrm{e}^{-\mathrm{i}vt}\left[\frac{a_1\mathrm{e}^{\mathrm{i}v\theta}}{(v+\mathrm{i}a_1)}\right]\left[\frac{a_2}{(v+\mathrm{i}a_2)}\right]\mathrm{d}v\\ &=-\frac{a_1a_2}{2\pi}\int_{-\infty}^{\infty}\left[\frac{\mathrm{e}^{-\mathrm{i}v(t-\theta)}}{(v+\mathrm{i}a_1)}\right]\left[\frac{1}{(v+\mathrm{i}a_2)}\right]\mathrm{d}v=-\frac{a_1a_2}{2\pi}2\pi\mathrm{i}\sum_{k=1}^{n2}\mathop{Res}_{v=v_k}f(v)=-a_1a_2\mathrm{i}\sum_{k=1}^{n2}\mathop{Res}_{v=v_k}f(v)\end{aligned}$$
$$\tag{5.6-5}$$

不难看出，式（5.6-5）被积函数 $f(v)=\left[\dfrac{\mathrm{e}^{-\mathrm{i}v(t-\theta)}}{(v+\mathrm{i}a_1)}\right]\left[\dfrac{1}{(v+\mathrm{i}a_2)}\right]$ 有两个一级极点，$v_1=-\mathrm{i}a_1$ 和 $v_2=-\mathrm{i}a_2$。根据复变函数极点留数计算规则和洛必塔法则，有

$$Res(f(v),v_1)=\lim_{v\to v_1}(v-v_1)f(v)=\lim_{v\to v_1}(v-v_1)\left[\frac{\mathrm{e}^{-\mathrm{i}v(t-\theta)}}{(v+\mathrm{i}a_1)}\right]\left[\frac{1}{(v+\mathrm{i}a_2)}\right]=\lim_{v\to v_1}\left(\frac{\mathrm{e}^{-\mathrm{i}v(t-\theta)}}{v+\mathrm{i}a_2}\right)=\frac{1}{\mathrm{i}}\frac{\mathrm{e}^{-a_1(t-\theta)}}{a_2-a_1}$$
$$\tag{5.6-6}$$

$$Res(f(v),v_2)=\lim_{v\to v_2}(v-v_2)f(v)=\lim_{v\to v_2}(v-v_2)\left[\frac{\mathrm{e}^{-\mathrm{i}v(t-\theta)}}{(v+\mathrm{i}a_1)}\right]\left[\frac{1}{(v+\mathrm{i}a_2)}\right]=\lim_{v\to v_2}\left(\frac{\mathrm{e}^{-\mathrm{i}v(t-\theta)}}{v+\mathrm{i}a_1}\right)=\frac{1}{\mathrm{i}}\frac{\mathrm{e}^{-a_2(t-\theta)}}{a_1-a_2}$$
$$\tag{5.6-7}$$

把式（5.6-6）和式（5.6-7）代入式（5.6-5），有

$$f_R(t) = -a_1 a_2 \mathrm{i} \cdot \frac{1}{\mathrm{i}} \left[\frac{\mathrm{e}^{-a_1(t-\theta)}}{a_2 - a_1} + \frac{\mathrm{e}^{-a_2(t-\theta)}}{a_1 - a_2} \right] = -a_1 a_2 \left[\frac{\mathrm{e}^{-a_1(t-\theta)}}{a_2 - a_1} + \frac{\mathrm{e}^{-a_2(t-\theta)}}{a_1 - a_2} \right]$$

$$= \frac{a_1 a_2}{a_1 - a_2} [\mathrm{e}^{-(t-\theta)a_2} - \mathrm{e}^{-(t-\theta)a_1}], \quad t \geqslant \theta \tag{5.6-8}$$

当 $a_1 = a_2$ 时，式（5.6-8）可简化为

$$f_R(t) = a^2 (t-\theta) \mathrm{e}^{-(t-\theta)a}, \quad t \geqslant \theta \tag{5.6-9}$$

R 的数学期望为

$$\overline{R} = E(R) = E(D) + E(T) = \theta + \frac{1}{a_1} + \frac{1}{a_2} \tag{5.6-10}$$

式中：$E(D) = \theta + \frac{1}{a_1}$；$E(T) = \frac{1}{a_2}$。

上述参数可根据样本估计。给定门限水平 θ，获得 D 的平均值 $\overline{D}$ 和 T 的平均值 $\overline{T}$，则 $\hat{a_1} = \frac{1}{\overline{D} - \theta}$，$\hat{a_2} = \frac{1}{\overline{T}}$。

5.6.2 干旱风险

在 $[0, t]$ 上的干旱风险 H_t 可定义为在区间 $[0, t]$ 上干旱次数 $N(t)$ 为 1 次以上的概率。

$$H_t = P[N(t) \geqslant 1] = 1 - P[N(t) = 0] = 1 - P(R \geqslant t) = P(R \leqslant t) \tag{5.6-11}$$

式（5.6-11）可解释为，根据概率论原理，设样本空间为 Ω，因为，事件 $\{N(t) \geqslant 1\} + \{N(t) = 0\} = \Omega$，所以 $P[N(t) \geqslant 1] = 1 - P[N(t) = 0]$。干旱次数 $N(t)$ 等于 0 意味着其更新时间 R 大于 t，即 $[0, t]$ 上，干旱次数 $N(t)$ 为 0。$\{N(t) = 0\}$ 与 $\{R \geqslant t\}$ 互为等价事件，$P[N(t) = 0] = P(R \geqslant t)$。同样，$\{R \geqslant t\} + \{R \leqslant t\} = \Omega$，所以，$1 - P(R \geqslant t) = P(R \leqslant t)$。综合以上分析，$H_t = P(R \leqslant t)$。

$$H_t = \int_\theta^t f_R(t) \mathrm{d}t = \frac{a_1 a_2}{a_1 - a_2} \int_\theta^t [\mathrm{e}^{-(t-\theta)a_2} - \mathrm{e}^{-(t-\theta)a_1}] \mathrm{d}t = \frac{a_1 a_2}{a_1 - a_2} \left[-\frac{1}{a_2} \mathrm{e}^{-(t-\theta)a_2} + \frac{1}{a_1} \mathrm{e}^{-(t-\theta)a_1} \right]_\theta^t$$

$$= \frac{a_1 a_2}{a_1 - a_2} \left[-\frac{\mathrm{e}^{-(t-\theta)a_2} - 1}{a_2} + \frac{\mathrm{e}^{-(t-\theta)a_1} - 1}{a_1} \right] = \frac{a_1 a_2}{a_1 - a_2} \left[\frac{1 - \mathrm{e}^{-(t-\theta)a_2}}{a_2} - \frac{1 - \mathrm{e}^{-(t-\theta)a_1}}{a_1} \right], \quad t \geqslant \theta$$

$$\tag{5.6-12}$$

5.6.3 干旱次数的概率

在 $(0, t]$ 上，发生 k 次干旱的概率记为 $P[N(t) = k]$。显然，第 k 次干旱末时间 R_k 事件可写为

$$R_k = \sum_{r=1}^k R_r, \quad k = 1, 2, 3, \cdots \tag{5.6-13}$$

式中：更新时间 $R = R_1$ 按照式（5.6-8）计算，因为式（5.6-8）为更新时间概率，也就是干旱发生 1 次的概率。

当 $R_k > t$ 时，$N(t) \leqslant k$，则

$$P[N(t) = k] = P(R_k \leqslant t) - P(R_{k+1} \leqslant t), \quad k = 1, 2, 3, \cdots, \left[\frac{t}{\theta}\right] \tag{5.6-14}$$

式中：$\left[\dfrac{t}{\theta}\right]$ 为 $\dfrac{t}{\theta}$ 取整函数。显然 $P[N(t)=0]=P(R>t)$。R_k 事件的概率密度 $f_k(t)$ 关键在于 $P[N(t)=k]$ 的推求。

因为 $R_k=\sum\limits_{r=1}^{k}R_r$ 为 k 独立同分布随机变量，其分量分布的特征函数均为 $C_R(v)$。所以，根据特征函数的性质，相互独立变量和的特征函数等于这些变量特征函数的乘积。R_k 的特征函数 $C_k(v)=[C_R(v)]^k$，即

$$C_k(v)=[C_R(v)]^k=\left[\dfrac{a_1\mathrm{e}^{iv\theta}}{(a_1-iv)}\right]^k\left[\dfrac{a_2}{(a_2-iv)}\right]^k \quad (5.6-15)$$

通过式（5.6-15）特征函数 $C_k(v)$ 进行傅里叶变换，可获得 $f_k(t)$，即

$$\begin{aligned}f_k(t)&=\dfrac{1}{2\pi}\int_{-\infty}^{\infty}\mathrm{e}^{-ivt}C_k(v)\mathrm{d}v=\dfrac{1}{2\pi}\int_{-\infty}^{\infty}\mathrm{e}^{-ivt}\left[\dfrac{a_1\mathrm{e}^{iv\theta}}{(a_1-iv)}\right]^k\left[\dfrac{a_2}{(a_2-iv)}\right]^k\mathrm{d}v\\&=\dfrac{(a_1a_2)^k}{2\pi}\int_{-\infty}^{\infty}\mathrm{e}^{iv(t-k\theta)}\left[\dfrac{i}{i(a_1-iv)}\right]^k\left[\dfrac{i}{i(a_2-iv)}\right]^k\mathrm{d}v=\dfrac{(a_1a_2)^ki^{2k}}{2\pi}\int_{-\infty}^{\infty}\mathrm{e}^{-iv(t-k\theta)}\left[\dfrac{1}{v+ia_1}\right]^k\left[\dfrac{1}{v+ia_2}\right]^k\mathrm{d}v\\&=\dfrac{(a_1a_2)^k(-1)^k}{2\pi}\int_{-\infty}^{\infty}\mathrm{e}^{-iv(t-k\theta)}\left(\dfrac{1}{v+ia_1}\right)^k\left(\dfrac{1}{v+ia_2}\right)^k\mathrm{d}v\\&=\dfrac{(a_1a_2)^k(-1)^k}{2\pi}2\pi i\sum_{k=1}^{2}\underset{v=v_k}{Res}f(v)=(a_1a_2)^k(-1)^ki\sum_{k=1}^{2}\underset{v=v_k}{Res}f(v)\end{aligned} \quad (5.6-16)$$

不难看出，式（5.6-16）被积函数 $f(v)=\mathrm{e}^{-iv(t-k\theta)}\left(\dfrac{1}{v+ia_1}\right)^k\left(\dfrac{1}{v+ia_2}\right)^k$ 有两个 k 级极点，$v_1=-ia_1$ 和 $v_2=Res(f(v),v_1)=\dfrac{1}{(k-1)!}\lim\limits_{v\to v_1}\dfrac{\mathrm{d}^{k-1}}{\mathrm{d}v^{k-1}}(v-v_1)^kf(v)=\dfrac{1}{(k-1)!}\lim\limits_{v\to v_1}\dfrac{\mathrm{d}^{k-1}}{\mathrm{d}v^{k-1}}(v-v_1)^k\mathrm{e}^{-iv(t-k\theta)}\left(\dfrac{1}{v+ia_1}\right)^k\left(\dfrac{1}{v+ia_2}\right)^k=\dfrac{1}{(k-1)!}\lim\limits_{v\to v_1}\dfrac{\mathrm{d}^{k-1}}{\mathrm{d}v^{k-1}}\mathrm{e}^{-iv(t-k\theta)}\left(\dfrac{1}{v+ia_2}\right)^k$。

当 $k=1$ 时，与式（5.6-6）相同，$Res(f(v),v_1)=\lim\limits_{v\to v_1}\dfrac{\mathrm{e}^{-iv(t-\theta)}}{v+ia_2}=\dfrac{1}{i}\dfrac{\mathrm{e}^{-a_1(t-\theta)}}{a_2-a_1}=i(-1)^1\cdot\dfrac{\mathrm{e}^{-a_1(t-\theta)}}{a_2-a_1}$。

当 $k=2$ 时，$Res(f(v),v_1)$ 为

$$\begin{aligned}Res(f(v),v_1)&=\dfrac{1}{(2-1)!}\lim\limits_{v\to v_1}\dfrac{\mathrm{d}}{\mathrm{d}v}\mathrm{e}^{-iv(t-2\theta)}\left(\dfrac{1}{v+ia_2}\right)^2=\lim\limits_{v\to v_1}\dfrac{\mathrm{d}}{\mathrm{d}v}\mathrm{e}^{-iv(t-2\theta)}(v+ia_2)^{-2}\\&=\lim\limits_{v\to v_1}\{[(-1)i(t-2\theta)\mathrm{e}^{-iv(t-2\theta)}](v+ia_2)^{-2}+(-2)\mathrm{e}^{-iv(t-2\theta)}(v+ia_2)^{-3}\}\\&=[(-1)i(t-2\theta)\mathrm{e}^{-a_1(t-2\theta)}](-ia_1+ia_2)^{-2}+(-2)\mathrm{e}^{-a_1(t-2\theta)}(-ia_1+ia_2)^{-3}\\&=\dfrac{(-1)i(t-2\theta)\mathrm{e}^{-a_1(t-2\theta)}}{(-i)^2(a_1-a_2)^2}+\dfrac{(-2)\mathrm{e}^{-a_1(t-2\theta)}}{(-i)^3(a_1-a_2)^3}=\dfrac{i(t-2\theta)\mathrm{e}^{-a_1(t-2\theta)}}{(a_1-a_2)^2}+\dfrac{(-2)\mathrm{e}^{-a_1(t-2\theta)}}{-i(a_1-a_2)^3}\\&=i(-1)^2\left[\dfrac{(t-2\theta)\mathrm{e}^{-a_1(t-2\theta)}}{(a_1-a_2)^2}+\dfrac{-2\mathrm{e}^{-a_1(t-2\theta)}}{(a_1-a_2)^3}\right]\end{aligned}$$

Loa'iciga (2005) 文献中，当 $k=2$ 时（公式 A7）为

$$\frac{\mathrm{i}(-1)^k}{(k-1)!}\sum_{s=0}^{k-1}\frac{(-1)^s(k+s-1)!\ (t-\theta k)^{k-s-1}\mathrm{e}^{-a_1(t-\theta k)}}{s!\ (k-s-1)!\ (a_2-a_1)^{k+s}}$$

$$=\frac{\mathrm{i}(-1)^2}{(2-1)!}\sum_{s=0}^{1}\frac{(-1)^s(2+s-1)!\ (t-2\theta)^{2-s-1}\mathrm{e}^{-a_1(t-2\theta)}}{s!\ (2-s-1)!\ (a_2-a_1)^{2+s}}$$

$$=\mathrm{i}(-1)^2\left[\frac{(-1)^0(2-1)!\ (t-2\theta)^{2-1}\mathrm{e}^{-a_1(t-2\theta)}}{0!\ (2-1)!\ (a_2-a_1)^2}+\frac{(-1)^1(2+1-1)!\ (t-2\theta)^{2-1-1}\mathrm{e}^{-a_1(t-2\theta)}}{1!\ (2-1-1)!\ (a_2-a_1)^{2+1}}\right]$$

$$=\mathrm{i}(-1)^2\left[\frac{(-1)^0(2-1)!\ (t-2\theta)\mathrm{e}^{-a_1(t-2\theta)}}{(a_2-a_1)^2}+\frac{(-1)^1 2\mathrm{e}^{-a_1(t-2\theta)}}{(a_2-a_1)^3}\right]=\mathrm{i}(-1)^2\left[\frac{(t-2\theta)\mathrm{e}^{-a_1(t-2\theta)}}{(a_2-a_1)^2}+\frac{-2\mathrm{e}^{-a_1(t-2\theta)}}{(a_2-a_1)^3}\right]$$

因此，当 $k=2$ 时，有

$$Res(f(v),v_1)=\mathrm{i}(-1)^2\left[\frac{(t-2\theta)\mathrm{e}^{-a_1(t-2\theta)}}{(a_1-a_2)^2}+\frac{-2\mathrm{e}^{-a_1(t-2\theta)}}{(a_1-a_2)^3}\right]$$

$$=\frac{\mathrm{i}(-1)^2}{(2-1)!}\sum_{s=0}^{1}\frac{(-1)^s(2+s-1)!\ (t-2\theta)^{2-s-1}\mathrm{e}^{-a_1(t-2\theta)}}{s!\ (2-s-1)!\ (a_2-a_1)^{2+s}}$$

依次可推得

$$Res(f(v),v_1)=\frac{\mathrm{i}(-1)^k}{(k-1)!}\sum_{s=0}^{k-1}\frac{(-1)^s(k+s-1)!\ (t-\theta k)^{k-s-1}\mathrm{e}^{-a_1(t-\theta k)}}{s!\ (k-s-1)!\ (a_2-a_1)^{k+s}} \quad (5.6\text{-}17)$$

$$Res(f(v),v_2)=\frac{1}{(k-1)!}\lim_{v\to v_2}\frac{\mathrm{d}^{k-1}}{\mathrm{d}v^{k-1}}(v-v_2)^k\mathrm{e}^{\mathrm{i}v(t-k\theta)}\left[\frac{1}{(a_1-\mathrm{i}v)}\right]^k\left[\frac{1}{(a_2-\mathrm{i}v)}\right]^k$$

$$Res(f(v),v_2)=\frac{\mathrm{i}(-1)^k}{(k-1)!}\sum_{s=0}^{k-1}\frac{(-1)^s(k+s-1)!\ (t-\theta k)^{k-s-1}\mathrm{e}^{-a_2(t-\theta k)}}{s!\ (k-s-1)!\ (a_1-a_2)^{k+s}} \quad (5.6\text{-}18)$$

把式 (5.6-17) 和式 (5.6-18) 代入式 (5.6-16)，有

$$f_k(t)=(a_1 a_2)^k(-1)^k\mathrm{i}\sum_{k=1}^{2}\underbrace{Res}_{v=v_k}f(v)$$

$$=(a_1 a_2)^k(-1)^k\mathrm{i}\left[\frac{\mathrm{i}(-1)^k}{(k-1)!}\sum_{s=0}^{k-1}\frac{(-1)^s(k+s-1)!\ (t-\theta k)^{k-s-1}\mathrm{e}^{-a_1(t-\theta k)}}{s!\ (k-s-1)!\ (a_2-a_1)^{k+s}}\right.$$

$$\left.+\frac{\mathrm{i}(-1)^k}{(k-1)!}\sum_{s=0}^{k-1}\frac{(-1)^s(k+s-1)!\ (t-\theta k)^{k-s-1}\mathrm{e}^{-a_2(t-\theta k)}}{s!\ (k-s-1)!\ (a_1-a_2)^{k+s}}\right]$$

$$=\frac{(a_1 a_2)^k(-1)^{2k}\mathrm{i}^2}{(k-1)!}\left[\sum_{s=0}^{k-1}\frac{(-1)^s(k+s-1)!\ (t-\theta k)^{k-s-1}\mathrm{e}^{-a_1(t-\theta k)}}{s!\ (k-s-1)!\ (a_2-a_1)^{k+s}}\right.$$

$$\left.+\sum_{s=0}^{k-1}\frac{(-1)^s(k+s-1)!\ (t-\theta k)^{k-s-1}\mathrm{e}^{-a_2(t-\theta k)}}{s!\ (k-s-1)!\ (a_1-a_2)^{k+s}}\right]$$

$$=\frac{(a_1 a_2)^k}{(k-1)!}\sum_{s=0}^{k-1}\left\{\frac{(-1)^s(k+s-1)!}{s!\ (k-s-1)!}(t-\theta k)^{k-s-1}\left[\frac{\mathrm{e}^{-a_1(t-\theta k)}}{(a_2-a_1)^{k+s}}+\frac{\mathrm{e}^{-a_2(t-\theta k)}}{(a_1-a_2)^{k+s}}\right]\right\},\ t\geqslant\theta k$$

$$(5.6\text{-}19)$$

根据修正 Bessel 函数，有

$$I_{k-\frac{1}{2}}(z) = \frac{1}{\sqrt{2\pi z}} \left[e^z \sum_{s=0}^{k-1} \frac{(-1)^s(k+s-1)!}{s!\,(k-s-1)!}(2z)^{-s} + (-1)^k e^{-z} \sum_{s=0}^{k-1} \frac{(k+s-1)!}{s!\,(k-s-1)!}(2z)^{-s} \right]$$

$$I_{k-\frac{1}{2}}\left[\left(\frac{t-\theta k}{2}\right)(a_1-a_2)\right]$$

$$= \frac{1}{\sqrt{2\pi\left(\frac{t-\theta k}{2}\right)(a_1-a_2)}} \left\{ e^{\left(\frac{t-\theta k}{2}\right)(a_1-a_2)} \sum_{s=0}^{k-1} \frac{(-1)^s(k+s-1)!}{s!\,(k-s-1)!}\left[2\left(\frac{t-\theta k}{2}\right)(a_1-a_2)\right]^{-s} \right.$$
$$\left. + (-1)^k e^{-\left(\frac{t-\theta k}{2}\right)(a_1-a_2)} \sum_{s=0}^{k-1} \frac{(k+s-1)!}{s!\,(k-s-1)!}\left[2\left(\frac{t-\theta k}{2}\right)(a_1-a_2)\right]^{-s} \right\}$$

$$= \frac{1}{\sqrt{2\pi}}\left(\frac{t-\theta k}{2}\right)^{-\frac{1}{2}}(a_1-a_2)^{-\frac{1}{2}} \left\{ e^{\left(\frac{t-\theta k}{2}\right)(a_1-a_2)} \sum_{s=0}^{k-1} \frac{(-1)^s(k+s-1)!}{s!\,(k-s-1)!}2^{-s}\left(\frac{t-\theta k}{2}\right)^{-s}(a_1-a_2)^{-s} \right.$$
$$\left. + (-1)^k e^{-\left(\frac{t-\theta k}{2}\right)(a_1-a_2)} \sum_{s=0}^{k-1} \frac{(k+s-1)!}{s!\,(k-s-1)!}2^{-s}\left(\frac{t-\theta k}{2}\right)^{-s}(a_1-a_2)^{-s} \right\}$$

$$= \frac{1}{\sqrt{2\pi}}\left\{ e^{\left(\frac{t-\theta k}{2}\right)(a_1-a_2)} \sum_{s=0}^{k-1} \frac{(-1)^s(k+s-1)!}{s!\,(k-s-1)!}2^{-s}\left(\frac{t-\theta k}{2}\right)^{-s-\frac{1}{2}}(a_1-a_2)^{-s-\frac{1}{2}} \right.$$
$$\left. + (-1)^k e^{-\left(\frac{t-\theta k}{2}\right)(a_1-a_2)} \sum_{s=0}^{k-1} \frac{(k+s-1)!}{s!\,(k-s-1)!}2^{-s}\left(\frac{t-\theta k}{2}\right)^{-s-\frac{1}{2}}(a_1-a_2)^{-s-\frac{1}{2}} \right\}$$

$$= \frac{1}{\sqrt{2\pi}}\left\{ e^{\left(\frac{t-\theta k}{2}\right)(a_1-a_2)} \sum_{s=0}^{k-1} \frac{(-1)^s(k+s-1)!}{s!\,(k-s-1)!}2^{\frac{1}{2}}(t-\theta k)^{-s-\frac{1}{2}}(a_1-a_2)^{-s-\frac{1}{2}} \right.$$
$$\left. + (-1)^k e^{-\left(\frac{t-\theta k}{2}\right)(a_1-a_2)} \sum_{s=0}^{k-1} \frac{(k+s-1)!}{s!\,(k-s-1)!}2^{\frac{1}{2}}(t-\theta k)^{-s-\frac{1}{2}}(a_1-a_2)^{-s-\frac{1}{2}} \right\}$$

$$= \frac{1}{\sqrt{2\pi}}\left\{ \sum_{s=0}^{k-1} \frac{(-1)^s(k+s-1)!}{s!\,(k-s-1)!}2^{\frac{1}{2}}(t-\theta k)^{-s-\frac{1}{2}}(a_1-a_2)^{-s-\frac{1}{2}}\left[e^{\left(\frac{t-\theta k}{2}\right)(a_1-a_2)} \right.\right.$$
$$\left.\left. + (-1)^k \frac{e^{-\left(\frac{t-\theta k}{2}\right)(a_1-a_2)}}{(-1)^s} \right] \right\}$$

$$= \frac{1}{\sqrt{2\pi}}\sqrt{2}\left\{ \sum_{s=0}^{k-1} \frac{(-1)^s(k+s-1)!}{s!\,(k-s-1)!}\frac{(t-\theta k)^{-s-\frac{1}{2}}}{(a_1-a_2)^{s+\frac{1}{2}}}\left[\frac{e^{-\left(\frac{t-\theta k}{2}\right)(a_1-a_2)}}{(-1)^k(-1)^s} \right.\right.$$
$$\left.\left. + e^{\left(\frac{t-\theta k}{2}\right)(a_1-a_2)} \right] \right\}$$

$$= \frac{1}{\sqrt{\pi}}\left\{ \sum_{s=0}^{k-1} \frac{(-1)^s(k+s-1)!}{s!\,(k-s-1)!}\frac{(t-\theta k)^{-s-\frac{1}{2}}}{(a_1-a_2)^{s+\frac{1}{2}}}\left[\frac{e^{-\left(\frac{t-\theta k}{2}\right)(a_1-a_2)}}{(-1)^k(-1)^s} \right.\right.$$
$$\left.\left. + e^{\left(\frac{t-\theta k}{2}\right)(a_1-a_2)} \right] \right\} \tag{5.6-20}$$

把式（5.6-20）代入式（5.6-19），有

$$f_k(t) = \frac{(a_1 a_2)^k}{(k-1)!}\sum_{s=0}^{k-1}\left\{ \frac{(-1)^s(k+s-1)!}{s!\,(k-s-1)!}(t-\theta k)^{k-s-1}\left[\frac{e^{-a_1(t-\theta k)}}{(a_2-a_1)^{k+s}} + \frac{e^{-a_2(t-\theta k)}}{(a_1-a_2)^{k+s}}\right] \right\}$$

$$= \frac{(a_1 a_2)^k}{(k-1)!}\sum_{s=0}^{k-1}\left\{ \frac{(-1)^s(k+s-1)!}{s!\,(k-s-1)!}(t-\theta k)^{-s-\frac{1}{2}}\left[\frac{e^{-a_1(t-\theta k)}}{(-1)^{k+s}(a_1-a_2)^{k+s}} + \frac{e^{-a_2(t-\theta k)}}{(a_1-a_2)^{k+s}}\right] \right\}$$

$$= \sqrt{\pi}\,\frac{(a_1 a_2)^k}{(k-1)!}\,\frac{(t-\theta k)^{k-\frac{1}{2}}}{(a_1-a_2)^{k-\frac{1}{2}}}\,\mathrm{e}^{-\left(\frac{a_1+a_2}{2}\right)(t-\theta k)}\,\frac{1}{\sqrt{\pi}}\left\{\sum_{s=0}^{k-1}\frac{(-1)^s(k+s-1)!}{s!\,(k-s-1)!}\,\frac{(t-\theta k)^{-s-\frac{1}{2}}}{(a_1-a_2)^{s+\frac{1}{2}}}\right.$$

$$\left.\cdot\left[\frac{\mathrm{e}^{-\left(\frac{t-\theta k}{2}\right)(a_1-a_2)}}{(-1)^k(-1)^s}+\mathrm{e}^{\left(\frac{t-\theta k}{2}\right)(a_1-a_2)}\right]\right\}$$

$$= \sqrt{\pi}\,\frac{(a_1 a_2)^k}{(k-1)!}\,\frac{(t-\theta k)^{k-\frac{1}{2}}}{(a_1-a_2)^{k-\frac{1}{2}}}\,\mathrm{e}^{-\left(\frac{a_1+a_2}{2}\right)(t-\theta k)}\,I_{k-\frac{1}{2}}\!\left[\left(\frac{t-\theta k}{2}\right)(a_1-a_2)\right]$$

即

$$f_k(t)=\sqrt{\pi}\,\frac{(a_1 a_2)^k}{(k-1)!}\,\frac{(t-\theta k)^{k-\frac{1}{2}}}{(a_1-a_2)^{k-\frac{1}{2}}}\,\mathrm{e}^{-\left(\frac{a_1+a_2}{2}\right)(t-\theta k)}\,I_{k-\frac{1}{2}}\!\left[\left(\frac{t-\theta k}{2}\right)(a_1-a_2)\right] \quad (5.6-21)$$

当 $a_1=a_2$ 时，$C_k(v)=[C_R(v)]^k=\left[\dfrac{a\mathrm{e}^{\mathrm{i}v\theta}}{(a-\mathrm{i}v)}\right]^k\left[\dfrac{a}{(a-\mathrm{i}v)}\right]^k$，对特征函数 $C_k(v)$ 进行傅里叶变换，有

$$f_k(t)=\frac{1}{2\pi}\int_{-\infty}^{\infty}\mathrm{e}^{-\mathrm{i}vt}C_k(v)\mathrm{d}v=\frac{1}{2\pi}\int_{-\infty}^{\infty}\mathrm{e}^{-\mathrm{i}vt}\left[\frac{a\mathrm{e}^{\mathrm{i}v\theta}}{(a-\mathrm{i}v)}\right]^k\left[\frac{a}{(a-\mathrm{i}v)}\right]^k\mathrm{d}v=\frac{(-1)^k(a)^{2k}}{2\pi}[-2\pi\mathrm{i}Resf(v)]$$

其中

$$Resf(v)=\frac{1}{(2k-1)!}\,\frac{\mathrm{d}^{2k-1}}{\mathrm{d}v^{2k-1}}\mathrm{e}^{\mathrm{i}v(t-k\theta)}\bigg|_{v=\mathrm{i}a}=\frac{\mathrm{i}(-1)^k(t-k\theta)^{2k-1}\mathrm{e}^{-a(t-k\theta)}}{(2k-1)!}$$

$P(R_k\leqslant t)$ 用式 (5.6-21) 积分获得

$$P(R_k\leqslant t)=\frac{(a_1 a_2)^k}{(k-1)!}\sum_{s=0}^{k-1}\frac{(-1)^s(k+s-1)!}{s!\,(k-s-1)!}\left[\frac{\gamma[k-s,a_1(t-\theta k)]}{a_1^{k-s}(a_2-a_1)^{k+s}}+\frac{\gamma[k-s,a_2(t-\theta k)]}{a_2^{k-s}(a_1-a_2)^{k+s}}\right]$$
$$(5.6-22)$$

式中：$\gamma(\alpha,\beta)$ 为不完全 gamma 函数；$t\geqslant\theta k$；$k=1,2,3,\cdots$。

把式 (5.6-22) 代入式 (5.6-14)，即可获得干旱次数概率。

在 $(0,t]$ 上，干旱次数的期望值 $E[N(t)]$ 为

$$E[N(t)]=\sum_{s=0}^{\left[\frac{t}{\theta}\right]}sP[N(t)=s] \quad (5.6-23)$$

式中：$\left[\dfrac{t}{\theta}\right]$ 为 $\dfrac{t}{\theta}$ 取整；θ 为干旱历时的门限值。

式 (5.6-23) 可以进一步写为

$$E[N(t)]=\sum_{s=1}^{\left[\frac{t}{\theta}\right]}\sum_{k=1}^{s}P[N(t)=s]=\sum_{s=1}^{\left[\frac{t}{\theta}\right]}\sum_{s=k}^{\left[\frac{t}{\theta}\right]}P[N(t)=s]=\sum_{k=1}^{\left[\frac{t}{\theta}\right]}P[N(t)\geqslant k]$$
$$(5.6-24)$$

因为，当 $R_k\leqslant t$ 时，有 $N(t)\geqslant k$。所以，式 (5.6-24) 可以进一步写为

$$E[N(t)]=\sum_{k=1}^{\left[\frac{t}{\theta}\right]}P[R_k\leqslant t] \quad (5.6-25)$$

把式 (5.6-22) 代入式 (5.6-25)，有

$$E[N(t)] = \sum_{k=1}^{\left[\frac{t}{\theta}\right]} \frac{(a_1 a_2)^k}{(k-1)!} \sum_{s=0}^{k-1} \frac{(-1)^s (k+s-1)!}{s!\,(k-s-1)!} \left[\frac{\gamma[k-s, a_1(t-\theta k)]}{a_1^{k-s}(a_2-a_1)^{k+s}} + \frac{\gamma[k-s, a_2(t-\theta k)]}{a_2^{k-s}(a_1-a_2)^{k+s}} \right]$$
(5.6-26)

当 $a_1 = a_2$ 时，式 (5.6-26) 可简化为

$$E[N(t)] = \sum_{k=1}^{\left[\frac{t}{\theta}\right]} \frac{\gamma[2k, a(t-\theta k)]}{2(k-1)!} \tag{5.6-27}$$

根据概率论原理，$N(t)$ 的方差值 σ^2 为

$$\sigma^2 = \sum_{k=0}^{\left[\frac{t}{\theta}\right]} k^2 P[N(t)=k] - \{E[N(t)]\}^2 \tag{5.6-28}$$

参 考 文 献

韩清, 1999. 游程的分布理论 [J]. 应用概率统计, 15 (2): 199-212.
科特戈达, 1987. 随机水资源技术 [M]. 金光炎, 译. 北京: 农业出版社.
马秀峰, 夏军, 2011. 游程概率统计原理及其应用 [M]. 北京: 科学出版社.
盛骤, 谢式千, 潘承毅, 2020. 概率论与数理统计 [M]. 北京: 高等教育出版社.
宋松柏, 金菊良, 2017. 单变量独立同分布水文事件重现期的计算原理与方法 [J]. 华北水利水电大学学报（自然科学版）. 38 (4): 43-46.
宋松柏, 康艳, 宋小燕, 等, 2018. 单变量水文序列频率计算原理与应用 [M]. 北京: 科学出版社.
王正发, 2002. 多年持续性水灾害事件发生概率 $R_{0,k}(n)$ 计算公式的比较研究 [J]. 西北水电, (4): 1-3.
王正发, 2002. 水文事件的频率、重现期和风险率之间的关系 [J]. 西北水电, (1): 1-3.
威廉. 费勒, 胡迪鹤, 2014. 概率论及其应用（第 1 卷）[M]. 3 版. 北京: 人民邮电出版社.
西安交通大学高等数学教研室, 1996. 复变函数 [M]. 4 版. 北京: 高等教育出版社.
赵纬, 2018. 马氏游程理论在干旱分析中的应用研究 [D]. 杨凌: 西北农林科技大学.
曾文颖, 宋松柏, 康艳, 等, 2022. DARMA 模型在中国日降水量随机模拟中的适用性研究 [J]. 水利学报, 53 (8): 991-1003.
AKEYUZ D E, BAYAZIT M, ONOZ B, 2012. Markov chain models for hydrological drought characteristics [J]. Journal of Hydrometeorology, 13 (1): 298-309.
BUISHAND R A, 1978. The binary DARMA (1, 1) process as a model for wet and dry sequence [R]. Deptment. of Mathematics, Agricultural University, Wageningen, Netherlands.
CHANG T J, KAVVAS M L, DELLEUR J W, 1984. Modeling sequences of wet and dry days by binary discrete autoregressive moving average processes [J]. Journal of Applied Meteorology and Climatology, 23, 1367-1378.
CHANG T J, M L KAVVAS, J W DELLEUR, 1984a. Daily precipitation modelling by discrete autoregressive moving average processes [J]. Water Resources. Research., 20: 565-580.
CHANG T J, M L KAVVAS, J W DELLEUR, 1984b. Modeling of sequences of wet and dry days by binary discrete autoregressive moving average processes [J]. Journal of Applied Meteorology and Climatolog, 23: 1367-1378.
CHUNG Chenhua, SALAS J D, 2000. Drought occurrence probabilities and risks of dependent hydrologic processes [J]. Journal of Hydrologic Engineering, 5 (3): 259-268.
CHURCHILL R V, J A BROWN, 1990, Complex Variables and Applications [M], 5th ed., McGraw-Hill, New York.
DELLEUR J W, CHANG T J, KAVVAS M L, 1989. Simulation models of sequences of dry and wet days [J]. Journal of Irrigation and Drainage Engineering, 115 (3): 344-357.
FELLER W, 1968. An introduction to probability theory and its applications (3rd Edition) [M], Vol. (I), Wiley, New York. 1968.
FERNANDEZ B, SALAS J D, 1999a. Return period and risk of hydrologic event. I: Mathematical formulation [J]. J. Hydrol. Eng. 4 (4), 297-307.
FERNANDEZ B, SALAS J D, 1999b. Return period and risk of hydrologic event. II: Application [J]

s. J. Hydrol. Eng. 4 (4), 308-316.

FU J C, L W Y W, 2003. Distribution theory of runs and patterns and its application, A finite Markov chain mbedding approach [M]. World Scientific, Singapore.

JACOBS P, LEWIS P, 1977. A mixed autoregressive - moving average exponential sequence and point process (EARMA 1, 1) [J]. Advances in Applied Probability, 9 (1): 87-104.

JACOBS P A, LEWIS P A W, 1978a. Discrete Time Series Generated by Mixtures. I: Correlational and Runs Properties [J]. Journal of the Royal Statistical Society: Series B (Methodological), 40 (1): 94-105.

JACOBS P A, LEWIS P A W, 1978b. Discrete Time Series Generated by Mixtures II: Asymptotic Properties [J]. Journal of the Royal Statistical Society: Series B (Methodological), 40 (2): 222-228.

KOUTRAS M V, 2003. Applications of Markov Chains to the distribution theory of runs and patterns. Shanbhag, D. N. and Rao, C. R. eds. Handbook of statistics [M]. vol 21, 431-472. Elsevier Science B. V.

KSENIJA C, 2006. Statistical analysis of wet and dry spells in croatia by the binary darma (1, 1) model [J]. Croatian Meteorological Journal, 41, 43-51.

KSENIJA C, 2006. Statistical analysis of wet and dry spells in croatia by the binary darma (1, 1) model [J]. Croatian Meteorological Journal, 41, 43-51.

LEMUEL A Moyé, ASHA S Kapadia, IRINA M Cech, et al., 1988 The theory of runs with applications to drought prediction [J]. . Journal of Hydrology. 103 (1-2): 127-137.

LEMUEL A Moyé, ASHA Seth Kapadia. 2000. Difference Equations with Public Health Applications [M]. Marcel Dekker, Inc, New York. Basel.

LIN Y L, JAYAWARDHANA A, 2001. Theory of Runs [DB/OL]. http://faculty.pittstate.edu/~ananda/STATMETHODI/Theory-of-runs.pdf.

LOA'ICIGA H A, 1996. Stochastic renewal model for low - flow streamflow sequences [J]. Stochastic Hydrology and Hydraulics, 10, 65-85.

LOA'ICIGA H A, 2005, On the probability of droughts: The compound renewal model [J]. Water Resource Research, 41, W01009, doi: 10.1029/2004WR003075.

MEHMETIK Bayazit, 2001. Return period and risk of hydrologic event. I: mathematical formulation [J]. Jounal of Hydrologic engineering: 358-364.

MOYE L A, KAPANDIA A S, IRINA M Cech, et al., 1988. The theory of runs with applications to drought prediction [J]. Journal of Hydrology. (103): 127-137.

MUHAMMAD N S, 2013. Probability structure and return period calculations for multi - day monsoon rainfall events at Subang, Malaysia [D]. Colorado State University, Fort Collins, Colorado, USA.

MUHAMMAD N S, PIERRE Y J, 2015. Multiday Rainfall Simulations for Malaysian Monsoons [C] // In: Abu Bakar, Tahir S, Wahid W, M, S, Mohd Nasir, Hassan, R. (eds) ISFRAM 2014. Springer, Singapore.

RICE S O, 1945. Mathematical Analysis of Random Noise [J]. The Bell Systems Tech. J., 23: 282-332.

ROSS S M, 1990. Introduction to Probability Models (Ninth Edition) [M]. Academic Press. Burlington, USA.

SCHWAGER S J, 1983. Run probabilities on sequences of Markov - dependent trials [J]. J. Am. Stat. Assoc. 78 (381): 168-175.

SEN Z, 1990. Critical drought analysis by second - order Markovchain [J]. Journal of Hydrology., 120: 183-202.

SEN Z, 1991a. On the probability of the longest run length in an independent series [J]. Journal of Hydrology, 125 (1-2): 37-46.

SEN Z, 1991b. Probabilistic modeling of crossing in small samples and application of runs to hydrology [J]. Journal of Hydrology, 124: 345-362.

ŞEN Z, 2015. Applied drought modeling, prediction and mitigation [M]. Amsterdam: Elsevier, Netherlands.

SHARMA T C, PANU U S, 2012. Modeling drought durations using Markov chains: a case study of streamflow droughts in Canadian prairies [J]. Hydrol. Sci. J., 57 (4): 1-18.

SHARMA T C, PANU U S, 2013a. A semi-empirical method for predicting hydrological drought magnitudes in Canadian prairies [J]. Hydrol. Sci. J., 58 (3): 549-569.

SHARMA T C, PANU U S, 2013b. Predicting Drought Magnitudes: A Parsimonious Model for Canadian Hydrological Droughts [J]. Water Resour. Manage., 1 (27): 649-664.

SHARMA T C, PANU U S, 2014. Predicting Drought Durations and Magnitudes at Weekly Time Scale: Constant Flow as a Truncation Level [J]. Open J. Atmos. Clim. Change, 1 (1): 1-16.

SHARMA T C, PANU U S, 2015. Predicting return periods of hydrological droughts using the Pearson 3 distribution: a case from rivers in the Canadian prairies [J]. Hydrol. Sci. J., 60 (10): 1783-1796.

SHARMA T C, PANU U S, 2016. Comparative analysis of predictive methods for drought durations: a case of monthly and annual streamflow droughts in Atlantic Canada [J]. Hydrol. Sci. J., 1-14.

SHIAU J T, 2003. Return period of bivariate distributed extreme hydrological events [J]. Stochastic Environ. Res. Risk Assess., 17 (1): 42-57.

SHIAU J T, MODARRES R, 2009. The copula-based drought severity-duration frequency analysis in Iran. [J]. Meteorol. Appl., 16 (4): 481-489.

SHIAU J T, WANG H Y, CHANG T T, 2006. Bivariate frequency analysis of floods using copulas [J]. J. Am. Water Resour. Assoc., 42 (6): 1549-1564.

SHMUELI G, COHEN A, 2000. Run-Related Probability Functions Applied to Sampling Inspection [J]. Technometrics, 42 (2): 188-202.

YEVJEVICH V M, 1972. Stochastic Processes in Hydrology [M]. Colorado: Water Resources Publications, LLC.